生物工程
生物技术
系 列

普通高等教育"十三五"规划教材

荣获中国石油和化学工业优秀教材奖·二等奖

生物化学基础

第二版

靳利娥　刘玉香　秦海峰　谢鲜梅 ｜ 等编

化学工业出版社

·北京·

本书以生物化学的基本理论和基本知识为主体，介绍了蛋白质、酶及辅酶、核酸、糖、脂肪等生物分子的结构、性质、功能以及糖代谢、脂肪代谢、蛋白质代谢、核酸代谢和遗传信息的复制、转录、翻译和控制等内容。章后有小结和相应习题，便于学生对理论知识的进一步理解和认识，加深记忆。

本书可以作为高等院校生物、农业、医药、食品、能源、环境等学科和专业的本科生和研究生教材或参考书，也可以供相关专业教师和科研人员参考。

图书在版编目（CIP）数据

生物化学基础/靳利娥等编. —2 版. —北京：化学工业出版社，2019.8（2023.1 重印）
普通高等教育"十三五"规划教材
ISBN 978-7-122-34426-7

Ⅰ.①生… Ⅱ.①靳… Ⅲ.①生物化学-高等学校-教材 Ⅳ.Q5

中国版本图书馆 CIP 数据核字（2019）第 083684 号

责任编辑：赵玉清 文字编辑：周 偶
责任校对：宋 玮 装帧设计：关 飞

出版发行：化学工业出版社（北京市东城区青年湖南街 13 号 邮政编码 100011）
印　　刷：北京云浩印刷有限责任公司
装　　订：三河市振勇印装有限公司
787mm×1092mm　1/16　印张 16¾　字数 447 千字　2023 年 1 月北京第 2 版第 5 次印刷

购书咨询：010-64518888 售后服务：010-64518899
网　　址：http://www.cip.com.cn
凡购买本书，如有缺损质量问题，本社销售中心负责调换。

定　　价：39.00 元

前 言

生物化学的理论和方法广泛地渗透到工业、农业、医药、食品加工、环境保护等重要领域。为了帮助学生较快和更好地掌握生物化学的基本理论与基本研究技术原理，我们通过近年来的教学经验，结合工科院校相关专业的特点，对内容进行精心组织、设计和精简，特编写《生物化学基础》一书。通过生物化学的学习，为学习相关的专业课打基础，为开展科学研究打基础，为解决生产的实际问题打基础。

《生物化学基础》第二版是在第一版的基础上进行修订，为了能让学生全面了解并掌握生物化学知识，保留了原书的特色，补充了相关科学家的生平和成果（二维码），以及最新的相关研究内容，结合原有的小知识（书中小字号内容），进一步提高学生的学习兴趣。还补充了一些实验内容，对个别章节顺序进行了调整，对原有的习题进行了优选。

本书共十章，主要介绍生物化学的基本理论，包括蛋白质、酶及辅酶、核酸、糖、脂肪等生物分子的结构、性质、功能以及糖代谢、脂肪代谢、蛋白质代谢、核酸代谢和物质代谢联系与调节。为了使学生在较短时间内熟悉和掌握生物化学知识，还特别增加了以下内容：

（1）每章开头有提示，这样可使学生有目的去预习，起到引路作用，可以使学生主动有效地学习，同时培养学生独立性和自学能力。

（2）介绍了相关内容的小知识，这样可以激发学生的学习兴趣，有助于对抽象内容的理解。

（3）每章之后有小结，通过归纳、总结，以获得对这一章内容的整体认识和理解。

（4）每章后一般附有一些探究性、趣味性和实践性强的习题，以激发学生解决问题的兴趣。这样可及时调整学生学习方向和提出新的目标。

参与本教材编写和修订的人员：第1章、第9章由靳利娥负责；第2章、第4章由刘玉香负责；第5章、第7章由秦海峰、郭华负责；第3章由段亚丽负责；第6章由牛宝龙负责；第8章由王艳芹负责；第10章由太原科技大学赵玉英负责；其中，谢鲜梅参编第7章、第10章。

由于编写时间和水平有限，书中难免有疏漏之处，敬请读者批评指正。

编者

2019 年 4 月

目 录

第1章　绪论 1

　第1节　生物化学的概念及其研究内容 1

　　一、生命的根本特性 1

　　二、细胞的分类、结构 1

　　三、生物体的化学组成 3

　　四、生物化学研究内容 3

　第2节　生物化学的产生与发展现状 4

　第3节　生物化学在工业生产和其他方面的应用 6

　小结 9

　习题 9

第2章　蛋白质 10

　第1节　概述 10

　　一、蛋白质的生物功能 10

　　二、蛋白质的元素组成 11

　　三、蛋白质的分子量 11

　　四、蛋白质的分类 13

　　五、蛋白质的水解 14

　第2节　氨基酸 14

　　一、氨基酸的结构特点 14

　　二、氨基酸的分类 15

　　三、氨基酸的性质 19

　第3节　肽 26

　　一、肽及肽平面 26

　　二、肽的性质 27

　　三、天然存在的活性寡肽 28

　第4节　蛋白质的共价结构 29

　　一、蛋白质的一级结构 29

　　二、蛋白质一级结构的测定 30

　　三、蛋白质一级结构与功能的关系 33

　第5节　蛋白质的空间结构 34

　　一、蛋白质的二级结构 34

　　二、超二级结构和结构域 37

　　三、蛋白质的三级结构 38

　　四、蛋白质的四级结构 ·································· 39
　　五、蛋白质的空间结构与功能的关系 ·················· 40

第6节　蛋白质的性质 ································· 40
　　一、蛋白质的两性解离和等电点 ····················· 40
　　二、蛋白质的胶体性质 ···························· 41
　　三、蛋白质的变性与沉淀 ·························· 41
　　四、蛋白质的颜色反应 ···························· 42

第7节　蛋白质分离纯化的常用方法 ·················· 43
　　一、材料的预处理及细胞破碎 ······················ 43
　　二、蛋白质的抽提 ······························· 43
　　三、蛋白质的粗分级分离 ·························· 43
　　四、样品的细分级分离 ···························· 44

小结 ·· 47
习题 ·· 48

第3章　酶与辅酶　　　　　　　　　　　　　　　　　　50

第1节　酶的概念、命名及分类 ····················· 50
　　一、酶的概念 ·································· 50
　　二、酶的命名 ·································· 51
　　三、酶的分类 ·································· 51

第2节　酶的结构、催化特点及作用机理 ·············· 54
　　一、酶的结构 ·································· 54
　　二、酶催化作用的特点 ···························· 55
　　三、酶催化作用机理 ····························· 56
　　四、影响酶催化效率的因素 ························ 58

第3节　酶促反应动力学 ··························· 59
　　一、酶促反应速率的测定 ·························· 59
　　二、底物浓度对酶促反应速率的影响 ·················· 60
　　三、酶浓度对酶促反应速率的影响 ··················· 63
　　四、温度对酶促反应速率的影响 ····················· 63
　　五、pH值对酶促反应速率的影响 ···················· 64
　　六、激活剂对酶促反应速率的影响 ··················· 64
　　七、抑制剂对酶促反应速率的影响 ··················· 65
　　八、酶的别构调节 ······························· 70

第4节　酶活力及其单位 ··························· 71

第5节　维生素与辅酶 ···························· 73
　　一、维生素的概念、分类 ·························· 73
　　二、脂溶性维生素 ······························· 74
　　三、水溶性维生素 ······························· 75

小结 ·· 81
习题 ·· 82

第4章 核酸   83

第1节 概　述 ································ 83
一、核酸的发现 ································ 83
二、核酸的种类与分布 ························ 84

第2节 核酸的水解和化学组成 ·············· 85
一、核酸的水解 ································ 85
二、核酸的化学组成 ·························· 87

第3节 核酸的结构 ·························· 90
一、核苷酸的连接方式 ························ 90
二、核酸的共价结构 ·························· 91
三、核酸的高级结构 ·························· 94

第4节 核酸的理化性质 ···················· 101
一、一般物理性质 ···························· 101
二、核酸的紫外吸收 ·························· 101
三、核酸的变性、复性和杂交 ················ 102

第5节 核酸常用的研究方法 ················ 103
一、核酸的超速离心 ·························· 103
二、核酸的凝胶电泳 ·························· 104

小结 ·· 107
习题 ·· 108

第5章 代谢导论和生物氧化   109

第1节 代谢导论 ···························· 109
一、新陈代谢的一般概念 ······················ 109
二、分解代谢和合成代谢 ······················ 109
三、新陈代谢的研究方法 ······················ 110

第2节 生物氧化 ···························· 111
一、生物氧化的概念、特点及方式 ·············· 112
二、代谢过程的热力学原理 ···················· 112
三、生物能 ·································· 113

第3节 电子传递和氧化磷酸化 ·············· 115
一、电子传递链 ······························ 115
二、氧化磷酸化 ······························ 119
三、线粒体的穿梭系统 ························ 123

小结 ·· 125
习题 ·· 126

第6章 糖与糖代谢   127

第1节 糖 ·································· 127
一、糖的分类 ································ 127

　　二、单糖的结构 ……………………………………………………… 128
　　三、单糖的化学性质 ……………………………………………… 129
　　四、常见的寡糖 …………………………………………………… 131
　　五、多糖 …………………………………………………………… 132
第 2 节　糖的分解代谢 ……………………………………………… 136
　　一、糖酵解 ………………………………………………………… 136
　　二、丙酮酸的去路 ………………………………………………… 141
　　三、糖酵解途径中的调控 ………………………………………… 142
　　四、柠檬酸循环 …………………………………………………… 143
　　五、磷酸戊糖途径 ………………………………………………… 150
第 3 节　糖的合成代谢 ……………………………………………… 154
　　一、蔗糖的生物合成 ……………………………………………… 154
　　二、淀粉的生物合成 ……………………………………………… 155
　　三、纤维素的生物合成 …………………………………………… 156
　　四、糖原生成作用 ………………………………………………… 156
　　五、糖异生作用 …………………………………………………… 157
小结 ……………………………………………………………………… 160
习题 ……………………………………………………………………… 161

第 7 章　脂和脂代谢　　162

第 1 节　脂类 ………………………………………………………… 162
　　一、脂质的分类 …………………………………………………… 162
　　二、脂质的生物学功能 …………………………………………… 163
　　三、油脂的结构和性质 …………………………………………… 163
　　四、复合脂质 ……………………………………………………… 166
　　五、类固醇 ………………………………………………………… 168
　　六、生物膜 ………………………………………………………… 169
第 2 节　脂类代谢 …………………………………………………… 171
　　一、脂肪的分解代谢 ……………………………………………… 172
　　二、脂肪的合成代谢 ……………………………………………… 177
　　三、甘油磷脂的代谢 ……………………………………………… 183
小结 ……………………………………………………………………… 186
习题 ……………………………………………………………………… 186

第 8 章　蛋白质代谢　　188

第 1 节　蛋白质的酶促反应 ………………………………………… 188
第 2 节　氨基酸的分解代谢 ………………………………………… 189
　　一、氨基酸共同的分解代谢途径 ………………………………… 189
　　二、氨基酸分解产物的代谢 ……………………………………… 192
第 3 节　氨基酸的生物合成 ………………………………………… 196
　　一、α-酮酸经还原性氨基化作用可产生氨基酸 ………………… 196
　　二、α-酮酸经氨基转移作用可产生氨基酸 ……………………… 197

三、氨基酸之间的相互转化 ·· 198
第 4 节　蛋白质的生物合成 ··· 199
一、蛋白质合成体系的主要组分 ···································· 199
二、蛋白质生物合成过程 ·· 205
三、蛋白质合成后的"加工"与折叠 ································ 209
四、蛋白质生物合成的阻断剂 ······································ 211
小结 ·· 212
习题 ·· 213

第 9 章　核酸代谢 214

第 1 节　核酸的分解代谢 ··· 214
一、嘌呤的降解 ··· 215
二、嘧啶的降解 ··· 217
第 2 节　核酸的合成代谢 ··· 217
一、核苷酸的生物合成 ·· 217
二、脱氧核糖核苷酸的生物合成 ·································· 223
三、DNA 的生物合成 ··· 224
四、DNA 的损伤与修复 ·· 229
五、重组 DNA 技术 ··· 231
六、聚合酶链反应 ·· 233
七、RNA 的生物合成 ··· 235
小结 ·· 240
习题 ·· 242

第 10 章　物质代谢的联系与调节 243

第 1 节　物质代谢的联系 ··· 243
一、糖代谢与脂类代谢的相互联系 ······························ 243
二、脂类代谢与蛋白质代谢的相互联系 ······················· 244
三、糖代谢与蛋白质代谢的相互联系 ·························· 244
四、核酸代谢与其他物质代谢的相互联系 ···················· 245
五、自然界碳和氮循环 ·· 246
第 2 节　物质代谢的调节 ··· 247
一、细胞水平的调节 ··· 247
二、酶水平的调节 ·· 248
三、激素水平的调节 ··· 255
四、神经系统对代谢的调节 ·· 256
小结 ·· 258
习题 ·· 258

参考文献 260

第1章 绪 论

本章提示：

　　本章介绍了生物化学的概念及其研究内容、生物化学的产生和发展现状及在工业生产和其他方面的应用。学习时主要对生物化学相关知识有一个整体了解。

第1节　生物化学的概念及其研究内容

　　生物化学（biochemistry）是介于生物学与化学之间的边缘学科，是利用化学的理论和方法研究生命现象的一门学科，是从分子水平研究生物体的化学组成及其在体内的代谢变化规律的一门学科，是当代科学的前沿学科之一。

一、生命的根本特性

　　我们所处的地球生存着无数的生物，从最简单的病毒、类病毒到菌藻、树草，从鱼虫鸟兽到复杂的人类，处处都有生命的活动。不同的生物，其形态、生理特征和对环境的适应能力各不相同，都经历着生长、发育、衰老、死亡的变化，都具有繁殖后代的能力。生命的根本特性是什么？千百年来，人们以许多不同的观点阐述自己对此的看法。19世纪下半叶，恩格斯对生命下了一个定义："生命是蛋白体的存在方式，这个存在方式的基本因素在于和它周围的外部自然界不断地新陈代谢，而且这种新陈代谢一停止，生命就随之停止，结果便是蛋白质的分解。"恩格斯对生命的定义在一定程度上揭示了生命的物质基础，即具有新陈代谢功能的蛋白体。

　　19世纪30年代，德国植物学家施莱登首先指出，所有植物体都是由细胞构成的。他的这个观点被德国动物学家施旺在动物组织和细胞研究中证实，并提出所有动物也是由细胞构成的。他们创立了细胞学说：细胞是组成生物体的基本结构单元，是生物体进行代谢、能量转换、遗传以及其他生理活动的基本场所。

　　恩格斯把细胞学说、能量守恒和转换定律、达尔文进化论一起誉为19世纪自然科学的三大发现。由于细胞的发现，我们不仅知道一切高等有机体都是按照一个共同规律发育和生长，而且通过细胞的变异，能改变自己，向更高的发育道路迈进。

二、细胞的分类、结构

　　所有的生物（病毒除外）都是由细胞组成的，只是不同的生物体细胞的大小和形状有所不同。有的细胞人的眼睛可以看得见，如鸟类的蛋，最大的直径约10cm（鸵鸟蛋）。有的细

胞直径只有 $0.1\mu m$，要用高倍显微镜才能看到，如原始的细菌。大多数细胞的直径是 $10\sim100\mu m$，用低倍显微镜就能看到。细胞的大小，即使在同一生物体的相同组织中也不一样。同一个细胞，处在不同发育阶段，它的大小也是会改变的。细胞的形状多种多样，有球体、多面体、纺锤体和柱状体等。由于细胞内在的结构和自身表面张力，以及外部的机械压力，各种细胞总是保持自己的一定形状。根据生物的进化程度，细胞可以分为两大类：原核细胞（prokaryote cell）和真核细胞（eukaryote cell）。

1. 原核细胞结构

原核细胞是一类进化程度低、结构最简单的细胞（图 1-1）。属于原核细胞的有细菌和蓝藻等。

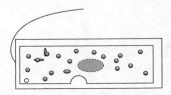

图 1-1　原核细胞的结构模型

原核细胞的特点：原核细胞的外层是细胞壁和细胞膜（质膜），内部为细胞质。细胞质的结构非常简单，没有明显的细胞器（由封闭的生物膜包裹的固体质粒），只有原始的细胞核（无核膜和核仁），没有固定的形状，具有一个含有一些核糖核蛋白体（遗传信息）的区域。

2. 真核细胞结构

真核细胞是高等植物和动物的基本组成单位。真核细胞的外层为细胞膜（植物细胞还有一层细胞壁），内部为细胞质（图 1-2）。构成细胞质的结构非常复杂，含有许多细胞器，主要有：细胞核、线粒体、核糖核蛋白体、内质网、高尔基体和溶酶体等。植物细胞中还含有质体、叶绿体和液泡等。

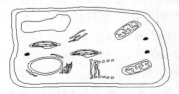

(a) 植物细胞的结构模型　　　　　(b) 动物细胞的结构模型

图 1-2　真核细胞的结构模型

细胞的细胞膜、细胞质和细胞器是细胞的功能机构。生命现象中的许多重要过程，例如细胞的进化，遗传信息的传递，生物的生殖、发育和衰老，生物代谢和调节，能量的产生和转换，激素的作用机制，神经信息的传递等都与生物膜和细胞器功能密切相关。

细胞膜是真核细胞表层的一层薄膜，是活细胞的重要组成部分。它具有保护细胞、进行物质交换、传递信息、能量转换、运动和免疫等生理功能。细胞质所含的有形物质为各种细胞器，细胞器之间主要由酶、激素、脂类、糖类以及多种无机盐和水组成胞液。细胞器通过细胞内膜与周围环境分开，具有特定的生理功能。真核细胞含有固定形状的细胞核，它有核膜、核仁和组蛋白等，主要成分是 DNA、RNA 和有关的合成酶。细胞核具有遗传信息的存储、复制和转录等功能。大多数动植物真核细胞都含有内外膜和线粒体（基质的棒状小粒）。线粒体含有多种酶系，主要有呼吸链电子传递酶系、糖类分解氧化酶系、脂肪酸的氧化酶系、氧化磷酸化酶系、核酸合成酶系和蛋白质合成酶系等。线粒体是进行生物代谢和能量转换最重要的场所。核糖核蛋白体又称为核糖体，是蛋白质生物合成的主要场所。

三、生物体的化学组成

组成细胞膜、细胞质、细胞核的物质称为原生质。原生质是生命的物质基础。在地球上存在的 92 种天然元素中，只有 28 种元素在生物体内被发现，其中：C、H、O 和 N 四种元素，是组成生命体最基本的元素，这四种元素约占了生物体总质量的 99% 以上。S、P、Cl、Ca、K、Na 和 Mg，也是组成生命体的主要元素。Fe、Cu、Co、Mn 和 Zn，是生物体内存在的主要少量元素。还有 Al、As、B、Br、Cr、F、Cs、I、Mo、Se、Si 等微量元素。

原生质所含的化学元素除少量的氧和氮以外都以化合物的形式存在。自然界所有的生物体都由三类物质组成：水、无机物和有机物（生物分子）。水：含量最多，占 65%～90%，代谢过程中作溶剂。无机物：$NaCl$、K_2SO_4 等物质。Cl^- 可激活唾液淀粉酶，K^+、Na^+ 可调节细胞内外渗透压。生物分子：是生物体和生命现象的结构基础和功能基础，是生物化学研究的基本对象。生物分子的主要类型包括：糖、脂、核酸和蛋白质等生物大分子，维生素、有机酸、辅酶、激素、核苷酸、生物碱和氨基酸、天然肽类等生物小分子。其中最重要的生物大分子是核酸和蛋白质。核酸是遗传信息的携带者和传递者，它通过控制蛋白质的生物合成决定细胞的类型和功能，是生命现象的根本原因。蛋白质是细胞结构的主要组成成分，也是细胞功能的主要体现者，是生命现象的直接原因。

构成原生质的各种物质不能单独地完成生命过程，只有这些物质组织起来才能表现出生命现象。生物大分子需要进一步组装成更大的复合体，然后装配成亚细胞结构、细胞、组织、器官、系统，最后成为能体现生命活动的机体（图 1-3）。

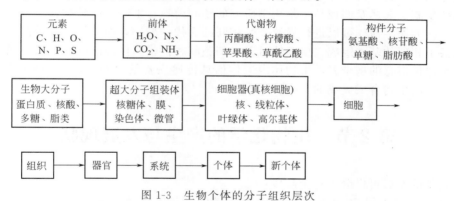

图 1-3　生物个体的分子组织层次

四、生物化学研究内容

在自然界中，包括动物、植物和微生物，都是由糖类、脂类、蛋白质、核酸四大类基本物质和其他小分子物质构成的。虽然这些物质化学性质不同，功能各异，但它们在生物体内相互协调形成了丰富多彩的生命现象。这些生命物质到底有哪些？它们是怎样产生和消亡，又是怎样相互转变和相互作用？这就是生物化学所要研究的内容。

生物化学研究内容就是阐述构成生物体的基本物质（生物大分子——糖类、脂类、蛋白质、核酸）的结构、性质及其在生命活动（如生长、生殖、代谢、运动等）过程中的变化规律（物质代谢和能量代谢）以及它们之间的关系。现代生物化学的研究除采用化学的原理和方法外，运用物理学的技术方法以揭示组成生物体的物质，特别是生物大分子的结构规律。并且与细胞生物学、分子遗传学等密切联系，研究和阐明生长、分化、遗传、变异、衰老和死亡等基本生命活动的规律。具体包括静态生物化学、动态生物化学和机能生物化学。

1. 静态生物化学

静态生物化学是研究生物体的化学物质组成，以及它们的结构、性质和功能。例如，20种 L-α-氨基酸是蛋白质的构件分子，8种核苷酸是核酸的构件分子，单糖可构建成多糖，脂肪酸组成多种脂类化合物。研究的重点为生物大分子的结构与功能，特别是蛋白质和核酸，二者是生命的基础物质，对生命活动起着关键性的作用。

2. 动态生物化学

动态生物化学是研究组成生物体的物质不断地进行着多种有规律的化学变化，即新陈代谢。生物体的所有生命现象，包括生长、发育、遗传、变异等都建立在生物不断进行、从不停止的新陈代谢基础之上。新陈代谢是生命的基本特征，生物体一方面需要与外界环境进行物质交换，同时在体内进行各种代谢变化，以维持其内环境的相对稳定，通过代谢变化将摄入营养物中储存的能量释放出来，供机体活动所需。在这些变化中，生物体内特殊的生物催化剂——酶起着决定性的作用。在生物体内各类物质都有其各自的分解和合成途径，而且各种途径的速率总是能恰到好处地满足机体的需要，并且各种途径之间互不干扰，互相配合，彼此协调，互相转化，这说明生物体内有高度精密的自动调节控制系统。要维持体内错综复杂的代谢途径有序地进行，需要有严格的调节机制，否则代谢的紊乱可影响正常的生命活动，从而发生疾病。

3. 机能生物化学

机能生物化学是研究生命活动（如生长、发育、遗传、变异、生殖、代谢、运动等）过程中的变化规律（物质代谢和能量代谢）以及它们之间的关系。除了物质代谢和能量代谢以外，基因的复制、表达及调控是生物化学研究的核心内容。生命得以延续就在于不断地进行自我复制。一方面生命体可以进行繁殖产生相同的后代，另一方面多细胞生物在细胞分裂过程中也维持了相似的基本组成。生命体可以在细胞间和世代间保证准确的信息复制和信息传递。核酸是遗传信息的携带者，生物体内遗传信息传递主要是由 DNA 的复制和 RNA 的转录以及蛋白质的生物合成完成的。

第 2 节　生物化学的产生与发展现状

生物化学的发展可以分为三个阶段：

第一阶段，18 世纪 70 年代以后，随着近代化学和生理学的发展，生物化学学科开始形成。

最早的自然科学就是数、理、化、天、地、生。生就是生物学，研究的就是一些力所能及的生物形态观察、分类等。随着各学科的发展，学科间在理论知识和技术上相互渗透，尤其是化学、物理学的渗透。到 18 世纪，一些从事化学研究的科学家，如拉瓦锡、舍勒等和一些药剂师、炼丹师转向生物领域，这就为生物化学的诞生播下了种子。这时生物学就逐渐分离成生理化学、遗传学、细胞学。19 世纪末，又从生理化学中分离出生物化学，1903 年 Hoppe-Seyler 提出 Biochemistry，生物化学才成为一门独立的学科，在此之前，由有机化学和生理学分别研究。这个阶段，生物化学的研究内容以分析生物体内物质的化学组成、性质和含量为主。主要工作是分离和鉴定了各种氨基酸、羧酸、糖类，发现了核酸，开始进行酶学研究。

第二阶段，从 20 世纪初到 20 世纪 40 年代，这是一个飞速发展的辉煌时期，随着分析鉴定技术的进步，尤其是放射性同位素技术、色谱技术等物理学手段的广泛应用，生物化学从单纯的组成分析深入到物质代谢途径及动态平衡，能量转化，光合作用，生物氧化，糖的分解和合成代谢，蛋白质合成，核酸的遗传功能，酶、维生素、激素、抗生素等的代谢。这个阶段，基本上阐明了酶的化学本质以及能量代谢有关的物质代谢途径。

第三阶段，1950 年以后，生物化学研究深入到生命的本质和奥秘：运动、神经、内分泌、生长、发育、繁殖等的分子机理。尤其是 Watson 和 Crick 于 1953 年提出了 DNA 分子的双螺旋结构模型，Crick 在此基础上形成了遗传信息传递的"中心法则"，由此奠定了现代分子生物学的基础。Roger D. Kornberg 父子分子生物学主要的研究内容为探讨不同生物体所含基因的结构、复制和表达，以及基因产物——蛋白质或 RNA 的结构、互相作用以及生理功能，以此了解不同生命形式特殊规律的化学和物理的基础。这个阶段，借助于各种理化技术，对蛋白质、酶、核酸等生物大分子进行化学组成、序列、空间结构及其生物学功能的研究，并发展到人工合成，创立了基因工程，成为真正意义上的现代生命化学。

我国在生化方面取得的重要成就：吴宪 20 世纪 20 年代与汪猷、张昌颖等人一道完成了蛋白质变性理论、血液生化检测和免疫化学等一系列有重大影响的研究。1965 年结晶牛胰岛素人工合成，是世界上公认的第一个具有全部生物活性的蛋白质人工合成。猪胰岛素 X 射线晶体 0.25nm 及 0.18nm 的分析研究，表明我国生物大分子的 X 射线晶体结构分子跨入了世界先进行列。1981 年首先人工合成了具有生物活性的酵母 tRNA^{Ala}。因发现青蒿素治疗疟疾的新疗法，屠呦呦于 2015 年 10 月获诺贝尔生理学或医学奖。

从以上所述的生物化学的发展中，可以看出 20 世纪 50 年代以来是以核酸的研究为核心，带动着分子生物学向纵深发展，如 50 年代的双螺旋结构、60 年代的操纵子学说、70 年代的 DNA 重组、80 年代的 PCR 技术、90 年代的 DNA 测序都具有里程碑的意义，将生命科学带向一个由宏观到微观再到宏观，由分析到综合的时代。

现代生物化学正在进一步发展，其基本理论和实验技术目前已经渗透到生命科学的各个领域中（如生理学、遗传学、细胞学、分类学和生态学），在光合作用机理、酶作用机理、代谢过程的调节控制、生物固氮机理、抗逆性的生物化学基础、核酸和蛋白质三维空间结构、基因克隆、转化和基因表达的调节控制等领域内的重大问题方面不断取得新的进展；并产生了许多新兴的边缘学科和技术领域，如分子生物学、分子遗传学、量子生物学、结构生物学、生物工程等。生物化学是这些新兴学科的理论基础，而这些学科的发展又为生物化学提供了新的理论和研究手段。如今生物化学和分子生物学之间日益密切的联系，为阐明生命现象的分子机理开辟了广阔的前景。

在分子生物学基础上又发展起来新兴的技术学科生物工程，包括基因工程、酶工程、细胞工程、发酵工程、生化工程、蛋白质工程、海洋生物工程、生物计算机及生物传感器等，其中的基因工程是生物工程的核心。人们试图像设计机器或建筑物一样，定向设计并构建具有特定优良性状的新物种、新品系，结合发酵和生化工程的原理和技术，生产出新的生物产品。目前用生物工程技术手段已经大规模生产出动植物体内含量少的蛋白质，如干扰素、生长素、胰岛素、肝炎疫苗等，展示出广阔的应用前景，对人类的生产和生活将产生巨大而深远的影响。世人瞩目的人类基因组测序计划，其基因组序列工作框架草图的测绘已于 2000 年 6 月 26 日完成，并在 2000 年 10 月 1 日完成序列组装。此外，大肠杆菌、酵母、果蝇、拟南芥等模式生物的基因组测序也都在此之前完成。人类迎来了生命科学发展的崭新阶段——后基因组时代，在这个时代，功能基因组学、蛋白质组学等新的学科相继诞生。许多新的技术、新的手段都被用来阐明基因的功能，如在 mRNA 水平上，通过 DNA 芯片和微阵列分析法以及基因表达连续分析法（SAGE）等技术检测到了成千上万基因的表达。可见，作为 21 世纪的学者，学习生物化学的基础理论、基础知识和基本技能，掌握生物化学的基本原理及操作技术，密切关注生物化学发展的前沿知识和发展动态，是十分必要的。

第 3 节　生物化学在工业生产和其他方面的应用

生物化学的产生和发展源于人们的生产实践，它的迅速进步随即又有力地推动着生产实践的发展。生物化学的理论知识、实验技术以及生化产品广泛应用于工业、农业、医药、食品加工生产等重要经济领域。

1. 工业生产上

随着生物化工产业的迅猛发展，预计在化工领域 20％～30％ 的化学工艺过程将会被生物技术过程所取代，生物化工产业将成为 21 世纪的重大化工产业。生物化学的知识是生物技术产业化的关键。比如：基因重组、细胞融合、酶的固定化等技术的发展，不仅可提供大量廉价的化工原料和产品，而且还将有可能革新某些化工产品的传统工艺，出现污染少、省能源的新工艺。西方各国许多较大的化工企业，如美国杜邦、孟山都公司，英国 ICI，德国拜尔、赫斯特公司等都在投入巨资和庞大的科技力量进行生物化工技术的研究。食品工业、发酵工业、制药工业、生物制品工业、制革与造纸工业等都需要广泛地应用生物化学的理论及技术。尤其是在发酵工业中，人们可以根据微生物合成某种产物的代谢规律、特别是它的代谢调节规律，通过控制反应条件，或者利用基因工程来改造微生物，构建新的工程菌种以突破其限制步骤的调控，大量生产所需要的生物产品。此外，发酵产物的分离提纯也必须依据和利用生物化学的基本理论和技术手段。利用发酵法已经成功地实现工业化生产维生素 C、许多氨基酸和酶制剂等生化产品。而生产出的酶制剂又有相当部分应用于工农业产品的加工、工艺流程的改造以及医药行业，如淀粉酶和葡萄糖异构酶用来生产高果糖糖浆；纤维素酶用作添加剂以提高饲料有效利用率；某些蛋白酶制剂被用作助消化和溶解血栓的药物，还用于皮革脱毛和洗涤剂的添加剂等。

2. 农业生产上

作物栽培、作物品种鉴定、土壤农业化学、遗传育种、植物的抗逆性、植物病虫害防治、豆科作物的共生固氮等学科都应用生物化学作为理论基础。栽培学是研究经济植物栽培的理论和技术，运用生物化学的知识，可以阐明这些植物在不同生物环境中新陈代谢变化的规律，了解人们关心的产物成分积累的途径和控制方式，设计合理的栽培措施和创造适宜的条件，获得优质的、更高的产量。遗传育种就是要应用生物化学的理论和技术，有目的地控制作物品种的优良性状在世代间传递。作物品种鉴定是农业生产中一个很重要的问题，一些生化性状可以作为确定品种亲缘关系和品种选育的指标。例如，应用同工酶的研究有助于确定作物品种的亲缘关系。利用植物基因克隆和转化研究的理论和实践，可以不受亲缘关系的限制，进行作物品种改良，甚至创造出新物种。生物化学的理论可以作为病虫害防治和植物保护的理论基础，用于研究植物被病原微生物侵染以后的代谢变化，了解植物抗病性的机理、病菌及害虫的生物化学特征、化学药剂（如杀菌剂、杀虫剂和除草剂）的毒性机理，以提高植物对环境的适应能力，增强植物生产力，使植物资源更好地为人类服务。

此外，家禽、畜牧兽医、桑蚕养殖等农业学科以及农产品、畜产品、水产品的贮藏、保鲜、加工都要运用有关的生物化学知识。

3. 医药上

生物化学的理论和方法已广泛被医学学科应用，在预防和治疗工作中都会应用生物化学的知识，通过生化的检查，可帮助对疾病的诊断，也为预防提供依据。例如糖代谢障碍可导致糖尿病，充分了解糖代谢及其调节的规律能为治疗糖尿病制定有效的方案。反过来临床实践也为生物化学的研究提供丰富的源泉，免疫学的方法被广泛应用于蛋白质及受体的研究，遗传学的方法被应用于基因分子生物学的研究，病理学的癌症促进癌基因的研究，基因表达调控的规律是在细菌研究的基础上深入到真核生物的研究。例如恶性肿瘤，使生物化学和分子生物学深入到致癌基因的研究，通过对致癌基因的深入研究，揭示了对正常细胞生长、分化规律和信号转导途径的研究和了解。对动脉粥样硬化症的研究，促进对胆固醇、脂蛋白、受体乃至相关基因等的生物化学研究。

总之，生物化学在各个领域已取得了许多重大科技成果，如微生物法生产丙烯酰胺、己二酸、聚 β-羟基丁酸酯、脂肪酸等已达一定的工业规模；在能源方面，纤维素发酵连续制乙醇已开发成功；在环保方面，固定化酶处理氯化物已达实用化水平；在农药方面，许多新型的生物农药不断问世；利用高效分离精制技术、超临界气体萃取技术和高效双水相分离技术开发高纯度生物化学品技术不断完善；反应器的研究向多样化、大型化、高度自动化方面发展，生物化学的理论和技术应用一定会更加广泛。

生物化学的发展简史

生物化学是 18 世纪 70 年代以后，伴随着近代化学和生理学的发展，开始逐步形成的一门独立的新兴边缘学科，至今只有 200 多年历史。

1776～1778 年，瑞典化学家舍勒从天然产物中分离出甘油、苹果酸、柠檬酸、尿酸、酒石酸。

1785 年法国著名化学家 Lavoisier 证明，动物呼吸是体内缓慢和不发光的燃烧。在呼吸过程中，吸进的氧气被消耗，呼出的是二氧化碳，同时放出热能，在呼吸过程中有氧化作用。

19 世纪末至 20 世纪初，生物化学领域有三个重大发现，即酶、维生素和激素。Buchner 于 1897 年证明破碎酵母细胞的抽提液仍能使糖发酵，引进了生物催化剂的概念。这是用无细胞提取液离体的方法研究动态生物化学的开始，为以后对糖的分解代谢机制的研究以及酶学研究打下基础。

20 世纪初，人们确认脚气病和坏血病是由于缺乏某种微量营养物质引起的。Funk 在 1911 年结晶出抗神经炎维生素，实际是复合维生素 B，并提出 Vitamine（维他命）一词，意为"生命的胺"。后来发现许多维生素并非胺类化合物，因此，又改为 Vitamin（维生素）。

1902 年，Abel 分离出肾上腺素并制成结晶。

1905 年，Starling 提出 hormone（激素）一词。

1926 年，Went 从燕麦胚芽鞘分离出植物激素生长素。酶、维生素和激素的研究极大地丰富了生物化学的知识，促进了生物化学的发展，确立了生物化学作为生命科学重要基础的地位。

1926 年，Sumner 首次将脲酶制成结晶，并证明酶的化学本质是蛋白质。

20 世纪 30 年代以后，随着实验技术和分析鉴定手段不断更新与完善，生物化学进入了动态生物化学发展时期，在研究生物体的新陈代谢及其调控机制方面取得了重大进展。

基本上阐明了各类生物大分子的主要代谢途径：糖酵解、三羧酸循环、氧化磷酸化、磷酸戊糖途径、脂肪代谢和光合磷酸化等。如德国生物化学家 Embden、Meyerhof 和 Parnas 阐明了糖酵解反应途径；英国生物化学家 Krebs 证明了尿素循环和三羧酸循环；美国生物化学家 Lipmann 发现了 ATP 在能量传递循环中的中心作用；美国人 Calvin 和 Benson 证明了光合碳代谢途径。另外，对代谢调控机制也有了更多的了解。

从 20 世纪 50 年代开始，生物化学以更快的速度发展，建立了许多先进技术和方法。其中同位素、电子显微镜、X 射线衍射、色谱、电泳、超速离心等技术手段应用于生物化学研究中，使人们可以从整体水平逐步深入到细胞、细胞器以至分子水平，来探索生物分子的结构与功能。例如将放射性同位素示踪法应用于代谢途径的研究；色谱法应用于分离和鉴定各种化合物；超速离心法用于分离大分子；用氨基酸自动分析仪测定氨基酸的组成及排列顺序；用 X 射线衍射等方法测定蛋白质的空间结构。

自 1945 年至 1955 年，桑格尔（Sanger）用 10 年时间完成了牛胰岛素蛋白质一级结构的分析，这项工作建立了测定蛋白质氨基酸顺序的方法，为蛋白质一级结构的测定打下基础，具有划时代的意义。获 1958 年诺贝尔化学奖。

1953 年，Watson 和 Crick 创造性地提出了 DNA 分子的双螺旋结构模型，使人们第一次知道了基因的结构实质，不仅为 DNA 复制机制的研究打下了基础，从分子水平上揭示遗传现象的本质，而且开辟了分子生物学的新纪元，从分子水平上研究和改变生物细胞的基因结构及遗传特性。这是生物学历史上的重要里程碑。获 1962 年诺贝尔生理学或医学奖。

20 世纪 50 年代中期，Kendrew 和 Perutz 采用 X 射线衍射法对鲸肌红蛋白和马血红蛋白进行研究，阐明这两种蛋白质的三维空间结构，这是蛋白质研究中的又一重大贡献。

1965 年，我国首先完成了结晶牛胰岛素的人工合成。

1977 年，Sanger 完成了噬菌体 ΦX174DNA 一级结构的分析，这是由 5375 个核苷酸组成的 DNA。这一工作对遗传物质的结构与功能的研究具有重要的意义。现在，已有多种 DNA 和 RNA 的结构被成功地测定。

1980 年，Sanger 和 Gilbet 设计出测定 DNA 序列的方法，获 1980 年诺贝尔化学奖。

1981 年，我国首先完成了酵母丙氨酸转移核糖核酸的人工合成。

1984 年，Bruce Merrifield（美国）建立和发展蛋白质化学合成方法。

1994 年，Alfred G. Gilman（美国）发现 G 蛋白及其在细胞内信号转导中的作用；Rechard J. Roberts（美国）等发现断裂基因；Karg B. Mallis（美国）发明 PCR 方法；Michaet Smith（加拿大）建立 DNA 合成作用与定点诱变研究。

1996 年，Petr C. Doherty（美国）等，发现 T 细胞对病毒感染细胞的识别和 MHC（主要组织相容性复合体）限制。

1997 年，Stanley B. Prusiner（美国）发现一种新型的致病因子——感染性蛋白颗粒"pnion"（疯牛病）；Paul D. Boyer（美国）等，说明 ATP 酶促成机制；Jens C. Skon（丹麦）发现输送离子的 Na^+/K^+-ATP 酶。

1998 年，Rolert F. Furchgott（美国）发现 NO 是心血管系统的信号分子。

1999 年，干细胞的研究工作位列年度科学技术重大突破首位。

2000 年 6 月 26 日，宣布人类基因组全部 DNA 序列的工作框架图已经完成。

━━━ 小 结 ━━━

1. 生物化学是利用化学的原理和方法，从分子水平研究生命体内各物质的化学组成和变化规律的一门学科。

2. 生物化学主要目的是阐明生命中的化学本质，物质和能量的变化规律及生长、分化、遗传、变异、衰老和死亡等基本生命活动的规律。包括静态生物化学、动态生物化学和功能生物化学。

3. 生物化学的产生和发展迅速推动生产实践的发展。生物化学的理论知识在工业、农业、医药业、食品加工生产等中广泛应用。

━━━ 习 题 ━━━

1. 什么是生物化学？生物化学研究的内容是什么？
2. 简述生物化学在工农业等方面中的作用。

第2章 蛋白质

本章提示：

　　本章重点介绍了氨基酸的分类、理化性质，蛋白质的共价结构、空间结构、重要性质、结构和功能的关系以及蛋白质的分离纯化方法等。学习时要从氨基酸是构成蛋白质的基本单位入手，依次学习和掌握氨基酸、肽、蛋白质的相关知识。

　　蛋白质（protein，意为"最原初的，第一重要的"）是由 α-氨基酸按一定的序列通过酰胺键缩合而成的，存在于所有生物体中，是生物体内重要的生物分子。蛋白质是生命的物质基础，生命是蛋白质的存在方式，因此蛋白质在生物体内占有特殊的地位。

第1节　概　述

一、蛋白质的生物功能

　　生命是物质运动的特殊形式，这种运动形式的实现是通过蛋白质来完成的，因此，蛋白质在生物体内具有重要的生物功能。

　　（1）有机体的组成成分：蛋白质的重要功能之一是构建和维持生物体的结构。例如细胞内的片层结构——线粒体、叶绿体、内质网等都是由不溶性蛋白质和脂质组成的。

　　（2）催化作用：构成新陈代谢的所有化学反应几乎都是在相应酶的作用下进行的。到目前为止已鉴定出的酶几乎都是蛋白质。

　　（3）运输功能：将特定的物质从一处转运到另一处的蛋白质称为转运蛋白。其中一类是通过血液转运物质的，如血红蛋白在红细胞中运输氧，血液中的脂蛋白负责运输脂类；另一类是膜转运蛋白，它们能通过渗透性屏障转运代谢物和养分，如葡萄糖转运蛋白。

　　（4）储藏作用：有些蛋白质具有储藏氨基酸的功能，可作为生物有机体及其胚胎或幼体生长发育的养料储存起来，如植物种子中的醇溶蛋白和谷蛋白，蛋类中的卵清蛋白和乳中的酪蛋白都是储藏蛋白。

　　（5）运动功能：有些蛋白质赋予有机体以运动的功能。各种类型肌肉以及许多其他收缩系统都含有肌球蛋白和肌动蛋白。细菌的鞭毛及纤毛是由许多微管蛋白组装起来的。

　　（6）免疫保护功能：疾病的发生和防御也与蛋白质有关，如免疫系统中的抗原和抗体都是蛋白质。另外，机体中还有其他的保护蛋白，例如血液凝固蛋白的凝血作用。

　　（7）调节功能：有些蛋白质具有激素的功能，对生物体的新陈代谢起调节作用，如胰岛素能调节动物体内血糖的代谢。还有些蛋白质参与基因表达的调控。

（8）接受和传递信息：生物体内有些蛋白质是接受和传递信息的信号受体，例如接受各种激素的受体蛋白和接受外界刺激的感觉蛋白（比如味蕾上的味觉蛋白）都属于这一类。

总之，蛋白质是生命活动所依赖的基础，是生物功能的载体，是生命现象的直接体现者，在生命过程中起着极其重要的作用。对蛋白质结构和功能的研究将直接阐明生命在生理或病理条件下的变化机制。

蛋白质的营养价值

蛋白质是荷兰科学家格里特在1838年发现的。他观察到有生命的东西离开了蛋白质就不能生存。蛋白质是生物体内一种极重要的高分子有机物。人体是高级的生物体，要进行各种复杂的生命活动，因此，对蛋白质的要求就更高。一个成年人每日需要更新蛋白质约400g，大部分要靠从外界摄入。乳母、孕妇、患者、生长发育中的青少年、婴幼儿及老年人需要的蛋白质就更多。但根据资料统计，以上这部分人群，都不同程度存在着蛋白质摄入不足。蛋白质缺乏的主要表现是体力不足、容易疲劳、记忆力下降、视力减弱、免疫力低下，易感冒、感染，腿部、脸部易水肿，出皮疹、伤口愈合不良等。

二、蛋白质的元素组成

许多蛋白质已经获得结晶的纯品。通过对不同生物的蛋白质样品进行元素分析，发现大多数蛋白质的基本组成相似。蛋白质所含主要元素的组成百分比分别为：碳50%～55%，平均52%；氢6.9%～7.7%，平均7%；氧21%～24%，平均23%；氮15%～17.6%，平均16%；硫0.3%～2.3%，平均2%。

有些蛋白质还含有少量的其他元素，主要是磷、铁、碘，此外还含有锌、钼、铜、锰等元素。而且大多数蛋白质中氮的含量较恒定，平均为16%，即每100g蛋白质中含16g氮，这是蛋白质元素组成的一个特点，也是凯氏（Kjedahl）定氮法测定蛋白质含量的计算基础：每测得1g氮即相当于6.25g蛋白质，为蛋白质系数。

$$蛋白质含量 = 含氮量 \times \frac{100}{16} = 含氮量 \times 6.25$$

三、蛋白质的分子量

蛋白质的分子量很大，其分子量变化范围在数千到数千万。下面介绍几种测定蛋白质分子量的常用方法。

1. 根据化学组成测定最低分子量

用化学分析方法测出蛋白质中某一微量元素的含量，便可求出蛋白质的最低分子量。例如，肌红蛋白含铁量为0.335%，根据下式可计算出其最低分子量。

$$肌红蛋白最低分子量 = \frac{铁的原子量}{铁的百分含量} \times n = \frac{55.8}{0.335\%} \times 1 = 16656.7$$

因为用一些物理化学方法测得的肌红蛋白分子量与计算值极为接近，所以该分子中只含一个铁原子，即$n=1$。有时当蛋白质分子中某一个氨基酸的含量特别少时，也可以应用同样的原理，计算出蛋白质的最低分子量。

2. 凝胶过滤法测定分子量

凝胶过滤法可以把蛋白质混合物按分子大小分离开来。一定型号的凝胶颗粒上具有一定大小的孔隙，当不同分子大小的蛋白质流经凝胶色谱柱时，大于孔隙的分子不能进入胶粒而

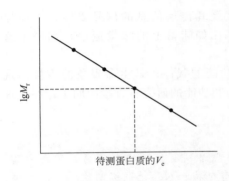

图 2-1 蛋白质分子量与
洗脱体积的关系

被排阻在胶粒外面，比孔隙小的分子能不同程度地自由出入胶粒内外。当用洗脱液洗脱时，被排阻的大分子先被洗脱下来，随后能够进入颗粒的蛋白质也按大小而先后被洗脱下来。即分子量越大的越先被洗脱，分子量越小的越后被洗脱下来。由于不同排阻范围的葡聚糖凝胶有一特定的蛋白质分子量范围，在此范围内，分子量的对数和洗脱体积之间呈线性关系。因此，只要测得几种蛋白质分子量标准物的洗脱体积（V_e），并以它们分子量的对数（$\lg M_r$）对 V_e 作图，绘制出标准洗脱曲线；未知蛋白质在同样的条件下进行色谱分析，根据其所用的洗脱体积，从标准洗脱曲线上可求出该蛋白质对应的分子量（图 2-1）。

3. SDS-聚丙烯酰胺凝胶电泳法测定分子量

蛋白质在普通聚丙烯酰胺凝胶中电泳时，其迁移率取决于蛋白质分子大小、所带净电荷的量以及分子形状等因素。1967 年，Shapiro 等人发现，在聚丙烯酰胺凝胶系统中加入阴离子去污剂十二烷基硫酸钠（SDS）和少量巯基乙醇，则蛋白质分子的电泳迁移率主要取决于分子量，与它原来所带电荷和分子形状无关。SDS 是一种变性剂，能破坏蛋白质中的氢键和疏水作用，同时巯基乙醇可打开二硫键，因此它们使多肽链呈展开状态。而且在一定条件下 SDS 与蛋白质分子结合（1.4g SDS/1g 蛋白质），SDS 是阴离子，因而使蛋白质分子带上大量的负电荷，该电荷量远超过蛋白质分子原来所带的电荷量，因而掩盖了不同蛋白质间原有的电荷差异，结果电泳时所有的 SDS-蛋白质复合体都向正极移动。而且所有 SDS-蛋白质复合体的形状都近似于长椭圆棒，其短轴（直径）是恒定的，而长轴与蛋白质分子量的大小成正比。这样就消除了蛋白质之间原有的电荷和形状差异，电泳速度只取决于蛋白质分子量的大小。进行凝胶电泳时，常常用一种染料作前沿物质，蛋白质分子在电泳中的移动距离和前沿物质移动的距离之比值称为相对迁移率（R_f），相对迁移率和分子量的对数呈直线关系。以标准蛋白质分子量的对数对其相对迁移率作图，得到标准曲线。将未知蛋白质在同样条件下电泳，根据测得的样品相对迁移率，从标准曲线上便可查出其分子量（图 2-2）。

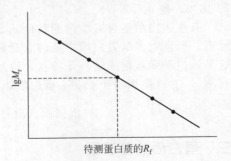

图 2-2 蛋白质分子量与
相对迁移率的关系

4. 沉降分析法测定分子量

蛋白质分子在溶液中受到强大的离心力作用时，如果蛋白质的密度大于溶液的密度，蛋白质分子趋于下沉，沉降速度与蛋白质分子的大小、密度以及分子形状有关，而且与溶剂的密度和黏度有关。利用超速离心机来测定分子量常用的方法是沉降速度法。沉降蛋白质颗粒在离心场中的沉降速度用每单位时间内颗粒下沉的距离来表示。在离心场中蛋白质颗粒发生沉降时，它受到三种力的作用，分别是离心力、浮力和摩擦力。在离心场中，分子颗粒以恒定速度移动时，蛋白质分子所受到的净离心力（离心力减去浮力）与溶剂的摩擦力平衡，此时单位离心场的沉降速度是个定值，称为沉降系数，用 s（小写）表示。为方便起见，把 10^{-13} s 作为一个单位，称为斯维得贝格单位（Svedberg unit）或沉降系数单位，用 S（大写）表示。蛋白质的沉降系数大约在 $1\times10^{-13}\sim200\times10^{-13}$ s 范围内，即 1S～200S。如测得蛋白质的沉降系数及扩散系数等有关参数，可按下列公式计算出蛋白质的分子量：

$$M_r = \frac{RTs}{D(1-\bar{v}\rho)}$$

式中，s 是沉降系数，S；T 是热力学温度，K；D 为扩散系数，在数值上等于当浓度梯度为 1 单位时，在 1s 内，通过 $1cm^2$ 面积而扩散的溶质量，$g/(cm^2 \cdot s)$；M_r 为蛋白质的分子量；R 是气体常数，$R=8.314J/(mol \cdot K)$；ρ 是溶剂密度，20℃时 1mL 溶剂的质量，g/cm^3；$\bar{v}$ 为蛋白质分子的偏摩尔体积，即向无限大体积的溶剂中加入 1g 蛋白质时溶液体积的增量。

高度不对称的大多数纤维状蛋白质不能利用该法测定分子质量。

四、蛋白质的分类

生物体中蛋白质的种类非常之多，估计在 $10^{10} \sim 10^{12}$ 数量级。每种类型生物细胞都含有成千上万种蛋白质，且各自具有其独特的结构和功能。不同生物所含有的蛋白质的种类和数量也各不相同，并且具有可调节性，因而表现出不同的性状和特征。一般按分子组成、分子形状、溶解度和蛋白质的生物学功能对蛋白质进行分类。

1. 根据分子形状可将蛋白质分为两类

（1）球状蛋白质　球状蛋白质形状近似于球形或椭球形，分子比较对称，溶解度较好，多数可溶于水或稀中性盐溶液中。大多数蛋白质属于球状蛋白质，如血红蛋白、肌红蛋白、清蛋白、酶蛋白、球蛋白等。

（2）纤维状蛋白质　纤维状蛋白质外形呈细棒状或纤维状，分子对称性差，溶解性质各不相同。大多数纤维状蛋白质不溶于水，如胶原蛋白、角蛋白和弹性蛋白等；有些则溶于水，如肌球蛋白、血纤蛋白原等。纤维状蛋白质是动物体的基本支架和外保护成分。

2. 根据分子组成可将蛋白质分为两类

（1）单纯蛋白质　仅由氨基酸组成，不含其他化学成分。按溶解度的差别可分为：

① 清蛋白　又称白蛋白，分子量较小，溶于水、稀盐、稀酸和稀碱，可被饱和硫酸铵沉淀。如小麦种子中的麦清蛋白、血液中的血清清蛋白和鸡蛋中的卵清蛋白等。

② 球蛋白　一般不溶于水而溶于稀盐溶液，可被半饱和硫酸铵所沉淀。如大豆种子中的豆球蛋白、肌肉中的肌球蛋白、血液中的血清球蛋白以及免疫球蛋白等都属于这一类。

③ 谷蛋白　不溶于水、醇及稀盐溶液，而易溶于稀酸和稀碱。谷蛋白存在于植物种子中，如水稻种子中的稻谷蛋白和小麦种子中的麦谷蛋白等。

④ 谷醇溶蛋白　不溶于水和盐溶液，但溶于 70%～80% 的乙醇中，多存在于禾本科作物的种子中，如玉米醇溶蛋白、麦醇溶蛋白。

⑤ 精蛋白　易溶于水和稀酸，含碱性氨基酸多，但缺少色氨酸和酪氨酸，是一类碱性蛋白质。精蛋白存在于成熟的精细胞中，与 DNA 结合在一起，如鱼精蛋白、鲑精蛋白等。

⑥ 组蛋白　可溶于水和稀酸，含有丰富的精氨酸和赖氨酸，是一类碱性蛋白质。组蛋白是染色体的结构蛋白。

⑦ 硬蛋白　不溶于水、盐、稀酸、稀碱，主要存在于皮肤、毛发、指甲中，是动物体内作为支持和保护作用的蛋白质，如角蛋白、胶原蛋白、弹性蛋白等。

（2）结合蛋白质　由单纯蛋白质部分和非蛋白质部分结合而成。非蛋白质部分称为辅基。按结合蛋白质辅基的不同，将其分为 7 类（见表 2-1）。

3. 按生物学功能分类

蛋白质按生物学功能可分为：酶、调节蛋白、转运蛋白、贮存蛋白、收缩和游动蛋白、结构蛋白、支架蛋白、保护和开发蛋白、异常蛋白等。

表 2-1　结合蛋白质按辅基分类

类别	辅基	举例
糖蛋白	糖类	蛋白聚糖、γ-球蛋白、纤连蛋白
核蛋白	核酸	核糖体、病毒核蛋白、染色体蛋白
脂蛋白	各种脂类	血浆脂蛋白
磷蛋白	磷酸	酪蛋白、糖原磷酸化酶 a
金属蛋白	金属离子	铁蛋白、铜蓝蛋白、细胞色素氧化酶
血红素蛋白	血红素	血红蛋白、细胞色素 c、过氧化氢酶
黄素蛋白	FMN、FAD	NADH 脱氢酶、琥珀酸脱氢酶

五、蛋白质的水解

　　蛋白质是含氮的生物大分子，分子量很大且结构复杂。但是蛋白质可被酸、碱水解，也可以被酶催化水解，在水解过程中蛋白质逐渐降解为分子量越来越小的肽段，如彻底水解则可得到各种氨基酸的混合物，而且氨基酸不能再水解成更小的单位，所以氨基酸（amino acid，AA）是组成蛋白质的基本结构单位。各种蛋白质所含的氨基酸的种类和数目都各不相同。

　　根据蛋白质的水解程度可分为完全水解和部分水解两种。前者得到的水解产物是各种氨基酸的混合物。后者得到的产物是各种大小不等的肽段和氨基酸。酸、碱和酶 3 种水解方法各有利弊（表 2-2）。

表 2-2　酸、碱和酶 3 种水解方法比较

水解方法	反应物及反应条件	产物	优点	缺点
酸水解	硫酸（4mol/L）或盐酸（6mol/L） 105～110℃ 20h	L-氨基酸	不引起消旋作用	色氨酸完全被破坏，一小部分羟基氨基酸被分解，天冬酰胺和谷氨酰胺的酰胺被水解下来
碱水解	氢氧化钠（5mol/L）煮沸 10～20h	D 型和 L 型氨基酸的混合物	色氨酸稳定，未被破坏	多数氨基酸被破坏，且产生消旋现象并引起精氨酸脱氨，生成鸟氨酸和尿素
酶水解	酶	大小不等的肽段和氨基酸	不产生消旋作用，也不破坏氨基酸	使用单一的酶往往水解不彻底，且水解所需时间较长

第 2 节　氨基酸

一、氨基酸的结构特点

　　目前已发现的氨基酸已有 300 多种，但参与蛋白质分子组成的常见氨基酸只有 20 种，称为编码氨基酸或常见蛋白质氨基酸。除脯氨酸外，这些天然氨基酸在结构上有其共同特点：即每个氨基酸分子中与羧基相邻的 α-碳原子（C_α）上都结合有一个氨基，故称为 α-氨基酸。此外与 α-碳原子相连的还有一个氢原子和一个各不相同的侧链 R 基。各种氨基酸的差别就在于其 R 基的结构不同。α-氨基酸的结构通式可用下式表示：

不带电形式　　　　　　　两性离子形式

二、氨基酸的分类

1. 常见蛋白质氨基酸

由于各种氨基酸的区别就在于侧链 R 基的不同，故目前常以氨基酸侧链 R 基的化学结构和性质作为氨基酸分类的依据。氨基酸的名称常使用三字母的简写符号表示。

按侧链 R 基团的化学结构可将 20 种氨基酸分为三大类：脂肪族、芳香族和杂环族。

（1）脂肪族氨基酸

① 中性氨基酸：甘氨酸、丙氨酸、缬氨酸、亮氨酸（α-氨基-γ-甲基戊酸）、异亮氨酸。甘氨酸是 20 种氨基酸中结构最简单的，其 R 基为氢原子，是唯一不含手性碳原子的氨基酸，故不具有旋光性。

② 含羟基的氨基酸：丝氨酸和苏氨酸。

③ 含硫氨基酸：半胱氨酸和甲硫氨酸（又称蛋氨酸）。半胱氨酸在蛋白质中常以氧化型的胱氨酸存在，胱氨酸是由两个半胱氨酸通过其侧链的—SH 氧化成二硫键连接而成的，二硫键又称为二硫桥。

④ 含酰胺基的氨基酸：天冬酰胺和谷氨酰胺。天冬酰胺和谷氨酰胺分别是天冬氨酸和谷氨酸的酰胺化产物。

⑤ 酸性氨基酸：天冬氨酸和谷氨酸。

⑥ 碱性氨基酸：精氨酸和赖氨酸。

（2）芳香族氨基酸 苯丙氨酸、酪氨酸、色氨酸。

（3）杂环族氨基酸 组氨酸和脯氨酸。脯氨酸明显地不同于其他 19 种氨基酸，没有自由的 α-氨基，它有一个环形的饱和烃侧链结合在 α-碳和 α-氨基的氮上，因为它不含有氨基而含有亚氨基，所以严格地讲，脯氨酸是一个亚氨基酸而不是氨基酸。

根据 R 基团的极性可将氨基酸分为四大类：非极性 R 基团氨基酸；极性不带电荷 R 基团氨基酸；极性带正电荷 R 基团氨基酸；极性带负电荷 R 基团氨基酸。

（1）非极性 R 基团氨基酸 这一类包括 8 种氨基酸（表 2-3），其中 4 种是带有脂肪烃侧链的氨基酸（丙氨酸、缬氨酸、亮氨酸、异亮氨酸），2 种含有芳香环的氨基酸（苯丙氨酸、色氨酸）；一种含硫氨基酸（甲硫氨酸）和一种亚氨基酸（脯氨酸）。这组氨基酸的侧链都是高度疏水的，其中以丙氨酸的 R 基疏水性为最小。这 8 种氨基酸在水中的溶解度比极性 R 基团氨基酸小。

表 2-3　非极性 R 基团氨基酸

氨基酸名称	三字母符号	化学结构式
丙氨酸（alanine）	Ala	$CH_3 - \overset{\overset{NH_3^+}{\mid}}{\underset{\underset{H}{\mid}}{C}} - COO^-$
缬氨酸（valine）	Val	$H_3C - CH - \overset{\overset{NH_3^+}{\mid}}{CH} - COO^-$ ，$\underset{CH_3}{\mid}$
亮氨酸（leucine）	Leu	$CH_3 - CH - CH_2 - \overset{\overset{NH_3^+}{\mid}}{CH} - COO^-$ ，$\underset{CH_3}{\mid}$

氨基酸名称	三字母符号	化学结构式
异亮氨酸(isoleucine)	Ile	$CH_3-CH_2-\overset{\overset{NH_3^+}{\mid}}{\underset{\underset{CH_3}{\mid}}{CH}}-CH-COO^-$
苯丙氨酸(phenylalanine)	Phe	$\text{苯基}-CH_2-\overset{\overset{NH_3^+}{\mid}}{CH}-COO^-$
色氨酸(tryptophan)	Trp	$\text{吲哚基}-CH_2-\overset{\overset{NH_3^+}{\mid}}{CH}-COO^-$
甲硫氨酸(methionine)	Met	$CH_3-S-CH_2-CH_2-\overset{\overset{NH_3^+}{\mid}}{CH}-COO^-$
脯氨酸(proline)	Pro	(环状结构)

（2）极性不带电荷 R 基团氨基酸　这一类包括 7 种氨基酸（表 2-4），分别是脂肪族氨基酸中的甘氨酸，2 个含羟基的氨基酸（丝氨酸和苏氨酸），含硫氨基酸中的半胱氨酸，2 个含酰胺基的氨基酸（天冬酰胺和谷氨酰胺），以及芳香族氨基酸中的酪氨酸。它们的侧链均含有不解离的极性基团，可与水形成氢键。甘氨酸侧链介于极性和非极性之间，所以有时也把它归为非极性类，但是其 R 基只是一个氢原子，对极性强的 α-氨基和羧基影响很小。这一类氨基酸中半胱氨酸和酪氨酸的 R 基极性最强，前者的巯基和后者的酚羟基在 pH7 时可以微弱电离，与该组中的其他氨基酸侧链相比失去质子的倾向要大得多。

表 2-4　极性 R 基团氨基酸

带电状态	氨基酸名称	三字母符号	化学结构式
不带电荷	甘氨酸(glycine)	Gly	$H-\overset{\overset{NH_3^+}{\mid}}{\underset{\underset{H}{\mid}}{C}}-COO^-$
	丝氨酸(serine)	Ser	$HO-CH_2-\overset{\overset{NH_3^+}{\mid}}{CH}-COO^-$
	苏氨酸(threonine)	Thr	$HO-\overset{\overset{CH_3}{\mid}}{CH}-\overset{\overset{NH_3^+}{\mid}}{CH}-COO^-$
	半胱氨酸(cysteine)	Cys	$HS-CH_2-\overset{\overset{NH_3^+}{\mid}}{CH}-COO^-$

带电状态	氨基酸名称	三字母符号	化学结构式
不带电荷	天冬酰胺（asparagine）	Asn	$H_2N-\overset{\overset{O}{\|}}{C}-CH_2-\overset{\overset{NH_3^+}{\|}}{CH}-COO^-$
	谷氨酰胺（glutamine）	Gln	$H_2N-\overset{\overset{O}{\|}}{C}-CH_2-CH_2-\overset{\overset{NH_3^+}{\|}}{CH}-COO^-$
	酪氨酸（tyrosine）	Tyr	$HO-\!\!\bigcirc\!\!-CH_2-\overset{\overset{NH_3^+}{\|}}{CH}-COO^-$
带正电荷	组氨酸（histidine）	His	$CH_2-\overset{\overset{NH_3^+}{\|}}{CH}-COO^-$ （咪唑环）
	精氨酸（arginine）	Arg	$HN=\overset{\overset{NH_3^+}{\|}}{C}-NH-CH_2-CH_2-CH_2-\overset{\overset{NH_3^+}{\|}}{CH}-COO^-$
	赖氨酸（lysine）	Lys	$H_3N^+-CH_2-CH_2-CH_2-\overset{\overset{NH_3^+}{\|}}{CH}-COO^-$
带负电荷	天冬氨酸（aspartic acid）	Asp	$^-OOC-CH_2-\overset{\overset{NH_3^+}{\|}}{CH}-COO^-$
	谷氨酸（glutamic acid）	Glu	$^-OOC-CH_2-CH_2-\overset{\overset{NH_3^+}{\|}}{CH}-COO^-$

（3）极性带正电荷 R 基团氨基酸 这一类有 3 种氨基酸（表 2-4），包括杂环族的组氨酸及脂肪族氨基酸中的精氨酸和赖氨酸。它们的侧链都带有亲水性的含氮碱基基团，在 pH7 时侧链基团带有净正电荷。精氨酸的侧链带有一个带正电荷的胍基，它是 20 种氨基酸中碱性最强的氨基酸。

（4）极性带负电荷 R 基团氨基酸 这一类包括 2 种酸性氨基酸（表 2-4）。天冬氨酸和谷氨酸都是脂肪族的氨基酸，均含有 2 个羧基，且侧链的羧基在 pH7 左右也完全解离，因此在蛋白质中是带负电荷的。这两种氨基酸经常出现在蛋白质分子表面。

2. 蛋白质的稀有氨基酸

绝大多数蛋白质水解后产生的是上述 20 种氨基酸，但是从少数蛋白质中还分离出了一些不常见的特殊氨基酸，称为蛋白质的稀有氨基酸（图 2-3）。蛋白质的稀有氨基酸在遗传上是特殊的，由于它们没有遗传密码编码，因此所有已知的稀有氨基酸都是在蛋白质合成后，在相应的常见氨基酸基础上经过化学修饰而形成的。如 5-羟基赖氨酸和 4-羟基脯氨酸来自蛋白质中赖氨酸和脯氨酸的羟化；在一些凝血因子和其他一些与血液凝固有关的蛋白质分子中含有 γ-羧基谷氨酸，它来自蛋白质分子中谷氨酸的羧化。

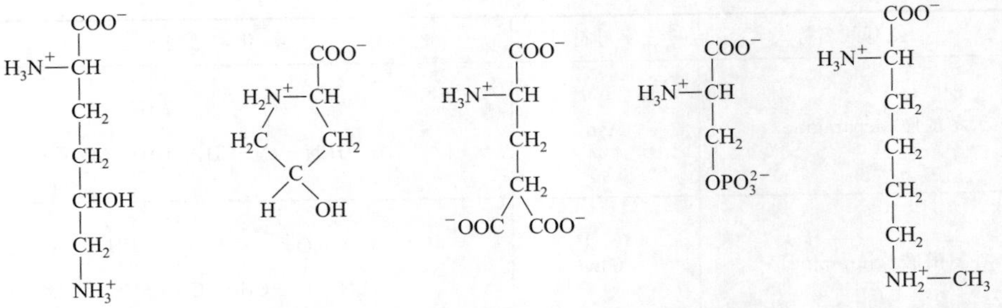

5-羟基赖氨酸　　4-羟基脯氨酸　　γ-羧基谷氨酸　　磷酸丝氨酸　　ε-N-甲基赖氨酸

图 2-3　某些稀有氨基酸

3. 非蛋白质氨基酸

除了参与蛋白质组成的 20 种氨基酸和少数稀有氨基酸外，还在各种组织和细胞中发现了 150 多种其他氨基酸，它们以游离或结合状态存在于生物体内，称为非蛋白质氨基酸（图 2-4）。这些氨基酸大多数是蛋白质中存在的 L 型 α-氨基酸的衍生物，如鸟氨酸（ornithine）、瓜氨酸（citrulline）、高丝氨酸（homeserine）、高半胱氨酸等；但也有一些是 β-、γ- 或 δ-氨基酸，如 β-丙氨酸、γ-氨基丁酸。虽然这些氨基酸不参与蛋白质的组成，但在生物体中往往具有一定的生理功能，如鸟氨酸和瓜氨酸是合成精氨酸的前体，β-丙氨酸是一种维生素——遍多酸的前体。尽管蛋白质水解得到的氨基酸均为 L 型，但有些非蛋白质氨基酸是 D 构型的，例如在细菌细胞壁的肽聚糖组分中发现有 D-谷氨酸和 D-丙氨酸，链霉菌属细菌可产生一种抗生素——D-环丝氨酸。

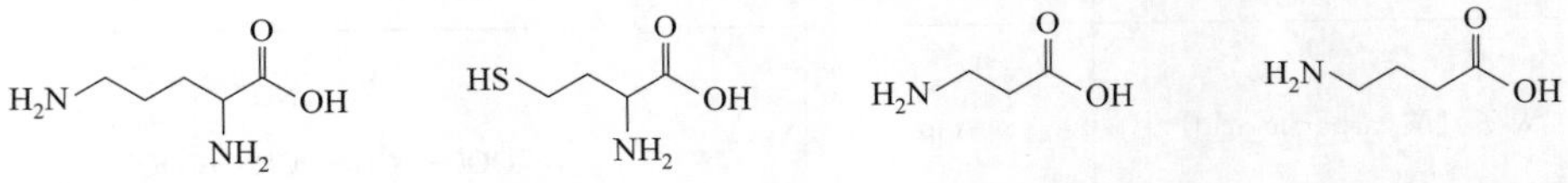

鸟氨酸　　　　高半胱氨酸　　　　β-丙氨酸　　　　γ-氨基丁酸

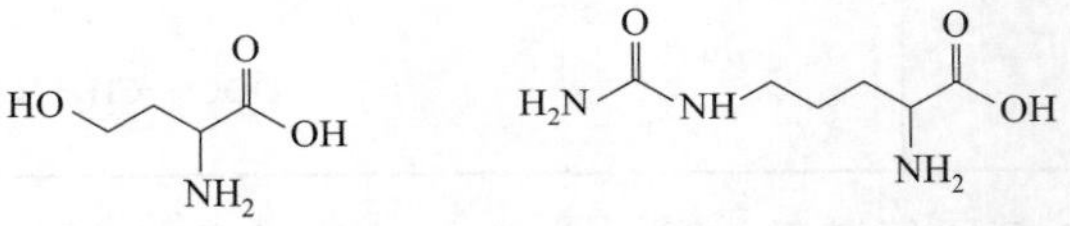

高丝氨酸　　　　　　瓜氨酸

图 2-4　某些非蛋白质氨基酸

虽然人和动物通过自身代谢可以合成大部分氨基酸（植物和某些微生物可以合成各种氨基酸），但有一部分氨基酸是自身不能合成，必须由外界食物供给的，这些氨基酸称为必需氨基酸，包括色氨酸、赖氨酸、甲硫氨酸、苯丙氨酸、亮氨酸、异亮氨酸、缬氨酸和苏氨酸。而人体能够自行合成的氨基酸则称为非必需氨基酸。

人体蛋白质以及食物蛋白质在必需氨基酸的种类和含量上存在着差异。在营养学上用氨基酸模式（某种蛋白质中各种必需氨基酸的构成比例称做氨基酸模式）来反映这种差异。食物蛋白质的氨基酸模式与人体蛋白质越接近时，必需氨基酸被机体利用的程度也越高，食物蛋白质的营养价值也相对越高。一般来说，动物蛋白质所含的必需氨基酸在组成和比例方面较合乎人体需要，因而其营养价值要比植物蛋白质高。其中鸡蛋蛋白质与人体蛋白质氨基酸模式最接近。植物性蛋白质往往由于缺少赖氨酸、甲硫氨酸、苏氨酸和色氨酸等必需氨基酸，因此营养价值相对较低。为了提高植物性蛋白质的营养价值，往往将两种或两种以上的食物混合食用，使食物蛋白质间相对不足的氨基酸相互补偿，提高膳食蛋白质的营养价值，这种相互补充其必需氨基酸不足的作用称蛋白质的互补作用。如果一种蛋白质中含有全部必需氨基酸，能使动物或人正常生长，则被称为完全蛋白质，如酪蛋白、卵蛋白等。如果蛋白质组成中缺少一种或几种必需氨基酸则被称为不完全蛋白质，如白明胶等。

三、氨基酸的性质

不同氨基酸之间的差异只是在其侧链上，氨基酸的性质是由它的结构决定的，因此各种氨基酸具有许多共同的性质。

1. 一般物理性质

α-氨基酸为白色晶体，每种氨基酸都有其特殊的结晶形状，利用结晶形状可以鉴别各种氨基酸。氨基酸的熔点极高，一般在 200℃ 以上，L-酪氨酸的熔点可达 344℃。除胱氨酸和酪氨酸外，一般都能溶于水，但各种氨基酸在水中的溶解度差别较大。氨基酸能溶解于稀酸或稀碱，脯氨酸和羟脯氨酸还能溶于乙醇或乙醚中。

2. 氨基酸的两性解离和等电点

（1）氨基酸的两性离子形式　氨基酸晶体的熔点很高，且能使水的介电常数增高，这说明氨基酸和一般的有机化合物不同。如果氨基酸在晶体或水溶液中不是以中性分子，而是以离子的形式存在，那么上述两个现象就很容易解释了。但是与无机离子不同的是，氨基酸是两性离子。实验证明，氨基酸在晶体或水溶液中都是以两性离子的形式存在的。所谓两性离子是指在同一个氨基酸分子上带有等量的正负两种电荷，由于正负电荷相互中和而呈电中性，这种形式又称兼性离子或偶极离子。

（2）氨基酸的解离　根据 Bronsted-Lowry 的酸碱质子理论，酸是质子的供体，碱是质子的受体，氨基酸分子中既含有氨基，又含有羧基，在水溶液中它既可以作为酸释放质子，又可以作为碱接受质子，因此，氨基酸是两性电解质。在溶液中氨基酸上的氨基和羧基都能解离，但解离度与 pH 有关。其解离情况如下：

$$
\underset{\text{阳离子(pH<}p I\text{)}}{\underset{|}{\overset{H_3N^+}{\overset{|}{R-C-COOH}}}} \xrightarrow[\text{H}^+]{\text{OH}^-} \underset{\text{两性离子(pH=}p I\text{)}}{\underset{|}{\overset{H_3N^+}{\overset{|}{R-C-COO^-}}}} \xrightarrow[\text{H}^+]{\text{OH}^-} \underset{\text{阴离子(pH>}p I\text{)}}{\underset{|}{\overset{H_2N}{\overset{|}{R-C-COO^-}}}}
$$

可以将完全质子化时的氨基酸看成是多元酸，侧链不解离的中性氨基酸可看作二元酸，酸性氨基酸和碱性氨基酸可视作三元酸。例如甘氨酸，它完全质子化时可以看作是一个二元弱酸，其解离情况如下：

$$
\underset{\text{阳离子(AA}^+\text{)}}{\underset{|}{\overset{H_3N^+}{\overset{|}{H-C-COOH}}}} \xrightarrow{K_1} \underset{\text{两性离子(AA}^\pm\text{)}}{\underset{|}{\overset{H_3N^+}{\overset{|}{H-C-COO^-}}}} \xrightarrow{K_2} \underset{\text{阴离子(AA}^-\text{)}}{\underset{|}{\overset{H_2N}{\overset{|}{H-C-COO^-}}}}
$$

$$K_1 = \frac{[AA^\pm][H^+]}{[AA^+]} \quad (2\text{-}1) \qquad K_2 = \frac{[AA^-][H^+]}{[AA^\pm]} \quad (2\text{-}2)$$

K_1、K_2 分别代表 α-碳上的—COOH 和—NH$_3^+$ 解离常数，可用测定滴定曲线的实验方法求得。当 1mol 的甘氨酸溶于水时，溶液的 pH 约为 6，如果用标准氢氧化钠溶液进行

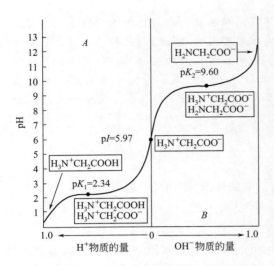

图 2-5　甘氨酸的滴定曲线

（方框内表示在该 pH 条件下甘氨酸的存在形式）

滴定，以加入的氢氧化钠的物质的量对 pH 作图，得到滴定曲线 B（图 2-5）。

从甘氨酸的解离公式（2-2）可知，当两性离子有一半变成阴离子时（$[AA^\pm]=[AA^-]$），则 $K_2=[H^+]$，两边各取负对数得 $pK_2=pH$，这就是曲线 B 转折点处的 pH9.60。同样方法，如果用标准盐酸滴定，可得到曲线 A（图 2-5），转折点处 pH2.34，即 $pK_1=2.34$，此时，两性离子和阳离子的物质的量相等（$[AA^\pm]=[AA^+]$）。

R 基不解离的氨基酸均具有与甘氨酸类似的滴定曲线。酸性氨基酸和碱性氨基酸的侧链分别含有可解离的羧基或氨基，相当于三元酸，有三个 pK 值，因此滴定曲线比较复杂。

（3）氨基酸的等电点　从甘氨酸的解离公式或滴定曲线可以看到，氨基酸的带电状况与溶液的 pH 有关，改变 pH 可以使氨基酸带正电荷或负电荷，也可以使其处于净电荷为零的两性离子状态。在滴定曲线中间 pH＝5.97 处有一转折点，此时甘氨酸分子上的净电荷为零，绝大多数的甘氨酸分子以两性离子形式存在，此时的 pH 就是甘氨酸的等电点。在一定的 pH 条件下，氨基酸分子中所带的正电荷和负电荷数相同，即净电荷为零，此时溶液的 pH 称为该氨基酸的等电点，用符号 pI 表示。也就是说，在等电点时，溶液中的氨基酸绝大多数以两性离子形式存在，净电荷为零，在电场中既不向正极移动，也不向负极移动。

氨基酸的等电点可由实验测定，也可根据氨基酸的解离公式推导出来。将前面公式中的 K_1 和 K_2 的等式相乘得：

$$K_1K_2=[H^+]^2\frac{[AA^-]}{[AA^+]}$$

等电点时 $[AA^-]=[AA^+]$，故：$K_1K_2=[H^+]^2$

即：

$$[H^+]=(K_1K_2)^{\frac{1}{2}}$$

等式两边取负对数得：$-\lg[H^+]=-\frac{1}{2}(\lg K_1+\lg K_2)$

即：

$$pI=\frac{1}{2}(pK_1+pK_2)$$

从上述结论可知，pI 值与离子浓度无关，其值决定于两性离子两侧的可解离基团的 pK 值。也就是说，侧链不解离的中性氨基酸，其等电点是该氨基酸两性离子状态两侧的 pK 值的平均值。例如，甘氨酸的等电点为：$pI=\frac{1}{2}(2.34+9.60)=5.97$。

同样，对于含有三个可解离基团的氨基酸来说，只要依次写出它从酸性经过中性至碱性溶液解离过程的各种离子形式，然后取两性离子两侧的 pK 值的平均值，即可求出其 pI 值。例如天冬氨酸的解离，天冬氨酸有三个解离基团可以释放出氢质子，所以相当于是一个三元弱酸。当所处环境的 pH 从酸性逐渐转变为碱性时，三个解离基团依次解离，所以有三个 pK 值。谷氨酸的解离如下：

$$
\begin{array}{c}
\text{COOH} \\
| \\
\text{H}_3\text{N}^+\!-\!\text{C}\!-\!\text{H} \\
| \\
\text{CH}_2 \\
| \\
\text{CH}_2 \\
| \\
\text{COOH}
\end{array}
\xrightleftharpoons{K_1}
\begin{array}{c}
\text{COO}^- \\
| \\
\text{H}_3\text{N}^+\!-\!\text{C}\!-\!\text{H} \\
| \\
\text{CH}_2 \\
| \\
\text{CH}_2 \\
| \\
\text{COOH}
\end{array}
\xrightleftharpoons{K_2}
\begin{array}{c}
\text{COO}^- \\
| \\
\text{H}_3\text{N}^+\!-\!\text{C}\!-\!\text{H} \\
| \\
\text{CH}_2 \\
| \\
\text{CH}_2 \\
| \\
\text{COO}^-
\end{array}
\xrightleftharpoons{K_3}
\begin{array}{c}
\text{COO}^- \\
| \\
\text{H}_2\text{N}\!-\!\text{C}\!-\!\text{H} \\
| \\
\text{CH}_2 \\
| \\
\text{CH}_2 \\
| \\
\text{COO}^-
\end{array}
$$

则，$pI_{Glu} = \frac{1}{2}(pK_1 + pK_2) = \frac{1}{2}(2.19 + 4.25) = 3.22$

赖氨酸的解离方程为：

$$\underset{\substack{(CH_2)_4 \\ | \\ NH_3^+}}{\overset{\substack{COOH \\ | \\ H_3N^+ —CH}}{}} \underset{K_1}{\rightleftharpoons} \underset{\substack{(CH_2)_4 \\ | \\ NH_3^+}}{\overset{\substack{COO^- \\ | \\ H_3N^+ —CH}}{}} \underset{K_2}{\rightleftharpoons} \underset{\substack{(CH_2)_4 \\ | \\ NH_3^+}}{\overset{\substack{COO^- \\ | \\ H_2N —CH}}{}} \underset{K_3}{\rightleftharpoons} \underset{\substack{(CH_2)_4 \\ | \\ NH_2}}{\overset{\substack{COO^- \\ | \\ H_2N —CH}}{}}$$

其等电点为：$pI_{Lys} = \frac{1}{2}(pK_2 + pK_3) = \frac{1}{2}(8.95 + 10.53) = 9.74$

各种氨基酸分子上所含氨基、羧基等基团的数目不同以及各种基团的 pK 值的不同，使每种氨基酸都有各自特定的等电点，中性氨基酸的等电点都在 pH6.0 左右，碱性氨基酸的等电点较高，而酸性氨基酸的较低。

由于静电作用，在等电点时，氨基酸的溶解度最小，易沉淀。各种氨基酸的结构不同，在给定 pH 条件下不同氨基酸的解离情况不同，即带电状况不同。当溶液的 pH 小于某氨基酸的等电点时，该氨基酸带正电荷，在电场中向负极移动。当溶液的 pH 大于等电点时，该氨基酸带负电荷，在电场中向正极移动。20 种氨基酸的解离常数和等电点见表 2-5。

表 2-5　氨基酸的解离常数和等电点

氨基酸名称	pK(—COOH)	pK(—NH₃⁺)	pK(R 基)	pI
甘氨酸	2.34	9.60		5.97
丝氨酸	2.21	9.15		5.68
苏氨酸	2.63	10.43		6.53
半胱氨酸	1.71	10.78	8.33(—SH)	5.02
天冬酰胺	2.02	8.8		5.41
谷氨酰胺	2.17	9.13		5.65
酪氨酸	2.20	9.11	10.07(—OH)	5.66
组氨酸	1.82	9.17	6.00(咪唑基)	7.59
精氨酸	2.17	9.04	12.48(胍基)	10.76
赖氨酸	2.18	8.95	10.53(ε-NH₃⁺)	9.74
天冬氨酸	2.09	9.82	3.86(β-COOH)	2.97
谷氨酸	2.19	9.67	4.25(γ-COOH)	3.22
丙氨酸	2.34	9.69		6.02
缬氨酸	2.32	9.62		5.97
亮氨酸	2.36	9.60		5.98
异亮氨酸	2.36	9.68		6.02
苯丙氨酸	1.83	9.13		5.48
色氨酸	2.38	9.39		5.89
甲硫氨酸	2.28	9.21		5.75
脯氨酸	1.99	10.60		6.30

注：除半胱氨酸是 30℃测定值外，其他均为 25℃测定值。

氨基酸在食品、医药、添加剂及化妆品等行业的应用

●食品行业的应用

谷氨酸钠是人类应用的第一个氨基酸，也是世界上应用范围最广、产销量最大的一种氨基酸。从 1908 年日本投入工业化生产到现在，人们已陆续发现甘氨酸、丙氨酸、脯氨酸、天冬氨酸也具有调味作用，并将之应用于食品行业。目前有 8 种氨基酸被用作食品调味剂。

●在医药行业的应用

氨基酸是合成人体蛋白质、激素、酶及抗体的原料，在人体内参与正常的代谢和生理活动，用氨基酸及其衍生物可治疗各种疾病，如作为营养剂、代谢改良剂，具有抗溃疡、防辐射、抗菌、治癌、催眠、镇痛及为特殊病人配制特殊膳食的功效。由几种、十几种氨基酸按一定比例配比组成的氨基酸输液，能治疗多种疾病。输液中氨基酸含量由低浓度的 3％发展到 12％，甚至达到 16％。品种由单一营养输液发展到尿毒症用、肝病用等专用输液。

氨基酸衍生物作为治疗药用于临床目前相当活跃，无论在治疗肝性疾病、心血管疾病，还是溃疡病、神经系统疾病、消炎等方面都已广泛使用，用于治疗的氨基酸衍生物不下数百种。如 4-羟基脯氨酸在治疗慢性肝炎、防止肝硬化方面都很有效。精氨酸阿司匹林、赖氨酸阿司匹林，既保持了阿司匹林镇痛作用，又能降低副作用。

●在饲料添加剂行业的应用

世界上最大的氨基酸消费市场是饲料添加剂，氨基酸作为饲料添加剂主要有 4 个方面的功效：①促进动物生长发育；②改善肉质，提高产奶、产蛋量；③节省蛋白质饲料，使饲料得到充分利用；④降低成本，提高饲料利用率。目前用于饲料添加剂的有蛋氨酸、赖氨酸、苏氨酸、色氨酸、谷氨酸、甘氨酸、丙氨酸 7 种氨基酸。其中主要的是蛋氨酸和赖氨酸，占饲料工业的 95％以上；其次是苏氨酸和色氨酸。

●化妆品行业的应用

氨基酸广泛应用于化妆品中，许多物质如绞股蓝、珍珠粉和薏苡仁等由于其富含氨基酸而多用于化妆品中。例如一种称为金属硫蛋白（简称 MT）的物质，是一种低分子量、富含半胱氨酸的金属结合蛋白，其分子中含有 6 个氨基酸。由于 MT 分子中含有大量半胱氨酸上的硫基，可以全部参与捕捉自由基，起到清除多余自由基、平衡其浓度的作用，消除了造成皮肤衰老的物质，减少黑色素和蜡样质的生成，抑制由这些物质参与的生物反应，从根本上预防和缓解皮肤发生衰老现象。皮肤角质层中的游离氨基酸对保持皮肤的健美具有重要作用。

3. 氨基酸的旋光性和光吸收

（1）氨基酸的旋光性 从氨基酸的结构可以看出，除甘氨酸外其余氨基酸的 α-碳原子都是不对称碳原子。在不对称碳原子上连着四个互不相同的基团或原子，它们在空间排列的位置可以有两种方式，互为物体与镜像关系或左右手关系，不能重叠，称立体异构体，它们的分子式和结构式均相同，只是构型不同。所谓构型是指具有相同结构式的立体异构体中取代基团或原子在空间的相对取向。不同的构型如果没有共价键的破裂是不可能互变的。

氨基酸的构型可参照甘油醛的确定。与 D-甘油醛构型相同的为 D-氨基酸，与 L-甘油醛构型相同的为 L-氨基酸，书写时，—NH$_2$ 在左边为 L 型，—NH$_2$ 在右边为 D 型，如图 2-6 所示。蛋白质中的氨基酸除甘氨酸外都具有不对称的碳原子，所以都有 L 型和 D 型两种构型，但天然蛋白质中存在的氨基酸大多数都是 L-氨基酸。

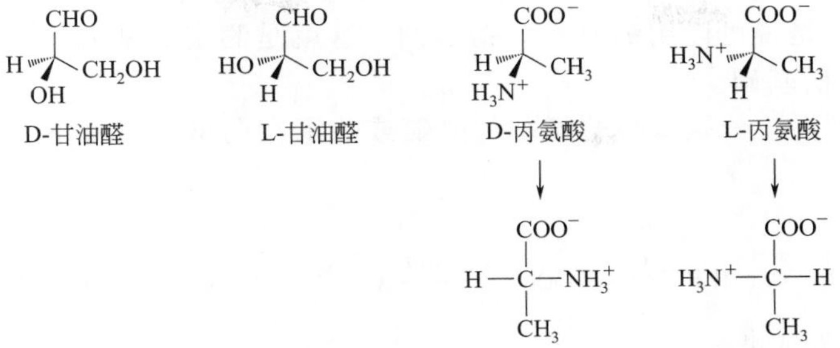

图 2-6　氨基酸的构型与甘油醛构型间的关系

　　氨基酸分子中由于含有不对称碳原子，所以给定氨基酸的一个异构体的溶液在旋光仪上使偏振光平面向左（逆时针）旋转［用（－）表示］，另一个异构体则使偏振光平面向右（顺时针）旋转［用（＋）表示］，但旋转程度相等。这两种立体异构体也称为旋光异构体，这种性质称为旋光性。光学异构体除了引起偏振光平面旋转的方向不同之外，所有的化学和物理性质都是一样的。

　　旋光性物质在化学反应中，只要其不对称原子经过对称状态的中间阶段，就会发生消旋作用，并转变为 D 型和 L 型的等物质的量混合物，称为消旋物。

　　（2）氨基酸的光吸收　组成蛋白质的 20 种氨基酸在可见光区都没有光吸收，但在红外区和远紫外区（$\lambda < 200nm$）均有光吸收。在近紫外光区（200～400nm）只有酪氨酸、苯丙氨酸和色氨酸具有明显的光吸收能力，最大光吸收波长分别在 275nm、257nm、280nm。由于大多数蛋白质都含有酪氨酸，有些蛋白质还含有色氨酸或苯丙氨酸，所以也有紫外吸收能力，一般最大吸收在 280nm 波长处，因而可以利用紫外分光光度法测定样品中蛋白质的含量。

4. 氨基酸重要的化学性质

　　氨基酸分子中含有 α-氨基和 α-羧基以及侧链上的功能团，因此能发生多种化学反应。在此着重介绍几种在蛋白质化学及结构测定中具有重要意义的化学反应。

　　（1）α-氨基参加的反应

　　① 生成席夫碱的反应　氨基酸的氨基可以与醛类化合物发生加成-消除反应，生成席夫碱。

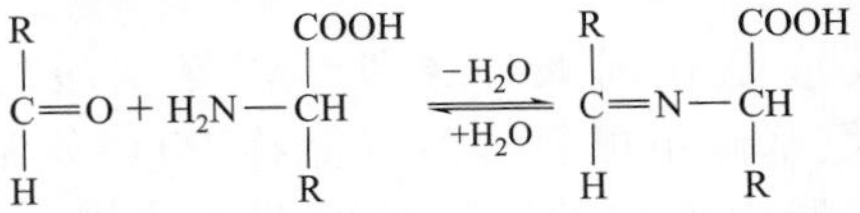

　　② 氨基酸的甲醛滴定　氨基酸虽然是两性电解质，但是它不能用酸碱直接进行定量测定。这是因为氨基酸的酸碱滴定的等当点 pH 过高（pH12～13）或过低（pH1～2），没有适当的指示剂可以选用。但是，氨基酸中的氨基可以与甲醛作用形成单羟甲基衍生物和二羟甲基衍生物，从而降低了氨基的碱性，相对地增强了—NH_3^+ 的酸性解离。例如甘氨酸与甲醛的反应：

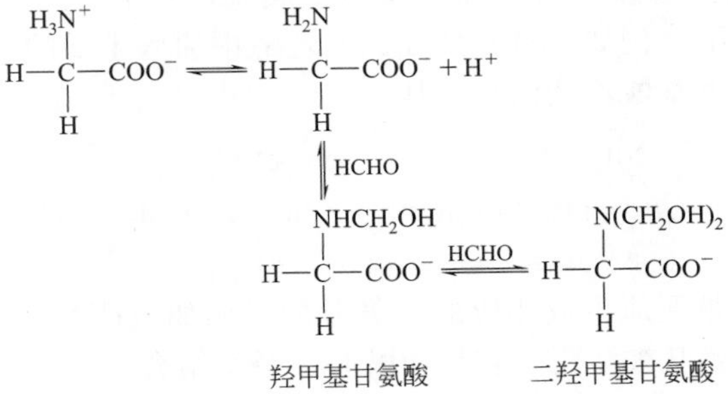

羟甲基甘氨酸　　　二羟甲基甘氨酸

当氨基酸溶液中存在 1mol/L 甲醛时，用标准氢氧化钠滴定，滴定终点由 pH12 左右移到 pH9 附近，也就是说可以用酚酞作为指示剂。这就是测定氨基酸的一种常用方法——氨基酸的甲醛滴定法的基础。

③ 与酰化试剂反应　氨基酸的氨基与酰氯或酸酐在弱碱性条件下发生作用，氨基被酰基化生成酰胺。

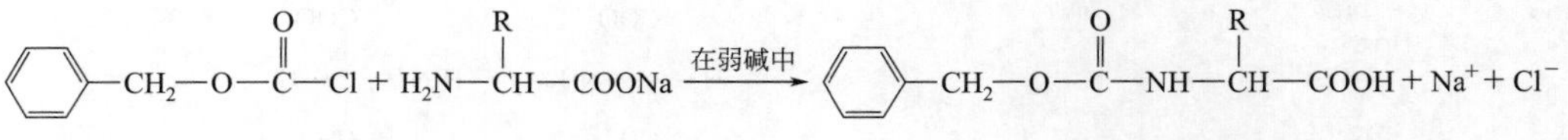

$$\text{苯环-CH}_2\text{-O-}\overset{\overset{\displaystyle O}{\|}}{C}\text{-Cl} + \text{H}_2\text{N-}\overset{\overset{\displaystyle R}{|}}{C}\text{H-COONa} \xrightarrow{\text{在弱碱中}} \text{苯环-CH}_2\text{-O-}\overset{\overset{\displaystyle O}{\|}}{C}\text{-NH-}\overset{\overset{\displaystyle R}{|}}{C}\text{H-COOH} + \text{Na}^+ + \text{Cl}^-$$

苯氧甲酰氯　　　　　　　　　　　　　　　　　　苯氧甲酰氨基酸

常用的酰化试剂有苯氧甲酰氯、叔丁氧甲酰氯、对甲苯磺酰氯等。

④ 烃基化反应　氨基酸氨基上的一个氢原子可被烃基取代。例如在弱碱性（pH8~9）条件下，与 2,4-二硝基氟苯（缩写为 DNFB）发生亲核芳环取代反应生成黄色的 2,4-二硝基苯氨基酸（简称 DNP-氨基酸）。该反应由英国的 F. Sanger 首先发现。此反应又称桑格尔（Sanger）反应（图 2-7），用于鉴定肽链 N 端的氨基酸。

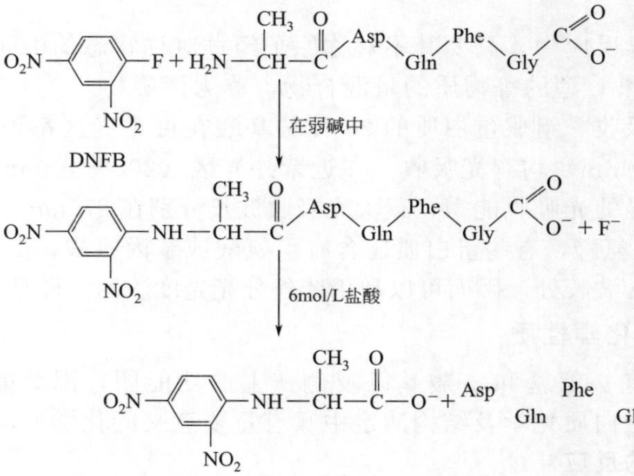

图 2-7　2,4-二硝基氟苯法

另一个重要的烃基化反应是在弱碱性条件下，氨基酸的 α-氨基可与异硫氰酸苯酯（PITC）反应生成相应的苯氨基硫甲酰氨基酸（简称 PTC-氨基酸）。在硝基甲烷中与酸作用，PTC-氨基酸环化形成在酸中稳定的、无色的苯乙内酰硫脲氨基酸（简称 PTH-氨基酸）。此反应又称艾德曼（Edman）反应（图 2-8），可重复测定多肽链 N 端氨基酸排列顺序，设计出"多肽顺序自动分析仪"。

（2）α-羧基参加的反应　氨基酸的 α-羧基和其他有机酸的羧基一样，一定条件下可以发生一系列的化学反应。

① 成盐和成酯反应　氨基酸可以和碱作用生成盐，其中重金属盐不溶于水。与醇类作用，被酯化生成相应的酯。例如，氨基酸在无水乙醇中通入干燥的氯化氢气体，或加入二氯亚砜，然后回流，生成氨基酸乙酯的盐酸盐。

$$\overset{\overset{\displaystyle NH_2}{|}}{\underset{\underset{\displaystyle R}{|}}{H}}\text{C-COOH} + \text{C}_2\text{H}_5\text{OH} \longrightarrow \overset{\overset{\displaystyle NH_3^+Cl^-}{|}}{\underset{\underset{\displaystyle R}{|}}{H}}\text{C-COOC}_2\text{H}_5 + \text{H}_2\text{O}$$

氨基酸的 α-羧基可被还原生成相应的 α-氨基醇（例如被硼氢化锂还原）。成盐、成酯反应后，羧基被保护，而氨基被活化，容易和酰基、烃基结合。

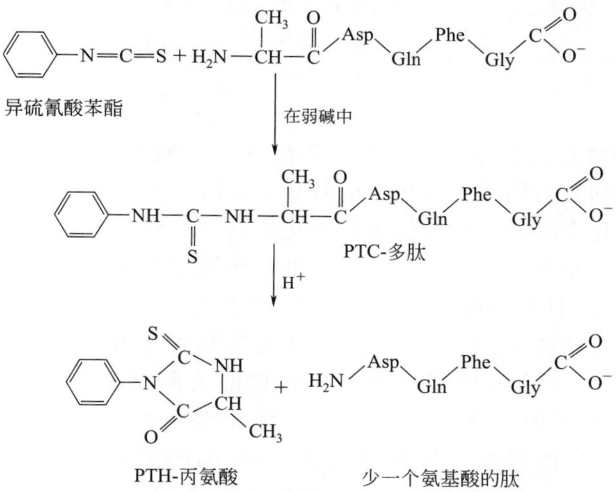

图 2-8 Edman 降解法

② 成酰氯反应 如果用适当的保护基（例如苄氧甲酰基）将氨基酸的氨基保护后，其羧基可以与二氯亚砜或五氯化磷作用生成酰氯：

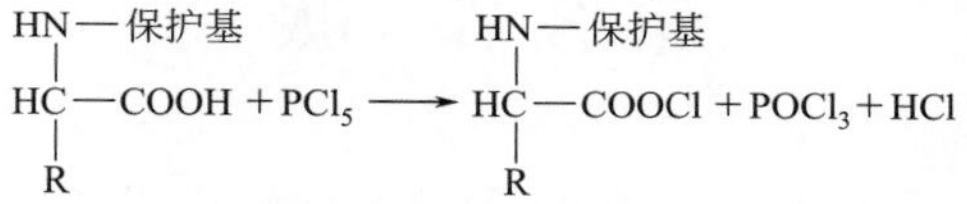

（3）α-羧基和 α-氨基共同参加的反应

① 与茚三酮反应 α-氨基酸与茚三酮一起在弱酸性溶液中加热，生成蓝紫色物质，反应过程如图 2-9。除了脯氨酸和羟脯氨酸与茚三酮反应产生黄色物质外，其余氨基酸及具有游离 α-氨基的肽都产生蓝紫色，此反应十分灵敏，几微克氨基酸就能显色。根据反应所生成的蓝紫色的深浅，在 570nm（黄色在 440nm）波长下进行比色就可测定样品中氨基酸的含量，用于蛋白质定性和定量分析。

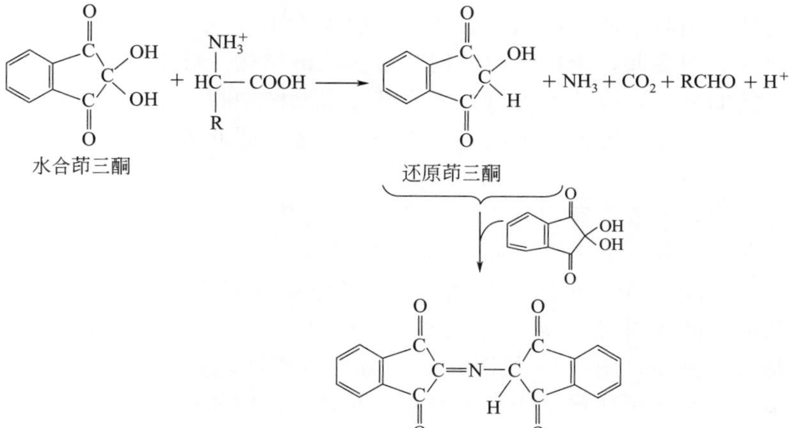

图 2-9 茚三酮反应

② 成肽反应 一个氨基酸的氨基和另一个氨基酸的羧基可以缩合生成肽，形成的键称

为肽键（酰胺键）。成肽反应是多肽和蛋白质合成的基本反应。

$$H_2N-\overset{R^1}{\underset{|}{CH}}-\overset{O}{\underset{||}{C}}-\boxed{OH+H}-N-\overset{R^2}{\underset{|}{CH}}-\overset{O}{\underset{||}{C}}-OH \longrightarrow H_2N-\overset{R^1}{\underset{|}{CH}}-\overset{O}{\underset{||}{C}}-NH-\overset{R^2}{\underset{|}{CH}}-\overset{O}{\underset{||}{C}}-OH$$

(4) 侧链 R 基团参加的反应　氨基酸的侧链含有官能团时，也能发生化学反应，例如丝氨酸、苏氨酸和羟脯氨酸均为含有羟基的氨基酸，所以能与酸形成酯。酪氨酸的侧链含有苯酚基，可以与重氮化合物结合生成橘黄色的化合物。另外，组氨酸中的咪唑基也能与重氮化合物结合，但生成的是棕红色的化合物。此外，半胱氨酸侧链上的巯基（—SH）的反应性能很高，在碱性溶液中容易解离形成硫醇阴离子（—CH_2—S^{2-}），并能与卤代烷（甲基碘等）反应，生成相应的烷基衍生物；巯基很容易被氧化而生成二硫键（—S—S—），两分子的半胱氨酸通过二硫键连接而成的化合物即为胱氨酸。多肽中的半胱氨酸残基，可以形成分子内或分子间的二硫键。另外，极微量的某些重金属离子，如 Ag^+、Hg^{2+}，都能与—SH反应，生成硫醇盐，从而导致含—SH的酶失活。半胱氨酸可与二硫硝基苯甲酸（又称 Ellman 试剂）发生硫醇-二硫化物交换反应，产生硫代硝基苯甲酸。它在pH8.0、波长 412nm 处有一个最大吸收峰，因此，可利用分光光度法进行—SH 的定量测定。

第 3 节　肽

蛋白质的基本结构单位是氨基酸，由 20 种氨基酸组成了各种各样的蛋白质。氨基酸之间是通过什么方式连接，组成了数目繁多、结构各异的蛋白质大分子呢？研究表明，蛋白质是由氨基酸按照一定的排列顺序通过肽键连接起来的生物大分子。

一、肽及肽平面

肽键是蛋白质分子中氨基酸之间的主要连接方式，是由一个氨基酸的 α-羧基与另一个氨基酸的 α-氨基缩合脱水而形成的酰胺键（图 2-10）。由肽键所形成的化合物称为肽。蛋白质不完全水解的产物也是肽。最简单的肽由 2 个氨基酸组成叫二肽，由 3 个、4 个、5 个氨基酸缩合形成的肽分别叫三肽、四肽、五肽，一般少于 10 个氨基酸的肽称为寡肽，由 10 个以上氨基酸形成的肽叫多肽，蛋白质的结构就是多肽链结构。肽链中的氨基酸由于形成肽键已经不是原来完整的分子，因此称为氨基酸残基。多肽链中每一个氨基酸单位在形成肽键时丢失一分子水，严格讲是每形成一个肽键丢失一分子水，因此丢失的水分子数比氨基酸残基数少一个。

多肽的长短不同，一般含有 50～2000 个氨基酸残基。氨基酸残基的平均分子量为 110，所以大多数肽的分子量为 5500～220000。每个肽在其一端有一个自由的 α-氨基，称为氨基端或 N 端，在另一端有一个自由的 α-羧基，称为羧基端或 C 端。

肽的命名从肽链的 N 末端开始，按照氨基酸残基的顺序逐一命名，称为某氨基酰某氨基酰……某氨基酸。例如，图 2-10 的四肽就命名为丙氨酰丝氨酰亮氨酰酪氨酸。如果用结构式表示肽链中氨基酸的排列顺序非常不方便，并且所占空间很大。因此对于多肽来说，一般用氨基酸中文名称的字头表示，中间用"·"号将它们隔开，也可用氨基酸英文名称的三字符缩写表示，中间用"-"号隔开。例如：

甘·丙·精·谷·丝·缬·亮·蛋·赖·赖

H　Gly-Ala-Arg-Glu-Ser-Val-Leu-Met-Lys-Lys　OH

在书写时，通常总是将含自由氨基的一端写在左边，并用 H 表示，并以此开始对多肽分子中的氨基酸残基依次编号；含自由羧基的一端写在右边，并用 OH 来表示。

从图 2-10 四肽的结构可以看出，肽链中的骨干是由—N—C_α—C—单位规则地重复排列而成，称为共价主链，其中 N 是酰胺氮，C_α 是 α 碳，C 是羰基碳。各种肽链的主链结构都是一样的，只是侧链 R 基的顺序不同，也就是氨基酸的顺序不同。

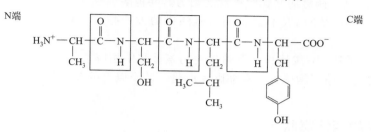

图 2-10　四肽的结构

由于肽键氮原子上的孤对电子与羰基有明显的共振相互作用（图 2-11），因此产生了以下结果：①C—N 键比一般的 C—N 单键要短些，而比一般的 C═N 双键要长些，具有部分双键的性质，不能自由旋转。②组成肽键的 4 个原子和 2 个相邻的 C_α 原子处于同一平面，称为酰胺平面或肽平面。③肽主链中 C_α—C 和 N—C_α 键是纯的单键，可以自由旋转。N—C_α 键旋转的角度通常用 φ 表示；C_α—C 键旋转的角度用 ψ 表示，它们被称为 C_α 原子的二面角或肽单位二面角，如图 2-12 所示。④肽平面中两个 C_α 可以有顺式和反式两种构型，但由于连接在相邻两个 α-碳上的侧链基团之间的立体干扰不利于顺式构型的形成，而有利于伸展的反式构型的形成，所以蛋白质中几乎所有的肽单位都是反式构型，写为—C—N—；但是
脯氨酸例外，可以是顺式的也可以是反式的。

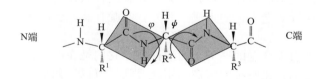

图 2-11　肽基的 C、O 和 N 原子间的共振相互作用

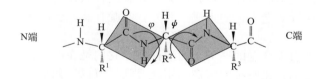

图 2-12　肽单位二面角

二、肽的性质

1. 物理性质

现在已经得到了许多短肽的晶体，它们的熔点都很高，说明短肽的晶体是离子晶格。蛋白质部分水解后所得的肽若不发生消旋，则具有旋光性，短肽的旋光度约等于组成氨基酸的旋光度之和，较长肽的旋光度则不是简单加和。肽的化学性质与氨基酸相似，但因 α-氨基和 α-羧基已经缩合，所以各氨基酸残基的 R 侧链对肽性质的影响就更加突出。

2. 重要的化学性质

① 肽键的酰胺氢不解离，肽的酸碱性质主要决定于肽键中的游离末端 $\alpha\text{-}NH_2$、$\alpha\text{-}COOH$ 及侧链 R 基上的可解离基团，净电荷为零时的溶液 pH 就是该肽的等电点。在给定的 pH 下，根据以下规则可以确定每个侧链占优势的电离态：当溶液 pH 大于解离侧链的 pK 值，占优势的是该侧链的共轭碱；反之则为其共轭酸。

② 肽中末端 α-羧基的 pK 值比游离氨基酸中的大一些，末端 α-氨基的 pK 值比游离氨基酸中的小一些。

③ 游离的 α-氨基、α-羧基和 R 基可发生与氨基酸中相应基团类似的反应，如 NH_2 末端的氨基酸残基也能与茚三酮反应。双缩脲反应是三肽及以上的肽和蛋白质所特有的一种颜色反应。

三、天然存在的活性寡肽

生物体中广泛存在着许多长短不同的游离肽，有些肽具有特殊的生理功能，常称为活性肽。下面介绍几种重要的活性肽。

还原型谷胱甘肽是存在于动植物和微生物细胞中的一种重要的三肽，由于它含有游离的巯基，所以常用 GSH 来表示。它是由谷氨酸、半胱氨酸和甘氨酸组成的，结构如下：

还原型谷胱甘肽(GSH)　　　　　　　　氧化型谷胱甘肽(GSSG)

从结构式中可以看到，还原型谷胱甘肽（GSH）分子中有一个特殊的 γ-肽键，是由谷氨酸的 γ-羧基与半胱氨酸的 α-氨基缩合而成的，显然这与蛋白质分子中的肽键不同。另外，由于谷胱甘肽中含有一个活泼的巯基，所以很容易被氧化，两分子还原型谷胱甘肽脱氢以二硫键相连形成氧化型谷胱甘肽（GSSG）。还原型谷胱甘肽是一种抗氧化剂，参与细胞内的氧化还原作用，在红细胞中含量丰富，具有保护细胞膜结构及使细胞内酶蛋白处于还原、活性状态的功能，近年来作为药物、保健品、食品添加剂等使用。目前国外已将谷胱甘肽广泛用于中毒性疾病和肝脏疾病的治疗。最新研究发现谷胱甘肽及衍生物可抑制艾滋病病毒，还可抑制黑色素生成酶而预防老人斑的生成。此外，谷胱甘肽在食品加工保鲜抗氧化上也有不俗的表现。

脑啡肽是近年来很引人注意的一类小的活性肽。它们是在中枢神经系统中形成的，是体内自己产生的一类鸦片剂，比吗啡的镇痛作用还要强。所以，如果能合成出来，必然是一类既有镇痛作用而又不会像吗啡那样使人上瘾的药物。我国中科院上海生化所已于 1982 年成功合成了一种脑啡肽，它是一种 5 肽，结构为：H Tyr-Gly-Gly-Phe-Leu OH。

激素类多肽是激素的重要组成部分，例如牛加压素、牛催产素、舒缓激肽等都是具有激素作用的多肽。它们由不同的腺体和组织分泌产生，对于生物的生长发育和代谢具有重要的调控作用。

抗生素类多肽由细菌分泌产生。如短杆菌肽 S 和短杆菌酪肽 A，它们都具有抗生素的作用。有些含有 D-氨基酸和一些不常见氨基酸。还有一些肽链不是开链结构，而是环状结构的，所以没有自由的羧基端和自由的氨基端，环状结构的肽在微生物中较为常见。

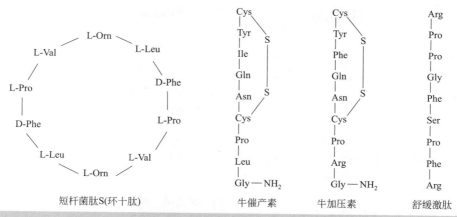

短杆菌肽S(环十肽)	牛催产素	牛加压素	舒缓激肽

正常人体血压受多种因素调节，肾素-血管紧张素调节系统和激肽释放酶-激肽系统是其中重要的调节系统。前者是升压调节系统，后者是降压调节系统。血管紧张素转化酶（ACE）是上述两个调节系统中起关键作用的酶，因此寻找、合成 ACE 抑制剂是开发降血压药物的重要途径。自从人们发现并分离了具 ACE 抑制活性的五肽、九肽后，开辟了一条治疗高血压的新途径。目前，治疗高血压主要以化学合成降压药物为主，但服药后易出现副作用如引发干咳、皮疹、血管性水肿、蛋白尿、白细胞减少和停药综合征等。生物活性肽的治疗效果低于合成药物，但副作用小，具有天然、安全、营养、成本低等优点。大豆降压肽是大豆制品的酶解或发酵产物，因具有 ACE 抑制活性，表现出降压作用而得名。

降压肽一般有 2～12 个氨基酸残基，分子量一般分布于 300～1500。M_r 较大的降压肽 C 端的最后 3 个氨基酸多含疏水性氨基酸（芳香族氨基酸和支链氨基酸）。多肽的 C 端氨基酸残基氨基上带正电荷（例如 Arg 和 Lys），也会表现出 ACE 抑制活性，原因可能是它们能与 ACE 非活性中心的阴离子位点结合，从而引起 ACE 结构变化。Leu 有助于增加 ACE 抑制酶活性。其他有支链的脂肪族氨基酸如 Ile 和 Val 也具有高度 ACE 抑制活性。C 端残基含赖氨酸或精氨酸，可提高肽的 ACE 抑制活性，因为赖氨酸或精氨酸侧链上的胍基或 ε-氨基上的正电荷对 ACE 抑制活性起着重要作用。

第4节　蛋白质的共价结构

蛋白质是由一条或一条以上的多肽链以特殊方式结合而成的具有一定生物功能的生物大分子。蛋白质结构的研究可以分为四个层次，即一级结构、二级结构、三级结构和四级结构。其中一级结构又称蛋白质的化学结构、共价结构。而二级结构、三级结构和四级结构又称为蛋白质的空间结构或三维结构。

一、蛋白质的一级结构

蛋白质的一级结构是指蛋白质多肽链中氨基酸的排列顺序以及二硫键的位置。蛋白质是由氨基酸通过肽键连接起来的生物大分子，不同蛋白质的氨基酸种类、数量和排列顺序都不同，这是蛋白质生物学功能多样性的基础。通常蛋白质并不是简单的一条肽链，有的成环状，而有的是由 1 条以上肽链组成的。蛋白质中除肽键外还有二硫键，它是由肽链中相应部位上两个半胱氨酸残基连接而成的，是连接肽链内或肽链间的主要桥键（图 2-13）。

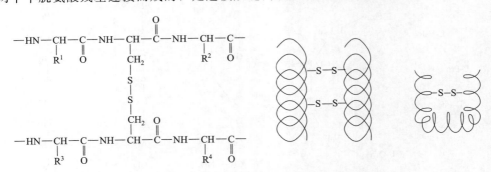

图 2-13　蛋白质中链内或肽链间二硫键

二硫键在蛋白质分子中起着稳定空间结构的作用。蛋白质的氨基酸排列顺序对蛋白质的空间结构以及生物功能起着决定作用，通常氨基酸的排列顺序是不能轻易改变的，有的蛋白质分子只因一个氨基酸的改变就可能导致整个蛋白质分子的空间结构甚至生物功能的改变，所以蛋白质的一级结构包含着决定其空间结构和生物功能的因素。

二、蛋白质一级结构的测定

蛋白质一级结构的测定就是测定蛋白质多肽链中氨基酸的排列顺序。下面介绍几种重要的技术和方法。

1. 多肽链的拆分

几条多肽链借助非共价键连接在一起，称为寡聚蛋白质，如血红蛋白为四聚体，烯醇化酶为二聚体。可用 8mol/L 尿素或 6mol/L 盐酸胍处理，即可分开多肽链（亚基）。

2. 二硫键的拆分

如果多肽链之间由二硫键相连，或虽然蛋白质分子只有一条多肽链，但有链内二硫键，则必须将二硫键拆开。最常用的方法是用过甲酸（即过氧化氢＋甲酸）将二硫键氧化，或用过量的 β-巯基乙醇处理，将二硫键还原为巯基。还原法应注意用碘乙酸（烷基化试剂）保护还原时生成的半胱氨酸残基上的巯基，以防止二硫键的重新生成。例如胰岛素经巯基乙醇还原后分子中三对二硫键被打开，两条链被分开，再用碘乙酸保护，得到 A 链和 B 链的羧甲基衍生物，并且不会重新氧化生成二硫键。拆开二硫键以后形成的肽链可用色谱、电泳等方法进行分离。

3. 氨基酸组成的分析

主要采用酸水解，同时辅以碱水解（优缺点见蛋白质的水解）。通常使用 6mol/L HCl 于 110℃在真空或充氮的安瓿瓶内水解 10～24h。由于酸水解时色氨酸全部被破坏，所以为测定色氨酸含量，通常用 5mol/L NaOH 于 110℃真空或充氮条件下水解 20h 左右，虽然很多氨基酸被破坏，但色氨酸能定量回收。

4. N 末端分析

（1）2,4-二硝基氟苯（DNFB）法　如氨基酸的化学性质中所介绍的 DNFB 与氨基酸的 α-NH_2 发生的反应可用于鉴定多肽或蛋白质中的 N 末端氨基酸。多肽或蛋白质的游离末端氨基也能与 DNFB 反应，生成二硝基苯多肽（DNP-多肽）或二硝基苯蛋白质（DNP-蛋白质）。由于硝基苯与氨基结合牢固，不易被水解，因此当 DNP-多肽被酸水解时，所有肽键均被水解，只有 N 末端氨基酸仍连在 DNP 上，所以产物为黄色的 DNP-氨基酸衍生物和其他游离氨基酸的混合液（图 2-7）。而混合液中只有 DNP-氨基酸溶于乙酸乙酯，所以可以用乙酸乙酯抽提并对 DNP-氨基酸进行纸色谱、薄层色谱或高压液相色谱（HPLC）分析，鉴定出此氨基酸的种类。

（2）异硫氰酸苯酯（PITC）法　多肽或蛋白质的游离末端氨基也能与 PITC 作用，生成苯氨基硫甲酰多肽或蛋白质（简称 PTC-多肽或蛋白质），当在酸性有机溶剂中加热时，N 末端的 PTC-氨基酸发生环化，生成苯乙内酰硫脲氨基酸（PTH-氨基酸），并从原来的肽链上掉下来。此时，溶液中含有末端的 PTH-氨基酸和比原来少一个氨基酸残基的多肽链（图 2-8）。PTH-氨基酸在酸性条件下极稳定并可溶于乙酸乙酯，用乙酸乙酯抽提后，经薄层色谱或 HPLC 等方法鉴定就可以确定肽链 N 末端氨基酸的种类。由于肽链的其余部分仍然完好，可以重复与 PITC 作用使肽链从 N 末端将氨基酸一个一个剪切下来进行分析，所以该法的优点是可连续分析出 N 端的十几个氨基酸。瑞典科学家 P. Edman 首先使用该反应测定蛋白质 N 末端的氨基酸。氨基酸自动顺序分析仪就是根据该反应原理而设计的。

（3）丹磺酰氯（DNS）法　丹磺酰氯是二甲氨基萘磺酰氯的简称。其原理与 DNFB 法基本相同，用 DNS 代替了 DNFB 试剂。不同的是丹磺酰基具有强烈的荧光，灵敏度比 DNFB 法高，并且水解后的 DNS-氨基酸不需要提取，可直接用纸电泳或薄层色谱等方法进行分析鉴定（图 2-14）。

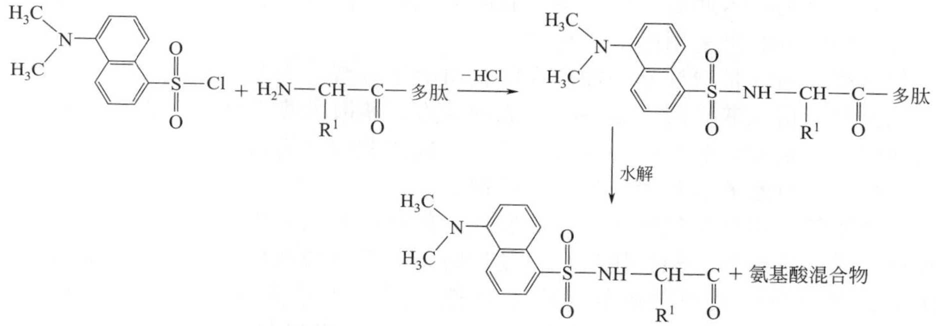

图 2-14　丹磺酰氯法（DNS 法）

（4）氨肽酶法　氨肽酶是一类肽链外切酶或叫外肽酶。它们能从多肽链的 N 末端逐个地切下氨基酸。根据不同的反应时间测出氨基酸的种类和数量，按反应时间和残基释放量作动力学曲线，就可得知 N 末端残基序列。

5. C 末端分析

测定 C 末端氨基酸的方法也有很多，下面介绍几种常用的方法。

（1）肼解法　多肽链和过量的无水肼在 100℃ 条件下反应 5～10h，所有肽键被水解，反应中除 C 末端氨基酸以游离形式存在外，其他氨基酸都转变为相应的氨基酸酰肼。向反应体系中加入苯甲醛，氨基酸酰肼转变为不溶于水的二苯基衍生物而沉淀，经离心分离后 C 末端氨基酸留在水相，可以用 DNFB 法或 DNS 法，经色谱技术进行鉴定分析。肼解过程中，有些氨基酸被破坏不易测出，例如谷氨酰胺、天冬酰胺、半胱氨酸等，另外，C 末端的精氨酸转变为鸟氨酸（图 2-15）。

（2）还原法　其原理为：肽链 C 末端氨基酸被硼氢化锂还原成相应的 α-氨基醇，肽链完全水解后，此 α-氨基醇可用色谱法加以鉴定，从而确定 C 末端氨基酸的种类。Sanger 早期就是用此方法对胰岛素 A、B 链的 C 末端残基进行鉴定的。

（3）羧肽酶法　羧肽酶是一类肽链外切酶，专一地从肽链的 C 端开始逐个切下游离的氨基酸。根据氨基酸量与反应时间的关系，便可以知道 C 末端氨基酸的顺序。

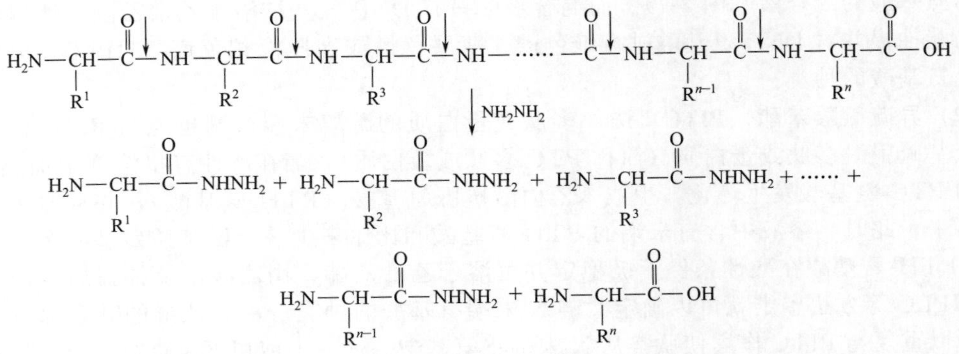

$$H_2N-CH-C(=O)-NH-CH-C(=O)-NH-CH-C(=O)-NH\cdots\cdots-C-NH-CH-C(=O)-NH-CH-C-OH$$
$$R^1 \qquad R^2 \qquad R^3 \qquad\qquad R^{n-1} \qquad R^n$$

（↓ NH_2NH_2）

$$H_2N-CH-C(=O)-NHNH_2 + H_2N-CH-C(=O)-NHNH_2 + H_2N-CH-C(=O)-NHNH_2 + \cdots\cdots +$$
$$R^1 \qquad\qquad R^2 \qquad\qquad R^3$$

$$H_2N-CH-C(=O)-NHNH_2 + H_2N-CH-C(=O)-OH$$
$$R^{n-1} \qquad\qquad R^n$$

图 2-15　C末端分析（肼解法）

6. 多肽链的部分水解

将每条多肽链用两种或几种不同方法进行部分水解，使其降解成两套或几套重叠的较小片段，这是一级结构测定中的关键步骤。目前用于顺序分析的方法一次能测定的顺序都不太长，最常用的 Edman 法一次也只能连续降解几十个氨基酸残基。然而天然的蛋白质分子大多在 100 个残基以上，因此必须设法将多肽断裂成较小的肽段，以便测定每个肽段的氨基酸顺序。水解肽链的方法可采用酶法或化学法。

（1）酶水解　通常是选择专一性很强的蛋白酶来水解。如胰蛋白酶专一性地水解由碱性氨基酸（赖氨酸或精氨酸）的羧基参与形成的肽键；胰凝乳蛋白酶专一性地水解芳香族氨基酸（苯丙氨酸、色氨酸、酪氨酸）的羧基参与形成的肽键；胃蛋白酶的特异性断裂点在苯丙氨酸、色氨酸、酪氨酸的氨基参与形成的肽键。

（2）化学水解　用化学裂解法获得的肽段一般都比较大，因此化学法对分子量较大的蛋白质序列测定是很重要的。例如用溴化氰处理时，只有甲硫氨酸的羧基参与形成的肽键发生断裂。由于大多数蛋白质中甲硫氨酸含量很低，因此此方法裂解的肽段不多。用羟胺在pH9 时能断裂天冬酰胺与甘氨酸之间的肽键，但专一性不很强，天冬酰胺与亮氨酸及天冬酰胺与丙氨酸之间的键也能部分裂解。此方法得到的肽段也很大。

7. 二硫桥位置的确定

蛋白质分子中二硫键位置的确定也是以氨基酸的测序技术为基础的。这一步骤往往在确定了蛋白质的氨基酸顺序后再进行。其基本步骤是：根据已知氨基酸顺序选择合适的专一性蛋白质水解酶（一般采用胃蛋白酶），在不打开二硫键的情况下部分水解蛋白质，将水解得到的肽段利用对角线电泳进行分离。即首先把混合肽段在滤纸上点样进行第一向电泳，然后将滤纸暴露在过甲酸蒸气中，这时每个含二硫键的肽段被氧化成一对含磺基丙氨酸的肽，最后滤纸旋转 90°角进行第二向电泳。结果大多数肽段都位于一条对角线上，而只有含磺基丙氨酸的肽偏离对角线（图 2-16）。分离这两个肽段，并确定这两个肽段的氨基酸顺序。将这两个肽段的氨基酸顺序与多肽链的氨基酸顺序比较，即可推断出二硫键的位置。

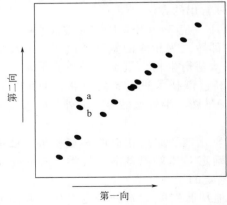

图 2-16　对角线电泳

（图中纵轴：第二向，横轴：第一向，标注 a、b）

8. 完整肽链的氨基酸顺序的确定

多肽链部分水解后分离得到的各个肽段需进行

氨基酸排列顺序的测定，序列测定可用氨基酸序列分析仪，原理见 N 末端和 C 末端分析。然后用重叠顺序法将几种水解方法得到的肽段的氨基酸顺序进行比较分析，由于不同方法水解肽链的专一性不同，即不同的肽段切口是彼此错位的，这种跨过切口而重叠的肽段称为重叠肽。借助重叠肽可确定各肽段在原来多肽链中的正确位置，进而拼凑出完整肽链的氨基酸顺序。例如有一蛋白质肽链的裂解片段为十肽，用两种方法水解，所得资料如下：

水解法 A 得到四个小肽，分别为 A_1：Ala-Trp；A_2：Gly-Lys-Asn-Tyr；A_3：Arg-Tyr；A_4：His-Val。

水解法 B 得到三个小肽，分别为 B_1：Ala-Trp-Gly-Lys；B_2：Asn-Tyr-Arg；B_3：Tyr-His-Val。

将两套肽段进行比较分析得出如下结果：

第一套肽段　　Ala—Trp　　Gly—Lys—Asn—Tyr　　Arg—Tyr　　His—Val

第二套肽段　　Ala—Trp—Gly—Lys　　Asn—Tyr—Arg　　Tyr—His—Val

推断全序列　　Ala—Trp—Gly—Lys—Asn—Tyr—Arg—Tyr—His—Val

三、蛋白质一级结构与功能的关系

1. 同源蛋白质中氨基酸顺序的种属差异

存在于不同的生物体中，但具有相同或相似的生物学功能的蛋白质被称为同源蛋白质。研究发现，同源蛋白质的氨基酸序列具有明显的相似性，它们一般具有相同或接近相同长度的多肽链，而且同源蛋白质的氨基酸序列中有许多位置的氨基酸对所有研究过的物种来说都是相同的，称为不变残基，而其他位置的氨基酸残基却有很大变化，称为可变残基。例如：细胞色素 c 广泛存在于真核生物细胞的线粒体中，是一种与血红素辅基共价结合的电子转运蛋白。从各种生物的细胞色素 c 的一级结构分析结果表明，大多数细胞色素 c 含 100 多个氨基酸残基。其中有 28 个位置上的氨基酸对于已分析过的样品都是相同的，是不变残基，其中第 14 位和第 17 位是半胱氨酸，这两个半胱氨酸是与血红素辅基共价连接的位置。第 70 位到第 80 位之间的不变残基是成串存在的，可能是细胞色素 c 与酶结合的部位。不变残基都是保证细胞色素 c 功能的关键部位。另外，研究结果也表明，亲缘关系越近，即在进化位置上相距越近，氨基酸顺序之间的差别越小，结构越相似。因此，可以根据生物物种之间细胞色素 c 的氨基酸序列资料断定它们在亲缘关系上的远近，从而为生物进化的研究提供有价值的依据。表 2-6 为不同生物体的细胞色素 c 序列间氨基酸差异数目比较。

表 2-6　不同生物体的细胞色素 c 序列间氨基酸差异数目比较

项目	黑猩猩	绵羊	响尾蛇	鲤鱼	蜗牛	天蛾	酵母	花椰菜
人	0	10	14	18	29	31	44	44
黑猩猩		10	14	18	29	31	44	44
绵羊			20	11	24	27	44	46
响尾蛇				26	28	33	47	45
鲤鱼					26	26	44	47
蜗牛						28	48	51
天蛾							44	44
酵母								47
花椰菜								

2. 分子病与结构的关系

蛋白质一级结构与其生物功能的关系可以用分子病来进一步说明。分子病是指蛋白质分子一级结构的氨基酸排列顺序发生改变而引起的疾病。由于这种改变是由基因突变引起的，所以是遗传病。

镰刀状细胞贫血病是最早被认识的一种分子病，是由于基因突变导致血红蛋白分子中氨基酸残基被改变所造成的。血红蛋白由 2 条 α 链和 2 条 β 链组成，病人的血红蛋白分子与正常人的血红蛋白分子相比，只有两条 β 链 N 末端的第 6 位氨基酸残基发生改变，由谷氨酸变成了缬氨酸。由于生理条件下，谷氨酸侧链是带负电荷的基团，而缬氨酸侧链是一个非极性基团，这样细微的变化就使血红蛋白分子表面的负电荷减少，导致血红蛋白分子不正常聚合，溶解度降低，在细胞内易聚集形成纤维状沉淀，从而压迫细胞质膜，使其弯曲成镰刀状，这种形状不像正常细胞那样平滑而有弹性，不易通过毛细血管，而且某些细胞会破裂在血管中形成冻胶状而限制血流。目前在人类中发现的 300 多种血红蛋白遗传变体大多数都只有一个氨基酸残基被取代。这充分说明蛋白质的一级结构在决定蛋白质的二、三、四级结构及其生物功能方面的重大作用。

第 5 节 蛋白质的空间结构

正常情况下蛋白质不是以完全伸展的多肽链而是以紧密折叠的结构存在。每一种天然蛋白质都有自己特定的空间结构，通常这种空间结构被称为蛋白质的构象。所谓构象是指分子中各个原子和基团绕键旋转时可能形成的不同的立体结构。这些原子的空间排列取决于它们绕键的旋转，因此，构象的改变不涉及共价键的破裂。例如乙烷的 C—C 单键理论上可以自由旋转，并产生无数种分子构象。但是事实上，只有交叉型的构象是最稳定的，是主要的存在形式，而重叠型的是最不稳定的。

重叠型　　　　　　　　交叉型

多肽链的共价主链形式上都是单键，似乎一个多肽可以有无限多种构象，然而，事实上一个蛋白质的多肽链在生物体正常的温度和 pH 条件下，只有一种或很少几种构象。这也说明了天然蛋白质主链上的单键并不能自由旋转。

20 世纪 30 年代后期，Linus Pauling 和 Robert Corey 就开始对氨基酸和肽的精确结构作 X 射线衍射晶体学的研究。他们的重要贡献之一是确定了肽单位，并且证明了肽单位是一个刚性平面结构。肽单位是多肽链中从一个 α-碳原子到相邻 α-碳原子之间的结构。

一、蛋白质的二级结构

蛋白质的二级结构是指蛋白质多肽链本身折叠或盘绕产生的由氢键维系的有规则的构象。研究证明，蛋白质的二级结构主要有 α 螺旋、β 折叠片和 β 转角。氢键是稳定二级结构的主要作用力。

1. α螺旋结构

α螺旋结构在蛋白质结构中是最常见的、含量也是最丰富的二级结构。早在 1951 年，L. Pauling 和 R. Corey 根据对一些简单化合物（如氨基酸和寡肽）的 X 射线晶体图的数据，预测出了能够稳定存在的 α 螺旋结构。结构要点如下（图 2-17）：

① α螺旋是一种重复性结构，螺旋中每个 α-碳原子的 ϕ 和 ψ 分别在 $-57°$ 和 $-47°$ 附近，每圈螺旋包含 3.6 个氨基酸残基，螺距为 0.54nm，上升时每个残基绕轴旋转 100°。

② α螺旋是一个类似棒状的结构，紧密卷曲的多肽链主链构成了螺旋棒的中心部分，氨基酸残基的侧链伸向螺旋外侧，这样可以减少立体障碍。

③ α螺旋的相邻螺圈之间形成氢键，所有氢键的取向几乎与中心轴平行。氢键是由螺旋中每个肽基的 C＝O 与它后面第 4 个肽基的 N—H 之间形成的。氢键封闭的环共包含 13 个原子，常用 3.6_{13} 代表这种典型的 α 螺旋结构。此外，还有一些非典型的螺旋：3.0_{10}、4.4_{16}。α 螺旋结构允许所有肽键都能参与链内氢键的形成，α 螺旋结构是最稳定的二级结构。

$$-C{\overset{O}{\overset{\|}{}}}{-}[NH{-}CH{-}CO]_3{-}N{\overset{H}{}}$$
$$\qquad\qquad\quad | $$
$$\qquad\qquad\quad R $$

④ α螺旋有左手螺旋和右手螺旋，但天然蛋白质的 α 螺旋几乎都是右手螺旋。蛋白质多肽链能否形成 α 螺旋以及螺旋的稳定程度如何，与其氨基酸组成和序列有很大关系，而且 R 基的电荷性质、R 基的大小都会影响螺旋的形成。例如 R 基小，且不带电荷的多聚丙氨酸，在 pH7 的水溶液中能自发地形成 α 螺旋，然而在同样条件下，多聚赖氨酸则不能形成 α 螺旋，如果在 pH12 时则可以形成 α 螺旋。多聚异亮氨酸由于侧链 R 基较大，造成空间阻碍，

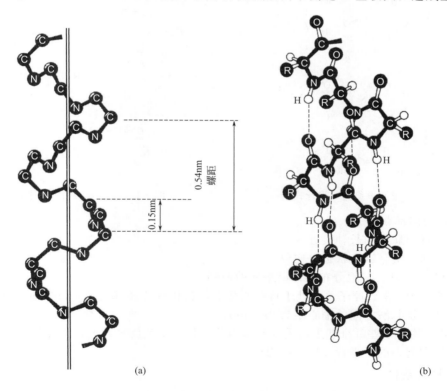

(a)   (b)

图 2-17　α螺旋结构

因而不能形成α螺旋。多聚脯氨酸的肽键没有酰胺氢，不能形成链内氢键，所以多肽链中只要有脯氨酸，螺旋即被中断并产生一个"结节"。

由于各种不同蛋白质的一级结构不同，所以不同蛋白质分子中α螺旋结构的比例也不相同。有些蛋白质，如皮肤及其衍生物毛、发、鳞、角、甲中的α-角蛋白几乎完全由α螺旋构成，而有些蛋白质中几乎不含α螺旋结构，如γ-球蛋白和肌动蛋白等。

2. β折叠结构

β折叠结构又称为β折叠片或β结构等，是蛋白质中第二种常见的二级结构。该结构是L. Pauling 和 R. Corey 在1951年发现的蛋白质另一种二级结构。β折叠片也是一种重复性的结构，两条或多条几乎完全伸展的多肽链侧向聚集在一起，相邻肽链主链上的N—H 和C═O之间形成有规则的氢键，以维持这种结构的稳定。多肽链主链呈锯齿状折叠，似扇面状。侧链都垂直于折叠片平面，并交替分布于平面上下两侧，以避免相邻侧链 R 基之间的空间障碍。

在β折叠结构中，所有的肽键都参与了链间氢键的形成。β折叠结构可分为两种类型：一种是平行式，相邻肽链的走向相同，即所有肽链的 N 端都在同一方向，氢键不平行（图2-18）；另一种是反平行式，相邻肽链的走向相反，即 N 端间隔同向，但氢键近于平行（图2-19）。从能量角度考虑，反平行式更为稳定。

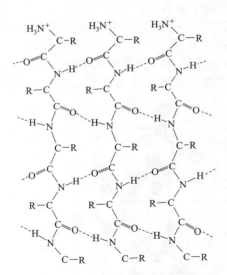

图 2-18　β折叠结构（平行式）

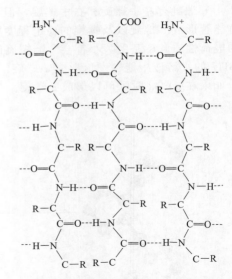

图 2-19　β折叠结构（反平行式）

β折叠结构特点：

（1）氢键与肽链的长轴接近垂直。

（2）多肽主链呈锯齿状折叠构象。

（3）侧链 R 基交替地分布在片层平面的两侧。

在β折叠中，β-碳原子总是处于折叠的角上，氨基酸的 R 基团处于折叠的棱角上并与棱角垂直，两个氨基酸之间的轴心距为 0.35nm。

β折叠结构是某些纤维状蛋白质的基本构象，且主要是反平行式，例如蚕丝丝心蛋白几乎全部由堆积起来的反平行 β折叠结构组成。

3. β转角结构

β转角结构又称为β弯曲、β回折等，是一种非重复性结构。β转角一般由四个氨基酸残基组成，第一个氨基酸残基的 C =O 和第四个氨基酸的 N—H 之间形成氢键（图 2-20）。β 转角能允许蛋白质多肽链 180° 的倒转。甘氨酸和脯氨酸容易出现在这种结构中。β 转角在球状蛋白质中的含量很丰富，它多数都处在蛋白质分子的表面。

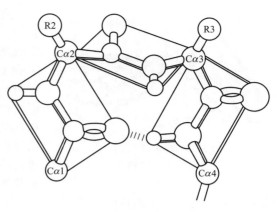

图 2-20　β 转角结构

除以上三种二级结构外，在蛋白质分子中还有一些没有规律的松散的肽链构象，称为无规卷曲。其实这也是一种明确而稳定的结构。这种有序的非重复性结构往往出现在酶活性部位和其他蛋白质特异的功能部位。

二、超二级结构和结构域

蛋白质的二级结构和三级结构之间还可以细分出两个层次：超二级结构和结构域。

1. 超二级结构

若干相邻的二级结构中的构象单元彼此相互作用，形成有规则的、在空间上能辨认的二级结构组合体，称为超二级结构。主要有下面几种组合形式（图 2-21）。

① α 螺旋聚集体（αα 型）。它往往由两股（也有三股、四股）平行或反平行的右手螺旋互相缠绕形成左手螺旋。

② β 折叠聚集体（ββ 型）。是由两段平行的 β 折叠和一段连接链组合在一起的一种超二级结构。

③ α 螺旋和 β 折叠的聚集体。常见的是 βαβ 型聚集体，它是由三段平行式的 β 折叠和二段 α 螺旋构成的，在球状蛋白质中常见的是两个 βαβ 聚集体连在一起，形成 βαβαβ 结构，称为 Rossmann 卷曲。

④ β 曲折。是由多个反平行 β 折叠股通过 β 转角连接而成的一种常见的超二级结构。希腊钥匙拓扑结构也是反平行 β 折叠片中常出现的一种折叠花式。

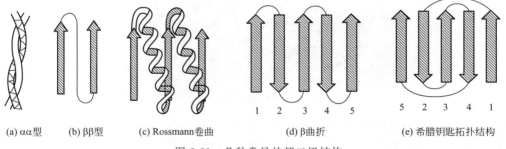

(a) αα 型　　(b) ββ 型　　(c) Rossmann 卷曲　　(d) β 曲折　　(e) 希腊钥匙拓扑结构

图 2-21　几种常见的超二级结构

2. 结构域

Wetlaufer 于 1973 年根据对蛋白质结构及折叠机制的研究结果提出了结构域的概念。结构域是介于二级和三级结构之间的另一种结构层次。所谓结构域是指多肽链在二级结构或超二级结构基础上形成的三级结构的局部折叠区，是相对独立的、紧密的、近似球状的实体，是各自具有部分生物功能的结构，又称为辖区。常见结构域含序列上连续的 100~200 个氨基酸残基，最小的结构域只有 40~50 个，大的结构域可超过 400 个。

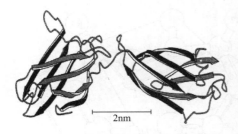

图 2-22 免疫球蛋白 G
轻链的两个结构域

对于较小的蛋白质分子或亚基来说，结构域和它的三级结构往往是一个意思，也就是说这些蛋白质或亚基是单结构域的。对于那些较大的蛋白质分子或亚基来说，多肽链往往由两个或多个在空间上可明显区分的、相对独立的区域性结构缔合而成三级结构，结构域自身是紧密装配的，但结构域与结构域之间关系松懈，结构域之间常常有一段柔性的肽链相连，形成所谓铰链区，使结构域容易发生相对运动，这是结构域的一大特点。例如多结构域的酶其活性中心都位于结构域之间，因为通过结构域容易形成具有特定三维结构的活性中心。图 2-22 为免疫球蛋白 G 轻链两个结构域的结构。

三、蛋白质的三级结构

蛋白质的三级结构就是指多肽链在二级结构、超二级结构以及结构域的基础上，进一步卷曲折叠形成复杂的球状分子结构。

1963 年，英国著名的科学家 J. Kendrew 等人用 X 射线结构分析法完成了对抹香鲸肌红蛋白的空间结构的测定。在这种球状蛋白质中，多肽链不是简单地沿着某一个中心轴有规律地重复排列，而是沿多个方向卷曲、折叠，形成一个紧密的近似球形的结构（图 2-23）。

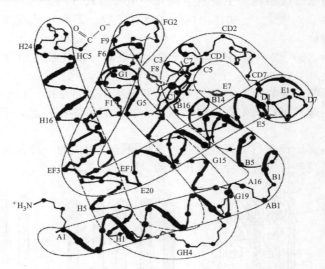

图 2-23　抹香鲸肌红蛋白的构象

肌红蛋白（Mb）是哺乳动物肌细胞中贮存运输氧的蛋白质，该功能和血红蛋白极其相近，因此在结构上也很相似。它由一条多肽链和一个血红素辅基构成，含 153 个氨基酸残基。肽链中约有 80% 的氨基酸残基以 α 螺旋结构存在，形成 8 段直的 α 螺旋体，分别用 A、B、C、D、E、F、G、H 表示。在拐弯处都有一段 1~8 个氨基酸残基的松散肽链，使 α 螺旋体中断，在 C 端也有 5 个氨基酸残基组成的松散肽段。由于侧链的相互作用，使肽链盘绕成一个紧密结实的结构，分子内部只有 1 个适合容纳 4 个水分子的空间。疏水性残基几乎全部包埋在球状分子内部，而亲水性残基则几乎全部分布在分子的外表面，使肌红蛋白具有水溶性。肌红蛋白是一种单结构域的蛋白质，血红素辅基垂直地伸出在分子表面，并通过肽链上第 93 位组氨酸残基和第 64 位组氨酸残基与肌红蛋白分子内部相连。血红素是一个取代的原卟啉，在其中央有一个铁原子，血红素中的铁原子可以处在亚铁（Fe^{2+}）或高铁（Fe^{3+}）状态中，但只有亚铁形式才能结合 O_2。

虽然各种蛋白质都有自己特殊的折叠方式，但根据大量研究的结果发现，蛋白质的三级结构有以下类似与肌红蛋白的共同特点：

① 具备三级结构的蛋白质一般都是球蛋白，都有近似球状或椭球状的外形，而且整个分子排列紧密结实，内部有时只能容纳几个水分子。

② 大多数含亲水性侧链基团的氨基酸残基都分布在分子的外表面，它们与水接触并强烈水化，形成亲水的分子外壳，从而使球蛋白分子可溶于水。

③ 大多数含疏水性侧链基团的氨基酸残基都埋在分子内部，它们相互作用形成一个致密的疏水核，而且这些疏水区域常常是蛋白质分子的功能部位或活性中心。

四、蛋白质的四级结构

大多数分子量大的蛋白质分子含有多条肽链，每一条肽链都具有各自的三级结构。这些具有独立三级结构的多肽链彼此通过非共价键相互联结成的聚集体结构就是蛋白质的四级结构。在具有四级结构的蛋白质中，每个具有独立的三级结构的球状蛋白质称为该蛋白质的亚单位或亚基。蛋白质的四级结构具有以下特点：

① 亚基之间通过其表面的非共价键连接在一起，形成完整的寡聚蛋白质分子。

② 亚基一般只由一条肽链组成，但有的亚基由两条或多条肽链组成，这些肽链相互间以二硫键相连。

③ 亚基单独存在时没有活性，具有四级结构的蛋白质当缺少某一个亚基时也不具有生物活性。

④ 有些蛋白质的四级结构是均一的，即由相同的亚基组成；而有些则是不均一的，即由不同亚基组成。亚基一般以 α、β、γ 等命名。

⑤ 大多数寡聚蛋白质的亚基数目为偶数，个别的为奇数。

⑥ 亚基在蛋白质中的排布一般是对称的，对称性是具有四级结构的蛋白质最重要的性质之一。

不是所有的蛋白质都具有四级结构，有些蛋白质只有一条多肽链，如肌红蛋白，这种蛋白质称为单体蛋白。而血红蛋白（Hb）是一种寡聚蛋白质，是由 4 条肽链组成的具有四级结构的蛋白质分子，由 2 条 α 链和 2 条 β 链和 4 个血红素辅基组成（图 2-24），每个亚基含有一个血红素辅基。α 链和 β 链在一级结构上的差别较大，但它们的三级结构却都与肌红蛋白相似，每条肽链都含有约 70% 的 α 螺旋结构部分，并且每个亚基中都含有 8 个肽段的 α 螺旋体，都有长短不一的松散肽段。肽链拐弯的角度和方向也与肌红蛋白相似。血红蛋白的亚基和肌红蛋白在结构上相似，这与它们在功能上的相似性是一致的。

四级结构对于生物功能是非常重要的。对于具有四级结构的寡聚蛋白质来说，当某些变性因素作用时，其构象就发生变化。首先是亚基彼此解离，即四级结构遭到破坏，随后分开的各个亚基伸展成松散的肽链。但如果条件温和，寡聚蛋白质的几个亚基彼此解离开来，但不会

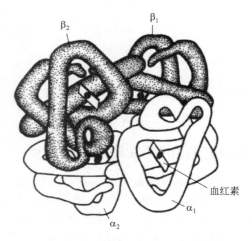

图 2-24 血红蛋白四级结构示意图

破坏其正常的三级结构。如果恢复原来的条件，分开的亚基又可以重新缔合并恢复活性。但如果处理条件剧烈时，则分开后的亚基完全伸展成松散的多肽链。这种情况下要恢复原来的结构和活性就比只具三级结构的蛋白质要困难得多。

五、蛋白质的空间结构与功能的关系

各种蛋白质都有其特定的空间结构，这对于其生物功能的表现是十分重要的。当蛋白质空间结构发生改变或遭到破坏时，它的生物学功能也随之发生改变甚至丧失。蛋白质的构象并不是固定不变的，当有些蛋白质由于受某些因素的影响，其一级结构不变而空间结构发生变化，导致其生物功能的改变，称为蛋白质的别构现象或变构现象。变构现象是蛋白质表现其生物功能的一种相当普遍而又十分重要的现象，也是调节蛋白质生物功能极为有效的方式，例如血红蛋白在表现其输氧功能时的别构现象就是典型的例子。

血红蛋白的主要功能是在体内运输氧。血红蛋白未与氧结合时处于紧密型，是一个稳定的四聚体（$\alpha_2\beta_2$），这时与氧的亲和力很低。一旦 O_2 与血红蛋白分子中的一个亚基结合，即引起该亚基构象发生变化，并且引发其余三个亚基构象相继发生变化，结果整个分子构象改变，变成了更适合与 O_2 结合的松弛构象，所以血红蛋白与氧结合的速度大大加快。血红蛋白与氧的结合表现出正协同性同促效应，也就是说一个 O_2 的结合增加同一个血红蛋白分子中其余空的氧结合部位结合氧的能力。这一点可以从血红蛋白的氧合曲线看出。在溶液中，血红蛋白分子上已结合氧的氧合部位与氧合部位总数之比称为氧饱和度或饱和分数。以氧饱和度为纵坐标、氧分压（用 torr 作单位，$1torr = 1mmHg$）为横坐标作图可得到氧合曲线。血红蛋白的氧合曲线为 S 形，而肌红蛋白的氧合曲线则为双曲线（图 2-25）。S 形曲线说明血红蛋白与氧的结合具有协同性，而肌红蛋白则没有。如果将血红蛋白中的 α 亚基和 β 亚基分离，得到单独的 α 亚基或 β 亚基，则氧合曲线也和肌红蛋白的一样，变成了双曲线。可见，血红蛋白的变构是由于它的亚基之间的相互作用。这些都说明蛋白质的空间结构与其功能具有相互适应性和高度的统一性，结构是功能的基础。

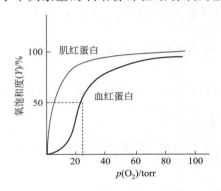

图 2-25 肌红蛋白和血红蛋白的氧合曲线

第 6 节 蛋白质的性质

一、蛋白质的两性解离和等电点

蛋白质和氨基酸一样是两性电解质，可解离基团主要来自侧链上的功能团，还有少数的末端 α-氨基和 α-羧基。可以把蛋白质分子看作是一个多价离子，所带电荷的性质和数量与蛋白质分子中的可解离基团的种类和数目以及溶液的 pH 值有关。当溶液在一定的 pH 条件下，蛋白质分子所带的正电荷数与负电荷数相等，即净电荷为零，此时蛋白质分子在电场中既不向阳极移动，也不向阴极移动，这时溶液的 pH 值称为该蛋白质的等电点。

各种蛋白质都有其特定的等电点，这是由于不同蛋白质所含氨基酸的种类和数量不同，因而在同一 pH 条件下所带净电荷不同。如果蛋白质分子中含碱性氨基酸较多，则等电点偏碱；如果酸性氨基酸含量较多，则其等电点偏酸。含酸性和碱性氨基酸比例相近的蛋白质其等电点大多为中性偏酸，约在 pH5.0 左右（表 2-7）。

表 2-7　蛋白质的酸性氨基酸和碱性氨基酸含量与等电点的关系

蛋白质	碱性氨基酸残基数/酸性氨基酸残基数	等电点
胃蛋白酶	0.2	1.0
血清蛋白	1.2	4.7
血红蛋白	1.7	6.7
核糖核酸酶	2.9	9.5

　　蛋白质在等电点时，以两性离子形式存在，净电荷为零，这样的蛋白质颗粒在溶液中由于没有相同电荷而互相排斥的影响，易于沉淀析出，所以蛋白质在等电点时溶解度最小。同时在等电点时蛋白质的黏度、渗透压、膨胀性及导电能力均为最小。

　　带电的胶体颗粒在电场中向相反电荷的电极移动，这种现象称为电泳。由于蛋白质在溶液中解离成带电的颗粒，因此可以在电场中移动，移动的方向和速度取决于所带净电荷的正负性和所带电荷的多少以及分子颗粒的大小和形状。

二、蛋白质的胶体性质

　　蛋白质是生物大分子，蛋白质溶液是稳定的胶体溶液。其原因主要是由于它满足了分散相质点在胶体系统中保持稳定的 3 个条件：①蛋白质分子量可在 1 万到 100 万，分子直径在 1～100nm，分子大小属于胶体质点的范围；②蛋白质分子表面有许多亲水基团，在水溶液中这些基团与水有高度亲和性，很容易吸附水分子，从而使蛋白质分子表面形成一层水化层，阻碍了蛋白质分子在溶液中互相聚集而沉淀，增加了蛋白质溶液的稳定性；③蛋白质分子表面的可解离基团，在非等电状态时都带有相同电荷，所以使蛋白质颗粒相互排斥，保持一定距离，不会聚集沉淀。

　　蛋白质具有胶体的布朗运动、丁道尔现象、电泳现象、不能透过半透膜，具有吸附能力等性质。蛋白质的胶体性质具有重要的生理意义。在生物体中，蛋白质与水结合形成各种流动性不同的胶体系统，如细胞的原生质就是一个复杂的胶体系统。生命活动的许多代谢反应即在此系统中进行。

三、蛋白质的变性与沉淀

1. 蛋白质的变性作用

　　天然蛋白质分子因受到某些物理或化学因素的影响，分子内部原有的高度规律性结构发生改变，从而使蛋白质的理化性质和原有的生物学活性都发生改变的现象，称为蛋白质的变性作用。蛋白质变性作用实质上是由于非共价键被破坏引起天然构象解体，蛋白质分子就从原来有序的卷曲的紧密结构变为无序的松散的伸展状结构。蛋白质变性后一级结构不变，分子质量不变。

　　引起蛋白质变性的因素很多，物理因素有高温、紫外线照射、超声波、X 射线照射、高压、剧烈振荡或搅拌等。化学因素有强酸、强碱、尿素、胍、去污剂、重金属盐（如 Hg^{2+}、Ag^+、Pb^{2+} 等）、三氯乙酸、苦味酸、浓乙醇等。蛋白质变性后会出现下列现象：

　　① 生物活性的丧失　蛋白质的生物活性是指蛋白质所具有的酶、激素、毒素、抗原与抗体等活性以及其他的特殊功能。

　　② 一些侧链基团的暴露　蛋白质变性后，由于非共价键被破坏结构变得伸展而松散，有些原来包埋在分子内部的侧链基团暴露了出来。

　　③ 一些理化性质的改变　溶解度降低，黏度增加，扩散系数降低，旋光和紫外吸收也发生相应的变化。

　　④ 生物化学性质的改变　蛋白质变性后，分子结构伸展松散，不能形成结晶，易被蛋

白酶水解。这就是为什么熟食易于消化的原因。

蛋白质的变性作用，如果不过于剧烈，是一种可逆的反应，说明蛋白质分子内部结构的变化不大。这时，当变性因素除去后，在适当条件下变性蛋白质又可重新恢复其天然构象和生物活性，这种现象称为蛋白质的复性。

2. 蛋白质沉淀

蛋白质溶液的稳定性是相对的、有条件的，如果条件发生改变，破坏了使蛋白质溶液稳定的因素，蛋白质分子就会聚集沉淀。蛋白质变性易于沉淀，沉淀的蛋白质不一定变性。沉淀蛋白质有以下几种主要的方法。

（1）盐析法 在蛋白质溶液中加入一定量的中性盐使蛋白质从溶液中沉淀析出的现象称为盐析。常用的中性盐有硫酸铵、硫酸钠、氯化钠等。盐析时所需的盐浓度称为盐析浓度，用饱和百分比表示。由于不同蛋白质的分子大小及带电状况各不相同，所以盐析所需的盐浓度也不一样。因此，可以通过调节盐浓度使混合液中不同的蛋白质分别沉淀析出，从而达到分离的目的，这种方法称为分段盐析。盐析沉淀一般不会引起蛋白质变性，当除去盐后，蛋白质又可溶解，所以盐析常用于分离各种天然蛋白质。另外，当在蛋白质溶液中加入较低浓度的中性盐时，蛋白质溶解度增加，这种现象称为盐溶。

（2）重金属盐沉淀法 当蛋白质溶液的 pH 大于其等电点时，蛋白质颗粒带负电荷，这样它就容易与重金属离子结合成不溶性的盐而沉淀。重金属盐能使蛋白质变性。

（3）等电点沉淀法 当蛋白质溶液处于等电点时，蛋白质分子主要以两性离子形式存在，净电荷为零。此时蛋白质分子失去同种电荷的排斥作用，极易相互聚集而沉淀，蛋白质不变性。

（4）有机溶剂沉淀法 有些与水互溶的有机溶剂如甲醇、乙醇、丙酮等可使蛋白质产生沉淀。在一定温度、pH 和离子强度条件下，引起不同蛋白质沉淀的有机溶剂的浓度各不相同，因而可以通过控制有机溶剂浓度来分离和纯化蛋白质。但操作时需要控制在低温下进行，并选择合适的有机溶剂浓度，而且要尽量缩短处理时间，否则会破坏蛋白质的天然构象，引起蛋白质变性。

（5）某些酸类沉淀法 某些酸类是指三氯乙酸、磺基水杨酸等。当溶液 pH 值小于等电点时，蛋白质带正电荷，容易和酸根负离子结合形成不溶性盐类而沉淀。

（6）加热沉淀法 蛋白质溶液因加热变性而凝固，少量盐类促进蛋白质受热凝固。

四、蛋白质的颜色反应

1. 双缩脲反应

双缩脲是由两分子尿素缩合而成的化合物。将尿素加热到 $180℃$，则两分子尿素缩合成一分子双缩脲，并放出一分子氨：

尿素　　　　　　双缩脲

双缩脲在碱性溶液中能与硫酸铜反应产生紫红色的络合物，此反应称为双缩脲反应。蛋白质分子中含有许多结构与双缩脲相似的肽键，因此也能产生双缩脲反应。

2. 米伦氏反应

米伦试剂为硝酸汞、亚硝酸汞、硝酸和亚硝酸的混合物。蛋白质溶液中加入米伦试剂后即产生白色沉淀，加热后沉淀变成红色。酚类化合物、酪氨酸及含有酪氨酸的蛋白质都有此反应。

3. 蛋白质黄色反应

蛋白质溶液加入硝酸后产生白色沉淀，加热则白色沉淀变成黄色，再加碱，颜色加深呈橙黄色。该反应是硝酸将蛋白质分子中的苯环硝化，产生了黄色硝基苯衍生物。所以苯丙氨酸、酪氨酸、色氨酸及含有苯丙氨酸、酪氨酸、色氨酸的蛋白质均有此反应。

4. 乙醛酸反应

将乙醛酸加入蛋白质溶液中，然后沿试管壁慢慢注入浓硫酸，在两液层之间会出现紫色环。凡含有吲哚基的化合物都有此反应，所以色氨酸及含色氨酸的蛋白质都有此反应。

5. 坂口反应

精氨酸分子中的胍基能与次氯酸钠（或次溴酸钠）及 α-萘酚在氢氧化钠溶液中产生红色产物。此反应可用来鉴定含有精氨酸的蛋白质，也可以用来定量测定精氨酸的含量。

6. 酚试剂（福林试剂）反应

酪氨酸中的酚基能将酚试剂中的磷钼酸及磷钨酸还原成蓝色化合物（即钼蓝和钨蓝的混合物）。由于蛋白质分子中一般都含有酪氨酸，所以可用此反应来测定蛋白质含量。

4

第7节 蛋白质分离纯化的常用方法

一、材料的预处理及细胞破碎

分离提纯某一种蛋白质时，首先要把蛋白质从组织或细胞中以溶解状态释放出来并保持原来的天然状态，不丧失生物活性。所以要采用适当的方法将组织和细胞破碎。常用的破碎组织和细胞的方法有：①机械破碎法。动物组织和细胞常用匀浆器、电动捣碎机等。植物组织和细胞一般用与石英砂或玻璃粉和适当的提取液一起研磨的方法。②渗透破碎法。这种方法是在低渗条件使细胞溶胀而破碎。③反复冻融法。生物组织经冻结后，细胞内液结冰膨胀而使细胞胀破。这种方法简单方便，但是那些对温度变化敏感的蛋白质不宜采用此法。④超声波法。使用超声波振荡器使细胞膜上所受张力不均而使细胞破碎。⑤酶法。如用溶菌酶破坏微生物细胞壁、用纤维素酶处理植物细胞等。

二、蛋白质的抽提

选择适当的缓冲液把蛋白质提取出来。抽提所用缓冲液的 pH、离子强度、组成成分等条件的选择应根据所制备的蛋白质性质而定。如膜蛋白的抽提，缓冲液中一般要加入表面活性剂（十二烷基硫酸钠、TritonX-100 等）使膜结构破坏，利于蛋白质与膜分离。

三、蛋白质的粗分级分离

选用适当的方法将所要的蛋白质与其他杂质分离开来。常用的方法有：①透析（利用蛋白质不能通过半透膜的性质，使蛋白质和小分子物质分开）和超过滤（利用压力或离心力，强行使水和其他小分子溶质通过半透膜，而蛋白质被截留在膜上，以达到脱盐和浓缩的目的）；②等电点沉淀法；③盐析法；④有机溶剂沉淀法。

四、样品的细分级分离

常用的方法有：凝胶过滤色谱、离子交换色谱、亲和色谱、电泳等。有时还需要这几种方法联合使用才能得到较高纯度的蛋白质样品。

1. 凝胶过滤色谱

凝胶过滤色谱又称为分子排阻色谱或凝胶渗透色谱。它是将凝胶颗粒（常用的是葡聚糖凝胶、琼脂糖凝胶）装入一个柱子中，制成凝胶柱。这种凝胶颗粒具有网状结构，不同类型凝胶的网孔大小是不同的。

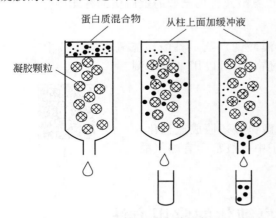

图 2-26 凝胶过滤色谱示意图

凝胶过滤的原理是，当不同分子大小的蛋白质流经凝胶色谱柱时，比凝胶网孔小的蛋白质分子可不同程度地自由出入网孔内外，而比网孔大的分子则不能进入而被排阻在凝胶颗粒之外。当用洗脱液洗脱时，被排阻在凝胶颗粒之外的分子量大的蛋白质直接通过凝胶之间的缝隙先被洗脱下来，而比网孔小的蛋白质可连续不断地进入网孔内。这样的小分子不但流经的路程长，而且受到来自凝胶内部的阻力也很大，所以蛋白质越小，从柱子上洗脱下来所需时间越长。由于不同蛋白质的分子大小不同，进入网孔的程度不同，因此流出的速度不同，洗脱所用体积及时间不同，从而达到分离的目的（图 2-26）。

2. 离子交换色谱

该法是一种用离子交换树脂作支持剂的色谱法。利用蛋白质的酸碱性质作为分离的基础。蛋白质与离子交换剂之间结合能力的大小取决于彼此间相反电荷基团之间静电吸引力，而这又和溶液的 pH 有关，因为 pH 决定离子交换剂和蛋白质的电离程度，因此蛋白质混合物的分离可由改变溶液中的 pH 和盐离子强度来完成，对离子交换剂结合力最小的蛋白质最先从色谱柱上洗脱下来。选用一定 pH 和离子强度的缓冲液进行洗脱，改变蛋白质分子所带的静电荷，依次从色谱柱流出达到相互分离的目的。广泛用于蛋白质等大分子色谱的支持介质是离子交换纤维素，它是人工合成的纤维素衍生物，它具有松散的亲水性网状结构和较大的表面积，使蛋白质大分子可以自由通过，因此常用于蛋白质的分离。下面介绍两种常用的纤维素离子交换剂。

① 羧甲基纤维素（CM-纤维素） 在纤维素颗粒上带有羧甲基基团。在中性 pH 条件下，羧甲基上的质子可解离下来，而溶液中带正电荷的蛋白质分子可与纤维素颗粒上的羧甲基负电荷结合（即与质子发生交换）而"挂"在纤维素上。由于可交换的基团带正电，因此是一种阳离子交换剂。

② 二乙基氨基乙基纤维素（DEAE-纤维素） 在中性 pH 条件下，它含有带正电荷的基团，可与溶液中的带负电荷的蛋白质结合，可交换的基团带负电荷，因此是一种阴离子交换剂。当某一蛋白质混合溶液通过装有 DEAE-纤维素的色谱柱时，带正电荷的蛋白质不能结合而随着洗脱液的流动先被洗脱下来，带负电荷的蛋白质将被结合到柱上（图 2-27）。

3. 亲和色谱

亲和色谱是根据许多蛋白质对特定的化学基团具有专一性结合能力的原理，建立起来的一种有效的纯化方法。这些能被生物大分子如蛋白质所识别并与之结合的化学基团称为配基或配体。例如酶对它的底物具有特殊的亲和力；抗原和抗体互为配基。

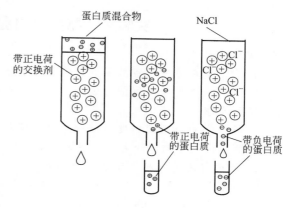

蛋白质混合物　　　　NaCl

带正电荷的交换剂

带正电荷的蛋白质　带负电荷的蛋白质

亲和色谱的基本原理是把待纯化的蛋白质的特异配体通过适当的化学反应共价地连接到像琼脂糖凝胶一类的载体表面上，当蛋白质混合物被加到填有亲和介质的色谱柱时，待纯化的蛋白质就被吸附在含有配体的琼脂糖颗粒表面上，而其他蛋白质由于对该配体没有特异的结合部位而不能被吸附，它们通过洗涤即可除去。然后采用一定的洗脱条件把结合在琼脂糖表面上的蛋白质洗脱下来（称为亲和洗脱），即可达到与其他蛋白质分离的目的。

图 2-27　纤维素柱色谱示意图

实验一　纸色谱法分离鉴定氨基酸

一、实验目的

通过氨基酸的分离，学习纸色谱法的基本原理及操作方法。

二、实验原理

纸色谱法是用滤纸作为惰性支持物的分配色谱法。色谱溶剂由有机溶剂和水组成。物质被分离后在纸色谱图谱上的位置是用 R_f 值（比移值）来表示的。

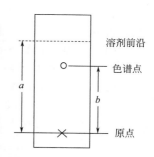

溶剂前沿

色谱点

原点

$$R_f = \frac{原点到色谱点中心的距离}{原点到溶剂前沿的距离} = \frac{b}{a}$$

R_f 值的大小与物质的结构、性质、溶剂系统、色谱滤纸的质量和色谱温度等因素有关，在一定的条件下某种物质的 R_f 值是常数。

三、实验步骤

1. 扩展剂的配制：将 20mL 正丁醇和 5mL 冰醋酸放入分液漏斗中，与 15mL 水混合，充分振荡，静置后分层，放出下层水层，其余的倒入培养皿中备用。

2. 将盛有平衡溶液的小烧杯置于密闭的色谱缸中。

3. 取色谱滤纸（长 22cm、宽 14cm）一张。在纸的一端距边缘 2～3cm 处用铅笔划一条直线，在此直线上每间隔 2cm 作一记号作为点样位置。

4. 点样：用毛细管将各氨基酸样品分别点在标记位置上，干后再点一次。每点在纸上扩散的直径最大不超过 3mm。

5. 扩展：用线将滤纸缝成筒状，纸的两边不能接触。将盛有约 20mL 扩展剂的培养皿迅速置于密闭的色谱缸中，并将滤纸直立培养皿中（点样的一端在下，扩展剂的液面需低于点样线 1cm）。待溶剂上升 15～20cm 时即取出滤纸，用铅笔描出溶剂前沿界线，自然干燥或用吹风机热风吹干。

6. 显色：用喷雾器均匀喷上 0.1% 茚三酮-正丁醇溶液，然后置烘箱中烘烤 5min（100℃）或用热风吹干，即可显出各色谱斑点。

××××××
1 2 3 4 5 6

7. 计算各种氨基酸的 R_f 值。

实验二　酪蛋白的提取及含量测定

一、实验目的

1. 学习从牛乳中制备酪蛋白的原理和方法。
2. 了解双缩脲法测定蛋白质的方法和原理，学习分光光度计使用方法。

二、实验原理

1. 利用等电点时溶解度最低的原理，将牛乳的 pH 调至 4.7，使酪蛋白沉淀出来，再用乙醇洗涤沉淀物，除去脂类杂质后便可得到酪蛋白。

2. 双缩脲法是一种用于鉴定蛋白质的分析方法。当底物中含有肽键（多肽）时，试液中的铜与多肽配位，形成紫色配合物，在波长 540nm 有最大吸收。

标准曲线为：$y = 0.0987x + 0.0258$

三、实验步骤

1. 酪蛋白的制备

（1）将 100mL 牛奶加热至 40℃，在搅拌下慢慢加入预热至 40℃、pH4.7 的醋酸缓冲液 100mL，将上述悬浮液冷却至室温。离心 15min（3000r/min）。弃去上清液，得酪蛋白粗制品。

（2）用水洗沉淀 3 次，弃去上清液。在沉淀中加入 30mL 乙醇，搅拌片刻，将全部悬浊液转移至布氏漏斗中抽滤。

（3）用乙醇-乙醚混合液洗沉淀 2 次。最后用乙醚洗沉淀 2 次，抽干。将沉淀摊开在表面皿上，风干，得酪蛋白纯晶。

（4）准确称量酪蛋白质量，计算含量和得率。

2. 双缩脲法测定酪蛋白的含量

（1）称取 50mg 提取酪蛋白溶于 10mL 水中，加入 8mL 的 10%NaOH 溶解。

（2）取 5mL 样品，2 滴 1% $CuSO_4$。25℃ 放置 30min，同时水作对照测定 540nm 处吸光度值，代入标准曲线方程进行计算。

实验三　总氮量的测定——凯氏定氮法

一、实验目的

学习凯氏定氮法的原理和操作技术。

二、实验原理

含氮的有机物与浓硫酸共热时，其中的碳氢元素被氧化成二氧化碳和水，而氮则转变成氨，并进一步与硫酸作用生成硫酸铵。此过程通常称为"消化"。为了加快反应速度，需要加入硫酸钾或硫酸钠以提高反应液的沸点，并加入硫酸铜作为催化剂，以促进反应的进行。浓碱可使消化液中的硫酸铵分解，游离出氨，借水蒸气将产生的氨蒸馏到一定量的硼酸溶液中，然后用标准无机酸滴定，直至恢复溶液中原来的氢离子浓度为止，最后根据使用的标准酸的物质的量计算出待测物中的总氮量。

三、实验步骤

1. 消化：准确称取样品 0.1g 加入凯氏烧瓶中，加入 1 颗玻璃珠，催化剂 200mg，消化液 5mL。瓶口放一漏斗，在通风橱内的电炉上消化。控制火力，不要使液体冲到瓶颈，待瓶内水汽蒸完，硫酸开始分解并放出 SO_2 白烟后，适当加强火力，继续消化，直至消化液呈透明淡绿色为止。消化完毕，冷却定容 50mL。

2. 蒸馏：蒸馏前先向蒸汽发生器中加入一定量的水进行洗涤，清洗时在冷凝管下端放一盛有5mL、12％硼酸溶液和1~2滴指示剂的混合液锥形瓶，洗至锥形瓶内溶液不变色为止。取5mL消化液，加入反应室，加入30％NaOH溶液5mL，关闭自由夹，在加样漏斗中加少量水做水封。开始蒸馏，锥形瓶颜色发生变化时开始计时，蒸馏3min，移开锥形瓶，使冷凝器下端离开液面约1cm，同时用少量蒸馏水洗涤冷凝管口外侧，继续蒸馏1min，取下锥形瓶，用表面皿覆盖瓶口。蒸馏完毕后，应立即清洗反应室。

3. 滴定：全部蒸馏完毕后，用标准盐酸溶液滴定锥形瓶中收集的氨量，硼酸指示剂溶液由粉色变为黄色为滴定终点。

4. 计算：按照公式进行计算。

$$总氮量 = \frac{c \times V \times 0.014 \times 100}{W} \times \frac{消化液总量(mL)}{测定时消化液用量(mL)} \times 100\%$$

式中，c 为标准盐酸溶液物质的量浓度；V 为滴定样品用去的盐酸溶液平均体积，mL；W 为样品质量，g。

$$样品中蛋白质含量（\%）= 总氮量 \times 6.25$$

小　结

1. 氨基酸是组成蛋白质的基本单位。组成蛋白质的常见氨基酸有20种，均为 α-氨基酸。20种氨基酸结构的差别就在于其侧链 R 基团的不同。

2. 氨基酸是两性电解质。氨基酸含有酸性的羧基和碱性的氨基，有些氨基酸的侧链还含有可解离的基团，其带电状况取决于它们的 pK 值。由于不同氨基酸所带的可解离基团不同，所以等电点不同。除甘氨酸外，其他氨基酸都有不对称的碳原子，具有 D 型和 L 型 2 种构型，具有旋光性，天然蛋白质中存在的氨基酸均为 L 型。酪氨酸、苯丙氨酸和色氨酸具有紫外吸收特性，这是紫外吸收法定量测定蛋白质的基础。氨基酸发生的较重要的化学反应有茚三酮反应、Sanger 反应、Edman 反应等。胱氨酸中的二硫键可用氧化剂或还原剂断裂。半胱氨酸中的巯基易被氧化生成二硫键。

3. 肽键是连接多肽链主链中氨基酸残基的共价键，肽键具有部分双键的性质，所以整个肽单位是一个刚性的平面结构，二硫键是使多肽链间交联或链内成环的共价键。氨基酸通过肽键相互连接而成的化合物称为肽。

4. 蛋白质是具有特定构象的生物大分子，为研究方便，将蛋白质结构分为四个结构层次，包括一级结构、二级结构、三级结构和四级结构。一级结构指蛋白质多肽链中氨基酸的排列顺序。二级结构是指多肽链骨架盘绕折叠所形成的有规律性的结构。超二级结构是指蛋白质分子中的多肽链在三维折叠中形成有规则的二级结构聚集体。结构域是指蛋白质亚基结构中明显分开的紧密球状结构区域。三级结构是指多肽链在二级结构、超二级结构以及结构域的基础上，进一步卷曲折叠形成复杂的球状分子结构。四级结构指数条具有独立的三级结构的多肽链通过非共价键相互连接而成的聚合体结构。维持蛋白质空间结构的作用力主要是氢键、离子键、疏水相互作用和范德华力等非共价键。此外，在某些蛋白质中还有二硫键，二硫键在维持蛋白质构象方面也起着重要作用。蛋白质的三维构象是由其一级结构，即氨基酸的序列决定的。

5. 不同的蛋白质，由于结构不同而具有不同的生物学功能。

（1）蛋白质的一级结构与蛋白质功能的相适应性和统一性，可从以下方面说明：存在于不同的生物体中，但具有相同或相似的生物学功能的蛋白质被称为同源蛋白质。同源蛋白质的氨基酸组成的差异与物种间的亲缘关系有关。在生物体内，有些蛋白质常以无活性的前体形式合成，只有按一定方式裂解除去部分肽链之后才呈现出生物活性，如酶原的激活。蛋白质中的氨基酸序列与生物功能密切相关，一级结构的变化往往导致蛋白质生物功能的变化。

（2）蛋白质空间结构与功能密切相关，其特定的空间结构是行使生物功能的基础。天然蛋白质分子因受到某些物理或化学因素的影响，分子内部原有的高度规律性结构发生改变，从而使蛋白质的理化性质和原有的生物学活性都发生改变的现象，称为蛋白质的变性作用。当变性因素除去后，在适当条件下变性蛋白质又可重新恢复其天然构象和生物活性，这种现象称为蛋白质的复性。蛋白质的构象并不是固定不变的，当有些蛋白质由于受某些因素的影响，其一级结构不变而空间结构发生变化，导致其生物功能的改变，称为蛋白质的别构现象或变构现象。

6. 蛋白质是两性电解质，它的酸碱性质取决于肽链上可解离的 R 基团。不同蛋白质所含有的氨基酸的种类、数目不同，所以具有不同的等电点。当蛋白质所处环境的 pH 大于其 pI 时，蛋白质分子带负电荷；pH 小于其 pI 时，蛋白质带正电荷；pH 等于其 pI 时，蛋白质所带净电荷为零，此时溶解度最小。蛋白质溶液的稳定与质点大小、电荷和水化层有关，任何影响这些条件的因素都会影响蛋白质溶液的稳定性。当这些稳定因素被破坏时，蛋白质会产生沉淀。高浓度中性盐可使蛋白质分子脱水并中和其所带电荷，从而降低蛋白质的溶解度并沉淀析出，即盐析。但这种作用并不引起蛋白质的变性。这个性质可用于蛋白质的分离。在蛋白质的分析工作中，常利用蛋白质分子中某些特殊结构（肽键、苯环、酚等）以及分子中的某些氨基酸可与某些试剂产生颜色反应来定性定量地测定蛋白质。

7. 为了得到高纯度的蛋白质制品，首先应选择一种含目的蛋白质较丰富的材料，对其进行必要的处理后，选择适当的方法，将组织和细胞破碎，然后用缓冲液制成悬液并通过离心去除不溶物，即可获得蛋白质提取液。其次，将蛋白质提取液进行粗分级分离，采用透析、超过滤、盐析、等电点沉淀、有机溶剂沉淀等方法。第三，对样品进一步纯化，一般使用色谱法、电泳法等。最后，进行结晶。

习 题

1. 解释下列名词
等电点；构型；构象；兼性离子；结构域；超二级结构；肽平面；盐析；盐溶；双缩脲反应；茚三酮反应；必需氨基酸；同源蛋白；变构效应；亚基

2. 什么是蛋白质的一级结构？为什么说蛋白质的一级结构决定其空间结构？

3. 什么是蛋白质的空间结构？蛋白质的空间结构与其生物功能有何关系？

4. 测定蛋白质多肽链 N 端和 C 端的常用方法有哪些？基本原理是什么？

5. 蛋白质的 α 螺旋结构和 β 折叠结构有何特点？

6. 什么是蛋白质的变性作用和复性作用？蛋白质变性后，其性质会发生哪些改变？

7. 测定蛋白质含量的方法有哪些？简述其原理。

8. 将含有丙氨酸、赖氨酸、天冬氨酸、甘氨酸、精氨酸和组氨酸的溶液点在滤纸中央，在 pH=6.0 的条件下进行电泳，请判断其泳动方向。

9. 测得一个蛋白质中 Trp 残基占总量的 0.29%，计算该蛋白质的最低分子量。

10. 测得 1mg 某蛋白质中含亮氨酸 58.1μg 和色氨酸 36.2μg，计算此蛋白质的最低分子量。

11. 某四肽与 DNFB 反应，酸水解后释放出 DNP-Ala。用胰蛋白酶水解该四肽，得到两个片段，其中一个用硼氢化锂还原后水解得到氨基乙醇和一种在有浓硫酸条件下能与乙醛酸反应产生紫色产物的氨基酸。根据以上结果写出该四肽可能的氨基酸排列顺序，并说明原因。

12. 下列试剂和酶常用于蛋白质化学的研究中：CNBr、异硫氰酸苯酯、丹磺酰氯、脲、6mol/L HCl、β-巯基乙醇、水合茚三酮、过甲酸、胰蛋白酶、胰凝乳蛋白酶。其中哪一个最适合完成以下各项任务？

（1）测定小肽的氨基酸序列。

（2）鉴定肽的氨基末端残基。

（3）不含二硫键的蛋白质的可逆变性；如有二硫键存在时还需加什么试剂？

（4）在芳香族氨基酸残基羧基侧水解肽键。

（5）在蛋氨酸残基羧基侧水解肽键。

（6）在赖氨酸和精氨酸残基羧基侧水解肽键。

第 3 章　酶与辅酶

本章提示：
　　本章介绍了有关酶和辅酶的一些知识，学习时重点掌握酶的催化特点、酶促反应动力学、酶活性的调控和酶的作用机制，并要对辅酶的结构和功能做初步了解，为后面有关代谢的学习打好基础。

第 1 节　酶的概念、命名及分类

　　生物体的基本特征之一是新陈代谢，而构成新陈代谢的是各式各样的化学反应。这些化学反应的特点是快速、高效，从而使细胞能同时进行各种分解及合成代谢，以满足生命活动的需要。生物化学反应之所以能在生物体内以极快的速度有条不紊地进行，主要是由于存在特殊的催化剂——酶（enzyme）。

一、酶的概念

　　酶是生物体活细胞产生的、受多种因素调节控制的具有催化活性的生物分子，是生物催化剂。Payen 及 Persoz 于 1833 年从麦芽的水抽提取物中分离得到一种能将淀粉水解成可溶性糖的物质，他们称之为淀粉酶制剂；1878 年，Kühne 将这类生物催化剂统称为酶。

　　自 1926 年 J. Sumner 第一次从刀豆中提取出脲酶结晶，并证明了它是蛋白质之后，现已有数千种酶被研究证明是蛋白质。酶的化学本质是蛋白质的主要依据是：

① 酶被酸、碱和蛋白酶水解后的最终产物是氨基酸；
② 酶是两性电解质，在水溶液中，可以进行两性解离，各自有特定的等电点；
③ 酶的分子量很大，其水溶液具有亲水胶体的性质，不能透过半透膜；
④ 酶分子具有特定的空间结构，凡能使蛋白质变性的因素都可使酶变性；
⑤ 酶也有蛋白质所具有的化学呈色反应。

　　半个多世纪以来，酶的化学本质是蛋白质的观念深入人心，直到 20 世纪 80 年代初期，美国 Cech 和 Altman 分别发现了有催化活性的天然 RNA——核酶（ribozyme），这一发现打破了生物体内所有的酶都是蛋白质的传统观念。随后又陆续发现了一些其他的核酶。有研究表明，核酶必须是 RNA 分子，但是，1995 年又有关于 DNA 具有催化活性的报道。总之，核酶的研究工作还有待进一步深入。

　　在生物化学中，常把由酶催化所进行的反应称为酶促反应。在酶的催化下，发生化学变化的物质称为底物，反应后生成的物质称为产物。

二、酶的命名

迄今已发现约 4000 多种酶，而且随着科学的发展，还会发现更多的酶。为了使用和研究方便，需要对酶进行统一的命名和分类。1961 年国际生物化学学会酶学委员会推荐了一套新的系统命名方案及分类方法，建议每一种酶应有一个系统名称和一个习惯名称，已被国际生物化学学会接受。

1. 习惯命名法

习惯命名可以根据酶作用的底物命名，如催化淀粉水解的酶叫淀粉酶，催化蛋白质水解的酶称为蛋白酶。有时还加上来源，如胰蛋白酶、细菌淀粉酶。还可以根据催化反应的性质及类型进行命名，如水解酶、转氨基酶、脱氢酶。有的酶结合两个原则来命名，如琥珀酸脱氢酶是催化琥珀酸脱氢反应的酶。20 世纪 50 年代以前，所有的酶都是根据习惯命名法命名的。这种命名法的缺点是不够系统、不够准确，难免有时会出现一名数酶或一酶数名的混乱情况。

2. 系统命名法

系统命名要求能确切地标明酶的底物及酶催化反应的性质，即酶的系统名包括酶作用的底物名称和该酶的分类名称。若一种酶催化两个底物起反应，则通常用"："号把它们分开，一般作为供体的底物名字在前，而受体的名字在后。若底物之一是水时，可将水略去不写。如乳酸脱氢酶的系统名称是 L-乳酸：NAD^+ 氧化还原酶；谷丙转氨酶的系统名称为 L-丙氨酸：α-酮戊二酸氨基转移酶；脂肪酶的系统名称是脂肪：水解酶。

按照严格的规则对酶进行系统命名后，获得的新名过于冗长而使用不便，因此，尽管系统命名科学严谨，而且一看酶的名称，就能得知该酶所催化的底物及反应性质等。但实际上，在绝大多数情况下，使用的都是简单明了的习惯名称。只在关键时刻，需要鉴别一种酶的时候，或在一篇论文中，初始出现该酶的名字时，才予以引用。所有酶的名称，都是由国际生物化学学会的专门机构审定后，向全世界推荐的。其中 20 世纪 60 年代以前发现的酶，它们的名称多是过去长期沿用的俗名；之后发现的酶，其名称则是按酶学委员会制定的命名规则拟定的。总之，按照国际系统命名法原则，每一种酶有一个习惯名称和系统名称。

三、酶的分类

1. 根据化学组成分类

按照化学组成，酶可分为单纯蛋白酶和结合蛋白酶两大类。如淀粉酶、脂肪酶、核糖核酸酶、蛋白酶等一般水解酶都属于单纯蛋白酶，这些酶中除了蛋白质外，不含其他成分。而转氨酶、乳酸脱氢酶及其他氧化还原酶类等均属结合蛋白酶，这些酶除了蛋白质组分外，还含对热稳定的非蛋白质小分子物质或金属离子。前者称为酶蛋白或脱辅基酶蛋白，后者称为辅因子。酶蛋白与辅因子分别单独存在时，均无催化活力，只有二者结合成完整的分子时，才具有酶活力。这种完整的酶分子称为全酶。

全酶＝酶蛋白＋辅因子

酶的辅因子有的是金属离子，有的是小分子有机化合物。根据它们与酶蛋白结合的紧密程度分为辅酶和辅基。通常与酶蛋白结合比较松弛（一般为非共价键结合）的小分子有机物质，通过透析法可以除去，称为辅酶。而把那些与酶蛋白结合比较紧（以共价键结合）、用透析法不能除去的小分子物质称为辅基，它们需要经过一定的化学处理才能与酶蛋白分开。所以辅酶与辅基的区别在于它们与酶蛋白结合的牢固程度。酶蛋白以自身侧链上的极性基团，通过反应以共价键、配位键或离子键与辅因子结合。

通常每一种酶蛋白只能与一个特定的辅因子结合，组成一个有特异性的酶，当换成另一种辅因子就不具活性。而生物体内辅因子数目有限，酶的种类繁多，所以同一种辅因子往往可以与若干种酶蛋白结合，组成若干种特异性全酶，催化若干种底物发生同一类型的化学反应。如乳酸脱氢酶的酶蛋白，只能与 NAD$^+$ 结合，组成乳酸脱氢酶，使底物乳酸发生脱氢反应。但可以与 NAD$^+$ 结合的酶蛋白还有很多种，如苹果酸脱氢酶及 3-磷酸甘油醛脱氢酶中都含 NAD$^+$，能分别催化苹果酸及 3-磷酸甘油醛发生脱氢反应。这说明酶蛋白决定该酶催化的专一性，即决定反应底物的种类，而辅酶（基）决定底物的反应类型，在催化中通常起传递电子、质子、原子或某些化学基团的作用。

2. 根据酶蛋白分子结构上的特点分类

（1）单体酶　单体酶一般只由一条多肽链组成，例如溶菌酶、羧肽酶 A 等，有些酶虽然由多条肽链组成，但肽链间因二硫键相连彼此构成一个共价整体，也归为单体酶，如胰凝乳蛋白酶（由 3 条肽链组成）。属于这类酶的为数不多，而且大多是催化底物发生水解反应的酶，即水解酶。其分子量为 13000～35000。

（2）寡聚酶　由两个或两个以上亚基组成的酶称为寡聚酶。寡聚酶中的亚基可以是相同的，也可以是不同的。大多数寡聚酶都含偶数个亚基，个别为奇数。亚基间以非共价键结合，容易为酸、碱、高浓度的盐或其他的变性剂分离。其分子量从 35000 到几百万。

（3）多酶复合体　由几种酶靠非共价键彼此嵌合形成的复合体称为多酶复合体。多酶复合体有利于细胞中一系列反应的连续进行，以提高酶的催化效率，同时便于机体对酶的调控。多酶复合体的分子量都在几百万以上。如丙酮酸脱氢酶复合体由 3 种酶组成。

3. 根据酶所催化的反应类型国际酶学委员会对酶的分类

（1）氧化还原酶类　氧化还原酶是一类催化底物发生氧化还原反应的酶。在有机反应中，通常把脱氢加氧视为氧化，加氢脱氧视为还原。此类酶中包括氧化酶、脱氢酶两类。其中数量最多的是脱氢酶，它催化直接从底物上脱氢的反应，可用通式表示为：

$$AH_2 + B \rightleftharpoons A + BH_2$$

式中，AH_2 表示底物，B 为原初受氢体。在脱氢反应中，直接从底物上获得氢原子的都是辅酶（基）。辅酶（基）从底物上得到氢原子后，再经过一定的传递过程，最后使之与氧结合生成水。例如琥珀酸脱氢酶、乳酸脱氢酶等。

氧化酶催化底物脱氢并氧化生成水，由氧化酶所催化的反应可表示为：

$$2AH_2 + O_2 \rightleftharpoons 2A + 2H_2O$$

此类反应中，从底物分子中脱下来的氢原子，不经传递，直接与氧反应生成水。例如葡萄糖氧化酶、多酚氧化酶等。

（2）转移酶类　转移酶是催化底物发生基团转移的酶，即将某一基团从一种分子转移到另一种分子上。常见的转移酶有氨基转移酶、甲基转移酶、酰基转移酶、醛基或酮基转移酶、激酶及磷酸化酶等。由转移酶所催化的反应可用通式表示为：

$$AX + B \rightleftharpoons A + BX$$

式中，X 为被转移的基团。不少的转移酶是结合蛋白质，被转移的基团首先与辅酶结合，而后再转移给另一受体。如氨基转移酶的辅酶是磷酸吡哆醛，在转氨基过程中，被转移的氨基首先与磷酸吡哆醛结合生成磷酸吡哆胺，然后磷酸吡哆胺再把此氨基转移到受体物质上。例如谷丙转氨酶、谷草转氨酶、胆碱转乙酰酶等。

（3）水解酶类　水解酶是催化底物发生水解反应的酶。这类酶催化反应通式可表示为：

$$AB + H_2O \rightleftharpoons AH + BOH$$

水解酶在生物体内分布最广，数量也多，常见的有淀粉酶、麦芽糖酶、蛋白酶、肽酶、脂酶及磷酸酯酶等。水解酶所催化的反应多数是不可逆的。

（4）裂解酶类　裂解酶是催化从底物分子中移去一个基团或原子而形成双键的反应或其逆反应的酶。此类酶的酶促反应通式为：

$$AB \rightleftharpoons A+B$$

这类酶催化的反应多数是可逆的，从左向右进行的反应是裂解反应，由右向左是合成反应，所以此酶又称为裂合酶。常见的裂解酶有脱羧酶、异柠檬酸裂解酶、脱水酶、脱氨酶等。

（5）异构酶类　异构酶能催化底物分子的各种同分异构体之间的相互转变，即底物分子内基团或原子的重新排列。几何学上的变化有顺反异构、差向异构（表异构）和分子构型的改变；结构学上的变化有分子内的基团转移（变位）和分子内的氧化还原。常见异构酶有顺反异构酶、表异构酶、分子内的氧化还原酶、分子内转移酶、分子内裂解酶和消旋酶等。异构酶所催化的反应都是可逆的。酶促反应通式为：

$$A \rightleftharpoons B$$

（6）合成酶类　合成酶又称为连接酶，是催化两个分子连接在一起，即催化两种物质合成一种新物质的反应的酶。由于这类反应都是热力学上不能自发进行的反应，因此，反应都伴随有 ATP 分子中高能磷酸键的断裂。酶促反应通式可表示为：

$$A+B+ATP \rightleftharpoons AB+ADP+Pi$$

$$A+B+ATP \rightleftharpoons AB+AMP+PPi$$

此类反应多数不可逆。反应式中的 Pi 或 PPi 分别代表无机磷酸与焦磷酸。反应中必须有 ATP（或 GTP 等）参与。常见的合成酶有丙酮酸羧化酶、谷胱甘肽合成酶等。

在酶的概念中，强调了酶是生物体活细胞产生的，但在许多情况下，细胞内生成的酶还可以分泌到细胞外或转移到其他组织器官中发挥作用。通常把由细胞内产生并在细胞内部起作用的酶称为胞内酶，而把由细胞内产生后分泌到细胞外起作用的酶称为胞外酶。一般水解酶类，如淀粉酶、脂肪酶、人体消化道中的各种蛋白酶都属胞外酶。而水解酶类以外的其他酶类大都属于胞内酶。

4. 国际系统分类法和酶的标码

国际酶学委员会根据各种酶所催化反应的类型，把酶分为六大类，并分别用 1、2、3、4、5、6 来表示；再根据底物中被作用的基团或键的特点将每一大类分为若干个亚类，同样按顺序编成 1、2、3、4……数字；每一个亚类又可再分为亚亚类，仍然用 1、2、3、4……数字顺序编号；另外还有一个数字表示酶在亚亚类中的排号。这样每一个酶都用四个点隔开的一组数字编号，编号前冠以 EC，四个数字依次表示该酶应属的大类、亚类、亚亚类及酶的顺序排号，这种编码一种酶的四个数字即是酶的标码。据此标码将已知的每一种酶分门别类地排成一个表，叫酶表。如醇脱氢酶的标码是 EC1.1.1.1，表示它属于氧化还原酶类、第一亚类 [被氧化基团为—$CH(OH)$—]、第一亚亚类（以 NAD^+ 或 $NADP^+$ 为氢受体）、排号第一。

溶菌酶

能溶解某些细菌的一种糖水解酶。溶菌酶主要存在于动植物的组织液和某些微生物体内，如鼻黏液、眼泪、唾液、卵蛋白、枯草杆菌培养物和某些蔬菜中。该酶能水解细菌的细胞壁中 N-乙酰氨基葡萄糖和 N-乙酰胞壁酸之间的 β-1,4-糖苷键，故又称胞壁质酶，即 N-乙酰胞壁质糖苷聚糖水解酶。现从鸡蛋清提取溶菌酶以及从霉菌中提取溶菌酶均已达工业化生产水平。对鸡蛋清溶菌酶的研究较详细，它是由 129 个氨基酸残基构成的一种碱性蛋白，分子量1.5万～1.8万，对热稳定，对碱不稳定，对革兰氏阳性细菌有较强的杀菌作用。溶菌酶可药用，具抗菌、清除局部坏死组织、止血、消肿、消炎等作用。在食品工业上可用作防腐剂，还可添加在牙膏中防治龋齿。在发酵工业上是一种重要的溶菌剂，用于溶解细菌细胞壁，制备无菌体提取液。

第2节 酶的结构、催化特点及作用机理

一、酶的结构

1. 酶活性中心

酶是生物大分子，其分子体积比底物分子的被作用部位要大得多。可以想到在反应过程中酶与底物接触结合时，只限于酶分子的少数基团或较小的部位。也就是说，只有少数特异的氨基酸残基参与底物结合并起催化作用。酶分子中直接与底物结合，并催化底物发生化学反应的部位，称为酶的活性中心（active center）。对于单纯酶来说，活性中心就是酶分子在空间结构上比较靠近的少数几个氨基酸残基或是它们的某些基团。对于结合酶来说，辅因子或其上的某一部分结构往往也是活性中心的组成部分。从功能上看，可以认为活性中心有两个功能部位：一是结合部位负责与底物的结合，决定酶的专一性；二是催化部位负责催化底物发生键的断裂及新键的形成，决定酶促反应的类型，即酶的催化性质。

构成酶的活性中心的氨基酸，如天冬氨酸、丝氨酸、组氨酸、半胱氨酸、赖氨酸等，它们的侧链上都含有极性基团，这些基团若经氧化、还原、酰化、烷化等化学修饰而发生改变，则酶的活性丧失，这些基团称为酶的必需基团。但是有些活性中心以外的基团也与酶的活力有关，是保持活性中心构象所必需的，这些基团称为活性中心以外的必需基团。所以活性中心的基团都是必需基团，但是必需基团还包括那些在活性中心以外，对维持酶空间构象必需的基团。

2. 酶活性中心的特点

（1）活性中心通常只占酶的一小部分，大约1%～2%。大多数酶由几百个氨基酸残基组成，而构成活性中心的只有几个氨基酸残基。表3-1列举了一些酶活性中心的氨基酸残基。

表3-1 某些酶活性中心的氨基酸残基

酶	氨基酸残基数	活性中心的氨基酸残基
溶菌酶	129	Asp_{52}，Glu_{35}
核糖核酸酶 A	124	His_{12}，His_{119}，Lys_{41}
胰蛋白酶	223	His_{57}，Asp_{102}，Ser_{195}
胃蛋白酶	348	Asp_{32}，Asp_{215}
木瓜蛋白酶	212	Cys_{25}，His_{159}
胰凝乳蛋白酶	241	His_{57}，Asp_{102}，Ser_{195}

（2）活性中心是一种三维结构。活性中心的三维结构是由酶的一级结构所决定且在一定外界条件下形成的。构成酶活性中心的几个氨基酸残基，虽然在一级结构上可能相距很远，甚至可能在不同的肽链上，但由于肽链的折叠与盘绕使它们在空间结构上彼此靠近。所以如果没有酶的空间结构就没有酶的活性部位。

（3）酶的活性部位是位于酶分子表面的、呈裂缝状的小区域。

（4）酶的活性部位具有柔性，与底物的形状并不是互补的，二者的构象是在结合的过程中同时或某一方发生一定变化后才互补的。

（5）酶在变性过程中，当酶分子整体构象还没有受到明显影响之前，活性部位已大部分被破坏。

二、酶催化作用的特点

酶和一般催化剂相比，有许多相同的特点：它们都能显著地改变化学反应速率，使反应加快达到平衡，但是不能改变反应的平衡常数；用量少，本身在反应前后也不发生变化；可降低反应的活化能。但是酶作为生物催化剂，与一般催化剂相比，又表现出下列一些作用特点。

1. 酶催化反应条件温和

酶活性易受各种因素的影响，凡可使生物大分子变性的因素，如高温、强酸、强碱、重金属盐等都可导致酶失去催化活性，因此酶催化的反应通常都在常温、常压、中性酸碱度等较温和的条件下进行。例如，生物固氮作用是在植物中的固氮酶的催化下完成的，通常在27℃和中性pH条件下进行，而工业上合成氨需要在500℃、几百个大气压下才能完成。

2. 酶催化效率高

酶的催化活性比化学催化剂的催化活性要高出很多（$10^6 \sim 10^{13}$倍）。如过氧化氢酶（含Fe^{3+}）和无机铁离子都催化过氧化氢发生如下分解反应：

$$2H_2O_2 \longrightarrow 2H_2O + O_2 \uparrow$$

1min内1mol的过氧化氢酶可催化8×10^4mol的H_2O_2分解。同样条件下，1mol的化学催化剂Fe^{3+}只能催化1×10^{-5}mol的H_2O_2分解。过氧化氢酶的催化效率大约是Fe^{3+}的10^{10}倍。据报道，人的消化道中如果没有各种酶的参与，那么同样温度下要消化一顿简单的午餐大约需要50年。又如将唾液淀粉酶稀释100万倍之后，仍具有催化能力。可见酶的催化效率是极高的。

3. 酶催化专一性强

酶的专一性或特异性是指酶对反应物及其催化反应的严格选择性程度。通常把被酶作用的反应物称为底物。一种酶往往只能作用于某一种或某一类分子结构相似的物质，催化一种或一类相似的化学反应。而一般催化剂没有这样严格的选择性。酶作用的高度专一性是酶和一般催化剂最主要的区别，也是酶最重要的特点之一。

根据酶对其底物结构选择的严格程度不同，酶的专一性可分为以下3种不同的类型。

（1）**绝对专一性** 酶对底物要求非常严格，只能催化一种底物，这种专一性称为绝对专一性。若底物分子发生细微改变，便不能作为酶的底物。例如凝血酶对于被水解的肽键羧基端和氨基端都有严格要求，只水解羧基端为L-精氨酸、氨基端为甘氨酸残基所形成的肽键（图3-1）。此外，麦芽糖酶只作用于麦芽糖，而不作用于其他双糖；过氧化氢酶只能催化过氧化氢分解为水和氧气；淀粉酶只作用于淀粉，而不作用于纤维素等。

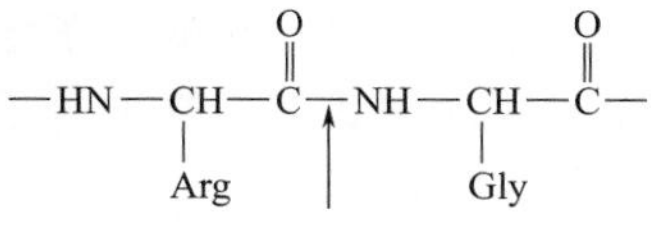

图3-1 凝血酶的专一性

（2）**相对专一性** 与绝对专一性相比，具有相对专一性的酶对底物的专一性程度要求较低，能够催化一类具有类似的化学键或基团的物质进行某种反应。它又可分为键专一性和基团专一性（族专一性）两类。

① 键专一性 具有键专一性的酶，只对底物中一定的化学键有选择性的催化作用，对

此化学键两侧连接的基团并无严格要求。如酯酶只作用于底物中的酯键，使底物在酯键处发生水解反应，而对底物 $R-\overset{\overset{\text{O}}{\|}}{C}-OR'$ 两侧的基团 R 和 R′均无特殊要求，R 与 R′分别表示两种不同的烃基或其衍生物。键专一性的酶对底物结构要求最低。

② 基团专一性（族专一性） 与键专一性相比，基团专一性的酶对底物的选择较为严格。除了要求底物有一定的化学键，还对键一侧所连基团有特定要求。如胰蛋白酶能选择性地断裂赖氨酸或精氨酸残基的羧基参与形成的肽键（图 3-2）。又如 α-D-葡萄糖苷酶能水解具有 α-1,4-糖苷键的 D-葡萄糖苷，这种酶不仅要求 α-糖苷键，而且要求键的一侧必须是葡萄糖基团，即 α-葡萄糖苷（图 3-3），而底物分子上的 R 基团则可以是任何糖或非糖基团。所以这种具有基团专一性的酶，既能催化麦芽糖水解生成两分子葡萄糖，又能催化蔗糖水解生成葡萄糖和果糖。

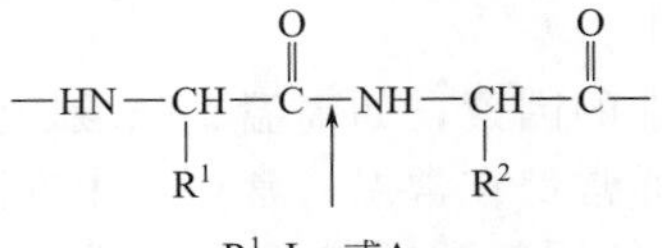

图 3-2 胰蛋白酶的专一性

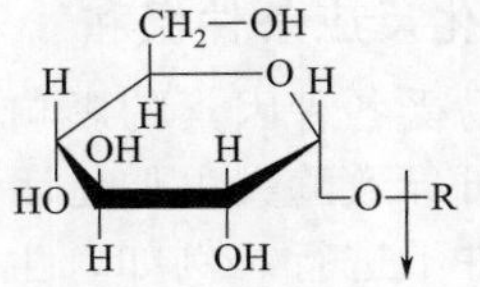

图 3-3 α-葡萄糖苷

（3）立体异构专一性 当底物有立体异构体时，一种酶只能对一种立体异构体起催化作用，这种专一性称为立体异构专一性。在生物体中，具有立体异构专一性的酶相当普遍。如 L-乳酸脱氢酶只催化 L-乳酸脱氢生成丙酮酸，对其旋光异构体 D-乳酸则无催化作用。如延胡索酸酶只催化延胡索酸（反丁烯二酸）加水生成苹果酸，而不能催化顺丁烯二酸的水合作用。

4. 酶活性的可调控性

酶催化作用的另一个重要特征是其催化活性受多种因素的调节控制。生物体内进行的化学反应，虽然种类繁多，但是非常协调有序。底物浓度、产物浓度以及环境条件的改变，都有可能影响酶的催化活性。而任何一个酶活性调节失控，都会引起一系列生化反应的紊乱，必将造成生物体产生这样那样的疾病，严重时甚至死亡。生物体为适应环境的变化，保持正常的生命活动，在漫长的进化过程中，形成了自动调控酶活性的系统。

三、酶催化作用机理

1. 酶催化作用与反应活化能的关系

在反应体系中，任何反应物分子都含有能量，但能量大小不同，只有那些含能量较高、达到或超过一定水平的分子才能发生化学反应，即反应物分子必须达到或超过一定的能阈，才能成为活化状态，这种分子称为活化分子。反应物分子由一般状态转变为活化状态需要的能量称为活化能。

反应体系中活化分子越多反应速率就越快。而使反应物分子活化的方法之一就是向反应体系提供能量如加热或光照等；另一种方法就是降低反应所需的活化能，也就是降低分子反应的能阈，使那些含能量较低的、本来不能参与反应的大量分子也能超过能阈，变相地增加了活化分子数，加速了化学反应速率。酶能显著降低反应的活化能，使反应在较低能量水平上进行，催化效率比一般的催化剂要高很多。

2. 中间络合物学说

酶是怎样使反应的活化能降低而体现出极强催化效率的呢？目前比较圆满的解释是中间

络合物学说。早在 19 世纪，为了说明酶催化作用的机理，就有人提出了酶促反应的中间络合物学说。他们认为：酶在催化底物发生变化之前，酶首先与底物结合成一个不稳定的中间络合物 ES（也称为中间产物），然后，ES 再分解为产物和酶。

$$S + E \rightleftharpoons ES \longrightarrow P + E$$

这里 S 代表底物（substrate），E 代表酶（enzyme），ES 为中间产物，P 为反应产物（product）。

这样由于酶和底物生成中间产物 ES，使原先一步进行的反应改变为两步，两步反应所需的活化能分别为 ΔG_1、ΔG_2，二者都比非酶反应的活化能小。故酶促反应比非酶促反应容易进行。图 3-4 表明了酶促反应与非酶促反应所需活化能大小的不同。

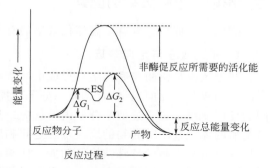

图 3-4 酶促反应与非酶促反应的活化能

虽然中间产物学说能较好地说明酶催化作用的机理，但在过去很长时间内，都无法证明中间产物的存在。因为从酶促反应体系中，无法分离得到所设想的中间产物。原因是中间产物很不稳定，存在的时间非常短暂，极易分解为产物与酶。目前已有多种办法间接证明中间产物确实存在，最简便的方法是观察反应过程中吸收光谱的变化。用电子显微镜可以直接观察到核酸和它的聚合酶形成的中间络合物。近年来，观察凝乳蛋白酶催化对硝基苯乙酸酯的水解反应时，能直接分离出中间产物——乙酰凝乳蛋白酶复合物。

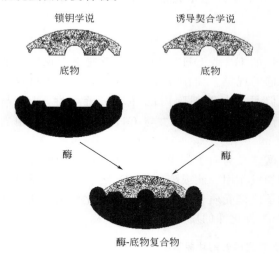

图 3-5 酶和底物的结合示意图

3. 锁钥学说

酶和底物如何结合成中间络合物？又如何完成其催化作用呢？前面提到酶的专一性，知道酶对它所作用的底物有着严格的选择性。它只能催化一定结构或一些结构相似的化合物发生反应。于是有学者认为酶和底物结合时，底物的结构必须和酶活性中心的结构完全吻合，就像锁与钥匙一样，也就是说底物分子进行化学反应的部位与酶分子上有催化效能的必需基团间具有紧密互补的关系，这样才能紧密结合形成中间络合物。这就是 1890 年由 Emil Fischer 提出的"锁钥学说"。锁钥学说属于刚性模板学说，可以较好地解释酶的立体专一性（图 3-5）。

锁钥学说虽然说明了酶与底物结合成中间产物的可能性及酶对底物的专一性，但有些问题是这个学说所不能解释的，如当底物和酶结合时，酶分子上的某些基团发生的明显变化。另外，对于可逆反应，酶能够催化正逆两个方向的反应，用该学说很难解释酶活性中心的结构与底物和产物的结构都非常吻合，因此，"锁钥学说"把酶的结构看成固定不变是不切实际的。

4. 诱导契合学说

酶和底物在游离状态时，活性中心的结构与底物的结构并非互相吻合。但是酶的活性中心不是僵硬的结构，它具有一定的柔性。当底物与酶相遇时，可诱导酶蛋白的构象发生相应变化，使活性中心上有关的基团达到正确的排列和定向，因而使酶和底物契合而结合成中间络合物。这就是 1958 年由 D. E. Koshland 提出的"诱导契合学说"（图 3-5）。对羧肽酶等进行 X 射线衍射研究的结果也有力地支持了这个学说。酶与底物的结合主要是通过次级键——氢键、盐键、范德华力和疏水相互作用。

四、影响酶催化效率的因素

酶比一般催化剂具有更高催化效率的有关因素如下。

1. 邻近效应与定向效应

邻近效应是指酶与底物结合形成中间产物后，使酶的催化基团与底物之间、底物与底物之间（如双分子反应），结合于同一分子而提高了活性部位上底物的有效浓度，使一个分子间的反应变成了一个近似于分子内的反应，从而使反应速率大大增加的一种效应。定向效应是指酶的催化基团与底物的反应基团之间和反应物的反应基团之间的正确取位产生的效应。酶促反应是由于酶的特殊结构及功能，使参加反应的底物分子结合在酶的活性部位上，使作用基团互相邻近并正确定向，大大提高了酶的催化效率。

2. 底物的形变

酶活性中心的结构有一种可适应性，当专一性底物与酶活性中心结合时，可以诱导酶分子构象的变化，使酶的催化基团与结合基团正确地排列和定位，使催化基团能够合适地处在被作用键的位置。与此同时，变化的酶分子又使底物分子的敏感键产生"张力"，甚至产生"形变"，从而促进酶-底物络合物进入过渡态，降低了反应活化能，加速了酶促反应。实际上这就是酶与底物诱导契合的动态过程。

3. 酸碱催化

狭义的酸碱催化是在水溶液中通过高反应性的 H^+ 或 OH^- 对化学反应速率表现出的催化作用。酸碱催化在有机化学反应中是比较普遍的现象。如在酸碱的作用下，蛋白质可水解为氨基酸，脂肪可以水解为甘油和脂肪酸。但是，由于细胞内的环境接近中性，H^+ 与 OH^- 的浓度都很低，因此，在生物体内进行的酶促反应，H^+ 与 OH^- 的直接作用相当微弱。

广义的酸碱催化是酸定义为质子的供体，碱定义为质子的受体。发生在细胞内的许多类型的反应都是广义的酸碱催化。例如，羰基的加成作用、肽或酯的水解、各种分子的重排以及许多取代反应等。酶活性中心处可以提供质子或接受质子而起广义酸碱催化作用的功能基团见表 3-2。它们能在近中性的 pH 范围内，作为催化性的质子供体或受体。

表 3-2　酶分子中可作为广义酸碱的功能基团

氨基酸残基	广义酸基团(质子供体)	广义碱基团(质子受体)
Glu, Asp	—COOH	—COO⁻
Lys, Arg	—NH₃⁺	—N̈H₂
Cys	—SH	—S⁻
Tyr	⬡—OH	⬡—O⁻
His	C=CH / HN　NH⁺ / CH	C=CH / HN　N: / CH

4. 共价催化

还有一些酶以另一种方式来提高催化反应的速率，即共价催化。它是指催化时，亲核催化剂或亲电子催化剂分别放出或汲取电子并作用于底物的缺电子中心或负电中心，生成一个活性很高的共价型的中间产物，此中间产物很容易向着最终产物的方向变化，故反应所需的活化能大大降低，反应速率明显加快。根据活性中心处极性基团对底物进攻的方式不同，共价催化可分为亲电催化与亲核催化两种。较常见的是亲核基团含有未成键的电子对，在酶促反应中，它向底物上缺少电子的正碳原子进攻称为亲核催化。活性中心处最常见的 3 种亲核基团是：丝氨酸羟基、半胱氨酸巯基、组氨酸咪唑基。此外，辅酶中还含有另外一些亲核中心。以硫胺素为辅酶的一些酶如丙酮酸脱羧酶、含辅酶 A 的一些脂肪降解酶、含巯基的木瓜蛋白酶、以丝氨酸为催化基团的蛋白水解酶等，都有亲核催化的机制。同理，亲电催化则是亲电基团对底物亲电进攻而引起的催化作用。常见的亲电基团有 NH_3^+、Mg^{2+}、Mn^{2+}、Fe^{3+} 以及蛋白质中的酪氨酸羟基等。

5. 活性中心低介电微环境的影响

酶分子活性中心位于酶表面的疏水环境的裂缝中，而表面则为亲水基团组成的亲水极性区。这就是说在酶分子上存在不同的微环境，酶的活性中心凹穴内相对地说是非极性的，而在疏水的非极性区介电常数低，因此，酶的催化基团被低介电环境所包围，在某些情况下排除高极性的水分子。由于在非极性环境中两个带电基团之间的静电作用比在极性环境中显著提高，底物分子敏感键和酶的催化基团之间就会有很大的反应力，有助于加速酶的反应。酶活性中心的这种性质也是使某些酶催化总速度增长的一个原因。

第 3 节　酶促反应动力学

酶促反应动力学是研究酶促反应速率及其影响因素的科学。生物体内进行的新陈代谢都是在酶的催化下发生的各种物质和能量代谢，而酶催化的反应速率是非常重要的一个因素。在活细胞中一个合成反应必须以足够快的速率满足细胞对反应产物的需要。而有毒的代谢产物也必须以足够快的速率被排除，以免累积而对细胞造成损伤。若需要的物质不能以足够快的速率提供，而有害的代谢产物不能以足够快的速率排除，势必将造成代谢紊乱。因此研究酶反应速率不仅可以阐明酶反应本身的性质，了解生物体内正常和异常的新陈代谢，而且还可以寻找酶在体外最有利的反应条件，以最大限度地发挥酶反应的高效性。

一、酶促反应速率的测定

与普通化学反应一样，测定酶促反应速率有两种方法，既可以测定单位时间内底物浓度的减少量，也可以测定单位时间内产物浓度的增加量。但在反应开始阶段，由于生成中间产物二者的大小略有差异，在实际测定中，多用产物浓度的增加量作为反应速率的量度。因为通常底物量足够大，其减少量很少，而产物由无到有，变化较明显，测定起来较灵敏。

酶促反应的速率与反应进行的时间有关。以产物生成量（P）为纵坐标、以时间（t）为横坐标作图，可得到酶的反应过程曲线（图 3-6）。从图 3-6 中可以看出，时间为不同值时曲线的斜率代表不同时间的酶促反应速率，因而每一瞬间的反应速率都不相同，所以用瞬时速率表示反应速率，即 $d[P]/dt$。在反应初期，产物增加得比较快，酶促反应的速率近似为一个常数，亦即反应产物的生成量与时间几乎成线性关系。随着时间延长，曲线斜率下降，酶促反应的速率便逐渐减弱。可能的原因是：首先随着反应的进行，底物浓度减少，产物浓度增加，加速反应逆向进行；其次产物浓度增加会对酶产生反馈抑制；另外酶促反应系统中pH值及温度等微环境变化会使部分酶变性失活。因此，为了准确表示酶活力就必须测定酶促反应初期的速率，称为"反应初速率"，酶反应的初速率越大，意味着酶的催化活力越大。

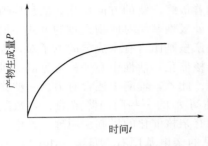

图 3-6　酶的反应过程曲线

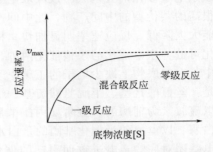

图 3-7　底物浓度对酶促反应速率的影响

二、底物浓度对酶促反应速率的影响

1. 底物浓度与酶促反应速率的关系

确定底物浓度与酶促反应速率间关系，是酶促反应动力学的核心内容。在酶浓度、pH、温度等条件不变的情况下，研究二者的关系可得到图 3-7 中的曲线。从该曲线可以看出：当底物浓度较低时，反应速率与底物浓度成正比关系，这时，随着底物浓度的增加，反应速率按一定比率加快，表现为一级反应；当底物浓度增加到一定的程度后，虽然酶促反应速率仍随底物浓度的增加而不断地加大，但加大的比率已不是定值，呈逐渐减弱的趋势，表现为混合级反应；当底物浓度增加到足够大的时候，反应速率便达到一个极限值，最后反应速率几乎不再受底物浓度的影响，而趋于恒定，表现为零级反应。这里反应速率的极限值，称为酶的最大反应速率，以 v_{max} 表示。底物浓度即出现饱和现象，由此可见，底物浓度对酶促反应速率的影响是非线性的。

根据这一现象，Henri 和 Wurtz 提出了酶底物中间复合物学说。该学说认为当酶（E）催化某一化学反应时，首先和底物（S）结合生成中间复合物（ES），然后才分解为产物（P）并游离出酶。反应可用下式表示：

$$S+E \Longleftrightarrow ES \longrightarrow P+E$$

根据中间络合物学说，在酶浓度一定时，如果底物浓度较低，则只有少数的酶与底物作用生成中间产物，在这种情况下，增加底物的浓度，就会增加中间产物，因而酶促反应速率也随之增加；但是当底物浓度很大时，所有的酶都与底物结合生成了中间产物，此时底物浓度虽再增加，体系中已经没有游离态的酶与之结合了，继续增加底物的浓度，对于酶促反应的速率显然已毫无作用。把酶的活性中心都被底物分子结合时的底物浓度称饱和浓度。各种酶都表现出这种饱和效应，但不同的酶产生饱和效应时所需要底物浓度是不同的。非酶催化反应无此饱和现象。

2. 米氏方程

1913 年 Michaelis 和 Menten 根据中间复合物学说，推导出了一个表示底物浓度 ［S］ 与酶促反应速率 v 之间定量关系的数学方程式，即米氏方程。

根据中间复合物学说，典型的单底物的酶促反应如下式：

$$E+S \underset{k_2}{\overset{k_1}{\Longleftrightarrow}} ES \overset{k_3}{\longrightarrow} P+E$$

在上式中，k_1、k_2、k_3 分别为相关反应的速率常数。可以看出酶促反应分两步进行，首先酶与底物结合形成酶-底物复合物 ES；然后 ES 复合物分解形成产物，同时释放出游离的酶。这两步反应都是可逆反应。由于酶促反应的速率，取的都是初速率，反应之初，产物浓度很低，第二步反应的逆反应速率极小，可以忽略不计，故认为第二步反应是单向的。

酶促反应的速率与酶-底物复合物的形成与分解速率直接相关。所以必须考虑 ES 的形成速率和分解速率。

ES 形成速率：$v_1 = k_1[S]([E_0] - [ES])$

式中，$[E_0]$ 表示酶的初始浓度，即体系中酶的总浓度；$[E_0] - [ES]$ 表示未与底物结合的游离状态的酶浓度。

ES 分解为底物的速率：$v_2 = k_2[ES]$

ES 分解为产物的速率：$v_3 = k_3[ES]$

当反应达到平衡时，ES 的形成速率和分解速率相等，即 $v_1 = v_2 + v_3$

故 $k_1[S]([E_0] - [ES]) = k_2[ES] + k_3[ES]$

整理得：$k_1[S]([E_0] - [ES]) = (k_2 + k_3)[ES]$

移项：$\dfrac{([E_0] - [ES])[S]}{[ES]} = \dfrac{k_2 + k_3}{k_1}$

用 K_m 表示 k_1、k_2、k_3 三个常数的关系，$K_m = \dfrac{k_2 + k_3}{k_1}$

则 $\dfrac{([E_0] - [ES])[S]}{[ES]} = K_m$

所以当反应达到平衡时，$[ES] = \dfrac{[E_0][S]}{K_m + [S]}$

由于生成产物的反应速率（v_3）实际上代表了总的反应速率 v，所以：

$$v = v_3 = k_3[ES] = k_3 \dfrac{[E_0][S]}{K_m + [S]}$$

由于反应系统中底物浓度远大于酶的浓度，当酶全部都与底物结合形成 ES 时，即 $[E_0] = [ES]$，酶促反应达到最大反应速率 v_{max}，则 $v_{max} = k_3[ES] = k_3[E_0]$，将其代入上述公式得：

$$v = \dfrac{v_{max}[S]}{K_m + [S]}$$

这就是著名的米氏方程，它表明了酶反应速率与底物浓度之间的定量关系，如果以 $[S]$ 作横坐标、v 作纵坐标作图，可得到一条曲线（图3-8），并且该曲线与实验所得的图3-7中曲线相符合。

K_m 为米氏常数，是由一些速率常数组成的一个复合常数，是酶的特征性常数。应用米氏方程可以说明以下关系。

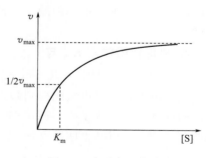

图3-8 米氏方程曲线

（1）当底物浓度很低时，即 $[S]$ 远远小于 K_m 时，则 $K_m + [S] \approx K_m$，代入米氏方程后：$v = \dfrac{v_{max}[S]}{K_m}$，由于 v_{max} 和 K_m 为常数，故 v 与 $[S]$ 成正比，表现为一级反应特征。

（2）底物浓度足够大时候，即 $[S]$ 远远大于 K_m 时，则 $K_m + [S] \approx [S]$，代入米氏方

程式后：$v=\dfrac{v_{max}[S]}{[S]}=v_{max}$，此时再增加底物浓度，反应速率不再增加，表现为零级反应。

（3）当 $[S]=K_m$ 时，代入米氏方程式得：$v=\dfrac{v_{max}[S]}{[S]+[S]}=\dfrac{v_{max}}{2}$。也就是说，当底物浓度等于 K_m 时，反应速率为最大反应速率的一半。

3. 米氏常数的意义

（1）K_m 值是反应速率达到最大反应速率一半时的底物浓度，单位为 mol/L。

（2）K_m 是酶的特征常数，K_m 的大小与酶的浓度无关。K_m 值随测定的底物、反应的温度、pH 及离子强度而改变。故对某一个酶促反应而言，在一定条件下都有特定的 K_m 值。各种酶的 K_m 值一般介于 $10^{-6} \sim 10^{-1}$ mol/L 之间。

（3）K_m 值可以用来判断酶的最适底物（optimum substrate）。如果一种酶可以催化几种底物发生反应，就必然对每一种底物，各有一个特定的 K_m 值，其中 K_m 值最小的底物就是该酶的最适底物，或称天然底物。如己糖激酶可作用于葡萄糖和果糖，其 K_m 值分别为 1.5×10^{-4} mol/L 和 1.5×10^{-3} mol/L，显然葡萄糖是最适底物。

（4）K_m 值的大小近似地反映酶与底物的亲和力。K_m 值越大，表明达到 v_{max} 的一半时所需底物浓度越大，表示酶与底物之间的亲和力越小；反之，K_m 值越小，则表明酶与底物的亲和力越强。显然，最适底物与酶的亲和力最大，K_m 最小。

（5）可以根据 K_m 值，求出在某一底物浓度下，其反应速率相当于 v_{max} 的百分数。例如过氧化氢酶的 K_m 值为 2.5×10^{-2} mol/L，当底物过氧化氢的浓度为 7.5×10^{-2} mol/L 时，即 $[S]=3K_m$，代入米氏方程 $v=\dfrac{v_{max}[S]}{K_m+[S]}$，得：

$$v=\dfrac{v_{max} \times 3K_m}{K_m+3K_m}=0.75v_{max}$$

也就是说有 75% 的酶已与底物作用生成了中间产物，即过氧化氢酶在此时被底物饱和的百分数为 75%。

（6）K_m 值可以用来推断某一代谢反应的方向和途径。催化可逆反应的酶，对正逆两向底物的 K_m 值往往是不同的，测定这些 K_m 值的大小及细胞内正逆两向的底物浓度，可以大致推测该酶催化正逆两向反应的效率，这对了解酶在细胞内的主要催化方向和生理功能具有重要意义。生物体内的反应，同一种底物往往可以被几种酶作用，催化不同的反应，走不同的途径，只有 K_m 值小的酶反应比较占优势。所以根据 K_m 值可以帮助推断反应的方向和途径。

4. 利用作图法求 K_m 与 v_{max}

从酶的 v-$[S]$ 图上可以得到 v_{max}，再由 $1/2 v_{max}$ 求得相应的 $[S]$，即 K_m 值。但实际上即使底物浓度再大，也只能得到趋近于 v_{max} 的反应速率，而达不到真正的 v_{max}，因此得不到准确的 K_m 值。为了求得准确的 K_m 值，可以将米氏方程的形式加以改变，即将方程两边同时取倒数，得到下面的方程：

$$\dfrac{1}{v}=\dfrac{K_m}{v_{max}} \times \dfrac{1}{[S]}+\dfrac{1}{v_{max}}$$

相当于直线方程 $y=ax+b$，以 $\dfrac{1}{v}$ 对 $\dfrac{1}{[S]}$ 作图，得出一条直线（图 3-9）。这就是最常用的 Lineweaver-Burk 的双倒数作图法。直线的斜率为 $\dfrac{K_m}{v_{max}}$。将直线延长与横轴相交，在横轴上

的截距为 $-\dfrac{1}{K_m}$，在纵轴上的截距为 $\dfrac{1}{v_{max}}$，这样，K_m 和 v_{max} 就可以从直线的截距上计算出来。此法方便而应用广泛，但也有缺点，实验点过分集中于直线的左下方，作图不易十分准确。

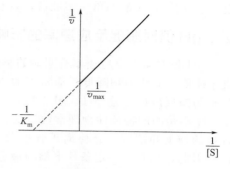

图 3-9　双倒数作图法求 K_m 与 v_{max}

三、酶浓度对酶促反应速率的影响

当酶促反应体系的温度、pH 值等条件固定不变，而且底物浓度足够大，足以使酶饱和时，反应速率与酶浓度成正比关系。因为在酶促反应中，酶分子首先与底物分子结合，生成活化的中间产物，而后再转变为最终产物。可以设想在底物充分过量的情况下，酶的数量越多，则生成的中间产物就越多，反应速率也就越快。酶反应的这种性质是酶活力测定的基础之一，在分离提纯上常被利用。

四、温度对酶促反应速率的影响

温度对酶促反应速率的影响表现在两个方面：一方面与非酶促化学反应相同，当温度升高，活化分子数增多，酶促反应速率加快。反应温度每提高 10℃，其反应速率与原来反应速率之比称为反应的温度系数，用 Q_{10} 来表示。对大多数酶来说，温度系数 Q_{10} 多为 1～2，也就是说温度每升高 10℃，酶促反应速率增加 1～2 倍。另一方面由于酶是蛋白质，随着温度升高酶将逐步变性而失活，从而降低酶的反应速率。

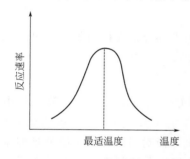

图 3-10　温度对酶促反应
速率的影响

如果在不同温度条件下测定某种酶的反应速率，然后以温度（T）为横坐标、酶促反应速率（v）为纵坐标作图，可得到图 3-10 所示的钟罩形曲线。从图 3-10 中可以看出，在较低的温度范围内，酶促反应速率随温度升高而增大，但超过一定温度后，反应速率反而下降，所以只有在某一温度下酶促反应速率才能达到最大值，这个温度就是曲线顶峰处对应的温度，称为最适温度。最适温度是上述温度对酶促反应速率影响的综合结果，在低于最适温度时，酶蛋白的变性尚未表现出来，故以前一种效应为主，高于最适温度后，酶蛋白的变性逐渐突出，故以后一种效应为主，酶活性迅速丧失，反应速率很快下降。最适温度不是酶的特征性物理常数，它不是一个固定值，受酶浓度、底物、激活剂、抑制剂、pH 及酶促反应时间等因素的影响而改变。如最适温度随着酶作用时间的长短而改变，一般来说反应时间长，酶的最适温度低，反之最适温度则高。因为酶可以在短时间内耐受较高的温度，而且温度使酶蛋白变性是随时间累加的。因此，严格地讲，只有在酶反应时间已经规定了的情况下，才可以确定酶的最适温度。在实际应用中，将根据酶促反应作用时间的长短，选择不同的最适温度。如果反应时间比较短暂，反应温度可选略高一些，这样，反应可迅速完成；若反应进行的时间很长，反应温度就要略低一点，这样酶可较长时间地发挥作用。

在一定条件下每一种酶都有其最适温度，动物体内的酶最适温度一般在 37～50℃，植物体内的酶在 50～60℃，微生物中的酶最适温度差别较大。大部分酶在 60℃ 以上即变性失活，少数酶能耐受较高温度，如从水生嗜热菌中分离提取的 *Taq* DNA 聚合酶的最适温度可达 70～75℃，该酶为单一多肽链，具有良好的热稳定性。

五、pH 值对酶促反应速率的影响

pH 值对酶促反应速率有明显的影响。在一定 pH 下，酶表现出最大活力，高于或低于此 pH 值，酶活力均降低。通常把酶表现最大活力时的 pH 值称为酶反应的最适 pH（图 3-11）。与最适温度一样，最适 pH 不是酶的特征性物理常数，受底物的种类和浓度、缓冲液的种类和浓度、介质离子强度及温度等因素影响而不同。因此，只有在一定条件下酶的最适 pH 才有意义。各种酶的最适 pH 相差较大，动物体内的酶大多在 pH6.5～8.0，植物及微生物体内的酶多在 pH4.5～6.5。但也有例外，如胃蛋白酶最适 pH 为 1.5，精氨酸酶（肝脏中）的最适 pH 为 9.7。

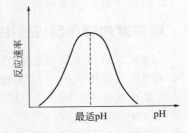

图 3-11 pH 对酶反应
速率的影响

pH 影响酶促反应速率的原因可能是：①环境过酸、过碱会影响酶蛋白构象，使酶空间结构破坏，酶变性失活。②pH 改变影响了酶分子侧链上极性基团的解离，改变它们的带电状态，从而使酶活性中心的结构发生变化。在最适 pH 时，酶分子上活性中心上有关基团的解离状态最适合与底物结合，pH 高于或低于最适 pH 时，活性中心上有关基团的解离状态发生改变，酶和底物的结合力降低，因而酶促反应速率降低。③pH 改变影响了底物分子的解离状态，使之不适合与酶结合，或者结合后不能生成产物，从而影响了反应速率。

六、激活剂对酶促反应速率的影响

凡是能提高酶活性的物质，都称为激活剂或活化剂，其中大部分是无机离子或简单的有机化合物。按分子大小激活剂可分为如下三类。

1. 无机离子

作为激活剂的阳离子，有 K^+、Na^+、Mg^{2+}、Mn^{2+}、Ca^{2+}、Zn^{2+}、Fe^{3+} 等，其中 Mg^{2+} 是多种激活及合成酶的激活剂。阴离子有 Cl^-、Br^-、I^-、CN^-、PO_4^{3-} 等。激活剂对酶的作用具有选择性，也就是说一种物质对某种酶是激活剂，而对另一种酶可能就是抑制剂，如 Mg^{2+} 对脱羧酶有激活作用，而对肌球蛋白腺苷三磷酸酶却有抑制作用。有时离子之间有拮抗现象，如 Na^+ 抑制 K^+ 激活的酶。另外，激活剂对于同一种酶，可因浓度不同而起不同的作用，甚至可以从激活作用转化为抑制作用。

2. 中等大小的有机分子

某些还原剂，如半胱氨酸、还原型谷胱甘肽、抗坏血酸等能激活某些酶，使含巯基酶中被氧化的二硫键还原成巯基，从而提高酶活性；EDTA（乙二胺四乙酸）是金属螯合剂，能除去酶中重金属杂质，从而解除重金属离子对酶的抑制作用。

3. 具有蛋白质性质的大分子

这类激活剂专指可对某些无活性的酶原起作用的酶。有些酶在细胞内合成或初分泌时不具有生物活性，这种不具有生物活性的酶的前体称为酶原（zymogen）。酶原在一定条件下经过某种因素作用转变为有活性的酶，该过程称为酶原激活（zymogen activation）。通常是由专一性的蛋白水解酶来活化酶（表 3-3）。这个过程实质上是酶活性部位的形成和暴露过程。

表 3-3　酶原的激活

酶原的名称	激活条件	有活性的酶
胃蛋白酶原	H^+ 或胃蛋白酶	胃蛋白酶
胰蛋白酶原	肠激酶或胰蛋白酶	胰蛋白酶
胰凝乳蛋白酶原	胰蛋白酶	胰凝乳蛋白酶
羧肽酶原	胰蛋白酶	羧肽酶
弹性蛋白酶原	胰蛋白酶	弹性蛋白酶

　　胰蛋白酶原的激活是一个典型的例子。胰蛋白酶原刚从胰脏细胞分泌出来时是没有催化活性的酶原。当它随胰液进入小肠时，可被肠液中的肠激酶活化。在肠激酶（或胰蛋白酶）的作用下胰蛋白酶原自 N 端水解下一个六肽，因而使酶的构象发生某些变化，使组氨酸、丝氨酸、缬氨酸、异亮氨酸、甘氨酸等残基互相靠近，构成了活性中心，于是无活性的胰蛋白酶原就转变成了有催化活性的胰蛋白酶（图 3-12）。

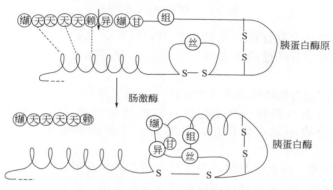

图 3-12　胰蛋白酶原的激活

　　在酶的提取或纯化过程中，酶会由于丢失金属离子激活剂或活性基团巯基被氧化而活性降低，因此要注意补充金属离子激活剂或加入巯基乙醇等还原剂，使酶恢复活性。

七、抑制剂对酶促反应速率的影响

1. 抑制作用的概念

　　只能使酶的催化活性降低或丧失，而不引起酶蛋白变性的作用称为抑制作用。可以引起酶抑制作用的物质称为抑制剂（inhibitor）。其机理是抑制剂使酶的必需基团或酶活性部位中的基团的化学性质发生了改变。变性剂对酶的变性作用没有选择性，几乎可使所有酶都丧失活性；而抑制剂对酶的抑制作用是有选择性的，即一种抑制剂只能对一种或一类酶产生抑制作用。

2. 抑制作用的类型

　　根据抑制剂与酶的作用方式以及抑制作用是否可逆，可将抑制作用分为不可逆与可逆抑制作用两大类。

　　（1）不可逆抑制作用　抑制剂与酶分子活性中心的某些必需基团以比较牢固的共价键结合，并且这种结合不能用简单的透析、超滤等物理方法除去抑制剂而使酶恢复活性，这种抑制作用称为不可逆抑制作用。重要的不可逆抑制剂有以下几种。

　　① 有机磷化合物。有机磷化合物能够与酶活性直接相关的丝氨酸残基上的羟基以共价键牢固结合来抑制酶的活性。如二异丙基氟磷酸（DIFP）是第二次世界大战中使用过的毒

气，它与酶分子的反应见图 3-13。另外还有一些有机磷杀虫剂如 1650、敌百虫、敌敌畏、乐果等，它们都能抑制胰凝乳蛋白酶或乙酰胆碱酯酶活力，使昆虫体内乙酰胆碱大量积累，影响其神经传导，使昆虫功能失调，失去知觉，最终死亡。

② 有机汞、有机砷化合物。这类化合物与酶分子中的巯基作用，因而抑制含巯基的酶。如对氯汞苯甲酸（PCMB）。

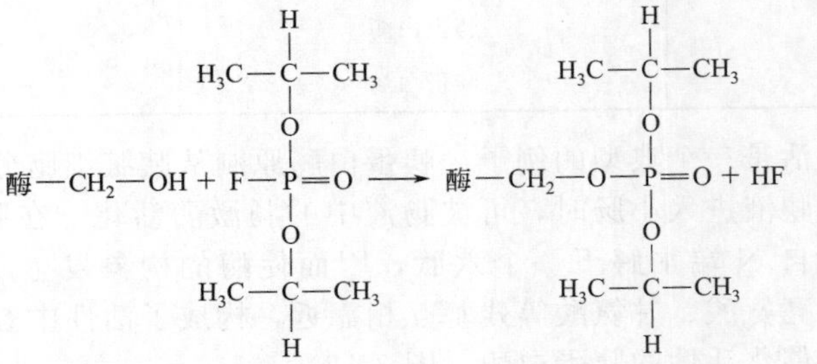

$$酶—CH_2—OH + F—P=O \longrightarrow 酶—CH_2—O—P=O + HF$$

图 3-13　DIFP 与酶的作用

③ 烷化剂。这类化合物往往含有活泼的卤素原子，如碘乙酸、碘乙酰胺和 2,4-二硝基氟苯等对含巯基酶是不可逆的抑制剂。常用碘乙酸等作鉴定酶中是否存在巯基的特殊试剂。

④ 氰化物。它们能与铁卟啉的酶中的 Fe^{2+} 结合，使酶失去活性。

⑤ 青霉素。青霉素与糖肽转肽酶活性部位的丝氨酸残基上的羟基结合，使酶失活。该酶在细菌细胞壁合成中起重要作用，它的失活使细菌细胞壁合成受阻从而起到抗菌作用。

（2）可逆抑制作用　抑制剂与酶以非共价键结合，具有可逆性，可用透析、超滤等物理方法除去使酶恢复活性，这种抑制作用叫做可逆抑制作用。此类抑制剂与酶分子的结合部位可以是活性中心，也可以是非活性中心。根据抑制剂与酶结合的关系，将可逆抑制作用分为三种类型。

① 竞争性抑制作用　由于竞争性抑制剂的分子结构与底物分子的结构非常近似，因而抑制剂（I）与底物（S）分子竞争酶的结合部位，影响了底物与酶的正常结合，称为竞争性抑制作用（图 3-14）。竞争性抑制剂的作用机理，在于它占据了酶分子的活性中心，与酶形成了可逆的 EI 复合物，使酶的活性中心无法与底物分子结合，因而也就无法催化底物发生反应。但是抑制剂并没有破坏酶分子的特定构象，也没有使酶分子的活性中心解体。由于竞争性抑制剂与酶的结合是可逆的，所以可以通过加入大量底物，提高底物竞争力的办法，解除竞争性抑制剂的抑制作用。最典型的例子是丙二酸、草酰乙酸、苹果酸对琥珀酸脱氢酶的抑制作用。琥珀酸脱氢酶可催化琥珀酸脱氢变成延胡索酸。丙二酸、草酰乙酸、苹果酸与琥珀酸的结构式相似，能与琥珀酸竞争与琥珀酸脱氢酶活性中心结合，但不能催化脱氢，从而抑制了琥珀酸脱氢酶的催化活性。

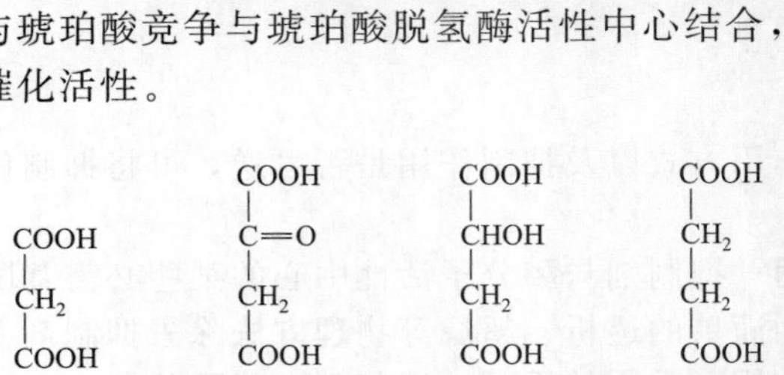

| COOH | C=O | CHOH | CH₂ |

（结构式略）

丙二酸　　　草酰乙酸　　　苹果酸　　　琥珀酸

② 非竞争性抑制作用　非竞争性抑制作用的特点是酶可以同时与底物及抑制剂结合，

两者没有竞争作用。但是结合生成的 ESI，即酶-底物-抑制剂三元复合物不能进一步分解为产物，从而降低了酶活性（图 3-14）。由于非竞争性抑制剂和底物在结构上没有共同之处，它是与酶的活性中心之外的基团发生可逆性结合，这种结合引起酶分子构象变化，所以在与酶分子结合时，两者互不排斥，无竞争性，因而不能用增加底物浓度的方法来解除这种抑制作用，故称为非竞争性抑制作用。某些金属离子（Cu^{2+}、Hg^{2+}、Ag^{+}、Pb^{2+} 等）对酶的抑制作用均属非竞争性抑制。此外，EDTA、F^{-}、CN^{-}、邻氮二菲等可与金属酶中的金属离子络合，而使酶活性受到抑制。

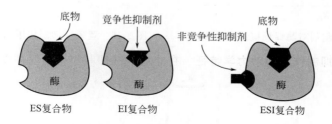

图 3-14 酶与底物或抑制剂结合的中间物

③ 反竞争性抑制作用 有些抑制剂只能与 ES 复合物结合，形成 ESI，而不能与酶直接结合，但 ESI 不能转变成产物，从而抑制了酶的活性，这类抑制称为反竞争性抑制作用。如肼类化合物抑制胃蛋白酶就属这类抑制。

3. 可逆抑制作用的动力学特征

（1）竞争性抑制作用的动力学特征 在竞争性抑制过程中，底物、抑制剂与酶的结合都是可逆的，可以用下式表示：

$$\begin{array}{c} E+S \underset{k_2}{\overset{k_1}{\rightleftharpoons}} ES \xrightarrow{k_3} E+P \\ + \\ I \\ \Big\Updownarrow K_i \\ EI \end{array}$$

式中，K_i 为 EI 复合物的解离常数，即 $K_i = \dfrac{[E_f][I]}{[EI]}$。其中，$[E_f]$ 为游离酶的浓度；$[I]$ 为游离抑制剂的浓度；$[EI]$ 为抑制剂-酶复合物的浓度。

按照推导米氏方程的方法可以推导出竞争性抑制作用的速率方程：$v = \dfrac{v_{max}[S]}{K_m\left(1+\dfrac{[I]}{K_i}\right)+[S]}$

双倒数式为：$\dfrac{1}{v} = \dfrac{K_m}{v_{max}}\left(1+\dfrac{[I]}{K_i}\right)\dfrac{1}{[S]} + \dfrac{1}{v_{max}}$

用 v 对 $[S]$ 作图可得到相应的米氏方程曲线（图 3-15），图 3-15 中 $K_m' = K_m\left(1+\dfrac{[I]}{K_i}\right)$。

为了便于比较，在图 3-15 中同时画出了无抑制剂时的变化曲线。用 $\dfrac{1}{v}$ 对 $\dfrac{1}{[S]}$ 作图可得到相应的 Lineweaver-Burk 图（图 3-16）。从图 3-16 中可以看出，加入竞争性抑制剂后，最大反应速率 v_{max} 没有发生变化，但是达到 v_{max} 一半时所需底物的浓度明显增大，即米氏常数 K_m 变大，$K_m' > K_m$，而且 K_m' 将随着 $[I]$ 的增大而增大。双倒数作图直线相交于纵轴，这是竞争性抑制作用的特点。

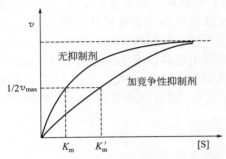

图 3-15　竞争性抑制剂对酶促反应速率的影响

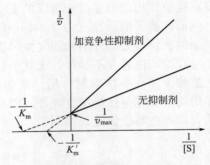

图 3-16　竞争性抑制作用的 Lineweaver-Burk 图

（2）非竞争性抑制作用的动力学特征　在非竞争性抑制作用中存在以下平衡：

$$E+S \underset{}{\overset{K_m}{\rightleftharpoons}} ES \longrightarrow E+P$$

$$\begin{array}{ccc} + & & + \\ I & & I \\ \Big\updownarrow K_i & & \Big\updownarrow K_i \\ EI+S \underset{}{\overset{K_m}{\rightleftharpoons}} EIS \end{array}$$

经推导后，可以得到非竞争性抑制作用的速率方程：$v = \dfrac{\dfrac{v_{max}}{1+\dfrac{[I]}{K_i}}[S]}{K_m+[S]}$。

双倒数方程为：$\dfrac{1}{v} = \dfrac{K_m}{v_{max}}\left(1+\dfrac{[I]}{K_i}\right)\dfrac{1}{[S]} + \dfrac{1}{v_{max}}\left(1+\dfrac{[I]}{K_i}\right)$

用 v 对 [S] 作图可得到相应的米氏方程曲线（图 3-17），图 3-17 中 $v'_{max} = \dfrac{v_{max}}{1+\dfrac{[I]}{K_i}}$。为

了便于比较，在图 3-17 中同时也画出了无抑制剂时的变化曲线。用 $\dfrac{1}{v}$ 对 $\dfrac{1}{[S]}$ 作图可得到相应的 Lineweaver-Burk 图（图 3-18）。

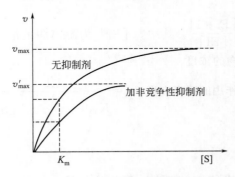

图 3-17　非竞争性抑制剂对
酶促反应速率的影响

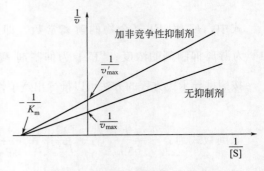

图 3-18　非竞争性抑制作用的
Lineweaver-Burk 图

从图 3-18 中可以看出，加入非竞争性抑制剂后，K_m 不变，v_{max} 变小，$v'_{max} < v_{max}$，而且 v'_{max} 将随 [I] 的增加而减小。因为非竞争性抑制剂加入后，它与酶分子生成了不受 [S] 影响的 EI 和 ESI，降低了正常中间产物 ES 的浓度。双倒数作图直线相交于横轴，这是非竞争性抑制作用的特点。

（3）反竞争性抑制作用的动力学特征　在反竞争性抑制中酶蛋白必须先与底物结合，然

后才能与抑制剂结合。其中存在以下平衡：

$$
\begin{array}{l}
E+S \rightleftharpoons ES \longrightarrow E+P \\
\qquad\quad + \\
\qquad\quad I \\
\qquad\quad \Big\| K_i \\
\qquad\quad ESI
\end{array}
$$

当反应体系中存在此类抑制剂时，可以使 $E+S \rightleftharpoons ES$ 反应的平衡向形成 ES 的方向进行，这样，抑制剂的存在反而增加了 E 和 S 的亲和力。这种情况恰恰与竞争性抑制作用相反，所以称为反竞争性抑制作用。

经推导，反竞争性抑制作用的速率方程为：$v=\dfrac{v_{\max}[S]}{K_m+\left(1+\dfrac{[I]}{K_i}\right)[S]}$

双倒数方程为：$\dfrac{1}{v}=\dfrac{K_m}{v_{\max}}\times\dfrac{1}{[S]}+\dfrac{1}{v_{\max}}\left(1+\dfrac{[I]}{K_i}\right)$

用 v 对 $[S]$ 作图可得到相应的米氏方程曲线 [图 3-19（a）]，图 3-19（a）中 $v'_{\max}=\dfrac{v_{\max}}{1+\dfrac{[I]}{K_i}}$。用 $\dfrac{1}{v}$ 对 $\dfrac{1}{[S]}$ 作图可得到相应的 Lineweaver-Burk 图 [图 3-19（b）]。

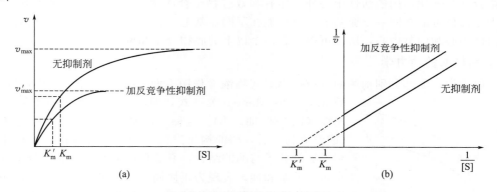

图 3-19 反竞争性抑制作用曲线与正常曲线的比较

由图 3-19（a）可以看出，加入反竞争性抑制剂后，K_m 及 $v_{\max}$ 都变小了，$v'_{\max}<v_{\max}$，$K'_m<K_m$，而且都随 $[I]$ 的增大而减小。双倒数作图互为平行线，这是反竞争性抑制作用的特点。

酶促反应速率大小取决于中间复合物 ES 的浓度，抑制剂对酶促反应的影响最终都表现在 $[ES]$ 变小这一点上。现将无抑制剂和有抑制剂的三种抑制类型及其动力学特征归纳于表 3-4。

表 3-4 有无抑制剂存在时酶促反应速率及 K_m 值的比较

类型	公式	双倒数作图	$v_{\max}$	K_m
无抑制剂	$v=\dfrac{v_{\max}[S]}{K_m+[S]}$	一条直线	$v_{\max}$	K_m
竞争性抑制剂	$v=\dfrac{v_{\max}[S]}{K_m\left(1+\dfrac{[I]}{K_i}\right)+[S]}$	与无 I 相比，两条直线交于纵轴	不变	增大
非竞争性抑制剂	$v=\dfrac{\dfrac{v_{\max}}{1+\dfrac{[I]}{K_i}}[S]}{K_m+[S]}$	与无 I 相比，两条直线交于横轴	减小	不变

类型	公式	双倒数作图	v_{max}	K_m
反竞争性抑制剂	$v=\dfrac{v_{max}[S]}{K_m+\left(1+\dfrac{[I]}{K_i}\right)[S]}$	与无 I 相比，两条直线平行	减小	减小

八、酶的别构调节

酶分子的非催化部位与某些化合物非共价地结合后，酶分子构象发生改变，进而改变了酶的催化活性，这种现象称为酶的别构调节。具有这种调节作用的酶称为别构酶（allosteric enzyme，亦称变构酶）。能使酶分子发生别构作用的物质称为效应物或别构剂。凡是与酶分子结合后使酶反应速率加快的别构剂就称为别构激活剂或正效应物，反之，称为别构抑制剂或负效应物。变构酶的底物常常是别构激活剂，而代谢反应序列的终产物一般就是其别构抑制剂。别构酶通常为代谢途径第一个酶或分支点上的第一个酶。

1. 别构酶的特点

迄今已知的别构酶都是寡聚酶，含有两个或两个以上的亚基。在别构酶分子上除了有和底物结合并起催化作用的活性中心外，还有和效应物结合的调节中心（或称别构中心），这两个中心部位可能在同一个亚基上，也可能在不同亚基上。每个别构酶分子上可以有一个以上的活性中心和调节中心，所以可以结合一个以上的底物分子和调节物分子。

2. 别构酶的动力学

一般来说，大部分别构酶的反应速率对底物浓度作图，即 v 对 [S] 的作图不服从典型的 Michaelis-Menten 关系式，即不是双曲线，而多数是 S 形曲线（图 3-20 曲线 b）。这种 S 形曲线表明了结合一分子底物（或效应物）后，酶的构象发生了变化，这种新的构象非常有利于后续分子与酶的结合，有效促进酶对后续底物分子（或效应物）的亲和性，表现为正协同性，这种酶称为具有正协同效应的别构酶。因此当底物浓度发生较小的变化时，别构酶就可大幅度地提高反应速率，也就是说，正协同效应使酶的反应速率对底物浓度的变化极为敏感。

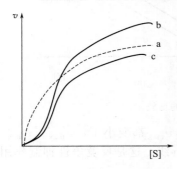

图 3-20　别构酶与非别构酶的
动力学曲线
a—非别构酶；b—正协同；
c—负协同

另外还有一类具有负协同效应的酶，其动力学曲线与双曲线有些相似，但其实是不同的，称为表观双曲线（图 3-20 曲线 c）。在这种曲线中，底物浓度在较低的范围内酶活力上升很快，但是继续下去，尽管底物浓度有较大提高，但反应速率提高却较小。也就是说负协同效应可以使酶的反应速率对底物浓度的变化不敏感。

可以用协同指数（CI）来鉴别不同的协同作用及程度。协同指数是指酶分子中的结合位点被底物饱和 90％ 和 10％ 时底物浓度的比值。故协同指数又称为饱和比值（R_s）。

$$R_s=\frac{位点被 90％ 饱和时的底物浓度}{位点被 10％ 饱和时的底物浓度}$$

典型的米氏类型的酶 $R_s=81$，具有正协同效应的别构酶 $R_s<81$，具有负协同效应的别构酶 $R_s>81$。

研究得比较清楚的别构酶是从大肠杆菌分离出来的天冬氨酸转氨甲酰酶，简称 ATCase。该酶是合成胞嘧啶核苷酸（CTP）的多酶体系反应序列中的第一个酶，它的正常底物为天冬氨酸和氨甲酰磷酸，催化的反应如下：

$$H_2N-\overset{O}{\underset{}{C}}-O-\overset{O}{\underset{O^-}{P}}-O^- + H_3N^+-\overset{CH_2}{\underset{}{C}}-COO^- \xrightarrow[\ominus]{ATCase} H_2N-\overset{O}{\underset{}{C}}-NH-\overset{CH_2}{\underset{}{C}}-COO^- + HO-\overset{O}{\underset{O^-}{P}}=O + H^+$$

氨甲酰天冬氨酸

CTP ← UTP ← ← UMP

天冬氨酸和氨甲酰磷酸在反应速率与底物浓度的关系上都是协同的，协同作用使底物浓度只在一个很窄的范围内开启氨甲酰天冬氨酸的合成。ATCase 受 CTP 的反馈抑制，CTP 是其抑制剂，而 ATP 是其激活剂，可增强酶与底物的亲和性。这种调节的生物学意义是，ATP 作为信号表明有能量提供 DNA 复制使用，并导致需求嘧啶核苷酸的合成；CTP 的反馈抑制则保证在嘧啶核苷酸已充足时，不再进行不必要的氨甲酰天冬氨酸及其后续中间物的合成。

不论是遗传缺陷或外界因素造成的对酶活性的抑制或破坏均可引起疾病甚至危及生命。酶缺陷引起的疾病多为先天性或遗传性疾病，由于先天性缺乏某种有活性的酶，故在出生前，从羊水或绒毛中即可检出该酶的缺陷或其基因表达的缺陷，从而可采取有效措施防患于未然。

当某些器官组织发生病变，由于细胞的坏死或破坏，或细胞通透性增加，可使原来在细胞内的某些酶溢入体液中，使体液中该酶的含量升高，通过对血、尿等体液和分泌液中酶活性的测定，可以反映组织器官的病变情况，而有助于疾病的诊断。此外，酶与疾病的治疗也有密切关系。治疗因消化腺分泌不足所致的消化不良可补充胃蛋白酶、胰蛋白酶等以助消化。凡能抑制或阻断细菌重要代谢途径中的酶活性，即可达到杀菌或抑菌的目的。肿瘤细胞有其独特的代谢方式，若能阻断相应酶的活性，就能达到遏止肿瘤生长的目的。L-天冬酰胺是某些肿瘤细胞的必需氨基酸，如给予能水解 L-天冬酰胺的 L-天冬酰胺酶，则肿瘤细胞因其必需的营养素缺乏而死亡。精神抑郁症是由于脑中兴奋性神经介质（如儿茶酚胺）与抑制性神经介质的不平衡所致，给予单胺氧化酶提高突触中的儿茶酚胺含量而抗抑郁。另外，链激酶、尿激酶可用于溶解血栓，多用于心、脑血管的栓塞。但由于酶是蛋白质，具有很强的抗原性，故体内用酶治疗疾病还受到一定的限制。

第4节　酶活力及其单位

1. 酶活力

酶活力就是指酶催化一定化学反应的能力。酶活力的测定实际上就是酶的定量测定。其大小可以用在一定条件下所催化的某一化学反应的反应速率来表示。酶催化的反应速率越大，酶的活力越高；反应速率越小，酶的活力越低。所以酶活力的测定就是酶促反应速率的测定。酶催化的反应速率可用单位时间内、单位体积中底物的减少量或产物的增加量来表示。但是，在酶活力测定中底物往往是过量的，所以底物的减少量只占总量的极小部分，测定时不易准确，而产物从无到有，只要方法足够灵敏，那么测定结果就较为准确。而且，酶促反应速率在最初一段时间内几乎保持恒定，但随时间延长其反应速率逐渐降低。其原因很多，例如底物浓度的降低、产物的抑制、产物浓度增加加速了逆反应以及酶的部分失活等。所以酶活力测定时应测定酶促反应的初速率。

2. 酶的活力单位——表示酶量的指标

酶活力的大小就是酶含量的多少，用酶的活力单位来表示，即酶单位（U）。酶活力单位是根据某种酶在最适条件下，单位时间内酶作用的底物的减少量或产物的生成量来规定的。由于不同的人所用的测定方法不同，因而其单位也不同。为了统一酶的单位，1961 年国际生物化学学会酶学委员会统一规定，酶活力以国际单位（IU）表示。一定条件下每分钟内催化 $1\mu mol$ 底物转化为产物所需的酶量，或是转化底物中 $1\mu mol$ 的有关基团的酶量定为一个酶活力单位，亦即国际单位（IU），即 $1IU = 1\mu mol/min$。特定的条件是温度为 25℃，其他条件为最适条件（最适 pH、底物浓度和缓冲液离子强度）。但是人们现在仍然常用习惯沿用的单位。例如 α-淀粉酶的活力单位可用每小时催化 1g 可溶性淀粉液化所需要的酶量来表示，也可以用每小时催化 1mL 2% 的可溶性淀粉液化所需要的酶量来表示。但是单位不统一不便于进行酶活力的比较。

1972 年国际酶学委员会又推荐了一个新的酶活力国际单位——Katal（简称为 Kat）单位。一个 Katal 单位是指在最适条件下，每秒钟催化 1mol 底物转化为产物所需要的酶量，即 $1Kat = 1mol/s$。Kat 单位与 IU 单位的换算关系如下：

$$1Kat = 60 \times 10^6 IU$$

$$1IU = 16.67nKat$$

3. 酶的比活力——表示酶纯度的指标

酶的比活力代表酶的纯度。根据国际酶学委员会的规定，比活力用每毫克蛋白质所具有的酶活力单位数来表示，即比活力＝活力单位数/毫克酶蛋白（活力 U/mg 蛋白）。有时也用每克酶制剂或每毫升酶制剂所含的酶活力单位来表示。对于同一种酶来说，比活力越大表示酶的纯度越高。比活力大小可以用来比较蛋白质的催化能力，是酶学研究和生产中经常使用的数据，另外还有产率和纯化倍数。

酶工程

现在已经发现和鉴定了数千种酶，但是由于酶的性质不稳定，酶的分离纯化比较困难，再加上成本高、价格贵等原因，所以大多数酶还难以在工业上规模生产应用，目前国际上工业和研究用的商品酶种类仅数百种。为了解决酶的应用和新酶开发等问题，一方面要进一步提高酶的分离和纯化技术；另一方面，要对天然酶进行适当的加工和改进，以提高酶的稳定性、催化活性以及底物的适应性，使其适合工业生产的需要。酶工程就是研究酶的生产、纯化、固定化技术、酶的修饰和改造以及在工业、农业、医药卫生、环境保护等方面的应用的一项新技术。

（一）化学酶工程

化学酶工程主要包括酶的化学修饰、酶的固定化和人工模拟酶的研究和应用。化学酶工程使用的酶主要来自微生物酶的分离而获得的粗酶。

1. 酶的化学修饰

酶的化学修饰主要是通过对酶分子表面或内部进行修饰，部分地改变酶表面的理化性质，以改善酶的性能、提高酶的稳定性。主要方法有修饰酶的功能基团、用某些试剂使酶分子间或酶分子内发生交联反应以及用可溶性高分子化合物修饰酶蛋白的侧链等。

2. 酶的固定化

固定化酶是将水溶性酶用物理或化学方法处理，使其成为不溶于水的状态，但仍然具有酶的催化活性。固定化酶不仅保持了酶原有的性能，而且被赋予了新的特性。例如对酸碱和温度的稳定性提高，具有一定的机械强度可以搅拌或装柱，易于回收和重复使用，产物易于分离，减少了产物分离纯化的困难等。目前固定化酶已经在工农业、医药、环保、能源开发等方面得到了广泛应用。例如用固定化多酚氧化酶处理含酚废水、用固定化的葡萄糖异构酶生产高果糖玉米糖浆、用固定化酶法生产脂肪酸等。酶的固定化方法分为物理法和化学法，其中物理法有吸附法和包埋法，化学法有共价偶联法和交联法。

3. 人工模拟酶

模拟酶的生物催化功能，科学家用化学半合成或全合成法合成了人工模拟酶。全合成酶不是蛋白质而是一些有机物。它们通过并入酶的催化基团和控制空间构象，从而可以像天然酶那样催化化学反应。例如环糊精是环状的低聚糖的总称，其空间结构与多种酶的活性中心空间结构相似。利用环糊精成功地模拟了胰凝乳蛋白酶、RNase、转氨酶等。

（二）生物酶工程

生物酶工程是酶学和以DNA重组为核心的现代分子生物学技术相结合的产物，主要包括3个方面的内容：克隆酶；基因修饰酶；设计新酶基因，合成新酶。

1. 克隆酶。近年来许多酶的基因被成功地分离，使应用基因克隆和表达技术制备克隆酶成为可能。首先将分离纯化的酶基因与一定的载体DNA重组，得到带有特定酶基因的重组DNA；然后将其转化到适当的受体细菌或酵母中，经培养繁殖，最后从收集的菌体中分离纯化表达产物——克隆酶。

2. 基因修饰酶。根据蛋白质结构研究结果，按照既定的蓝图，采用基因定点突变方法对酶的结构进行修饰，改变编码蛋白质基因中的DNA顺序，得到突变酶基因，然后经过寄主细胞的表达，能够突变酶。

3. 设计新酶基因，合成新酶。由于DNA合成技术的发展使酶的遗传设计成为可能。人类可以按照遗传设计蓝图人工合成酶基因。酶遗传设计的主要目的是创造优质的新酶，现在关键的问题是如何设计优质的酶基因。但随着计算机技术和化学理论的发展，酶和其他生物大分子的模拟在各方面都会得到很大的改善。

第5节　维生素与辅酶

一、维生素的概念、分类

维生素（vitamin）是人和动物为维持机体正常生命活动所不可缺少的一类小分子有机化合物。人体和动物体自身不能合成它们，或者合成量不足，尽管需要量很少，每日仅以毫克或者微克计算，但只能从食物中摄取。在天然食物中维生素含量极少，然而这极微小的量对人体和动物的生长和健康却是必需的。维生素在生物体内的作用不同于糖类、脂类和蛋白质，它既不是构成各种组织的主要原料，也不是体内能量的来源，它们的生理功能主要是对物质代谢过程起着非常重要的作用，因为代谢过程离不开酶，已知绝大多数维生素作为结合蛋白酶的辅酶或辅基的组成成分，可以认为，最好的维生素是以"生物活性物质"的形式存在于人体组织中。

机体缺少维生素时，物质代谢过程发生障碍，缺乏不同的维生素会产生不同的疾病，这种由于缺乏维生素而引起的疾病称为维生素缺乏症。

维生素的种类很多，它们的化学结构差别很大，有脂肪族、芳香族、脂环族、杂环族和甾类化合物等。因此通常按溶解性质将其分为脂溶性维生素和水溶性维生素两大类。脂溶性维生素有维生素 A、维生素 D、维生素 E、维生素 K 等，水溶性维生素有维生素维生素 B_1、维生素 B_2、维生素 B_5、维生素 B_6、维生素 B_{12}、生物素、叶酸、维生素 C 和硫辛酸等。多数水溶性维生素作为辅酶的主要成分，或本身就是辅酶参与体内代谢过程。

二、脂溶性维生素

维生素 A、维生素 D、维生素 E、维生素 K 等不溶于水，而溶于脂肪和脂溶剂中，所以称为脂溶性维生素。在食物中它们通常与脂质共同存在，而且在肠道吸收时也和脂质的吸收密切相关。

1. 维生素 A

维生素 A 又名视黄醇，是一个具有脂环的不饱和一元醇，维生素 A 有 A_1 和 A_2 两种形式。它是构成视觉细胞内感光物质的成分，视网膜上有两类细胞，其中一种叫杆细胞，对弱光敏感，与暗视觉有关。这是由于杆细胞内含有感光物质视紫红质，这是一种糖蛋白，它在光中分解，在暗中再合成。而视紫红质的组分之一是视黄醛，视黄醛是维生素 A 的氧化产物。眼睛对弱光的感光性取决于视紫红质的合成。

当维生素 A 缺乏时，视黄醛得不到足够的补充，视紫红质合成受阻，使得视网膜不能很好感受弱光，在暗处不能辨别物体，严重时可出现夜盲症。

维生素 A 主要来源于动物性食物，其中尤以肝脏、乳制品和蛋黄中含量丰富。另外绿色植物中有一类能在人体肠道黏膜或肝脏中转变成维生素 A 的物质，这就是胡萝卜素，它在胡萝卜、玉米等中含量较高。

2. 维生素 D

维生素 D 是固醇类衍生物，具有抗佝偻病的作用。维生素 D 家族中最重要的成员是维生素 D_3 和维生素 D_2 两种。它们的维生素原经过紫外线照射后可激活为相应的维生素 D_3 或维生素 D_2。人的皮肤含有的维生素原——7-脱氢胆甾醇，在紫外线照射下可激活转化为维生素 D_3，化学名称为胆钙化醇。麦角、酵母或其他真菌中含有维生素 D_2 原——麦角甾醇，经过紫外线照射后，激活为维生素 D_2，化学名称为麦角钙化醇。

含维生素 D 丰富的食物有动物肝脏、鱼肝油、蛋黄等，而尤以鱼肝油含量最丰，植物不含维生素 D。

3. 维生素 E

维生素 E 是苯并二氢呋喃的衍生物，又名生育酚。天然生育酚有 8 种，化学结构相似。主要生理功能是抗不育和抗氧化。动物实验发现缺乏维生素 E 时，雌鼠不育，雄鼠睾丸退化，不产生精子；大鼠、豚鼠、兔、犬和猴等则出现营养性肌肉萎缩；猴缺乏维生素 E 时还出现贫血、血细胞和骨髓细胞形态异常。维生素 E 是一个抗氧化剂，能抵抗生物膜磷脂中不饱和脂肪酸的过氧化反应，防止脂质过氧化产生，保护生物膜的结构和功能。维生素 E 主要存在于植物油中，尤以胚芽油、大豆油、玉米油和葵花子油中含量丰富，豆类、蔬菜中含量也较多。

4. 维生素 K

维生素 K 又称凝血维生素，具有促进凝血的功能。其主要功能是促进肝脏合成凝血酶原。缺乏维生素 K 时，出现皮下出血、肌肉间出血、贫血和凝血时间延长等症状。人体维生素 K 的来源有食物和肠道微生物合成两种途径。食物中绿色蔬菜、动物肝脏和鱼等含量较多，牛奶、大豆等也含有维生素 K。人和动物肠道中的大肠杆菌、乳酸菌等可以合成维生素 K，可被肠壁吸收。

三、水溶性维生素

1. 维生素 B_1 和羧化辅酶

维生素 B_1 又称硫胺素，为抗神经炎维生素，又称抗脚气病维生素。硫胺素的化学结构包括含氨基的嘧啶环和含硫的噻唑环两部分。一般使用的维生素 B_1 都是化学合成的硫胺素盐酸盐。硫胺素分子用中性亚硫酸钠溶液在室温下处理，即可分解为嘧啶和噻唑两部分。在生物体内常以硫胺素焦磷酸（TPP）的辅酶形式存在。在生物体内硫胺素经硫胺素激酶催化与 ATP 作用转变为硫胺素焦磷酸。TPP 作为丙酮酸或 α-酮戊二酸氧化脱羧反应的辅酶，所以又称为羧化辅酶。另外，TPP 还与 α-羟酮的形成和裂解有关。

丙酮酸在丙酮酸脱氢酶系催化下，经脱羧、脱氢，生成乙酰 CoA 进入三羧酸循环。整个反应中，除 TPP 外，还需要硫辛酸、CoASH、NAD^+ 和 FAD 等多种辅酶参加。TPP 之所以具有辅酶的功能是由于 TPP 中噻唑环 C2 上的氢可以解离成 H^+ 和负碳离子。因而负碳离子可以和 α-酮酸的羰基碳结合，进一步脱去 CO_2 而生成乙醛。

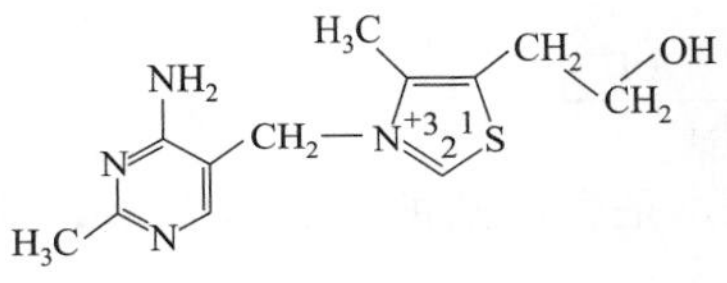

硫胺素 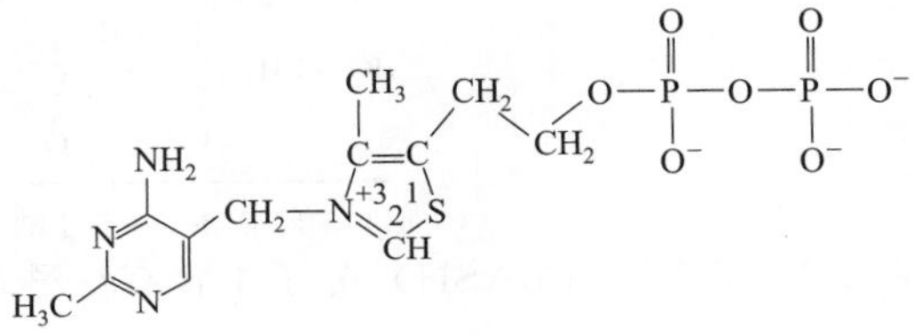   硫胺素焦磷酸

由于维生素 B_1 与糖代谢有密切关系，所以当维生素 B_1 缺乏时，体内 TPP 含量减少，从而使丙酮酸氧化脱羧作用发生障碍，丙酮酸积累，出现多发性神经炎、心力衰竭、四肢无力、肌肉萎缩、下肢水肿等症状，临床上称为脚气病。

6

维生素 B_1 主要存在于植物种子外皮和胚芽中，尤其是在谷物种子的外皮、胚芽中含量丰富，瘦肉和酵母中含量也较多。

2. 维生素 B_2 和黄素辅酶

维生素 B_2 又名核黄素。核黄素的化学结构中含有核糖醇和 7,8-二甲基异咯嗪两部分。

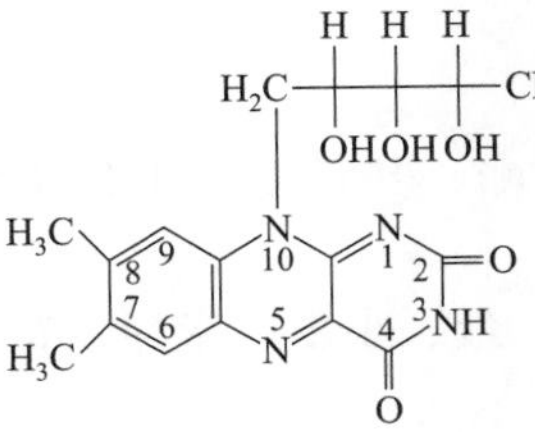

核黄素 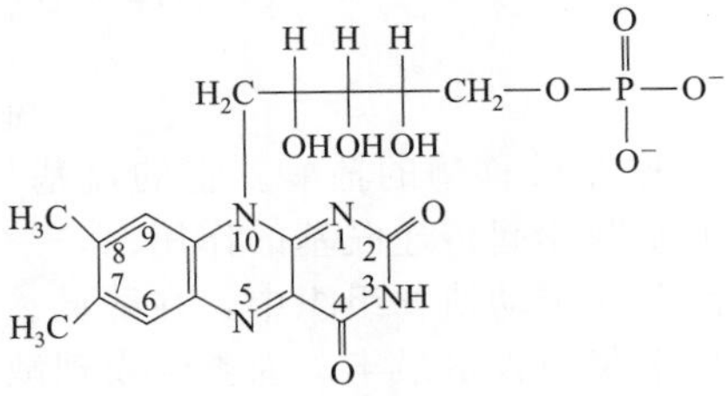   黄素单核苷酸

在生物体内维生素 B_2 以黄素单核苷酸（FMN）和黄素腺嘌呤二核苷酸（FAD）的形式存在，它们是多种氧化还原酶（黄素蛋白）的辅基，一般与酶蛋白结合很紧，不易分开。在生物氧化过程中，FMN 和 FAD 通过分子中异咯嗪环上的 1 位和 5 位氮原子的加氢和脱氢，把氢从底物传递给受体。FAD 是琥珀酸脱氢酶、磷酸甘油脱氢酶等的辅基，FMN 是羟基乙酸氧化酶等的辅基。

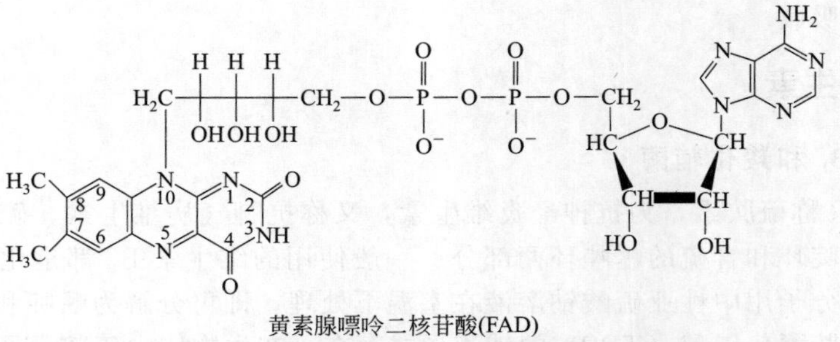

黄素腺嘌呤二核苷酸(FAD)

维生素 B_2 缺乏时，有口角炎、唇炎、舌炎、眼角膜炎等症状。

维生素 B_2 在自然界分布很广，在动物肝脏、肾脏、蛋黄、酵母中含量较多，大豆、小麦、青菜、胚和米糠中也含有核黄素。

3. 泛酸和辅酶 A

泛酸广泛存在于生物界，故又称遍多酸。泛酸是 α,γ-二羟-β,β-二甲基丁酸与 β-丙氨酸通过肽键缩合而成的酸性物质，其结构式如下：

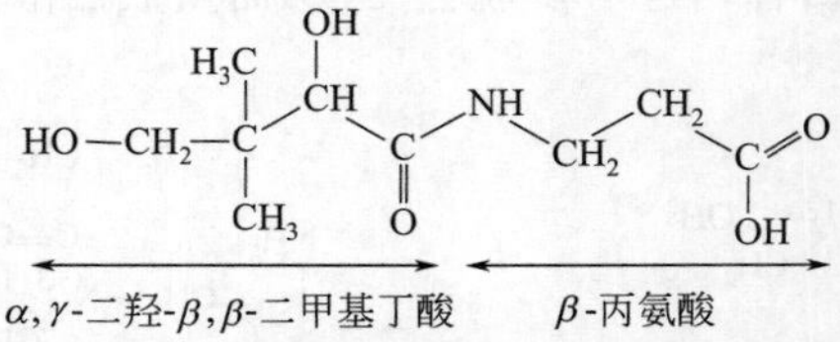

辅酶 A（简写为 CoASH）分子中含有泛酰巯基乙胺，是含泛酸的复合核苷酸，其结构式如下：

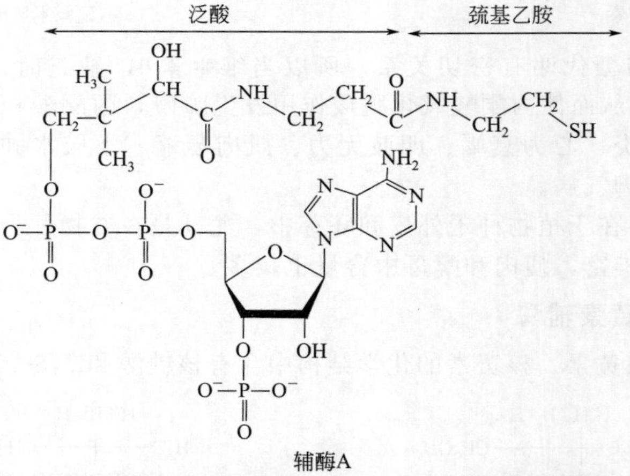

辅酶A

辅酶 A 是酰基转移酶的辅酶。它的巯基与酰基形成硫酯，其重要的生化功能是在代谢过程中作为酰基载体起传递酰基的作用。

泛酸广泛存在于动植物组织中，在酵母、肝脏、肾脏、蛋、小麦、米糠、花生和豌豆中含量丰富，蜂王浆中含量最丰。人类未发现缺乏症。

4. 维生素 PP 和烟酰胺辅酶

维生素 PP 又称为抗癞皮病维生素，包括烟酸（又称尼克酸）和烟酰胺（又称尼克酰胺）两种物质。它们都是吡啶衍生物。

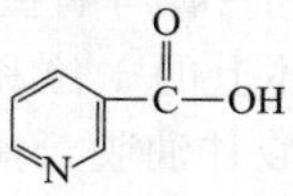

烟酸 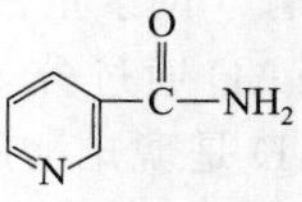　　　　　　　　　　烟酰胺

维生素 PP 在体内主要以烟酰胺形式存在，烟酸是烟酰胺的前体。烟酰胺与核糖、磷酸、腺嘌呤组成脱氢酶的辅酶。已知的烟酰胺核苷酸类辅酶主要有两种：一个是烟酰胺腺嘌呤二核苷酸，简称 NAD^+，又称为辅酶Ⅰ；另一个是烟酰胺腺嘌呤二核苷酸磷酸，简称 $NADP^+$，又称为辅酶Ⅱ。NAD^+ 及 $NADP^+$ 的结构见图 3-21。

NAD^+ 和 $NADP^+$ 都是脱氢酶的辅酶，它们与酶蛋白的结合非常松散，容易脱离酶蛋白而单独存在。从脱氢酶对辅酶的要求来看，有的酶需要 NAD^+ 为其辅酶，如醇脱氢酶、乳酸脱氢酶、甘油磷酸脱氢酶、苹果酸脱氢酶、3-磷酸甘油醛脱氢酶等；有的酶需要 $NADP^+$ 为其辅酶，如 6-磷酸葡萄糖脱氢酶、谷胱甘肽还原酶等；但也有些酶，NAD^+ 或 $NADP^+$ 二者均可，如异柠檬酸脱氢酶和谷氨酸脱氢酶。

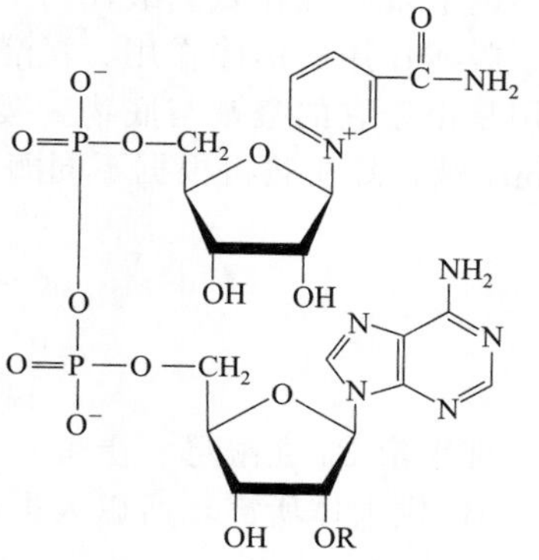

$NAD^+:R=\!\!-H$；$NADP^+:R=\!\!-PO_3^{2-}$

图 3-21　NAD^+ 和 $NADP^+$ 的结构

由于 NAD^+ 和 $NADP^+$ 的分子结构中都含有烟酰胺的吡啶环，通过它可逆地进行氧化还原，在代谢反应中起递氢作用。氧化型及还原型的 NAD^+（$NADP^+$）可写成下式：

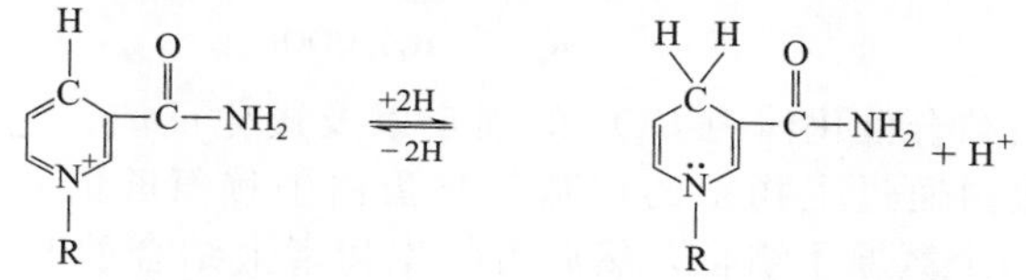

氧化型辅酶(NAD^+或$NADP^+$)　　　还原型辅酶(NADH或NADPH)

从底物脱去的两个氢原子，其中一个 H^+ 和两个电子转给 NAD^+ 的烟酰胺环上，使氮原子由五价变为三价，同时环上 N 原子的对位第 4 位碳原子上添加了一个氢原子，变成还原型的 NADH；底物的另一个 H^+ 则被释放到溶液中。

维生素 PP 缺乏时会出现癞皮病的症状。但它在自然界分布很广，在肉类、酵母、豆类、谷物和花生中含量丰富。另外，体内的色氨酸可转化为维生素 PP，所以，人类一般不缺乏该维生素。

5. 维生素 B_6 和磷酸吡哆醛

维生素 B_6 包括三种物质：吡哆醇（PNP）、吡哆醛（PLP）和吡哆胺（PMP）。它们都是吡啶衍生物。在体内这三种物质可以互相转化。维生素 B_6 在体内经磷酸化作用转变为相应的磷酸酯，其中磷酸吡哆醛、磷酸吡哆胺是其活性形式，是氨基酸代谢中多种酶的辅酶，它们之间也可以相互转变。

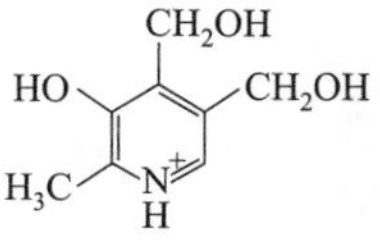

吡哆醇 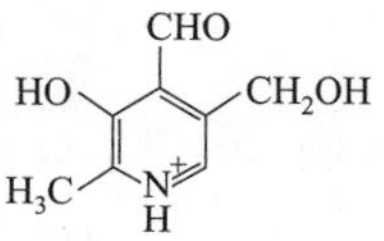　　　　　　　吡哆醛 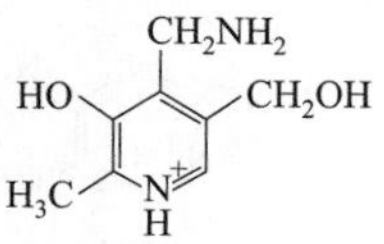　　　　　　　吡哆胺

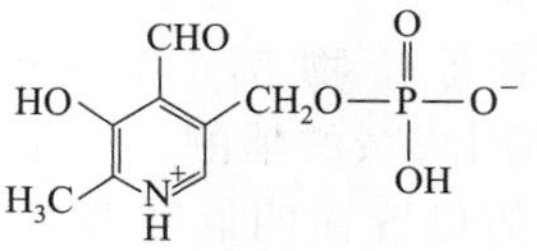

磷酸吡哆醛 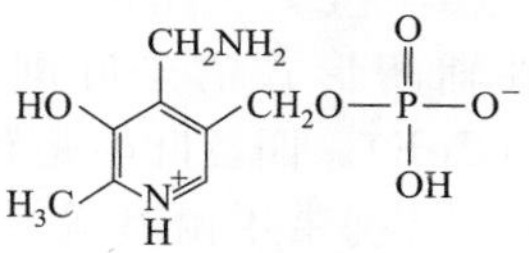　　　　　　　　　磷酸吡哆胺

磷酸吡哆醛在氨基酸代谢中非常重要，它参加催化涉及氨基酸的各种反应，包括转氨作用、脱羧作用、消除作用、羟醛反应及消旋作用。磷酸吡哆醛之所以能在这么多反应中发挥作用是由于它的醛基与底物 α-氨基酸的氨基结合成一种稳定的复合物，称为醛亚胺，又称 Schiff 碱。醛亚胺再根据不同酶蛋白的特性使氨基酸发生转氨、脱羧或消旋等作用。

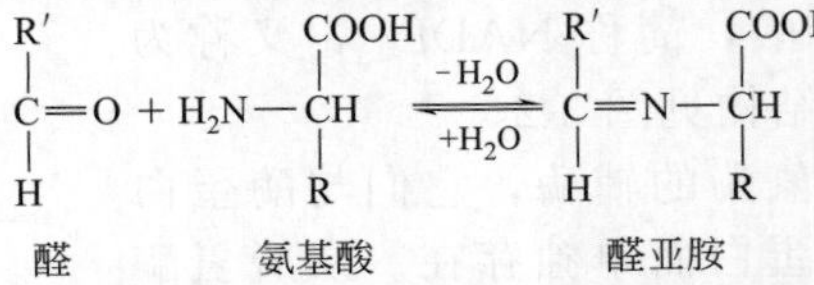

维生素 B_6 在酵母、蛋黄、肝脏、鱼、谷类等中含量丰富，同时肠道细菌也可以合成维生素 B_6 供人体所需，所以人类很少发现典型的维生素 B_6 缺乏症。

6. 生物素

生物素是酵母的生长因子。生物素又称为维生素 B_7 或维生素 H。生物素是由噻吩环和尿素结合而成的一个双环化合物，左侧链上有一个戊酸，结构如下：

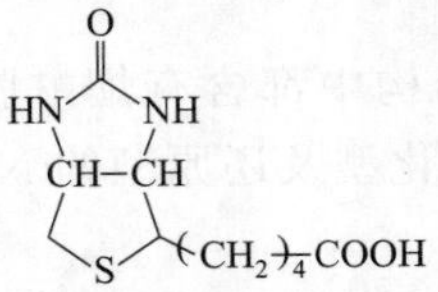

生物素与酶蛋白结合催化体内 CO_2 的固定以及羧化反应，它是多种羧化酶的辅酶。生物素与其专一的酶蛋白通过生物素的羧基与酶蛋白中赖氨酸的 ε-氨基以酰胺键相连。首先 CO_2 与尿素环上的一个氮原子结合，然后再将生物素上结合的 CO_2 转给适当的受体，因此生物素在代谢过程中起 CO_2 载体的作用。一般来说，羧化酶包括两步反应：首先是生物素羧基载体蛋白（BCCP）的羧化作用，然后通过一个转羧基酶将其转移到一个受体上，如丙酮酸羧化酶是一个以 α-酮酸作为受体的酶，而乙酰辅酶 A 羧化酶和丙酰辅酶 A 羧化酶则以酰基辅酶 A 为专一性受体。

生物素的来源非常广泛，肝脏、肾脏、蛋黄、蔬菜、谷类和酵母中含量较丰富，肠道细菌也能合成供人体需要，所以人类一般很少出现缺乏症。但是因为在新鲜的鸡蛋清中含抗生物素羧基载体蛋白，它能与生物素结合成无活性又不容易消化吸收的物质，所以长期食用生鸡蛋则缺乏生物素。鸡蛋加热后该蛋白质即被破坏。

7. 叶酸及叶酸辅酶

叶酸是一个在自然界广泛存在的维生素，因为在绿叶中含量十分丰富，因此命名为叶酸，又称为蝶酰谷氨酸。它是由 2-氨基-4-羟基-6-甲基蝶啶、对氨基苯甲酸和 L-谷氨酸三个部分组成的。叶酸的结构式如下：

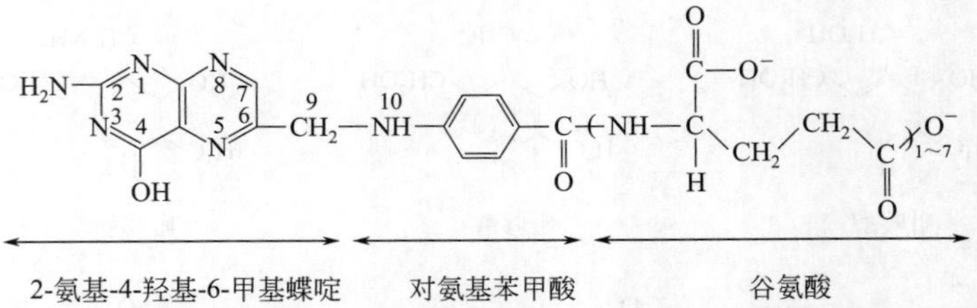

2-氨基-4-羟基-6-甲基蝶啶　　对氨基苯甲酸　　谷氨酸

在体内作为活性辅酶形式的是叶酸加氢的还原产物 5,6,7,8-四氢叶酸（THFA 或 FH_4），称为辅酶 F（CoF）。四氢叶酸是转一碳基团酶系的辅酶，它是甲基、亚甲基、甲酰基、次甲基等的载体，其携带甲酰基等一碳单位的位置在四氢叶酸 N^5 和 N^{10} 上，在嘌呤、嘧啶、丝氨酸、甲硫氨酸的生物合成中起重要作用。

叶酸缺乏时，DNA 合成受阻，血红细胞的发育和成熟受到影响，造成巨红细胞性贫血症。因此临床上利用叶酸治疗巨红细胞性贫血。叶酸在青菜、肝脏和酵母中含量丰富，人类肠道细菌也能合成，因而一般不易发生缺乏症。

8. 维生素 C

维生素 C 能防治坏血病，故又称抗坏血酸。它是一种具有六个碳原子的酸性多羟基化合物，是一种己糖酸内酯，分子中 2 位和 3 位碳原子的两个相邻的烯醇式羟基极易解离并释放出 H^+，而被氧化成为脱氢抗坏血酸。所以抗坏血酸既具有有机酸的性质，又具有还原性。氧化型抗坏血酸和还原型抗坏血酸可以互相转变，在生物组织中自成一氧化还原体系。由于维生素 C 的 C4 和 C5 是两个不对称碳原子，因此有光学异构体，包括 D 型和 L 型。其中 D 型维生素 C 一般不具有抗坏血酸的生理功能，具有生理活性的是 L 型抗坏血酸。

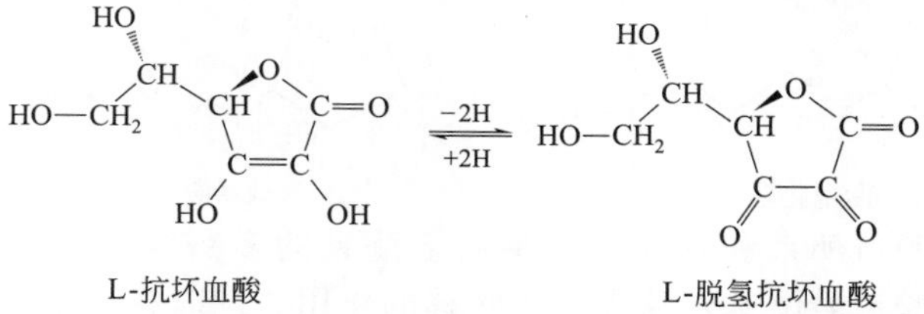

L-抗坏血酸　　　　　　　L-脱氢抗坏血酸

抗坏血酸的生化功能可以是通过它本身的氧化和还原在生物氧化过程中作为氢的载体，在体内重要的氧化还原反应中发挥作用。例如许多含巯基的酶，在体内需要有自由的—SH 基才能发挥其催化活性，而抗坏血酸能使这些酶分子中的巯基处于还原状态，从而维持其催化活性；维生素 C 还与谷胱甘肽的氧化还原密切相关，它们在体内往往共同发挥抗氧化及解毒等作用；维生素 C 还能保护维生素 A、维生素 E 及 B 族维生素免遭氧化；还可促进叶酸变为四氢叶酸。抗坏血酸在羟基化反应中起着重要的辅助因子的作用。因为胶原蛋白中含有较多的羟脯氨酸，所以抗坏血酸可促进胶原蛋白的合成。维生素 C 与胆固醇代谢有关，并参与芳香族氨基酸的代谢。维生素 C 广泛存在于新鲜蔬菜和水果中。缺乏维生素 C 时造成坏血病。其症状为创口溃疡不易愈合，骨骼易折断，牙齿易脱落，皮下、黏膜和肌肉易出血等。

9. 维生素 B_{12} 及其辅酶

维生素 B_{12} 分子中含有金属元素钴，又称钴胺素。维生素 B_{12} 是一个抗恶性贫血的维生素，也是一些微生物的生长因子。其结构非常复杂。分子中除含有钴原子外，还含有 5,6-二甲基苯并咪唑、3′-磷酸核糖、氨基丙醇和类似卟啉环的咕啉环成分。5,6-二甲基苯并咪唑的氮原子与 3′-磷酸核糖形成糖苷键，后者又和氨基丙醇通过磷酯键相联，氨基丙醇的氨基再与咕啉环的丙酸支链联结。钴位于咕啉环的中央，并与环上氮原子和 5,6-二甲基苯并咪唑的氮原子以配位键结合。在钴原子上可再结合不同的基团，形成不同的维生素 B_{12}。钴原子分别与 5′-脱氧腺苷、—CN、—OH、—CH_3 结合，形成 5′-脱氧腺苷钴胺素、氰钴胺素、羟钴胺素和甲基钴胺素。其中的 5′-脱氧腺苷钴胺素是维生

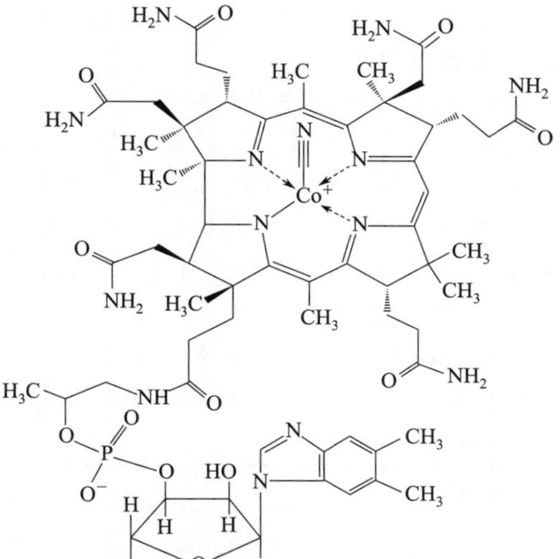

图 3-22　维生素 B_{12} 的结构式

素 B$_{12}$ 在体内的主要存在形式，又称为 B$_{12}$ 辅酶。维生素 B$_{12}$ 的结构式如图 3-22。

维生素 B$_{12}$ 参加多种不同的生化反应，包括变位酶反应、甲基活化反应等。维生素 B$_{12}$ 与叶酸的作用常常互相关联。

动物肝脏、肉类、鱼类和蛋等都含有丰富的维生素 B$_{12}$，人类肠道细菌也能合成，故一般不会缺乏。但是由于维生素 B$_{12}$ 的吸收与一种称为内在因子的糖蛋白及其受体有关，所以可能会由于内在因子的缺乏而导致维生素 B$_{12}$ 的缺乏。缺乏时会造成恶性贫血。

10. 硫辛酸

硫辛酸是一种含硫的脂肪酸。以闭环二硫化物形式和开链还原形式两种结构的混合物存在，而且常同酶分子中赖氨酸残基的—NH$_2$ 以酰胺键共价结合。它们通过氧化型和还原型相互转化，可以传递氢。

硫辛酸(氧化型)　　　　　　　　　　硫辛酸(还原型)

硫辛酸是丙酮酸脱氢酶系和 α-酮戊二酸脱氢酶系的多酶复合物中的一种辅助因子，在这些复合物中，硫辛酸起着酰基转移和电子转移的作用，同时在这个反应中硫辛酸被还原以后又重新被氧化。硫辛酸在糖代谢中起重要作用。

硫辛酸在自然界分布广泛，动物的肝脏和酵母中含量丰富。人类未发现缺乏症。

实验四　小麦萌发前后淀粉酶活力的比较

一、实验目的

1. 学习测定淀粉酶活力的方法。
2. 了解小麦萌发前后淀粉酶活力的变化。

二、实验原理

1. 种子中贮藏的糖类主要以淀粉的形式存在。淀粉酶能使淀粉分解为麦芽糖。麦芽糖有还原性，能使 3,5-二硝基水杨酸还原成棕色的 3-氨基-5-硝基水杨酸。后者可用分光光度计测定。

2. 休眠种子的淀粉酶活力很弱，种子吸胀萌动后，酶活力逐渐增强。

三、实验步骤

1. 从小麦种子中提取酶液

取发芽第 3 天或第 4 天的幼苗 15 株，放入乳钵内，加入 1% 氯化钠溶液 10mL，用力磨碎。在室温下放置 20min，搅拌几次。然后将提取液离心（1500r/min）6～7min。将上清液倒入量筒，测定酶提取液的总体积。进行酶活力测定时，取 1mL 的提取酶液，用缓冲液稀释 10 倍。取干燥种子 15 粒作对照（提取步骤同上）。

2. 酶活力测定

取 25mL 刻度试管 4 支，编号。按表格要求加入各试剂，在 25℃ 预热 10min 后，将各管试剂混匀，放在 25℃ 水浴中，保温 3min 后，立即向各管加入 1% 3,5-二硝基水杨酸溶液 2mL。

试管标号 试剂	1 干燥种子的酶提取液	2 发芽第 3 天或第 4 天 幼苗的酶提取液	3 标准管	4 空白管
酶液/mL	0.5	0.5	—	—

试管标号 试剂	1 干燥种子的酶提取液	2 发芽第3天或第4天幼苗的酶提取液	3 标准管	4 空白管
标准麦芽糖溶液/mL	—	—	0.5	—
1%淀粉溶液/mL	1	1	1	1
水/mL	—	—	—	0.5

3. 显色

取出各试管，放入沸水浴加热 5min。冷却至室温，加水稀释至 25mL 并混匀，在 500nm 处测定各管的吸光度。

4. 计算

根据溶液浓度与光吸收值成正比的关系，计算酶活力。本实验规定：25℃时 3min 内水解淀粉释放 1mg 麦芽糖所需的酶量为 1 个酶活力单位（U）。酶活力计算公式为：

$$酶活力 = C_酶 \times V_酶 \times n_酶$$

式中：$C_酶$ 为酶液中麦芽糖的浓度；$V_酶$ 为提取酶液的总体积；$n_酶$ 为酶液稀释倍数。

小 结

1. 生物体的活细胞中进行的生物化学反应是在生物催化剂——酶的催化下进行的。酶作为一种生物催化剂不同于一般的催化剂，它具有条件温和、催化效率高、高度专一性和可调控性等催化特点。

2. 酶分子中直接与底物结合，并催化底物发生化学反应的部位，称为酶的活性中心。酶的活性中心有两个功能部位，即结合部位和催化部位。活性中心的基团都是必需基团，但是必需基团还包括那些在活性中心以外的，对维持酶空间构象必需的基团。酶的催化机理包括过渡态学说、邻近和定向效应、共价催化、酸碱催化、锁钥学说、诱导契合学说等。每个学说都有其各自的理论依据，其中过渡态学说或中间产物学说为大家所公认，诱导契合学说也对酶的研究做了大量贡献。

3. 影响酶促反应速率的因素有底物浓度（[S]）、酶浓度（[E]）、反应温度（T）、反应 pH 值、激活剂（A）和抑制剂（I）等。其中底物浓度与酶反应速率之间有一个重要的关系为米氏方程：$v = \dfrac{v_{max}[S]}{K_m + [S]}$，它表明了酶反应速率与底物浓度之间的定量关系。米氏常数（K_m）是酶的特征性常数，它的物理意义是当酶反应速率达到最大反应速率一半时的底物浓度。当酶促反应体系的温度、pH 值等条件固定不变，而且底物浓度足够大，足以使酶饱和时，反应速率与酶浓度成正比关系。只有在某一温度下酶促反应速率才能达到最大值，这个温度称为最适温度。通常把酶表现最大活力时的 pH 值称为酶反应的最适 pH。有些物质能提高酶的活性，称为激活剂。抑制剂通常是使酶的必需基团或酶活性部位中的基团的化学性质改变而降低酶的催化活性，甚至使酶催化活性完全丧失的物质。抑制作用分为可逆与不可逆抑制作用两大类，不能用简单的透析、超滤等物理方法除去抑制剂而使酶恢复活性称为不可逆抑制作用；抑制剂与酶以非共价键结合，可用透析、过滤等物理方法除去抑制剂而恢复酶的活力的抑制作用叫做可逆抑制作用。根据抑制剂与底物的关系，将可逆抑制作用又分为竞争性抑制作用、非竞争性抑制作用和反竞争性抑制作用。

4. 酶分子的非催化部位与某些化合物非共价结合后，酶分子构象发生改变，进而改变了酶的催化活性，这种现象称为酶的别构调节，具有这种调节作用的酶称为别构酶，大部分别构酶的反应速率对底物浓度作图，不服从典型的 Michaelis-Menten 关系式。有些酶在细胞内合成或初分泌时不具有生物活性，这种不具有生物活性的酶的前体称为酶原，酶原在一定条件下经过某种因素作用转变为有活性的酶的过程称为酶原的激活，通常是由专一性的蛋白水解酶来活化酶。

5. 酶的活力就是指酶催化一定化学反应的能力。酶活力的测定实际上就是酶的定量测定。其大小可以用在一定条件下所催化的某一化学反应的反应速率来表示。酶催化的反应速率越大，酶的活力越高；反应速率越小，酶的活力越低。所以酶活力的测定就是酶促反应速率的测定。

6. 维生素是生物生长和生命活动中所必需的微量有机物，在天然食物中含量极少，人体自身不能合成，必须从食物中摄取。这些维生素既不是构成各种组织的主要原料，也不是体内能量的来源，它们的生理功能主要是在物质代谢过程中起着非常重要的作用，因代谢过程离不开酶，而结合蛋白酶中的辅酶和辅基绝大多数都含有维生素成分。机体缺乏某种维生素时，代谢受阻，表现出维生素缺乏症。而植物体内能合成维生素。

习　题

1. 解释下列名词：

米氏常数（K_m 值）；辅基；辅酶；活性中心；酶活力；激活剂；抑制剂；变构酶。

2. 简述酶作为生物催化剂与一般化学催化剂的共性及其个性。

3. 简述酶活性中心的结构特点。

4. 简述影响酶促反应速率的因素。

5. 称取 25mg 蛋白酶配成 25mL 溶液，取 2mL 溶液测得含蛋白氮 0.2mg，另取 0.1mL 溶液测酶活力，结果每小时可以水解酪蛋白产生 1500μg 酪氨酸，假定 1 个酶活力单位定义为每分钟产生 1μg 酪氨酸的酶量，请计算：

(1) 酶溶液的蛋白质浓度及比活。

(2) 每克纯酶制剂的总蛋白质含量及总活力。

6. 符合米氏方程的酶在以下条件时反应速率是多少（为最大速率的百分比）：（1）[S]＝K_m；（2）[S]＝0.5K_m；（3）[S]＝2K_m；（4）[S]＝10K_m。

7. 使用下表数据，作图判断抑制剂类型（竞争性还是非竞争性可逆抑制剂）？

[S]/(mol/L)	速率/[μmol/(L·min)]	
	无抑制剂	有抑制剂
0.3×10^{-5}	10.4	4.1
0.5×10^{-5}	14.5	6.4
1.0×10^{-5}	22.5	11.5
3.0×10^{-5}	33.8	22.6
9.0×10^{-5}	40.5	33.8

8. 简述维生素与辅酶的关系。

第4章 核 酸

本章提示：

通过本章的学习，了解核酸的基础知识，包括核酸的种类、在细胞内的分布及其生物学功能；核酸的化学组成、分子结构及理化性质，为以后进一步学习核酸的代谢、基因表达调控及分子生物学技术奠定基础。

核酸与蛋白质一样，是一切生物特有的重要大分子化合物，"种瓜得瓜，种豆得豆"的遗传现象即源于核酸上所携带的遗传信息。核酸是生命遗传信息的携带者和传递者。核酸及其组成单位在生命的延续、生物物种遗传特性的保持、细胞分化、个体发育及生长等生命过程中起着重要的作用。

第1节 概 述

一、核酸的发现

早在 1868 年，瑞士的一位年轻的科学家 F. Miescher（1844—1895 年）从外科绷带上脓细胞的细胞核中分离出了一种有机物质，它的含磷量之高超过了任何当时已经发现的有机化合物，并且有很强的酸性。因为这种物质是从细胞核中分离出来的，所以就称它为核素。这就是我们今天所指的脱氧核糖核蛋白。Miescher 被认为是细胞核化学的创始人和 DNA 的发现者。后来 R. Altmann 制备出了不含蛋白质的核酸制品，核酸这个名称是由 Altmann 于 1889 年最先提出来的。虽然经研究发现细胞质、线粒体、叶绿体、无核结构的细菌和没有细胞结构的病毒都含有核酸，但"核酸"这一名称仍然保留而沿用至今。

以后四五十年中，逐步明确了核酸可分为两大类，即脱氧核糖核酸和核糖核酸。但当时流行的"四核苷酸假说"认为核酸中含有等量的 4 种核苷酸，核酸只是一种简单的高聚物。1943 年 Chargaff 等证明 DNA 中 4 种碱基的比例并不相等，"四核苷酸假说"不能成立。1944 年，由 O. T. Avery 等人的著名的肺炎球菌转化试验问世后，核酸是主要遗传物质的地位才被确立。1950 年以后，Chargaff、Markham 等提出了 A-T、G-C 之间互补的概念。这一极其重要的发现，为以后 Watson-Crick 建立 DNA 双螺旋结构模型提供了重要依据。

1952 年，A. D. Hershey 等人用同位素标记法研究 T2 噬菌体的感染作用，即用同位素 ^{32}P 标记噬菌体的 DNA，^{35}S 标记蛋白质，然后感染大肠杆菌。结果只有 ^{32}P-DNA 进入细菌细胞内，^{35}S-蛋白质仍留在细胞外，从而有力证明了 DNA 的遗传作用。这些重要的早期实验和许多其他证据已经准确无误地说明 DNA 是活细胞中唯一携带全部遗传信息的载体。

1953 年，Watson 和 Crick 建立了 DNA 分子双螺旋结构模型，被认为是 20 世纪在自然科学中的重大突破之一。1956 年 A. Kornerg 发现 DNA 聚合酶，可用其在体外复制 DNA。1958 年，Crick 总结当时分子生物学的成果，提出了"中心法则"。

20 世纪 70 年代 DNA 重组技术的出现，被认为是分子生物学的第二次革命。人们终于可以按照拟定的蓝图设计出新的生物体。它改变了分子生物学的面貌，并导致一个新的生物技术产业群的兴起。核酸的研究成果启动了分子生物学的突破性的进程，从此生命现象和生命过程的研究开始全面进入分子水平。DNA 重组技术的出现极大地推动了 DNA 和 RNA 的研究。其三大关键技术即 DNA 切割技术、分子克隆技术和快速测序的不断成熟，使人们可以通过 DNA 操作改造生物机体的性状特征、改造基因，以至改造物种。DNA 的研究也带动了 RNA 的研究，许多传统观点被打破。真核 DNA 大部分存于细胞核中，而蛋白质合成则发生在细胞质内的核糖体上。在 20 世纪 50 年代初期，RNA 被认为是把遗传信息从核内带到细胞质中来指导蛋白质合成的最合适的候选分子。80 年代 RNA 研究出现了第二个高潮，取得了一系列生命科学研究领域最富挑战性的成果。1981 年 T. Cech 发现四膜虫 rRNA 前体能够通过自我拼接切除内含子，表明 RNA 也具有催化功能，为了与传统的酶概念相区别被称为核酶。从此打破了"酶一定是蛋白质"的传统观点。1983 年 R. Simons 以及 T. Mizuno 等分别发现反义 RNA，表明 RNA 还具有调节功能。1986 年 R. Benne 等发现锥虫线粒体 mRNA 的序列可以发生改变，称为编辑，于是基因与其产物蛋白质的共线性关系也被打破。1986 年 W. Gilbert 提出"RNA 世界"的假说，这对"DNA 中心"的观点是一次有力的冲击。1987 年 R. Weiss 论述了核糖体移码，说明遗传信息的解码也是可以改变的。

1990 年 10 月美国政府决定出资 30 亿美元，用 15 年时间（1991—2005 年）完成"人类基因组计划"。"人类基因组计划"是生物学有史以来最巨大和意义深远的一项科学工程。人类对自己遗传信息的认识有益于人类健康、医疗、制药、人口、环境等诸多方面。一些低等生物的 DNA 全序列也已陆续被测定。生命科学已经进入后基因组时代。科学家们的研究重心从揭示基因组 DNA 的序列转移到在整体水平上对基因组功能的研究。这一转向的第一个标志就是产生了一门被称为功能基因组学的新学科。随着自然科学的发展，核酸的研究越来越成为生物科学的核心，带动了生物化学、分子生物学和分子遗传学乃至整个生命科学研究的发展。在此基础上发展起来的核酸操作技术正在逐步地打开控制不同生物性状的生命之谜，同时，核酸的研究也使生物技术产业获得了空前规模的发展。据统计，信息技术对世界经济的贡献比率达到 18%，而生物技术对世界经济的推动作用将不亚于信息技术。

二、核酸的种类与分布

核酸是由碱基、戊糖、磷酸组成的，按其所含戊糖种类的不同分为两大类：脱氧核糖核酸（DNA）和核糖核酸（RNA）。

1. 脱氧核糖核酸

DNA 广泛分布于各类生物细胞中，一般占细胞干重的 5%～15%。在真核细胞中，95%～98% 的 DNA 分布于细胞核中，DNA 与组蛋白结合成染色体的形式存在，每个染色体含有一个高度压缩的 DNA 分子。线粒体、叶绿体中也有少量 DNA 存在，但不与蛋白质结合，且比细胞核中的染色体 DNA 要小得多。原核细胞中的 DNA 存在于细胞质中的核区，通常只含有一个高度压缩的单纯 DNA 分子，也称为染色体，但与真核细胞的染色体不同。有关大肠杆菌的研究表明，它的染色体是一个环状的 DNA 分子。在某些细菌中还存在一些游离于染色体之外的、能够自我复制的小的 DNA 分子，称为质粒。但是对于病毒来说，要么只含 DNA，要么只含 RNA，还没有发现两者兼有的病毒。

原核细胞染色体 DNA、质粒 DNA 及真核细胞的细胞器 DNA 都是环状双链 DNA。真核细胞染色体 DNA 为线形双链 DNA。病毒的 DNA 种类很多，结构各异。动物病毒通常为环状双链或线形双链。另外，有些是线形单链 DNA。噬菌体 DNA 多数是线形双链，也有环状双链或环状单链的。

2. 核糖核酸

约占总量 90％的 RNA 存在于细胞质中，细胞核中也有少量存在。参与蛋白质合成的核糖核酸按其功能的不同分为三大类：核糖体 RNA（rRNA）、信使 RNA（mRNA）和转移 RNA（tRNA）。

rRNA 约占 RNA 总量的 80％，它们与蛋白质结合构成核糖体的骨架。核糖体是蛋白质合成的场所，所以 rRNA 的功能是作为核糖体的重要组成成分参与蛋白质的生物合成。rRNA 是细胞中含量最多且分子量比较大的一类 RNA，代谢不活跃，种类仅有几种，原核生物核糖体小亚基中主要有 16S rRNA，大亚基含 5S rRNA 和 23S rRNA；真核生物核糖体小亚基中主要有 18S rRNA，大亚基含有 5S rRNA、5.8S rRNA 和 28S rRNA。

mRNA 约占 RNA 总量的 5％。mRNA 是以 DNA 为模板合成的，同时又是蛋白质合成的模板。它是携带一个或几个基因信息到核糖体的核酸。由于每一种多肽都有一种相应的 mRNA，所以细胞内 mRNA 是一类非常不均一的分子。

tRNA 约占 RNA 总量的 15％，由 70～90 个核苷酸组成，具有转运氨基酸的作用。此外，它在蛋白质生物合成的起始作用中、在 DNA 反转录合成中以及其他代谢调节中也起着重要的作用。细胞内 tRNA 的种类很多，每一种氨基酸都有其相应的一种或几种 tRNA。

此外，20 世纪 80 年代以来，陆续发现了许多新的具有特殊功能的 RNA，如真核细胞中还有少量核内小 RNA（small nuclear RNA，缩写成 snRNA）、胞质小 RNA、染色体 RNA（chRNA）。病毒和亚病毒的 RNA 种类很多，结构多种多样，有的含正链 RNA，有的含负链 RNA，也有的含有双链 RNA。

第 2 节　核酸的水解和化学组成

一、核酸的水解

核酸的分子很大，在酸、碱和酶的作用下，发生共价键断裂，其中的糖苷键和磷酸酯键都能被打开，此过程称为降解。核酸逐步降解的过程如图 4-1。

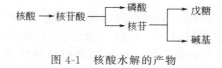

图 4-1　核酸水解的产物

1. 酸解

糖苷键和磷酸酯键都能被酸水解，但糖苷键比磷酸酯键易被酸水解，嘌呤碱的糖苷键比嘧啶碱的糖苷键更易被酸水解，而对酸最不稳定的是嘌呤与脱氧核糖之间的糖苷键。另外，酸对核酸的作用因酸的浓度、温度和作用时间长短而不同。若用温和的或稀的酸作短时间处理，DNA 和 RNA 都不发生降解。但若延长处理时间或提高温度，或是提高酸的强度，则会使核酸中的部分糖苷键发生水解，先是嘌呤碱基被水解下来，生成无嘌呤的核酸，同时少数磷酸二酯键也发生水解，使链断裂。若用中等强度的酸在 100℃ 下处理数小时，或用较浓的酸（如 $2\sim6\text{mol/L}$ HCl）处理，则可使嘧啶碱基水解下来，更多的磷酸二酯键断裂，核酸降解程度增加。

2. 碱解

RNA 的磷酸酯键被碱水解产生核苷酸。DNA 的磷酸酯键则不易被碱水解。RNA 在稀碱条件下很容易水解生成 $2'$-核苷酸和 $3'$-核苷酸。这是因为 RNA 中的核糖具 $2'$-OH，在碱催化下 $3',5'$-磷酸二酯键断裂，先形成中间物 $2',3'$-环核苷酸，后者不稳定而进一步水解，生成 $2'$-核苷酸和 $3'$-核苷酸的混合物（图 4-2）。

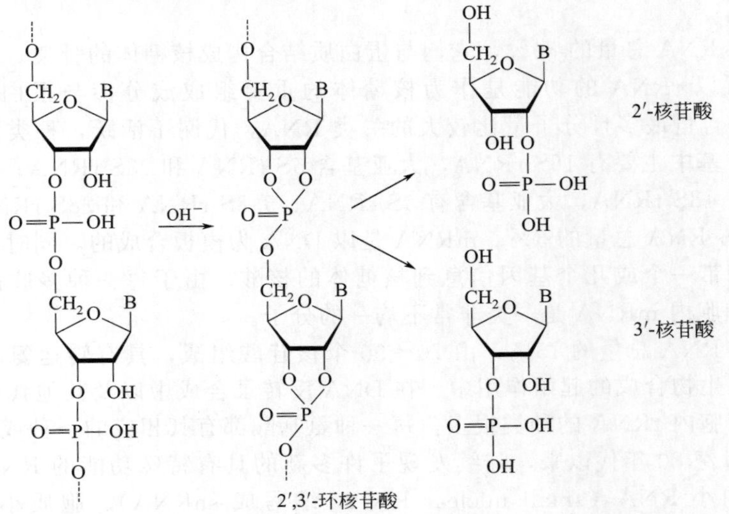

图 4-2 RNA 碱解反应过程

RNA 碱解所用的 KOH（或 NaOH）的浓度可因温度和作用时间而不同，如 1mol/L KOH（或 NaOH）在 80℃ 下作用 1h，0.3mol/L KOH（或 NaOH）在 37℃ 下作用 16h 都可以使 RNA 水解为单核苷酸。而在同样的稀碱条件下，DNA 是稳定的，不会被水解成单核苷酸，因为 DNA 中的脱氧核糖 $C2'$ 位没有—OH，不能形成 $2',3'$-环核苷酸。DNA 在碱的作用下，只发生变性，不发生磷酸二酯键的水解。

根据碱对 DNA 和 RNA 的不同作用，可以用碱解 RNA 来制取 $2'$-和 $3'$-核苷酸；也可以用碱处理 DNA 和 RNA 混合液，使 RNA 水解成单核苷酸，然后把 DNA 从溶液中沉淀下来，分别进行定量测定。

3. 酶解

按底物作用方式的不同核酸酶分为核酸内切酶和核酸外切酶。外切酶只从一条核酸链的一端逐个切断磷酸二酯键释放单核苷酸。而内切酶的作用点在核酸链的内部，切割核酸链，产生核酸片段。只作用于 DNA 的核酸酶，称为脱氧核糖核酸酶（DNase）；只作用于 RNA 的核酸酶，称为核糖核酸酶（RNase）；既能水解 DNA 也能水解 RNA 的称非特异性核酸酶。非特异性地水解磷酸二酯键的酶为磷酸二酯酶，能专一性水解核酸的磷酸二酯酶称为核酸酶。实际上所有的细胞中都含有各种核酸酶，它们参加正常的核酸代谢过程。有些器官如胰脏，可以提供含有大量核酸酶的消化液以水解食物中的核酸。核酸酶催化在水参与下的磷酸二酯键的断裂。由于核酸链是由两个酯键将核苷酸连接而成的，核酸酶切割磷酸二酯键的位置不同会产生不同的末端产物。核酸酶还表现出对二级结构的专一性，有些核酸酶只水解单链核酸，叫单链酶；有些则只水解双链核酸，叫双链酶。有些核酸酶选择核酸链含某一碱基的核苷酸处切割核酸链（碱基特异性）；有些则要求切割点具有 4～8 个核苷酸残基的特殊核苷酸顺序。对分子生物学家来说，核酸酶是在实验室中切割和操作核酸的有力工具。

二、核酸的化学组成

核酸的基本结构单位是核苷酸，核酸是由几百甚至几千万个核苷酸聚合而成的生物大分子，所以又称多聚核苷酸。核酸经部分水解可产生核苷酸，如经完全水解则产生磷酸、碱基和戊糖。每分子核苷酸含有一分子磷酸、一分子含氮碱基和一分子戊糖。两类核酸的组成成分见表 4-1。

表 4-1　两类核酸的化学组成

组成成分		DNA	RNA
酸		磷酸	磷酸
戊糖		D-2-脱氧核糖	D-核糖
碱基	嘌呤碱	腺嘌呤（A）、鸟嘌呤（G）	腺嘌呤（A）、鸟嘌呤（G）
	嘧啶碱	胞嘧啶（C）、胸腺嘧啶（T）	胞嘧啶（C）、尿嘧啶（U）

1. 戊糖

核酸是按其所含戊糖不同而分为两大类的。DNA 所含的戊糖是 D-2-脱氧核糖，RNA 所含的戊糖是 D-核糖。另外，某些 RNA 中还含有少量的修饰戊糖，即 D-2-O-甲基核糖，它的第二个碳原子上的羟基被甲基化了。核酸分子中的这些戊糖都是以 β-呋喃型环状结构存在的。

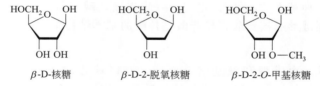

β-D-核糖　　　　β-D-2-脱氧核糖　　　　β-D-2-O-甲基核糖

2. 碱基

核酸中的碱基分为两类：嘌呤碱（purine）和嘧啶碱（pyrimidine）。它们是含氮的杂环化合物，所以称为碱基，也称为含氮碱。

（1）**嘌呤碱**　核酸中的嘌呤碱是嘌呤的衍生物。DNA 和 RNA 中含有相同的两种主要的嘌呤碱：腺嘌呤（A）和鸟嘌呤（G）。它们都是嘌呤的第 2 位或第 6 位碳原子上的氢被氨基或酮基取代而形成的。

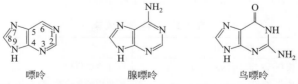

嘌呤　　　　　　腺嘌呤　　　　　　鸟嘌呤

（2）**嘧啶碱**　核酸中的嘧啶碱是嘧啶的衍生物，有三种，分别是胞嘧啶（C）、尿嘧啶（U）和胸腺嘧啶（T）。RNA 中含有的是胞嘧啶和尿嘧啶，DNA 中含有胞嘧啶和胸腺嘧啶。从结构上看，它们都是在嘧啶的第 2 位碳原子上的氢由酮基取代，第 4 位碳原子上的氢由氨基或酮基取代而形成的。

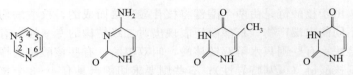

嘧啶　　　　　胞嘧啶　　　　　胸腺嘧啶　　　　　尿嘧啶

用 X 射线衍射分析法已证明了各种嘌呤和嘧啶的三维空间结构。嘧啶和嘌呤环很接近平面，但稍有翘折。

（3）稀有碱基　核酸中还含有一些稀有嘌呤碱，含量少，但是种类非常多，大多数是甲基化碱基。如 DNA 中的 5-羟甲基尿嘧啶、5-甲基胞嘧啶、5-羟甲基胞嘧啶、N^6-甲基腺嘌呤；RNA 中含有次黄嘌呤、N^6,N^6-二甲基腺嘌呤、1-甲基鸟嘌呤、1-甲基次黄嘌呤、4-硫尿嘧啶等。

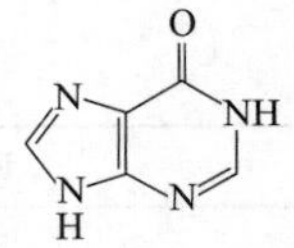

次黄嘌呤 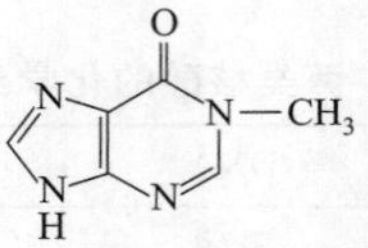　　　　　1-甲基次黄嘌呤 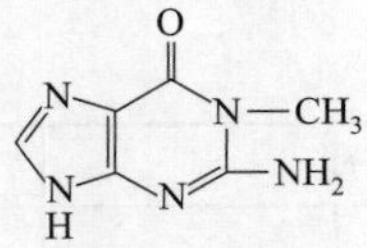　　　　　1-甲基鸟嘌呤

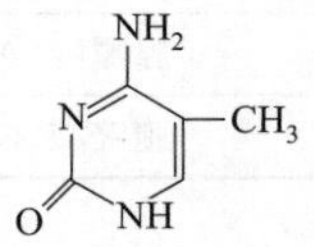

5-甲基胞嘧啶 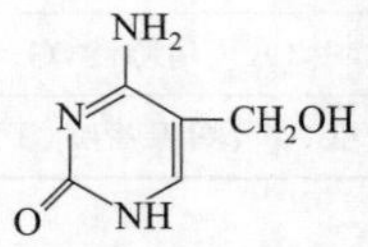　　　　　5-羟甲基胞嘧啶 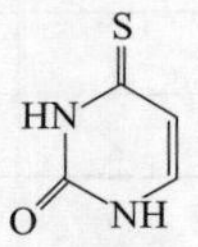　　　　　4-硫尿嘧啶

3. 磷酸

核酸是含磷的生物大分子，任何核酸都含有磷酸，因此核酸呈酸性，可与 Na^+、多胺、组蛋白结合。核酸中的磷酸参与形成 3′,5′-磷酸二酯键，从而使核酸连成多核苷酸链。

以上是核酸的三种基本"元件"，它们进一步连接，碱基与戊糖以糖苷键形成核苷，核苷再与磷酸以磷酸酯键形成核苷酸，核苷酸是核酸的基本结构单位，相当于"部件"。

4. 核苷

核苷是一种糖苷，由戊糖和碱基缩合而成，并以糖苷键连接。糖环上第一位碳原子（C1′）与嘌呤碱第九位氮原子（N9）或与嘧啶碱第一位氮原子（N1）相连。所以糖与碱基之间的连接键是 N-C 键，称为 N-糖苷键。糖环上的 C1′ 是不对称碳原子，所以有 α 及 β 两种构型。但核酸分子中的糖苷键均为 β-糖苷键。应用 X 射线衍射分析证明，核苷中的碱基与糖环平面互相垂直。

根据核苷中戊糖的不同，核苷可以分为核糖核苷与脱氧核糖核苷两大类。腺嘌呤核苷（简称腺苷）、胸腺嘧啶脱氧核苷（简称脱氧胸苷）的结构如图 4-3（糖环中的碳原子标号右上角加撇，用 1′、2′表示）。表 4-2 为常见核苷的名称。

表 4-2　各种常见核苷

碱基	核糖核苷	脱氧核糖核苷
腺嘌呤	腺嘌呤核苷（腺苷）（adenosine）	腺嘌呤脱氧核苷（脱氧腺苷）（deoxyadenosine）
鸟嘌呤	鸟嘌呤核苷（鸟苷）（guanosine）	鸟嘌呤脱氧核苷（脱氧鸟苷）（deoxyguanosine）
胞嘧啶	胞嘧啶核苷（胞苷）（cytidine）	胞嘧啶脱氧核苷（脱氧胞苷）（deoxycytidine）
尿嘧啶	尿嘧啶核苷（尿苷）（uridine）	
胸腺嘧啶		胸腺嘧啶脱氧核苷（脱氧胸苷）（deoxythymidine）

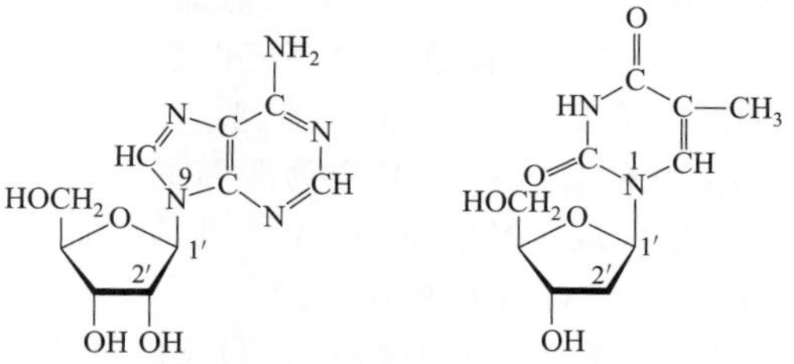

腺嘌呤核苷　　　　　　　　　　胸腺嘧啶脱氧核苷

图 4-3　两种核苷的结构

核酸中含有多种稀有碱基，它们也可与戊糖形成相应的稀有核苷，例如次黄嘌呤核苷、5-甲基胞苷等。此外，还有些稀有核苷是由正常碱基与 2′-O-甲基核糖结合而形成的，或由正常碱基以特殊方式与核糖连接所形成的。如假尿嘧啶核苷（以符号 ψ 表示），它的核糖不是与尿嘧啶的 N1 而是与尿嘧啶的 C5 相连接，为 C-C 糖苷键。RNA 中的稀有核苷大部分存在于 tRNA 中，而 DNA 中的稀有核苷主要是从噬菌体中分离得到的。

5. 核苷酸

核苷中的戊糖羟基被磷酸酯化，就形成核苷酸。所以核苷酸是核苷的磷酸酯。核苷酸分为核糖核苷酸与脱氧核糖核苷酸两大类。下面为两种核苷酸的结构式：

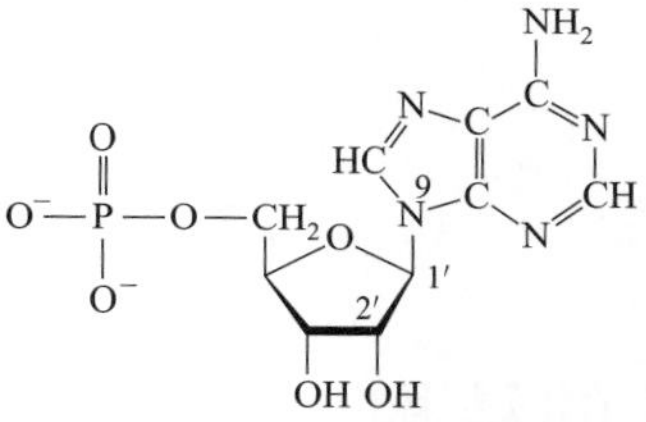

5′-腺嘌呤核苷酸 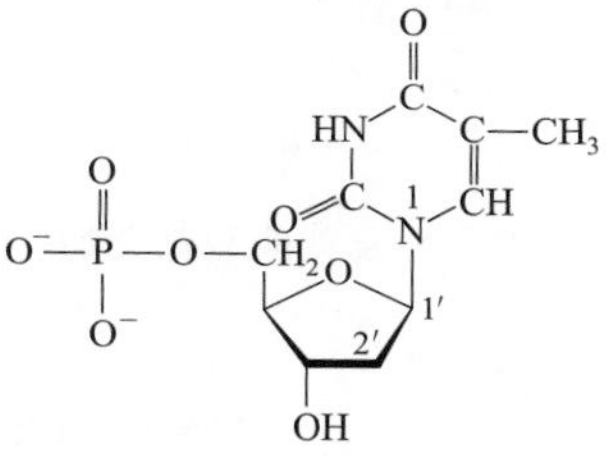　　　　　　　　　　5′-胸腺嘧啶脱氧核苷酸

由于核糖核苷的核糖环上有 3 个自由的羟基（分别在第 2′、3′ 和 5′ 号碳原子上），因此可以磷酸酯化形成 3 种不同的核苷酸，分别是 2′-核糖核苷酸、3′-核糖核苷酸和 5′-核糖核苷酸；而脱氧核糖核苷的核糖环上只有 2 个自由羟基，只能形成两种核苷酸，即 3′-脱氧核糖核苷酸和 5′-脱氧核糖核苷酸。生物体内游离存在的核苷酸多为 5′-核苷酸，所以通常核苷-5′—磷酸简称为核苷一磷酸或核苷酸。用碱水解 RNA 时，可以得到 2′-核糖核苷酸与 3′-核糖核苷酸的混合物。常见的核苷酸见表 4-3。

表 4-3　常见的核苷酸

碱基	核糖核苷酸	脱氧核糖核苷酸
腺嘌呤（A）	腺嘌呤核苷酸（AMP）	腺嘌呤脱氧核苷酸（dAMP）
鸟嘌呤（G）	鸟嘌呤核苷酸（GMP）	鸟嘌呤脱氧核苷酸（dGMP）
胞嘧啶（C）	胞嘧啶核苷酸（CMP）	胞嘧啶脱氧核苷酸（dCMP）
尿嘧啶（U）	尿嘧啶核苷酸（UMP）	
胸腺嘧啶（T）		胸腺嘧啶脱氧核苷酸（dTMP）

此外，细胞内还有一些游离的多磷酸核苷酸以及它们的衍生物，具有重要的生理功能。例如 5′-腺苷酸（AMP）可进一步磷酸化形成 5′-腺嘌呤核苷二磷酸（简称腺二磷，ADP）和 5′-腺嘌呤核苷三磷酸（ATP）（图 4-4）。ADP 中含有一个高能磷酸键（通常用"～"表示高能磷酸键），ATP 中含有两个高能磷酸键。ATP 不仅是体内多种合成反应的直接供能

者，而且也是肌肉收缩、神经传导等各种生理活动所需能量的供给体。除 ADP 和 ATP 外，生物体中的其他 5'-核苷酸也可以进一步磷酸化为相应的核苷二磷酸和核苷三磷酸以及脱氧核苷二磷酸和脱氧核苷三磷酸，它们广泛存在于细胞内并都具有重要的生理功能。例如，UDP 作为葡萄糖的载体参与多糖的合成；CDP 作为胆碱的载体参与磷酸的合成；各种核苷三磷酸和脱氧核苷三磷酸分别是合成 RNA 和 DNA 的前体。此外，辅酶Ⅰ、辅酶Ⅱ、辅酶A、黄素腺嘌呤二核苷酸等的组成中都含有腺苷酸。

另外，在生物细胞中，还存在着环化核苷酸，它们往往是细胞功能的调节分子和信号分子。其中研究得最多的是 3',5'-环化腺苷酸（cAMP）（图 4-5）。它是由腺苷酸上的磷酸与核糖的 3'、5'碳原子形成双酯环化而成的，其中 3' 位的酯键为高能磷酸键，水解后可释放 49.7kJ/mol 的能量。cAMP 具有放大激素作用信号的功能，所以在细胞代谢调节中起重要作用，被称为激素的第二信使。此外，3',5'-环化鸟苷酸（cGMP）也是一种具有代谢调节作用的环化核苷酸，它是 cAMP 的拮抗物。

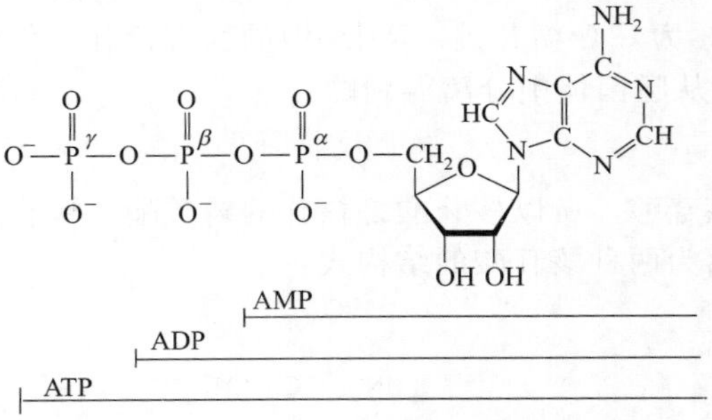

图 4-4　腺苷酸及其磷酸化合物

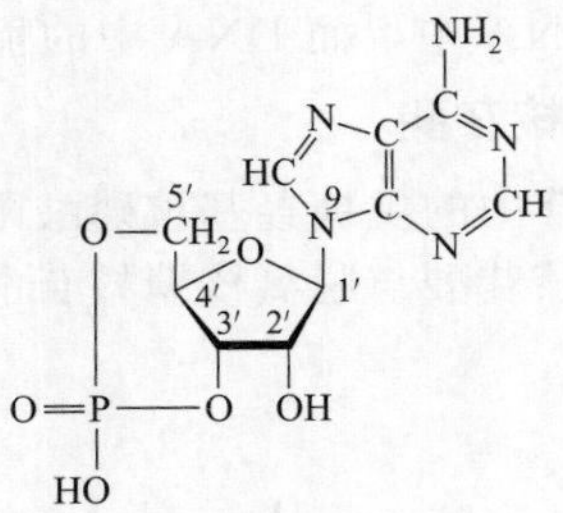

图 4-5　cAMP

第 3 节　核酸的结构

一、核苷酸的连接方式

构成核酸的基本单位是核苷酸。实验证明 DNA 和 RNA 都是没有分支的多核苷酸长链。链中每个核苷酸的 3'-C 上的羟基和相邻核苷酸的戊糖上的 5'-C 上的磷酸羟基脱水缩合形成酯键，所以核苷酸间的连接键是 3',5'-磷酸二酯键。相间排列的戊糖和磷酸构成核酸大分子的主链，而碱基可以看成是有次序地连接在主链上的侧链基团。主链上的磷酸基是酸性的，在细胞的 pH 条件下带负电荷，而嘌呤和嘧啶碱基具有疏水性质。由于所有核苷酸间的磷酸二酯键有相同的走向，核苷酸链都有特殊的方向性，核酸链的一端是一个游离的 5'-磷酸基，称 5'端；另一端是游离的 3'-羟基，称 3'端（图 4-6）。

虽然核苷酸的种类不多，但由于核苷酸的数目、比例和序列的不同而构成多种结构不同的核酸。由于戊糖和磷酸成分在核酸主链上不断重复，所以也可以用碱基序列来表示核酸的一级结构。核酸的一级结构有几种不同的表示方法（图 4-7）。有竖线式缩写表示法，用竖线代表戊糖，B 为碱基，P 为磷酸基，P 引出的斜线表示 3'、5'-磷酸二酯键，一端与 C3'相连，另一端与 C5'相连。另外一种为文字式缩写，用字母代表核苷酸，书写碱基的顺序是从 5'端到 3'端，P 在碱基的左侧，表示 P 在 C5'位置上；P 在碱基的右侧，表示 P 与 C3'相连。有时，多核苷酸中磷酸二酯键上的 P 也可省略，而写成 pA-C-T-G。这两种写法对 DNA 和 RNA 分子都适用。

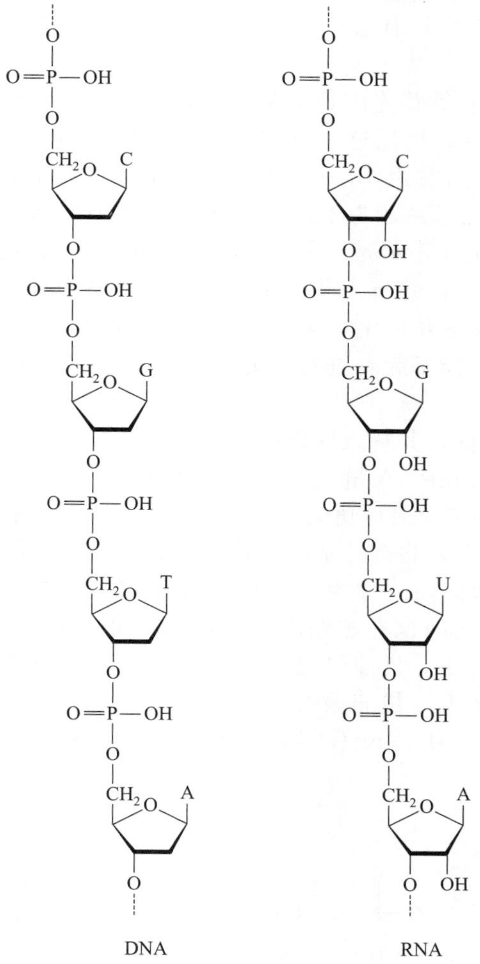

图 4-6 多核苷酸链的片段

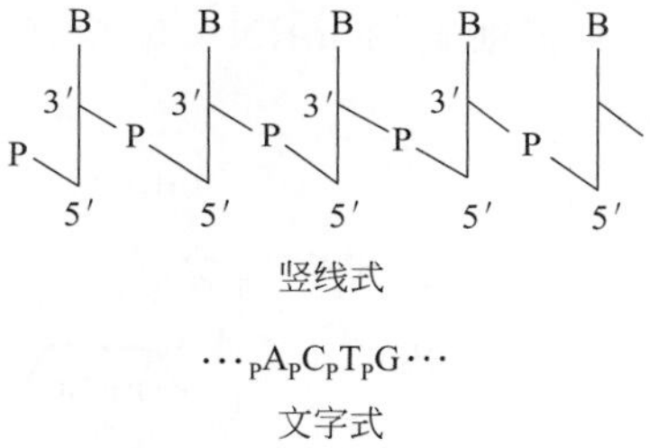

图 4-7 核苷酸链的缩写

二、核酸的共价结构

1. DNA 的一级结构

DNA 的一级结构是由数量极其庞大的四种脱氧核糖核苷酸，即腺嘌呤脱氧核苷酸、鸟嘌呤脱氧核苷酸、胞嘧啶脱氧核苷酸和胸腺嘧啶脱氧核苷酸，通过 $3',5'$-磷酸二酯键连接起来的线形或环形多聚体。脱氧核糖中 $C2'$ 上不含羟基，$C1'$ 又与碱基相连接，唯一可以形成的键是 $3',5'$-磷酸二酯键，所以 DNA 没有侧链。由于组成 DNA 的核苷酸彼此之间的差别仅在于碱基部分，所以 DNA 的一级结构即指 DNA 分子中碱基的组成和排列顺序。

2. RNA 的一级结构

RNA 是无分支的线形多聚核糖核苷酸。RNA 的一级结构是指 RNA 分子中核苷酸的组成和排列顺序。同 DNA 一样，由于组成 RNA 的核苷酸彼此之间的差别仅在于碱基部分，所以其一级结构也是指 RNA 分子中碱基的组成和排列顺序。RNA 主要由四种核糖核苷酸组成，即腺嘌呤核糖核苷酸（AMP）、鸟嘌呤核糖核苷酸（GMP）、胞嘧啶核糖核苷酸（CMP）和尿嘧啶核糖核苷酸（UMP）。组成 RNA 的核苷酸也是以 $3',5'$-磷酸二酯键彼此连接起来的。尽管 RNA 分子中核糖环 C2′ 上有一羟基，但并不形成 2′,5′-磷酸二酯键。用牛脾磷酸二酯酶降解天然 RNA 时，降解产物中只有 3′-核苷酸，并无 2′-核苷酸，就支持了上述结论。RNA 分子中还有某些稀有碱基。

RNA 的种类很多，结构各异。1965 年 Holley 等首先测定了酵母丙氨酸 tRNA 的核苷酸序列。目前已测定一级结构的 tRNA 有四百多种，根据这些已测定一级结构的 tRNA 资料分析，tRNA 的一级结构有以下特征：①tRNA 通常由 73～93 个核苷酸组成，大多数为 76 个核苷酸组成的单链，分子量在 25000 左右，沉降系数为 4S；②碱基组成中有较多的稀有碱基，可达碱基总数的 10%～15%，它们的功能还不清楚；③3′端都为 pCpCpA$_{OH}$，用来接受活化的氨基酸；④5′末端大多为 pG，也有 pC 的；⑤有十几个位置上的核苷酸在几乎所有的 tRNA 中都是不变的，即为恒定核苷酸，如第 8 位的 U，第 18、19 位的 G 等，这些恒定核苷酸对于维持 tRNA 三级结构和实现其生物功能都起着重要作用，同时也说明了 tRNA 在进化上的保守性。

原核生物和真核生物的 mRNA 的结构有所不同，其特点区别如下：

(1) 原核生物的 mRNA 是多顺反子，即一条 mRNA 链上有多个编码区；真核生物的 mRNA 是单顺反子。"顺反子"是通过顺反测验鉴定的遗传功能单位，相应于一个多肽链的 DNA 顺序加上翻译的起始和终止信号，也就是一个多肽链的基因。典型的原核生物 mRNA 是由多顺反子转录来的，可编码几条不同的多肽链，故称为多顺反子 mRNA。多顺反子 mRNA 的 5′端和 3′端各有一段非编码区，编码区之间也有非编码的间隔区，间隔区长短不一；每个编码区都有自己的起始密码子和终止密码子。目前研究过的真核生物 mRNA 都是单顺反子，只编码一条多肽链，其 5′端和 3′端也各有一段非编码区。

(2) 真核细胞的 mRNA 5′端有一个特殊的结构 5′-m^{7}G^5′PPP^5′Nm^3′P，称为 5′-帽子（图 4-8）。

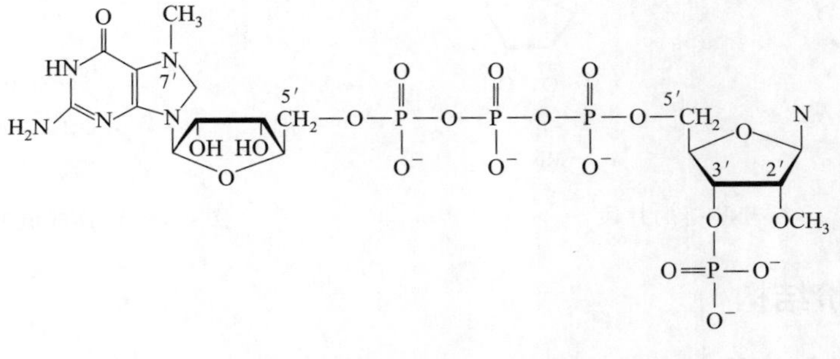

图 4-8　mRNA 5′端的"帽子"结构

mRNA 的 5′末端的鸟嘌呤 N7 被甲基化。鸟嘌呤核苷酸经焦磷酸与相邻的一个核苷酸相连，形成 5′,5′-磷酸二酯键。目前认为 5′-帽子结构的功能：①是封闭 mRNA 的 5′端，使它没有游离的 5′-磷酸，这种结构有抗 5′-核酸外切酶降解的作用；②是作为 mRNA 与核糖体结合的信号，无帽子结构的 mRNA 不能与核糖体结合；③可能与蛋白质合成的正确起始作用有关。某些真核细胞病毒也有 5′-帽子结构。

(3) 绝大多数真核细胞 mRNA 在 3′末端有一段长 20～250 个核苷酸的聚腺苷酸 poly（A）。poly（A）不是直接从 DNA 转录来的，而是在转录后经 poly（A）聚合酶的作用逐个添加上去的。poly（A）聚合酶专一作用于 mRNA，不作用于 rRNA 和 tRNA。poly（A）可能与 mRNA 从细胞核到细胞质的转移有关，还可能与 mRNA 的半寿期有关，新合成的 mRNA poly（A）链较长，而衰老的 mRNA poly（A）链较短。

rRNA 的分子量较大，是由 120～5000 个核苷酸组成的单链，不少 rRNA 的一级结构已经测定，如大肠杆菌核糖体中的 5S rRNA 含 120 个核苷酸、16S rRNA 含 1542 个核苷酸、23S rRNA 含 2904 个核苷酸。rRNA 的种类、大小一般用沉降系数（S）表示。所有生物的核糖体都是由大小不同的两个亚基组成的，大小亚基分别由几种 rRNA 和数十种蛋白质组成（表 4-4）。

表 4-4　核蛋白体中的 rRNA 和蛋白质

项目	亚基	rRNA	蛋白质种类
真核细胞	大 60S	5S、5.8S、28S	36～50
	小 40S	18S	30～32
原核细胞	大 50S	5S、23S	34
	小 30S	16S	21

3. 核酸的序列测定

目前 DNA 的序列测定多采用 Sanger 设计的酶法和 Gilbert 设计的化学法。

（1）DNA 的酶法测序　酶法的反应体系包含单链模板、引物、4 种 dNTP 和 DNA 聚合酶。共分为 4 组，每组按一定比例加入一种 2',3'-双脱氧核苷三磷酸，它能随机掺入合成的 DNA 链，一旦掺入 DNA 合成就终止，于是各种不同大小的片段的末端核苷酸必定为该种核苷酸。经变性凝胶电泳，可从自显影图谱上直接读出 DNA 序列（图 4-9）。

8

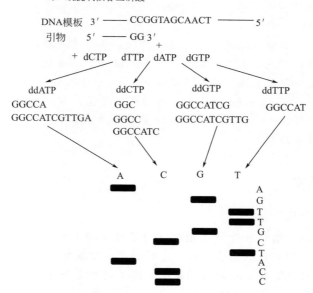

图 4-9　酶法序列分析的原理

（2）DNA 的化学法测序　化学法测序的基本原理是用特异的化学试剂作用于 DNA 分子中的不同碱基，然后用哌啶切断反应碱基的多核苷酸链。用 4 组不同的特异反应，就可以使末端标记的 DNA 分子切成不同长度的片段，其末端都是该特异的碱基。经变性凝胶电泳和放射自显影得到测序图谱。4组特异的反应如下：

① G 反应　用硫酸二甲酯使鸟嘌呤的 N7 甲基化，加热可使甲基化了的鸟嘌呤脱落，从而使多核苷酸链在此处断裂。

② G＋A 反应　用甲酸使 A 和 G 嘌呤环上的氮原子质子化，糖苷键就变得不稳定了，然后用哌啶使该键断裂。

③ T＋C 反应　用肼使 T 和 C 的嘧啶环断裂，用哌啶除去碱基。

④ C 反应　有盐存在时，只有 C 与肼反应。

哌啶促使修饰碱基脱落，并使去掉碱基的磷酸二酯键断裂。

核酸测序技术：

第 1 代测序技术，是基于 Sanger 发明的人工末端标记法。其主要思路是在待测序列的一端加上统一的测序接头，用放射性同位素标记根据接头设计的引物，然后由此开始延伸待测序列。这个过程要进行四套独立的反应，每套反应中分别加入四种双脱氧核苷三磷酸（ddNTP）中的一种。由于 ddNTP 缺乏延伸所必要的 $3'$-OH，这样每套反应中延长的寡聚核苷酸链就会选择性地在不同的 A、C、G、T 处终止，得到一组长度不同的链终止产物。然后利用高分辨率的变性凝胶电泳在四个泳道中分离各个片段，通过读取放射自显影显示的不同长度片段就可获得每个位置上的碱基信息。

第 2 代测序技术，随着现代生物学的发展，研究者对测序通量的要求越来越高。为了满足这样的要求，人们开发出了多种多样的下一代测序技术（next-generation sequencing，NGS）。尽管这些技术的生化基础和实现手段各有千秋，但是其基本思路都是采用矩阵结构的微阵列形式，实现样品的微量化和处理的大规模并行化。大概的测序流程也大同小异，首先制备测序对象模板文库，在双链片段两端连接上接头序列，变性得到单链模板，固定到反应介质上，对样本文库进行扩增，然后开始测序反应，在测序反应进行的过程中通过显微设备观测并记录连续循环反应中的光学信号，来获得每个位置上的碱基信息。

第 3 代测序技术，目前都还处在概念验证阶段，各种奇思妙想层出不穷，但归结起来无外乎一个基本思路，那就是采用分辨率足够高的技术，直接读取核酸序列的信息。目前有一定突破的是非光学显微镜成像和纳米孔技术，而又尤以纳米孔技术更为人们所关注。纳米孔测序（nanopore sequencing）技术，就是利用固态物质或生物分子制成直径在纳米尺度的小孔，在电场驱动下，使线状核酸分子鱼贯通过小孔，检测核苷酸通过纳米孔时的物理状态来确定核酸的序列。

三、核酸的高级结构

1. DNA 的高级结构

Chargaff 等应用纸色谱及紫外分光光度计对各种生物 DNA 的主要四种碱基（腺嘌呤、鸟嘌呤、胞嘧啶、胸腺嘧啶）的组成进行了定量测定，发现来自不同物种的 DNA 有着不同的碱基比例，不同碱基在数量上是紧密相关的。1950 年他收集集来自许多物种 DNA 碱基组成资料，总结出 DNA 碱基组成的规律，称为 Chargaff 规则：

① 所有 DNA 分子中腺嘌呤与胸腺嘧啶的物质的量相等，即 A＝T；鸟嘌呤与胞嘧啶的物质的量相等，即 G＝C。因此，嘌呤碱的总数与嘧啶碱的总数相等，即 A＋G＝C＋T。

② DNA 的碱基组成具有种属特异性，即不同生物种的 DNA 具有自己独特的碱基组成比例（又称不对称率），可表示为（A＋T）/（G＋C）。亲缘相近的生物，其 DNA 的碱基组

成相似，即不对称率相近。

③ 同种生物体的不同组织及器官内，DNA 具有相同的碱基组成和排列顺序，这表明 DNA 的碱基组成没有组织和器官的特异性。

④ 年龄、营养状态和环境的改变都不影响 DNA 的碱基组成和顺序。

以上这些规律后来被许多研究所肯定，它们是建立 DNA 三维结构和了解 DNA 如何编码遗传信息并把它们代代相传的关键。

（1）DNA 的二级结构　20 世纪 50 年代早期，R. Franklin 和 M. Wilkins 使用强有力的 X 射线衍射方法分析 DNA 纤维和 DNA 晶体，结果证明 DNA 能产生有特征的 X 射线衍射图。他们发现不同来源的 DNA 具有相似的 X 射线衍射图谱，并确定 DNA 多聚物沿着它们的长轴有着两种周期性的螺旋结构，第一个周期距离 0.34nm，第二个周期距离 3.4nm，衍射图还表明 DNA 含有两条链，这些成果对于 DNA 结构的确定是极其重要的。

9

1953 年 J. Watson 和 F. Crick 在前人研究工作的基础上，主要根据 Chargaff 定则及 X 射线衍射图的结构提出了目前公认的 DNA 双螺旋结构模型（图 4-10），并对模型的生物学意义做出了科学的解释和预测。该模型的要点是：

① DNA 分子是由两条方向相反的平行多核苷酸链围绕同一中心轴相互缠绕构成的，一条链的 5′端与另一条链的 3′端相对。

② 磷酸与核糖在外侧，彼此通过 3′,5′-磷酸二酯键相连接，形成 DNA 分子的骨架，嘌呤碱基与嘧啶碱基位于双螺旋的内侧。两条链的糖-磷酸主链都是右手螺旋，有一共同的螺旋轴。碱基平面与纵轴垂直，糖环的平面则与纵轴平行。多核苷酸链的方向取决于核苷酸间磷酸二酯键的走向，习惯上以 C5′→C3′为正向。双螺旋结构表面有两条螺形凹沟，一条较深，一条较浅。较深的称大沟，较浅的称小沟。大沟的宽度为 1.2nm，深度为 0.85nm。小沟的宽度为 0.6nm，深度为 0.75nm。

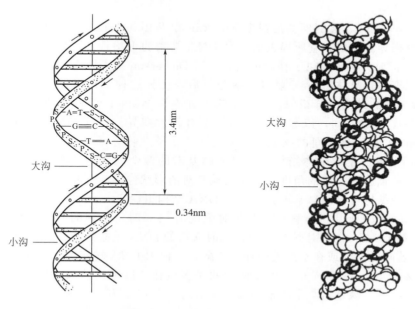

图 4-10　DNA 双螺旋结构模型

③ 双螺旋的平均直径为 2nm，两个相邻的碱基对之间相距的高度，即碱基堆积距离为

0.34nm，两个核苷酸之间的夹角为 36°。因此，沿中心轴每旋转一周有 10 个核苷酸。每一转的高度（即螺距）为 3.4nm。

④ 两条核苷酸链依靠彼此碱基之间形成的氢键相连而结合在一起。一条链上的嘌呤碱必须与另一条链上的嘧啶碱相匹配，而且 A 只能与 T 相配对，形成两个氢键；G 与 C 相配对，形成三个氢键。所以 GC 之间的连接较为稳定（图 4-11）。

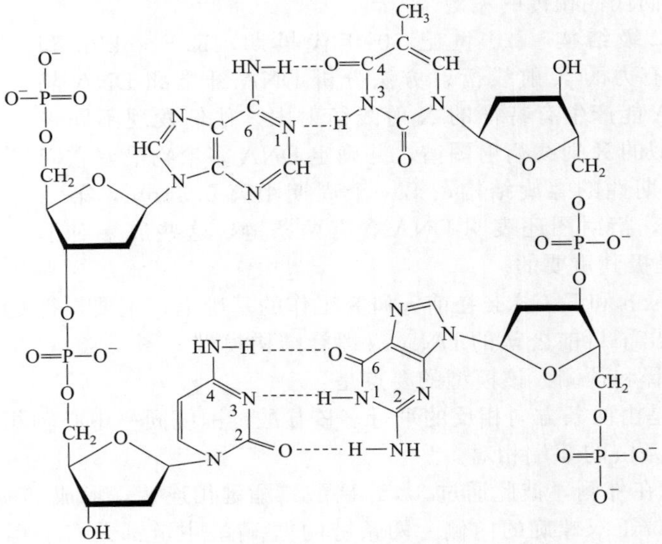

图 4-11　DNA 双螺旋中的碱基对

上述碱基之间配对的原则称为碱基互补原则。根据碱基互补原则，当一条多核苷酸链的序列被确定之后，另一条链必有相对应的碱基序列。DNA 复制、转录、反转录等的分子基础都是碱基互补原则。

由于 Watson 和 Crick 的模型是根据 Franklin 和 Wilkins 所提供的 DNA 纤维的 X 射线衍射分析资料推导出来的，它所提供的只是 DNA 结构的平均特征。后来，对 DNA 半晶体所作的 X 射线衍射分析才提供了精确的信息。K. Dickerson 等人用人工合成的多聚脱氧核糖核苷酸（十二聚体）晶体进行 X 射线衍射分析后，认为这种十二聚体的结构与 Watson 和 Crick 模型所提供的结构十分相似，但在结构上并不像 Watson-Crick 模型所说的那样均一。这是由于碱基序列的不同，以致在局部结构上有较大差异。这些差异是：①在 Dickerson 的十二聚体中，两个碱基间的夹角为 28°至 42°不等。平均每一螺旋含 10.4 个碱基对。②Dickerson 所研究的十二聚体结构中，组成碱基对的两个碱基的分布并非在同一平面上，而是碱基对沿长轴旋转一定的角度，从而使碱基对的形状像螺旋桨叶片的样子，故称为螺旋桨状扭曲。这种结构可提高碱基堆积力，使 DNA 结构更稳定。

Watson 和 Crick 所用的资料来自在相对湿度为 92％时所得到的 DNA 钠盐纤维，这种 DNA 称为 B 型 DNA。在相对湿度低于 75％时获得的 DNA 钠盐纤维，其结构有所不同，称为 A-DNA。若降低湿度或在水溶液中加入乙醇，可使 B-DNA 转变为 A-DNA。此外还有 C 型、D 型和 Z 型等。A-DNA 也是由反向的两条多核苷酸链组成的双螺旋，也为右手螺旋，但是螺体较宽而短，碱基对与中心轴的倾角也不同，为 19°。研究发现 A-DNA 与 RNA 分子中的双螺旋区以及 RNA-DNA 杂交分子在水溶液中的构象很接近，因此推测在 DNA 的复制、转录和逆转录过程中 DNA 分子发生 B 型向 A 型的转变。RNA 分子由于在糖环上有 $2'$-OH 存在，从空间结构上说不可能形成 B 型结构。

1979 年 A. Rich 等在研究 d（CGCGCG）寡聚体的结构时发现了 Z-DNA。虽然，d（CGCGCG）在晶体中也呈双螺旋结构，但它不是右手螺旋，而是左手螺旋。所以这种 DNA 称左旋 DNA。在 d（CGCGCG）晶体中，各磷原子之间的联结线呈锯齿形，即磷酸基在多核苷酸骨架上的分布呈 Z 字形，所以也称为 Z-DNA。Z-DNA 只有一条小沟，而无大沟。Z-DNA 直径约为 1.8nm，螺距 4.5nm，螺旋的每一转含 12 个碱基对。整个分子比较细长而且伸展。目前仍然不清楚 Z-DNA 究竟具有何种生物学功能。但实验证明，天然 B-DNA 的局部区域可以出现 Z-DNA 的结构，说明 B-DNA 与 Z-DNA 之间是可以互相转变的，并处于某种平衡状态，一旦破坏这种平衡，基因表达可能失控，所以推测 Z-DNA 可能和基因表达的调控有关。

DNA 的锂盐在相对湿度 44%～46% 时表现为另外一种结构，称为 C-DNA，其螺距为 3.09nm，螺旋的每一转含 9.33 个碱基对，碱基对倾斜 6°。现推测它可能是特定条件下 B-DNA 和 A-DNA 转化的中间物。DNA 分子中 A、T 序列交替的区域每个螺旋仅含 8 个碱基对，螺距为 2.43nm，碱基平面倾斜 16°，这种结构称为 D-DNA。另外，还发现了 DNA 的三螺旋结构。

（2）DNA 的三级结构　双链 DNA 大多为线形分子，但某些病毒、细菌质粒、真核生物的线粒体和叶绿体，还有某些细菌的染色体 DNA 为双链环形 DNA。线形结构 DNA 的两端有黏末端，可以借助于 DNA 连接酶将互补的黏末端连接起来，成为环形 DNA。环状结构进一步扭曲成为更为复杂的三级结构。DNA 的三级结构包括线状 DNA 形成的纽结、超螺旋和多重螺旋以及环状 DNA 形成的结、超螺旋和连环等多种类型，其中超螺旋是最常见的，所以，DNA 的三级结构主要是指双螺旋进一步扭曲形成的超螺旋，它是双螺旋的螺旋。

图 4-12（a）是一段长 250 个碱基对的 B-DNA。这段 DNA 的螺旋数应为 25（250/10=25）。当将此线形 DNA 连接成环状时，此环状 DNA 称为松弛型 DNA［图 4-12（b）］。但是若将该线形 DNA 的螺旋先拧松两周再连接成环状时，就会形成两种环状 DNA，一种是解链环形 DNA［图 4-12（c）］，它的螺旋数为 23，其上含有一个解链后形成的突环；另一种是超螺旋 DNA［图 4-12（d）］，它的螺旋数仍为 25，但同时具有两个超螺旋。其中超螺旋 DNA 更易形成。超螺旋 DNA 具有更为致密的结构，可以将很长的 DNA 分子压缩在一个极小的体积内。在生物体内，绝大多数 DNA 是以超螺旋的形式存在的。由于超螺旋 DNA 有较大的密度，在离心场中的移动速率较线形或开环形 DNA 要快，在凝胶电泳中泳动的速度也较快。应用超离心及凝胶电泳可以很容易地将不同构象的 DNA 分离开来。

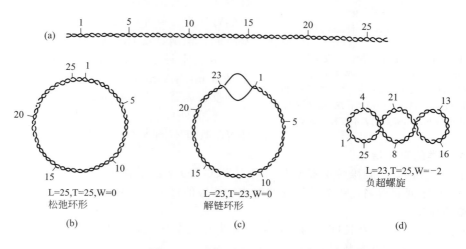

图 4-12　环状 DNA 的不同构象

真核细胞染色质和一些病毒的 DNA 分子是双螺旋线形分子，当线形的 DNA 分子两端固定时也可以形成超螺旋结构。

（3）DNA 与蛋白质复合物的结构　DNA 和蛋白质组装成染色体，染色体的基本单位是核小体。染色质 DNA 的结构很复杂，由于和组蛋白结合，两端不能自由转动。双螺旋 DNA 分子先盘绕组蛋白形成核粒（即核小体）。许多核粒由 DNA 链连接在一起形成念珠状结构。每个核粒的直径为 10～11nm，它是由 DNA 分子在组蛋白核心外面缠绕约两次形成的。核粒又继续盘绕成空心的螺线管，后者再进一步盘绕成超螺线管。这样从许多核粒组成的念珠状纤维经多层次螺旋化结构到形成超螺线管结构的染色单体，DNA 分子的长度已被压缩了近万倍。

2. RNA 的高级结构

RNA 分子比 DNA 分子小得多，由数十个至数千个核苷酸组成。天然 RNA 只有局部区域可以自身回折形成双螺旋结构，RNA 中的双螺旋结构为 A-DNA 类型的结构。每一段双螺旋区至少需要有 4～6 对碱基才能保持稳定，同样以氢键和碱基堆积力为稳定因素。一般来说，双螺旋区约占 RNA 分子的 50%；有些碱基无法配对的区域，不能形成双螺旋，仍以单链存在，并形成突起的环，这就是 RNA 的二级结构。在此基础上 RNA 分子进一步扭曲折叠便形成更为复杂的三级结构。除了 tRNA 外，几乎全部细胞中的 RNA 都与蛋白质形成核蛋白复合物，这是它的四级结构。下面分别讨论三类主要的 RNA 分子结构。

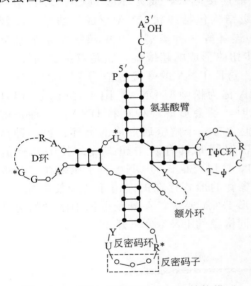

图 4-13　tRNA 的三叶草形二级结构模型
R—嘌呤核苷酸；Y—嘧啶核苷酸；
T—胸腺嘧啶脱氧核苷酸；ψ—假尿嘧啶核苷酸
带星号的表示可以修饰的碱基；黑圆点代表双螺旋
内的碱基；白圆点代表不互补的碱基

（1）tRNA 的高级结构　tRNA 的二级结构都呈三叶草形（图 4-13）。tRNA 的这种三叶草形二级结构是 Holley 等 1965 年测定了酵母丙氨酸 tRNA 的核苷酸序列之后提出的，随后被许多物理和化学的研究及 X 射线衍射分析的结果所证实。双螺旋区构成了叶柄，称为臂；突环区好像是三叶草的三片小叶，称为环。tRNA 一般由四环四臂组成。tRNA 三叶草形结构的基本特征是：

① 氨基酸臂　由 7 对碱基组成，富含鸟嘌呤，在 3′端有共同的—CCA 结构，其羟基可与该 tRNA 所能携带的氨基酸形成共价键。

② 二氢尿嘧啶环　由 8～12 个核苷酸组成，具有 2 个二氢尿嘧啶（D），所以又称为 D 环。相应的臂称为二氢尿嘧啶臂或 D 臂，由 3～4 对碱基组成，识别氨酰 tRNA 合成酶。

③ 反密码环　由 7 个核苷酸组成，其中有 3 个是与 mRNA 相互作用的反密码子。相应的臂称为反密码臂，由 5 对碱基组成。

④ 额外环　由 3～18 个核苷酸组成。不同的 tRNA 具有不同大小的额外环，又称为可变环。

是 tRNA 分类的重要指标。

⑤ 假尿嘧啶核苷-胸腺嘧啶脱氧核苷环（TψC 环）　由于存在假尿苷（ψ）、胸苷（T）和胞苷（C）序列而得名，由 7 个核苷酸组成，相应的臂为由 5 对碱基组成的 TψC 臂，具有识别核糖体作用。

不同的 tRNA 分子在长度上的变化主要发生在三个区域，即 D 环和额外环的核苷酸数目及 D 臂上配对的核苷酸数目不同。

tRNA 三级结构很像一个倒写的字母 L。Kim 和 Robertus 应用 X 射线衍射分析对酵母苯丙氨酸 tRNA 晶体进行研究并先后阐明了 tRNA 的三级结构。随后用同样方法测定了其他几种 tRNA 三级结构，结果表明了倒 L 形结构是 tRNA 三级结构的共同特征。氨基酸臂和 TψC 臂沿同一轴排列，在与之垂直的方向，反密码臂与 D 臂沿同一轴排列。D 环和 TψC 环构成了倒 L 的转角（图 4-14）。

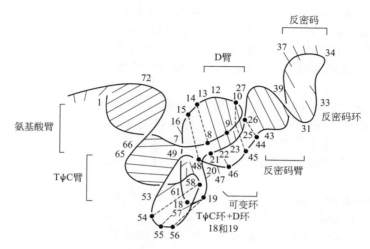

图 4-14　酵母苯丙氨酸 tRNA 的三级结构

（2）mRNA、rRNA 的高级结构　mRNA 的二级结构也是通过单链自身折叠而形成的茎环结构。由一级结构推导出来 rRNA 的二级结构都已阐明，也是通过单链自身折叠形成的茎环结构，分子越大茎环结构越复杂。由于 rRNA 分子柔性较大，三级结构的研究较困难，目前对 rRNA 的三级结构了解甚少。

3. 核酸和基因组

（1）DNA 和基因组　生物体的遗传特征是由 DNA 中特定的核苷酸序列决定的。DNA 通过自我复制合成出完全相同的分子，从而将遗传信息由亲代传给子代。生物体由碱基配对的方式合成与 DNA 核苷酸序列相对应的 RNA，这一过程称为转录。各种类型的 RNA 都是由 DNA 转录生成的。基因的现代分子生物学概念是指能编码有功能的蛋白质多肽链或合成 RNA 所必需的全部核酸序列，是核酸分子的功能单位。一个基因通常包括编码蛋白质多肽链或 RNA 的编码序列，保证转录和加工所必需的调控序列和 5′端、3′端非编码序列。另外在真核生物基因中还有内含子等核酸序列。

基因组是指一个细胞或病毒所有基因及间隔序列，储存了一个物种所有的遗传信息。在病毒中通常是一个核酸分子的碱基序列，单细胞原核生物是它仅有的一条染色体的碱基序列，而多细胞真核生物是一个单倍体细胞内所有的染色体。如人单倍体细胞的 23 条染色体的碱基序列。多细胞真核生物起源于同一个受精卵，其每个体细胞的基因组都是相同的。

① 原核生物基因组的特点　原核生物通常只有 1 个"染色体"DNA 分子，其分子量较小，以 $E.coli$ 为例，约为 2.4×10^9，长度为 42000kb 左右（1300μm），形态为闭合环状，约编码 2000 个基因。原核生物的 DNA 位于细胞的中央，称为类核。其基因组的主要特点有：a. 除调节序列和信号序列外，DNA 的大部分是为蛋白质编码的结构基因，且每个基因在 DNA 分子中出现一次或几次。b. 功能相关的基因常串联在一起，并转录在同一 mRNA 分子中，这种现象在真核生物中很少见。c. 有基因重叠现象，并且该现象主要存在于病毒 DNA 分子中，可能是由于 DNA 分子太小，又要装入相当数量的基因的缘故。

② 真核生物基因组的特点　真核生物的基因一般分布在若干条染色体上，其主要特点是：

a. 有重复序列　真核生物 DNA 分子中有些序列可重复多次，根据重复次数的多少可分为：单拷贝序列、中度重复序列、高度重复序列。单拷贝序列在人体细胞中约占 DNA 总量的一半。在整个 DNA 分子中只出现一次或少数几次，主要是编码蛋白质的结构基因。大多数蛋白质的基因是单拷贝序列。中度重复序列在人体细胞中约占 DNA 总量的 30%～40%，可重复几十次到几千次，rRNA 基因、tRNA 基因和某些蛋白质基因属于中度重复序列。高度重复序列可重复几百万次，大多数为小于 10bp 的短序列。一般位于异染色质上，富含 A-T 对或 G-C 对，多数不编码 RNA 或蛋白质，可能与染色体结构的形成和基因表达的调控有关。

b. 有断裂基因　原核生物基因是编码 DNA 的一个完整的片段，而大多数真核生物的蛋白质编码基因都含有"居间序列"，即不为多肽编码的片段，也就是说，它的转录产物不在有功能的成熟的 mRNA 中出现。基因中不编码的居间序列称为"内含子"，编码的片段则称为"外显子"。内含子的存在使真核生物基因成为了不连续的基因，也就是断裂基因。内含子的功能还不清楚。

(2) RNA 和基因组　随着基因组研究不断深入，蛋白质组学研究逐渐展开，RNA 的研究也取得了突破性的进展，发现了许多新的 RNA 分子，人们逐渐认识到 DNA 是携带遗传信息分子，蛋白质是执行生物学功能分子，而 RNA 既是信息分子，又是功能分子。人类基因组研究结果表明，在人类基因组中有 30000～40000 个基因，其中与蛋白质生物合成有关的基因只占整个基因组的 2%，对不编码蛋白质的 98% 基因组的功能有待进一步研究，为此 20 世纪末科学家在提出蛋白质组学后，又提出 RNA 组学。RNA 组是研究细胞的全部 RNA 基因和 RNA 的分子结构与功能。目前 RNA 组的研究尚处在初级阶段，RNA 组的研究将在探索生命奥秘中做出巨大贡献。

转录组学，是指在整体水平上研究细胞中基因转录的情况及转录调控规律的学科。是研究细胞表型和功能的一个重要手段。与基因组不同的是，转录组的定义中包含了时间和空间的限定。同一细胞在不同的生长时期及生长环境下，其基因表达情况是不完全相同的。通常，同一种组织表达几乎相同的一套基因以区别于其他组织，如脑组织或心肌组织等分别只表达全部基因中不同的 30% 而显示出组织的特异性。人类基因组包含有 30 亿个碱基对，其中大约只有 5 万个基因转录成 mRNA 分子，转录后的 mRNA 能被翻译生成蛋白质的也只占整个转录组的 40% 左右。

转录组谱可以提供什么条件下什么基因表达的信息，不仅可以辨别细胞的表型归属，还可以用于疾病的诊断。例如，阿尔茨海默病中，出现神经原纤维缠结的大脑神经细胞基因表达谱就有别于正常神经元，当病理形态学尚未出现纤维缠结时，这种表达谱的差异即可以作为分子标志直接对该病进行诊断。同样对那些临床表现不明显或者缺乏诊断金标准的疾病也具有诊断意义，如自闭症。对自闭症的诊断要靠长达十多个小时的临床评估才能做出判断。基础研究证实自闭症不是由单一基因引起，而很可能是由一组不稳定的基因造成的一种多基因病变，通过比对正常人群和患者的转录组差异，筛选出与疾病相关的具有诊断意义的特异性表达差异，一旦这种特异的差异表达谱被建立，就可以用于自闭症的诊断，以便能更早地，甚至可以在出现自闭症临床表现之前就对疾病进行诊断，并及早开始干预治疗。转录组的研究应用于临床的另一个例子是可以将表面上看似相同的病症分为多个亚型，尤其是对原发性恶性肿瘤，通过转录组差异表达谱的建立，可以详细描绘出患者的生存期以及对药物的反应等。

第4节　核酸的理化性质

一、一般物理性质

　　DNA 为白色纤维状固体，RNA 为白色粉末状固体，它们都微溶于水，其钠盐在水中的溶解度较大。它们都可溶于 2-甲氧乙醇，但均不溶于乙醇、乙醚和氯仿等一般有机溶剂，因此，常用乙醇从溶液中沉淀核酸，当乙醇浓度达 50％时，DNA 沉淀出来，当乙醇浓度达 75％时 RNA 也沉淀出来。

　　DNA 和 RNA 在细胞内常与蛋白质结合成核蛋白，它们在盐溶液中的溶解度不同，DNA 核蛋白难溶于 0.14mol/L 的 NaCl 溶液，但却溶于高浓度（1～2mol/L）的 NaCl 溶液，而 RNA 核蛋白则易溶于 0.14mol/L 的 NaCl 溶液，因此常用不同浓度的盐溶液来分离这两种核蛋白。大多数 DNA 是线形分子，分子极为细长，DNA 的长度可达几个厘米而分子直径只有 2nm，因此 DNA 溶液的黏度很大，RNA 溶液的黏度要小得多。核酸既含有呈酸性的磷酸基团，又含有呈弱碱性的碱基，故为两性电解质，可发生两性解离。核酸的等电点较低，如 RNA 的等电点为 pH2.0～2.5，DNA 的等电点为 pH4～4.5。RNA 的等电点较 DNA 低的原因是 RNA 分子中核糖上 $2'$-OH 通过氢键促进了磷酸基上质子的解离。根据核酸在等电点时溶解度最小的性质，把 pH 调至等电点，可使核酸从溶液中沉淀出来。核糖与浓盐酸和苔黑酚（甲基间苯二酚）共热呈绿色，在 670nm 处可测 RNA；2-脱氧核糖与酸和二苯胺共热呈蓝紫色，在 595nm 处可测 DNA。

二、核酸的紫外吸收

　　核酸中的嘌呤环和嘧啶环具有共轭双键，使碱基、核苷、核苷酸和核酸在 240～290nm 的紫外波段有一强烈的吸收峰，因此核酸具有紫外吸收特性。在 260nm 附近有最大吸收值，其吸光率以 A_{260} 表示，A_{260} 是核酸的重要性质。不同核苷酸有不同的吸收特性，因此可以用紫外分光光度计加以定量及定性测定（图 4-15）。

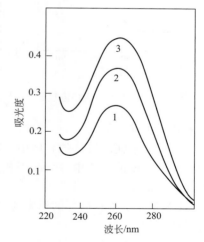

图 4-15　DNA 的紫外吸收光谱
1—天然 DNA；2—变性 DNA；
3—核苷酸总吸光度值

　　紫外吸收是实验室中最常用的定量测定小量 DNA 或 RNA 的方法。对待测核酸样品的纯度也可以用紫外分光光度法进行鉴定。用紫外分光光度计读出 260nm 与 280nm 的吸光度（A）即光密度（D）值，由于蛋白质的最大吸收在 280nm 处，因此从 A_{260}/A_{280} 的比值即可判断样品的纯度。纯 DNA 的 A_{260}/A_{280} 应大于 1.8，纯 RNA 应为 2.0。样品中如含有杂蛋白及苯酚，A_{260}/A_{280} 就明显降低。不纯的样品不能用紫外吸收法做定量测定。对于纯的核酸溶液，只要测得 A_{260}，就可计算出溶液中核酸的量。通常以 1OD 值相当于 $50\mu g/mL$ 双螺旋 DNA，或 $40\mu g/mL$ 单链 DNA（或 RNA），或 $20\mu g/mL$ 寡核苷酸计算。这个方法既快速，又相当准确，而且不会浪费样品。对于不纯的核酸可以用琼脂糖凝胶电泳分离出区带后，经溴化乙锭染色而粗略地估计其含量。

三、核酸的变性、复性和杂交

1. 核酸的变性

核酸的变性指核酸双螺旋区的氢键断裂，变成单链的无规则线团，使核酸的某些光学性质和流体力学性质发生改变，但并不涉及共价键的断裂。多核苷酸骨架上共价键（3',5'-磷酸二酯键）的断裂称为核酸的降解。

引起核酸变性的因素很多，凡是能破坏氢键，妨碍碱基堆积作用和增加磷酸基静电斥力的因素均可促成变性的发生，如加热、极端的 pH、有机溶剂、酰胺、尿素等。由温度升高而引起的变性称热变性。由酸碱度改变而引起的变性称酸碱变性。尿素是用聚丙烯酰胺凝胶电泳法测定 DNA 序列常用的变性剂。甲醛也常用于琼脂糖凝胶电泳法来测定 RNA 分子的大小。

当将 DNA 的稀盐溶液加热到 80～100℃时，双螺旋结构即发生解体，两条链分开，形成无规则线团。一系列物化性质也随之发生改变，例如黏度降低，浮力、密度升高等。DNA 变性后，由于双螺旋解体，碱基堆积已不存在，藏于螺旋内部的碱基暴露出来，这样就使得变性后的 DNA 对 260nm 紫外光的吸光率比变性前明显升高（图 4-15），这种现象称为增色效应。常用增色效应跟踪 DNA 的变性过程，了解 DNA 的变性程度。DNA 变性的特点是爆发式的。当 DNA 的稀盐溶液被缓慢加热时，溶液的紫外吸收值在达到某温度时会骤然增加，并在一个很窄的温度范围内达到最大值，其吸光度增加 40%，此时 DNA 变性发生并完成。这表明 DNA 的变性是个突变的过程，DNA 热变性时，其紫外吸收值达到最大吸收值一半时的温度称为 DNA 的变性温度。由于 DNA 变性过程如金属在熔点的熔解，所以 DNA 的变性温度也称为该 DNA 的熔点或熔解温度，用 T_m 表示。DNA 的 T_m 值一般在 82～95℃（图 4-16）。影响 DNA T_m 值大小的因素有：

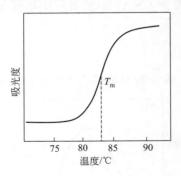

图 4-16　DNA 的变性温度

（1）DNA 的均一性愈高，熔解过程愈是发生在一个很小的温度范围内。

（2）G-C 的含量越高，T_m 值越高，二者成正比关系。这是因为 G-C 对之间有 3 个氢键，A-T 对含 2 个氢键，所以含 G-C 对多的 DNA 分子更稳定。而且通过测定 T_m 可以推算出 DNA 的碱基百分组成，其经验公式为：$(G+C)\% = (T_m - 69.3) \times 2.44$。也可以利用此公式从 DNA 的 G+C 含量来计算出 T_m 值。

（3）离子强度较低的介质中，DNA 的熔解温度较低，而且熔解温度的范围较宽。而在较高离子强度的介质中，情况则相反。所以 DNA 制品应保存在较高浓度的电解质溶液中。通常在 1mol/L NaCl 中保存。

RNA 分子中有局部的双螺旋区，所以 RNA 也可发生变性，但 T_m 值较低，变性曲线也不那么陡。

2. 核酸的复性

变性 DNA 在适当条件下，两条彼此分开的链重新缔合成为双螺旋结构的过程称为复性。热变性 DNA 在缓慢冷却时，可以复性，这种复性称为退火。DNA 复性后，许多物化性质又得到恢复。复性过程基本上符合二级反应动力学，其中第一步相对缓慢，因为两条链必须依靠随机碰撞找到一段碱基配对部分，首先形成双螺旋。第二步快得多，尚未配对的其他部分按碱基配对相结合，像拉锁链一样迅速形成双螺旋。如果将热变性的 DNA 骤然冷却，则 DNA 不可能复性。

复性的进行与许多因素有关。DNA 的片段越大，复性越慢。DNA 的浓度越大，复性越快。具有很多重复序列的 DNA，复性也快。实验证明，两种浓度相同但来源不同的 DNA，复性时间的长短与基因组的大小有关。DNA 复性后，其溶液的吸光值减小，最多可减小至变性前的吸光值，这种现象称减色效应。引起减色效应的原因是碱基状态的改变，DNA 复性后其碱基又藏于双螺旋内部，碱基对又呈堆积状态，它们之间电子的相互作用又得以恢复，这样就使碱基吸收紫外线的能力减弱。可以用减色效应的大小来跟踪 DNA 的复性过程，衡量复性的程度。

3. 核酸的杂交

根据变性和复性的原理，将不同来源的 DNA 变性，若这些异源 DNA 之间在某些区域有相同的序列，则在复性时能形成 DNA-DNA 异源双链，或将变性的单链 DNA 与 RNA 经复性处理则可形成 DNA-RNA 杂合双链，这种过程称为分子杂交。核酸的杂交在分子生物学和分子遗传学的研究中应用非常广泛，许多重大的分子遗传学问题都是用分子杂交来解决的。英国的分子生物学家 E. M. Southern 所发明的 Southern 印迹法就是将凝胶上的 DNA 片段转移到硝酸纤维素膜上后再进行杂交的。

核酸探针原位杂交技术：核酸荧光原位杂交技术（FISH）提供微生物形态学、数量、空间分布与环境方面的信息，进而对环境中微生物进行动态观察和鉴定。FISH 方法具有快速、灵敏的特点，其原理是根据待测微生物样品不同分类级别上的种群所具有特异的 DNA 序列，作为探针的是使用荧光标记的特异的寡聚核苷酸片段，然后与环境中基因组 DNA 分子进行杂交，使用光密度测定法直接比较核酸杂交所得条带或斑点获得定量结果，该结果可反映出该特异微生物种群的存在与丰度。因此，核酸荧光原位杂交技术可以进行样品的原位杂交，应用于环境中特定微生物种群鉴定、种群数量分析及其特异微生物跟踪检测等方面。

第 5 节　核酸常用的研究方法

一、核酸的超速离心

溶液中的核酸分子在引力场中可以下沉。不同构象的核酸（线形、开环、超螺旋结构）、蛋白质及其他杂质在超速离心机的强大离心力场中，沉降的速率有很大差异，所以可以用超离心法纯化核酸，或将不同构象的核酸进行分离，也可以测定核酸的沉降常数以及分子量。应用不同介质组成密度梯度进行超速离心分离核酸时，效果较好。

RNA 分离常用蔗糖梯度。分离 DNA 时用得最多的是氯化铯梯度。氯化铯在水中有很大的溶解度。可以制成浓度很高（8mol/L）的溶液。应用溴化乙锭-氯化铯密度梯度平衡超离心，很容易将不同构象的 DNA、RNA 及蛋白质分开。这个方法是目前实验室中纯化质粒 DNA 时最常用的方法。如果应用垂直转头，当转速为 65000r/min（Beckman L-70 超离心机），只要 6h 即可完成分离工作。但是如果采用角转头，转速为 45000r/min 时，则需 36h。离心完毕后，离心管中各种成分的分布可以在紫外线照射下显示得清清楚楚（图 4-17）。蛋白质漂浮在最上面，RNA 沉淀在底部。超螺旋 DNA 沉降较快，开环及线形 DNA 沉降较慢。用注射针头从离心管侧面在超螺旋 DNA 区带部位刺入，收集这一区带的 DNA。用异

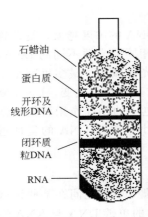

石蜡油

蛋白质

开环及
线形DNA

闭环质
粒DNA

RNA

图 4-17 溴化乙锭-氯化铯
密度梯度平衡超离心
后的结果

戊醇抽提收集到的 DNA 以除去染料，然后透析除 CsCl，再用苯酚抽提 1～2 次，即可用乙醇将 DNA 沉淀出来。这样得到的 DNA 有很高的纯度，可供 DNA 重组、测定序列及绘制限制酶图谱等。在少数情况下，需要特别纯的 DNA 时，可以将此 DNA 样品再进行一次氯化铯密度梯度超离心分离。

二、核酸的凝胶电泳

根据核酸的解离性质，用中性或偏碱性的缓冲液使核酸解离成阴离子，置于电场中便会向阳极移动，这就是电泳。凝胶电泳是当前核酸研究中最常用的方法。它有许多优点：简单、快速、灵敏、成本低。常用的凝胶电泳有琼脂糖凝胶电泳和聚丙烯酰胺凝胶电泳。可以在水平或垂直的电泳槽中进行。凝胶电泳兼有分子筛和电泳双重效果，所以分离效率很高。

1. 琼脂糖凝胶电泳

以琼脂糖为支持物。电泳的迁移率取决于以下因素：

（1）核酸分子的大小：迁移率与分子量对数成反比。

（2）胶浓度：迁移率与胶浓度成反比。常用 1% 胶分离 DNA。

（3）DNA 的构象：一般条件下超螺旋 DNA 的迁移率最快，线形 DNA 其次，开环形最慢。但在胶中加入过多的溴化乙锭时，这样的分布次序会发生改变。

（4）电压：一般采用 5V/cm。在适当的电压差范围内，迁移率与电流大小成正比。

（5）碱基组成：对迁移率有一定影响，但影响不大。

（6）温度：4～30℃温度范围内都可以，一般在室温下进行。

琼脂糖凝胶电泳常用于分析 DNA。由于琼脂糖制品中往往带有核糖核酸酶杂质，所以用于分析 RNA 时，必须加入蛋白质变性剂，如甲醛等，以使核糖核酸酶变性。电泳结束后，将胶在荧光染料溴化乙锭的水溶液中染色（0.5μg/mL）。溴化乙锭为一扁平分子，很容易插入 DNA 中的碱基对之间，与 DNA 结合形成复合物，经紫外线照射，可发射出红-橙色可见荧光。此法十分灵敏，1ng DNA 就可用此法检出。

根据荧光强度可以大体判断 DNA 样品的浓度。若在同一胶上加一已知浓度的 DNA 作参考，则所测得的样品浓度更为准确。可以用灵敏度很高的负片将凝胶上所呈现的电泳图谱在紫外线照射下拍摄下来，作进一步分析与长期保留。图 4-18 即为琼脂糖凝胶电泳图。

应用凝胶电泳可以正确地测定 DNA 片段的分子大小。实用的

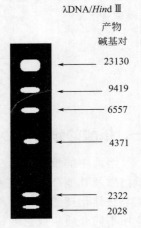

λDNA/*Hind* Ⅲ
产物
碱基对

← 23130

← 9419

← 6557

← 4371

← 2322
← 2028

图 4-18 琼脂糖凝胶电泳图

方法是在同一胶上加一已知分子量的样品（如图 4-18 中的 λDNA/*Hind* Ⅲ的片段）。电泳完毕后，经溴化乙锭染色、照相，从照片上比较待测样品中的 DNA 片段与标准样品中的哪一条带最接近，即可推算出未知样品中各片段的大小。凝胶上的样品，还可以设法回收。常用的方法是在紫外线照射下将胶上某一区带切割下来，切下的胶条放在透析袋中，装上电泳液，在水平电泳槽中进行电泳，使胶上的 DNA 释放出来并进一步粘在透析袋内壁上，电泳 3～4h 后，将电极倒转，再通电 30～60s，粘在壁上的 DNA 重又释放到缓冲液中。取出透析袋内的缓冲液（丢弃胶条），用苯酚抽提 1～2 次，水相用乙醇沉

淀。其回收率在 50％以上。这样回收的 DNA 纯度很高，可供进一步进行限制酶分析、序列分析或作末端标记。

2. 聚丙烯酰胺凝胶电泳

以聚丙烯酰胺作支持物。常用垂直板电泳。单体丙烯酰胺在加入交联剂后，就成聚丙烯酰胺。由于这种凝胶的孔径比琼脂糖凝胶的要小，所以可用于分析分子质量小于 1000bp 的 DNA 片段。聚丙烯酰胺中一般不含有 RNase，所以可用于 RNA 的分析。但仍需留心缓冲液及其他器皿中可能带有的 RNase。聚丙烯酰胺凝胶上的核酸样品，经溴化乙锭染色，在紫外线照射下，发出的荧光很弱，所以浓度很低的核酸样品不能用此法检测出来。

实验五　菜花中核酸的分离与鉴定

一、实验目的
1. 初步掌握从菜花中分离核酸的方法。
2. 掌握 RNA、DNA 的定性测定方法。

二、实验原理
1. 用冰冷的稀三氯乙酸或稀高氯酸溶液在低温下抽提菜花匀浆，以除去酸溶性小分子物质，再用有机溶剂，如乙醇、乙醚等抽提，去掉脂溶性的磷脂等物质。最后用浓盐溶液（10％氯化钠溶液）和 0.5mol/L 高氯酸（70℃）分别提取 DNA 和 RNA，再进行定性检定。

2. 由于核糖和脱氧核糖有特殊的颜色反应，经显色后所呈现的颜色深浅在一定范围内和样品中所含的核糖和脱氧核糖的量成正比，因此可用此法来定性测定核酸。测定核糖的常用方法是苔黑酚（即 3,5-二羟甲苯法），测定脱氧核糖的常用方法是二苯胺法。

三、实验步骤
1. 核酸的分离

取菜花的花冠 20g，加入 20mL 95％乙醇，研磨匀浆。然后抽滤，弃去滤液。滤渣中加入 20mL 丙酮，搅拌均匀，抽滤，弃去滤液。再向滤渣中加入 20mL 丙酮，搅拌 5min 后抽干（用力压滤渣，尽量除去丙酮）。在冰盐浴中，将滤渣悬浮在预冷的 20mL 5％高氯酸溶液中，搅拌，抽滤，弃去滤液。将滤渣悬浮于 20mL 95％乙醇中，抽滤，弃去滤液。滤渣中加入 20mL 丙酮，搅拌 5min，抽滤，用力压滤渣尽量除去丙酮。将干燥的滤渣重新悬浮在 40mL 10％氯化钠溶液中。在沸水浴中加热 15min。放置，冷却，抽滤，留滤液。并将此操作重复进行一次。将两次滤液合并，为提取物一。

将滤渣重新悬浮在 20mL 0.5mol/L 高氯酸溶液中。加热到 70℃，保温 20min（恒温水浴）后抽滤，留滤液（提取物二）。

2. RNA、DNA 的定性测定

分别取试管 5 支，编号。按下列表格要求加入各试剂，加热反应 10min，记录现象。

（1）苔黑酚反应

试剂 \ 管号	1	2	3	4	5
蒸馏水/mL	1	—	—	—	—
DNA/mL	—	1	—	—	—
RNA/mL	—	—	1	—	—
提取物一/mL	—	—	—	1	—
提取物二/mL	—	—	—	—	1
三氯化铁/mL	2	2	2	2	2
苔黑酚/mL	0.2	0.2	0.2	0.2	0.2

(2) 二苯胺反应

试剂＼管号	1	2	3	4	5
蒸馏水/mL	1	—	—	—	—
DNA/mL	—	1	—	—	—
RNA/mL	—	—	1	—	—
提取物一/mL	—	—	—	1	—
提取物二/mL	—	—	—	—	1
二苯胺/mL	2	2	2	2	2

实验六　紫外分光光度法测定核酸的含量

一、实验目的

1. 学习用紫外分光光度法测定核酸含量的原理和操作方法。

2. 了解紫外分光光度计的基本原理和使用方法。

二、实验原理

核酸、核苷酸及其衍生物都具有共轭双键系统，能吸收紫外光。RNA 和 DNA 的紫外吸收高峰在 260nm 波长处。一般在 260nm 波长下，每毫升含 $1\mu g$ DNA 溶液的光吸收值约为 0.020，每毫升含 $1\mu g$ RNA 溶液的光吸收值约为 0.022。故测定未知浓度 RNA 或 DNA 溶液 260nm 波长的光吸收值即可计算出其中核酸的含量。此法操作简便，迅速。若样品内混杂有大量的核苷酸或蛋白质等能吸收紫外线的物质，则测定误差较大，故应设法预先除去。

三、实验步骤

1. 用分析天平准确称取待测的核酸样品 500mg，加少量蒸馏水调成糊状，再加入少量的水稀释，然后用 5%～6%氨水调至 pH7，定容到 50mL。

2. 取 2 支离心管，向第一支管内加入 2mL 样品溶液和 2mL 蒸馏水；向第二支管内加入 2mL 样品溶液和 2mL 沉淀剂，以除去大分子核酸作为对照。混匀。在冰浴或冰箱中放置 30min 后离心（3000r/min，10min）。

3. 从第一管和第二管中分别吸取 0.5mL 上清液，用蒸馏水定容到 50mL。用光程为 1cm 的石英比色杯，于 260mn 波长处测其光吸收值（A_1 和 A_2）。

4. 计算

根据公式计算核酸含量。

$$DNA(RNA) = \frac{\dfrac{A_1 - A_2}{0.02(0.022)}(\mu g/mL)}{样品浓度(\mu g/mL)} \times 100\%$$

$$样品浓度 = \frac{500mg}{50 \times \dfrac{4}{2} \times \dfrac{50}{0.5}mL} = \frac{0.5 \times 10^6 \mu g}{10^4 mL} = 50\mu g/mL$$

如果已知待测的核酸样品不含酸溶性核苷酸或可透析的低聚多核苷酸，即可将样品配制成一定浓度的溶液（20～50μg/mL）在紫外分光光度计上直接测定。

1. 核酸分为 DNA 和 RNA 两大类。所有生物细胞都含有这两类核酸。但病毒只含有 DNA 或 RNA。

2. 核酸的构件分子是核苷酸。核苷酸由一个含氮碱基（嘌呤或嘧啶）、一个戊糖（核糖或脱氧核糖）和一个或几个磷酸组成。RNA 中的核苷酸残基含有核糖，其嘧啶碱基一般是尿嘧啶和胞嘧啶，而 DNA 中其核苷酸含有 2'-脱氧核糖，其嘧啶碱基一般是胸腺嘧啶和胞嘧啶。在 RNA 和 DNA 中所含的嘌呤基本上都是鸟嘌呤和腺嘌呤。核酸是一种多聚核苷酸，核苷酸靠 3',5'-磷酸二酯键彼此连接在一起。除了 4 种常见的碱基外，核酸中还有少量的稀有碱基。核酸的一级结构即核苷酸序列。

3. DNA 的空间结构模型是在 1953 年由 Watson 和 Crick 两个人提出的。DNA 是由两条反向直线形多核苷酸组成的双螺旋分子。按 Watson-Crick 模型，DNA 双螺旋结构的特点有：两条反相平行的多核苷酸链围绕同一中心轴相互缠绕；碱基位于结构的内侧，而亲水的戊糖、磷酸主链位于螺旋的外侧，通过磷酸二酯键相连，形成核酸的骨架；碱基平面与轴垂直，糖环平面则与轴平行；两条链皆为右手螺旋；双螺旋的直径为 2nm，碱基堆积距离为 0.34nm，两个核苷酸之间的夹角是 36°，每旋转一周有 10 个核苷酸；碱基按 A 与 T、G 与 C 配对，彼此以氢键相连接。维持 DNA 结构稳定的力量主要是碱基堆积力；双螺旋结构表面有两条螺形凹沟，一大一小。DNA 能够以几种不同的结构形式存在。

4. 不同类型的 RNA 分子可自身回折形成发卡、局部双螺旋区，形成二级结构，并进一步折叠产生三级结构，RNA 与蛋白质复合物则是四级结构。tRNA 的二级结构为三叶草形，三级结构为倒 L 形。rRNA 在细胞内含量最多，它是核糖体的组成成分，单独的 rRNA 不执行其功能，它与多种蛋白质结合，共同构成核蛋白体，成为蛋白质生物合成中的"装配机"。所有生物的核糖体都是由大小不同的两个亚基组成的，大小亚基分别由几种 rRNA 和数十种蛋白质组成。

5. 核酸的碱基和磷酸基均能解离，因此核酸具有酸碱性。碱基杂环中的氮具有结合和释放质子的能力。核苷和核苷酸的碱基与游离碱基的解离性质相近，它们是兼性离子。核酸的碱基具有共轭双键，因而有紫外吸收的性质。各种碱基、核苷和核苷酸的吸光谱略有区别。核酸的紫外吸收峰在 260nm 附近，可用于测定核酸。根据 260nm 与 280nm 的吸光度的比值可判断核酸纯度。

6. 核酸的糖苷键和磷酸二酯键可被酸、碱和酶水解，产生碱基、核苷、核苷酸和寡核苷酸。RNA 易被稀碱水解，产生 2'-和 3'-核苷酸，DNA 对碱比较稳定。细胞内有各种核酸酶可以分解核酸。其中限制性内切酶是基因工程重要的工具酶。

7. 变性作用是指核酸双螺旋区的氢键断裂，双链解开，但是并不涉及共价键的断裂。引起变性的因素很多，核酸变性时，物理化学性质将发生改变，例如表现出增色效应。热变性一半时的温度称为熔点或变性温度，以 T_m 来表示。DNA 的 G+C 含量影响 T_m 值。由于 G≡C 比 A=T 碱基对更稳定，因此富含 G≡C 的 DNA 比富含 A=T 的 DNA 具有更高的熔解温度。根据经验公式 (G+C)% = $(T_m-69.3)×2.44$，可以由 DNA 的 T_m 值计算 G+C 含量，或由 G+C 含量来计算 T_m 值。变性 DNA 在适当条件下可以复性，物化性质得到恢复，具有减色效应。用不同来源的 DNA 进行退火，可得到杂交分子。也可以由 DNA 链与互补 RNA 链得到杂交分子。杂交的程度依赖于序列同源性。分子杂交是用于研究和分离特殊基因和 RNA 的重要分子生物学技术。

8. 真核细胞染色质组织的基本单位是核小体，它由 DNA 和组蛋白分子构成的蛋白质核心颗粒组成。有一段 DNA 围绕着组蛋白核心形成左手型的线圈形超螺旋。细菌染色体也被高度折叠，压缩成拟核结构。

━━━━━■ 习 题 ■━━━━━

1. 将核酸完全水解后可得到哪些组分？DNA 和 RNA 的水解产物有何不同？

2. 对一双链 DNA 而言，若一条链中 $(A+G)/(T+C) = 0.7$，则：

(1) 互补链中 $(A+G)/(T+C) = ?$

(2) 在整个 DNA 分子中 $(A+G)/(T+C) = ?$

(3) 若一条链中 $(A+T)/(G+C) = 0.7$，则互补链中 $(A+T)/(G+C) = ?$
在整个 DNA 分子中 $(A+T)/(G+C) = ?$

3. DNA 热变性有何特点？T_m 值表示什么？

4. 试述下列因素如何影响 DNA 的复性过程：

(1) 阳离子的存在；(2) 低于 T_m 的温度；(3) 高浓度的 DNA 链。

5. DNA 分子二级结构有哪些特点？

6. 维持 DNA 双螺旋结构稳定的因素有哪些？

7. 图解 tRNA 二级结构的组成特点及其每一部分的功能。

8. 解释下列名词：

核酸磷酸二酯键；碱基互补规律；核酸的变性与复性；退火；增色效应；减色效应；DNA 的熔解温度

第5章 代谢导论和生物氧化

本章提示：

之前几章介绍了蛋白质、酶、核酸等生命大分子，这些物质在生命体内不是独立存在的，彼此之间都是通过新陈代谢作用，从物质、能量等方面动态变化联系的，本章阐明了这种物质代谢共同的基本原理。学习时主要掌握生物氧化的概念、基本理论、作用机制、有关酶类以及能量的产生和转移等。本章是作为物质代谢各章的概括，并为接下来糖代谢、脂代谢中物质和能量变化的学习奠定知识基础。

第1节 代谢导论

一、新陈代谢的一般概念

蛋白质、酶、核酸等是构成生物体的主要分子，这些物质在活细胞内并非孤立存在，而是彼此间有着错综复杂的关系，而且这些物质处于不断合成和降解中。这些大分子物质被生物体从外界摄取进入体内后，在生物体内所经历的一切化学变化总称为新陈代谢，简称代谢。这些化学反应又分为2种：分解和合成代谢反应。

二、分解代谢和合成代谢

新陈代谢包含物质合成代谢和分解代谢两个方面，同时伴随着能量的变化。分解代谢反应可以使生物大分子降解，释放出小的构件分子和能量，活细胞利用释放的能量驱动合成代谢反应；合成代谢可提供细胞维持和生长所需的生物分子。其中的物质转化，都属于物质代谢；以物质代谢为基础，与物质代谢过程相伴随发生的是蕴藏在化学物质中的能量转化，统称为能量代谢。

各种新陈代谢过程虽然复杂，但有着共同的特点。第一，生物体内的新陈代谢并不是完全自发进行的，而是靠生物催化剂——酶来催化的。第二，共通的代谢间关联，由于每种特殊的酶都具有其调节机制，使得错综复杂的新陈代谢过程成为高度协调、高度整合在一起的化学反应网络。所以代谢的完整描述不仅包括反应物、中间代谢物和反应产物，而且还应包括催化反应的酶的特征描述。第三，生物体对内外环境条件有高度的适应性和灵敏的自动调节。第四，严格的细胞内定位。第五，严谨的反应顺序。从复杂的代谢网络中归纳成一些具有共同规律的途径，并将这些途径称为主要代谢途径。图5-1给出了主要分解代谢途径的过程。

从图 5-1 中看出分解代谢由三个阶段组成。在第一阶段，大分子营养物质蛋白质、多糖、脂类等降解成小的单体——构件分子，如氨基酸、葡萄糖、甘油和脂肪酸等。在第二阶段，构件分子进一步代谢生成少数几种分子，其中有两个重要的化合物：丙酮酸和乙酰CoA。另外，蛋白质的分解代谢中，氨基酸经脱氨作用可生成氨。在第三个阶段，乙酰CoA进入三羧酸循环，分子中的乙酰基被氧化成 CO_2 和 H_2O。分解代谢的终产物是 CO_2、H_2O 和 NH_3。伴随着这些产物产生的同时，也产生了大量的化学能，这些能量一般都以核苷三磷酸（ATP 或 GTP）和还原型辅酶（如 NADH 或 $FADH_2$）的形式保存。图 5-1 中没有给出核酸的分解代谢途径，虽然在一定的环境下也在不断合成、降解，但它对细胞能量的贡献比其他三种类型分子产能的贡献小得多。

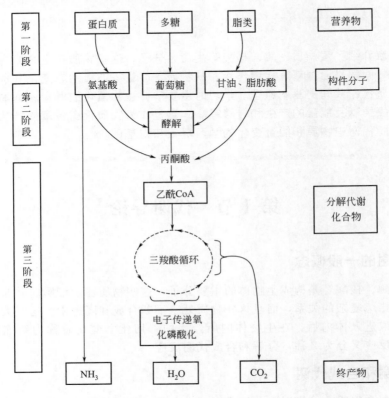

图 5-1　分解代谢轮廓图

三、新陈代谢的研究方法

当前已经阐明的新陈代谢途径是前人多年辛勤研究的总结，每一代谢途径的确立，都凝聚着许多科研工作者的智慧和试验成果。新陈代谢的研究主要是对中间代谢的研究。用生物体整体进行研究，称为体内研究，用拉丁语 "*in vivo*" 表示，是 "在体内" 的意思；用整体器官或微生物细胞群进行研究，也称为 "*in vivo*"。用器官组织制成切片、匀浆或提取液作为材料进行研究，称为 "*in vitro*"，是 "在体外" 或 "在试管内" 的意思，称为体外研究。

分离、纯化技术的发展，使代谢研究的取材可精细到分离、纯化个别的细胞以及细胞器，例如线粒体等。还可分离、纯化催化个别反应的酶以及分离中间代谢物等。

下面介绍新陈代谢研究中最常用的几种手段。

1. 代谢途径阻断法

由于代谢反应都是酶促反应，使用某种酶的抑制剂或抗代谢物，观察某一反应被抑制后的结果，从而推测某物质在体内的代谢变化。这些实验一般在体外进行。

2. 同位素示踪法

同位素示踪法可用于体内的代谢研究。原子序数相同，化学性质相同，但质量不同的元素叫做某元素的同位素，即同位素的质子数相同，中子数不同。同位素有稳定同位素和放射性同位素两种。天然同位素都是稳定同位素，放射性同位素可用人工方法制得。新陈代谢研究中最常用的方法是放射性同位素示踪法。表 5-1 列出了几种常用放射性同位素。

同位素标记的化合物与非标记物的化学性质、生理功能及在体内的代谢途径完全相同。追踪代谢过程中，通过标记中间代谢物、产物及显示标记位置，可获得代谢途径的丰富资料。化合物的标记，可根据需要来选定不同的同位素和不同标记部位。例如，标记 α-氨基酸的 α-氨基，用同位素 ^{15}N 标记后成为 α-$^{15}NH_2$。测定含有 ^{15}N 的化合物，需用质谱测定仪。氨转化为气体后，产生不同的质量。普通氮气的质量为 28（^{14}N，^{14}N），带有同位素氮的氮气质量为 29（^{15}N，^{14}N）。放射性同位素根据其衰变时放出的射线性质，可用不同的计数器进行测定。γ 射线可用 γ 计数器测定；β 射线可用液体闪烁计数器测定；此外，还可以用放射自显影法。

表 5-1　常用放射性同位素

元素	平均原子量	示踪用同位素	射线形式	半衰期
H	1.01	^3H	β^-	12.26 年
C	12.01	^{14}C	β^-	5730 天
P	30.97	^{32}P	β^-	14.3 天
I	126.9	^{131}I	β^-	(8.070±0.009)天
S	32.06	^{34}S	β^-	87.1 天

3. 利用遗传欠缺症研究代谢途径

患有遗传欠缺症的人，由于先天性基因的突变，在体内往往表现为缺乏某一种酶，致使为该酶作用的前体不能进一步参加代谢过程，从而造成这种前体物的积累，使之出现在血液中或随尿排出体外。测定这些代谢中间物有助于阐明相关的代谢途径，比如白化病患者因缺乏酪氨酸酶，不能合成黑色素。

第 2 节　生物氧化

生物体的生长发育（包括核酸、蛋白质的生物合成）、机体运动（包括肌肉收缩及生物膜的运输、传递功能等），都需要消耗能量。绿色植物和光合细菌等自养生物通过光合作用，利用太阳能将 CO_2 和 H_2O 同化为糖类等有机化合物，使太阳能转变成化学能贮存于其中；动物和某些微生物等异养生物不能直接利用太阳能，主要依靠生物体对糖类、脂类等有机物质的氧化作用，把有机化合物氧化成 CO_2 和 H_2O，同时将化学物质中所含的能量释放出来加以利用，并使其转换成机械功或提供生物合成等的需能反应。

本节首先介绍生物氧化的基本概念、特点及方式，然后侧重讨论各类有机物（糖、蛋白质、脂肪等）在细胞内进行生物氧化所经历的一段共同的终端氧化过程中，代谢中间物脱氢生成的还原型辅酶（NADH 和 $FADH_2$）如何经电子传递链（呼吸链）的电子传递被分子氧氧化，电子传递过程如何与 ADP 磷酸化生成 ATP 的过程相偶联。

一、生物氧化的概念、特点及方式

1. 生物氧化的概念

生物活动所需的能量主要来源于有机物质，如糖类、蛋白质或脂肪等在生物体内的氧化。把糖、蛋白质、脂肪等有机物质在生物活细胞里进行氧化分解，最终生成 CO_2 和 H_2O，同时释放大量能量的过程称为广义的生物氧化。糖、蛋白质、脂肪等有机物在生物体内彻底氧化之前，有各自不同的分解代谢途径，但它们在彻底氧化为 CO_2 和 H_2O 时，都经历一段相同的终端氧化过程，也就是狭义的生物氧化，即代谢中间物脱氢生成的还原型辅酶（NADH 和 $FADH_2$）经电子传递链（呼吸链）传递给分子氧生成水，电子传递过程伴随着 ADP 磷酸化生成 ATP。

高等动物通过肺部进行呼吸，吸入氧，排出二氧化碳，吸入氧用来氧化体内的营养物质以获得能量；微生物则以细胞直接进行呼吸，因此生物氧化又称组织呼吸、细胞呼吸。生物氧化包括细胞呼吸作用中的一系列氧化还原反应。

2. 生物氧化的特点

氧化作用所放出总能量的多少，与该物质氧化的途径无关，只要在氧化后生成的产物相同，释放出的总能量必然相同。生物氧化是化学物质在机体内进行的氧化作用。在化学本质上，生物氧化和化学物质的体外氧化（如燃烧）是相同的，都是加氧、去氢、失去电子，最终产物也一样，同是二氧化碳和水，能量释放与在体外完全燃烧释放的能量总量相等，但二者所进行的方式却大不相同，生物氧化有其自身特点：

（1）生物氧化是在活细胞内，在体温、常压、近于中性 pH 及有水环境介质中进行的，反应条件温和。

（2）生物氧化所包括的化学反应几乎都是在酶催化下完成的。

（3）生物氧化时，能量逐步放出，而且，这样不会因为氧化过程中能量骤然释放而损害机体，同时使释放的能量得到有效的利用。

（4）生物氧化中，氧化过程中脱下的质子和电子，通常由各种载体，如 NADH 等传递到氧并生成水。

二、代谢过程的热力学原理

1. 自由能变化与化学平衡的关系

在能量概念中，吉布斯自由能的概念对研究生物化学的过程有重要意义。生物氧化反应近似于在恒温、恒压状态下进行，过程中发生的能量变化可以用自由能变化 ΔG 表示，ΔG 表示产物和反应物自由能之间的差值。

通过自由能可以推测反应能否自发进行，是放能反应，还是耗能反应。例如，物质 A 转变为物质 B 的反应：$A \longrightarrow B$，$\Delta G = G_B - G_A$。当 ΔG 为正值时，反应是吸能的，不能自发进行，必须从外界获得能量才能被动进行，但其逆反应则是自发的；当 ΔG 是负值时，反应是放能的，能自发进行，自发反应进行的推动力与自由能的降低成正比。一个物质所含的自由能越少就越稳定。由此可见 ΔG 值的正负表达了反应发生的方向，而 ΔG 的数值则表达了自由能变化量的大小。当 $\Delta G = 0$ 时，表明反应体系处于平衡状态，此时反应向任一方向进行都缺乏推动力。

2. 自由能变化与氧化还原电位

生物体内任何的氧化还原物质连在一起，都可以有氧化还原电位产生。生物体内许多重要的生化物质氧化还原体系的氧化还原电位已经测出。一个氧化还原反应的氧化还原电势与温度、氧化剂和还原剂的关系如下：

$$E = E^{\ominus\prime} + \frac{RT}{nF} \ln \frac{[氧化剂]}{[还原剂]}$$

因为氧化还原电位较高的体系，其氧化能力较强；反之，氧化还原电位较低的体系，其还原能力较强，因此，根据氧化还原电位大小，可以预测任何两个氧化还原体系反应进行的方向。

自由能的变化可以从平衡常数计算，也可以由反应物与产物的氧化还原电位计算。在实验的基础上，总结出反应的自由能变化与氧化还原体系的氧化还原电位差有如下关系：$\Delta G^{\ominus} = -nF\Delta E$；若为标准态，则表示为 $\Delta G^{\ominus\prime} = -nF\Delta E^{\ominus\prime}$。

三、生物能

1. 生物能和 ATP

生物能是一种能够被生物细胞直接利用的特殊能量形式，生物能为细胞的一切活动提供能量，如各种生物分子的合成，有机底物的活化，酶的活化，信息传递，物质运转和细胞运动等。这种能量主要来自于环境，一般的能量形式，如太阳能、热能和化学能等，都不能为生物细胞直接利用，光能需要通过光合作用转变为 ATP（光合磷酸化），化学能则需要通过生物氧化转变为 ATP（氧化磷酸化）。不论来自食物的氧化，还是捕获光能，在生物体都必须转化成一种特殊的物质，即 ATP（腺嘌呤核苷三磷酸，简称腺苷三磷酸）。ATP 是能够被生物细胞直接利用的能量形式。

生物能的利用

生物能是以生物为载体将太阳能以化学能形式贮存的一种能量，它直接或间接地来源于植物的光合作用。在各种可再生能源中，生物质是贮存的太阳能，更是一种唯一可再生的碳源，特点是可再生、低污染、分布广泛。

生物能利用在现阶段的热门研究方向主要有：①生物燃料（biofuel），以生物质（通过光合作用而产生的各种有机体）为原料加工成的固体、液体或气体燃料，包括燃料乙醇/丁醇、生物柴油/航空生物燃料、生物气等。②生物燃料电池（biofuel cell），是利用酶或者微生物细胞作为催化剂，将燃料的化学能转化为电能的发电装置，具有电池效率高、无污染、燃料来源广泛、反应条件温和、生物相容性好等优点。根据催化剂的不同，具体分为微生物燃料电池、酶生物燃料电池。与太阳能电池结合的酶生物燃料电池是生物燃料电池发展的另一个新方向。

ATP 是一分子腺嘌呤、一分子核糖和三个相连的磷酸基团构成的核苷酸。ATP 通过水解和磷酰化反应，为细胞的各种活动提供能量，而本身变成 ADP 或 AMP。ATP 提供一个磷酸基团（Pi）而生成 ADP（腺苷二磷酸），或提供一个无机焦磷酸（PPi）基团而生成 AMP（腺苷一磷酸），在这两种情况下，都有大量的自由能释放出来。

ADP 可以通过光合磷酸化或氧化磷酸化重新变成 ATP。ATP 和 ADP 的相互转变是生物机体利用能量的基本方式。

$$ATP + H_2O \Longrightarrow ADP + Pi + H^+ \qquad \Delta G^{\ominus\prime} = -30.5 kJ/mol$$
$$ATP + H_2O \Longrightarrow AMP + PPi + H^+ \qquad \Delta G^{\ominus\prime} = -30.5 kJ/mol$$

根据热力学定律，如果某一反应的自由能数值越小，说明该反应越容易自发进行。ATP 的水解反应自由能为 $-30.5 kJ/mol$，说明 ATP 很容易水解，是一个极不稳定的分子，有较强的磷酸基团转移潜势。

ATP 作为持续的生物能源，具有如下特点：

（1）ATP 是一种瞬时自由能供体。它一经生成，即通过水解或磷酰化反应向各种需能活动提供能量，而本身则变为 ADP（或 AMP）。因此，ATP 不能像脂肪或肝糖那样作为生物体长效的能量储存形式。

（2）ATP、ADP 和 Pi 在细胞内始终处于动态平衡状态。

（3）ATP 和 ADP 循环的速率非常快。据有关计算，一个处于安静状态的成人，一日内需消耗 40kg 的 ATP。在激烈运动时，ATP 的利用率每分钟可达到 0.5kg。

2. 高能磷酸化合物

一般将水解时能释放出 5000cal（20.92kJ）以上自由能的化学键认为是"高能键"，通常用"～"表示。生物化学中所用的"高能键"的含义和化学中使用的"键能"含义是完全不同的。化学中"键能"的含义是指断裂一个化学键所要提供的能量，而生物化学中所说的"高能键"是指该键水解时所释放出的大量自由能。

细胞中能够直接提供自由能推动化学反应的核苷酸类分子除 ATP 外，还有 GTP（鸟苷三磷酸）、UTP（尿苷三磷酸）以及 CTP（胞苷三磷酸）等。ATP、UTP、GTP 和 CTP 常被称为富含能量的代谢物。另外，还有其他的高能磷酸化合物（表 5-2）。

表 5-2　常见代谢物水解的标准自由能

代谢物	$\Delta G^{\ominus}{}'/(kJ/mol)$	代谢物	$\Delta G^{\ominus}{}'/(kJ/mol)$
磷酸烯醇式丙酮酸	−61.9	磷酸精氨酸	−33.5
氨甲酰磷酸	−51.4	ATP ⟶ ADP+Pi	−30.5
1,3-二磷酸甘油酸	−49.3	6-磷酸果糖	−15.9
磷酸肌酸	−43.1	6-磷酸葡萄糖	−13.8
乙酰磷酸	−42.3	3-磷酸甘油	−9.2

在生物体内 ATP 在提供能量及在能量转换中起着重要作用。ATP 作为能量的即时供体，在传递能量方面起着转运站的作用（图 5-2）。从表 5-2 中可以看出，ATP 的 $\Delta G^{\ominus}{}'$ 在所有含磷酸基团的化合物中处于中间位置。这使 ATP 有可能在磷酸基团转移中作为中间传递体而起作用，它既接受代谢反应释放的能量，又可供给代谢反应所需要的能量。它是能量的携带者，而不是化学能的储存库。

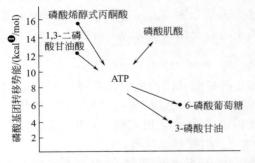

图 5-2　ATP 作为磷酸基团共同中间传递体示意图

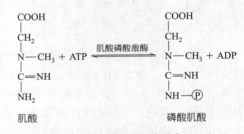

图 5-3　肌酸的磷酸化

ATP 是自由能的载体，但不是能量的储存物质。在脊椎动物肌肉和神经组织中，能量的储存物质是磷酸肌酸。无脊椎动物体内磷酸精氨酸是其能量的储存物质。当机体中 ATP

---

❶ 1kcal＝4.1840kJ。

过剩时，ATP的高能磷酸键可转移给肌酸，生成磷酸肌酸。当机体中ATP不足时，磷酸肌酸又可将能量转移给ADP生成ATP，以供生命活动之需。催化这一可逆反应的酶是肌酸磷酸激酶，催化的反应如图5-3。

第3节　电子传递和氧化磷酸化

生物氧化作用主要是通过脱氢反应来实现的。脱氢是氧化的一种方式，生物氧化中所生成的水是代谢物脱下的氢，经生物氧化作用和吸入的氧结合而成的。糖、蛋白质、脂肪的代谢物所含的氢，在一般情况下是不活泼的，必须通过相应的脱氢酶将之激活后才能脱落。进入体内的氧也必须经过氧化酶激活后才能变为活性很高的氧化剂。但激活的氧在一般情况下，尚不能直接氧化由脱氢酶激活而脱落的氢，两者之间尚需传递才能结合生成水。即代谢底物脱下的氢通常须经一系列氢、电子传递体传递给激活的氧，在酶的作用下生成水。在这个电子传递反应过程中，能够释放大量的自由能，这种释能的电子传递反应与ATP合成反应相偶联，是生物合成ATP的基本途径之一。

线粒体是生物氧化和能量转换的主要场所。线粒体主要由内膜、外膜和基质组成。线粒体外膜平滑，膜体含脂质较多。内膜向内突起，形成嵴，内膜上分布的酶和蛋白质种类很多，包括电子传递酶系和其他相关的蛋白质、与ATP合成有关的酶系、多种脱氢酶系和各种与代谢物转运有关的蛋白质。

一、电子传递链

代谢物上的氢原子被脱氢酶激活脱落后，经过一系列的传递体，最后传递给被激活的氧分子而生成水的全部体系称为电子传递链（ETS）或电子传递体系，又称呼吸链。

1. 电子传递链的组成

线粒体呼吸链的电子传递酶系及相关的蛋白质都分布在内膜上，这些酶和蛋白质以复合物的形式存在，组成具有相对独立功能的复合物，现已分离出了四种复合物，它们组成一个完整的线粒体呼吸链（图5-4）。在电子传递链组分中，除辅酶Q和细胞色素c外，其余组分实际上形成嵌入内膜的结构化超分子复合物。

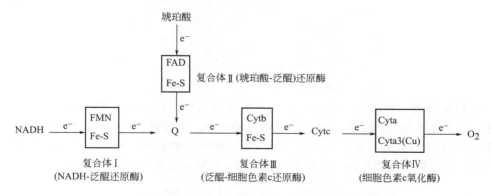

图5-4　线粒体内膜中的电子传递链复合物的组成与排列顺序

FMN和FAD—黄素辅基；Fe-S—铁硫蛋白；Cyt—细胞色素；Q—泛醌

目前已发现，构成呼吸链的成分有20多种，一般可分为以下5类。

（1）烟酰胺脱氢酶类　烟酰胺脱氢酶类是以NAD^+和$NADP^+$为辅酶的脱氢酶，这类酶催化代谢物脱氢，脱下的氢由辅酶 NAD$^+$（Co I）或 NADP$^+$（Co II）接受。NAD$^+$ 和 NADP$^+$ 吡啶环上的氮为 5 价氮，能可逆地接受电子转变成 3 价氮。酶催化代谢物分子脱下 2 个氢原子，其中一个氢原子加到吡啶环氮对位的碳原子上，另一个氢原子裂解为 H$^+$ 和 e$^-$，e$^-$ 和吡啶环上的 5 价氮结合，中和正电荷变为 3 价氮，质子则留在介质中。反应可以表示为：

$$AH_2 + NAD^+/NADP^+ \rightleftharpoons A + NADH/NADPH + H^+$$

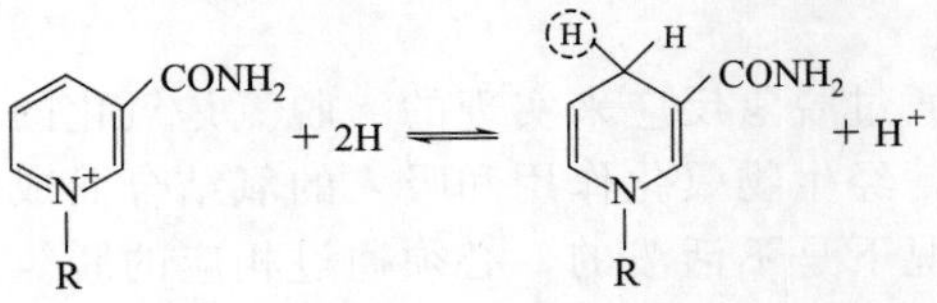

NAD$^+$ 或 NADP$^+$（氧化态）　　　NADH+H$^+$ 或 NADPH+H$^+$（还原态）

（2）黄素脱氢酶类　黄素脱氢酶类是以 FMN 或 FAD 作为辅基的脱氢酶。FMN 或 FAD 与酶蛋白结合是较牢固的。这些酶所催化的反应是将底物脱下的一对氢原子直接传递给 FMN 或 FAD 的异咯嗪环上第 1 位及第 10 位，两个氮原子能反复地进行加氢和脱氢反应，因此 FMN、FAD 同 NAD$^+$、NADP$^+$ 的作用一样，也是递氢体。现以 SH$_2$ 代表还原式底物，以 E-FMN 或 E-FAD 代表具有不同辅基的酶，其反应可表示如下：

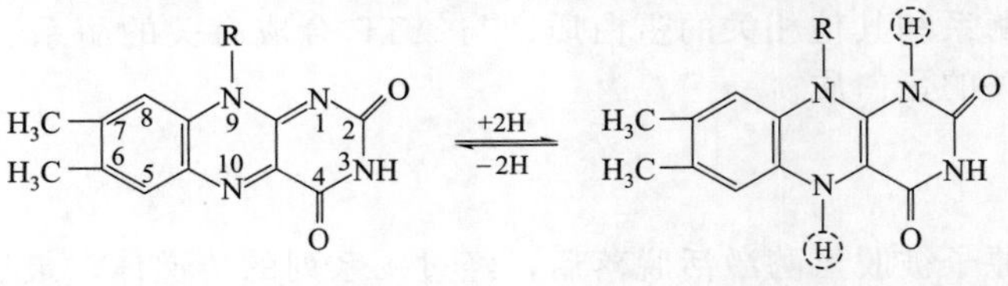

FMN 或 FAD（氧化态）　　　　FMNH$_2$ 或 FADH$_2$（还原态）

（3）铁硫蛋白类　铁硫蛋白（又称铁硫中心）是存在于线粒体内膜上的一类金属蛋白质，在生物氧化中起传递电子作用。铁硫蛋白类的分子中含非卟啉铁与对酸不稳定的硫（酸化时放出硫化氢，也除去铁），二者成等量关系。铁硫蛋白有几种不同的类型，有的只含有一个铁原子 [FeS]，有的含有两个铁原子 [2Fe-2S]，有的含有四个铁原子 [4Fe-4S]。它们与蛋白质中的半胱氨酸连接。当铁硫蛋白还原后，3 价铁变为 2 价铁。

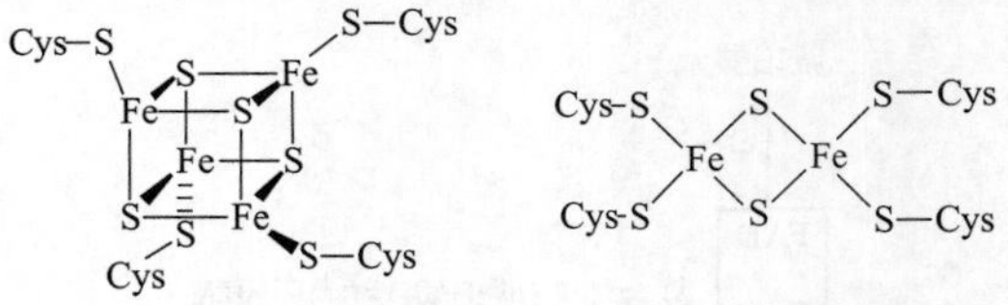

[4Fe-4S]　　　　　[2Fe-2S]

（4）辅酶 Q 类　辅酶 Q（CoQ）是一类脂溶性的化合物，因广泛存在于生物界，故又名泛醌。它是电子传递链中唯一的非蛋白质电子载体。大多数动物线粒体中存在的泛醌，不同来源的辅酶 Q 的侧链长度是不同的。某些微生物线粒体中的辅酶 Q 含有 6 个异戊二烯单位（CoQ$_6$）；动物细胞线粒体中的辅酶 Q 含有 10 个异戊二烯单位（CoQ$_{10}$）。

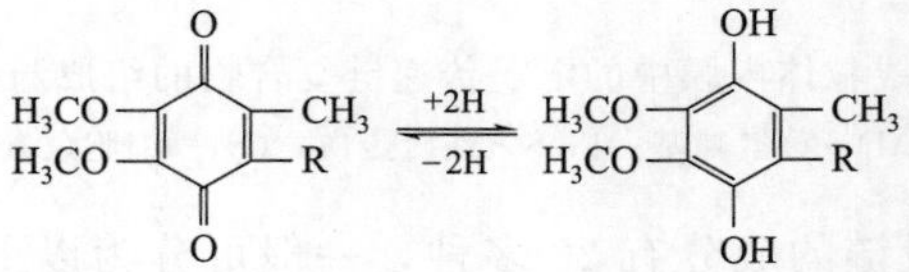

氧化型 CoQ　　　　　还原型 CoQ

（5）细胞色素类 细胞色素是含铁的电子传递体，辅基为铁卟啉的衍生物，铁原子处于卟啉环的中心（图 5-5），构成血红素。细胞色素的种类较多，根据所含辅基的差异可将细胞色素分为若干种。参与生物氧化的细胞色素有细胞色素 a、b、c_1、c，组成它们的辅基分别为血红素 A、B 和 C。细胞色素 a、b、c 可以通过它们的紫外-可见吸收光谱来鉴别。

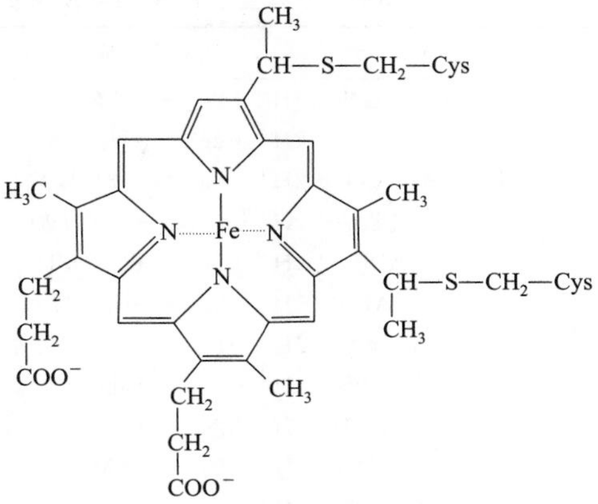

细胞色素辅基中的铁能可逆地进行氧化还原反应，Fe^{3+} 得到电子被还原成 Fe^{2+}，Fe^{2+} 给出电子被氧化成 Fe^{3+}，所以细胞色素在电子传递中起着载体的作用，是单电子传递体。当辅酶 Q（还原态）被氧化时，细胞色素就被还原。一个还原态的泛醌分子能给出两个电子而与两分子的细胞色素作用，生成的两个质子释放到介质中，最后把电子传递给氧，使氧变为氧离子（O^{2-}）。氧离子的活性较强，可以和介质中的 $2H^+$ 结合

成水。细胞色素 c 是电子传递中的一个独立的蛋白质电子载体，位于线粒体内膜外表，属于膜周蛋白，易溶于水。它与细胞色素 c_1 含有相同的辅基，但蛋白质组成有所不同。

图 5-5 细胞色素 c 的辅基与酶蛋白的连接方式
（铁卟啉辅基与肽链上两个半胱氨酸形成硫醚键，铁原子与肽链上的组氨酸和蛋氨酸形成配键）

在典型的线粒体呼吸链中，细胞色素的排列顺序依次是：$b \rightarrow c_1 \rightarrow c \rightarrow aa_3 \rightarrow O_2$，其中仅最后一个 a_3 可被分子氧直接氧化，但现在还不能把 a 和 a_3 分开，故把 a 和 a_3 合称为细胞色素氧化酶，由于它是有氧条件下电子传递链中最末端的载体，故又称末端氧化酶。在 aa_3 分子中除铁卟啉外，尚含有两个铜原子，依靠其化合价的变化，把电子从 a_3 传到氧，故在细胞色素体系中也呈复合体的排列。

除 aa_3 外，其余的细胞色素中的铁原子均与卟啉环和蛋白质形成六个共价键或配位键，除卟啉环四个配位键外，另两个是蛋白质上的组氨酸与甲硫氨酸支链。因此不能与 CO、CN^-、H_2S 等结合，唯有 aa_3 的铁原子形成五个配位键，还保留一个配位键，可以与 O_2、CO、CN^-、N_3^-、H_2S 等结合形成复合物，其正常功能是与氧结合，但当有 CO、CN^- 和 N_3^- 存在时，它们就和 O_2 竞争与细胞色素 aa_3 结合，所以这些物质是有毒的。其中 CN^- 与氧化态的细胞色素 aa_3 有高度的亲和力，因此对需氧生物的毒性极高。

2. 电子传递链的电子传递顺序

电子传递链（呼吸链）中氢和电子的传递有着严格的顺序和方向。这些顺序和方向，是根据各种电子传递体标准氧化还原电位（$E^{\ominus'}$）的数值测定的，并利用某种特异的抑制剂切断其中的电子流后，再测定电子传递链中各组分的氧化还原状态，以及在体外将电子传递体重新组成呼吸链等实验而得到的结论。

电子传递链各组分在链中的位置、排列次序与其得失电子趋势的大小有关。

$E^{\ominus'}$ 值越大，说明越易构成氧化剂处于呼吸链的末端；$E^{\ominus'}$ 越小，则越易构成还原剂而处于呼吸链的始端。常温常压下，电子总是从低氧化还原电位向高氧化还原电位方向移动。电子传递链本身就是一个氧化还原体系，其组成和顺序排列也遵循电化学的原理。呼吸链上各组分的位置与其失电子趋势的强弱有关，即供电子的倾向越大，越易成为还原剂而处于呼吸链的前列。因此，电子传递链中传递体的排列顺序和方向是按各组分的 $E^{\ominus'}$ 由小到大依次排列的（见表 5-3）。

表 5-3　一些重要的生物半反应的标准氧化还原电势（pH＝7.0，25～30℃）

还原半反应	$E^{\ominus\prime}/V$
乙酸＋$2H^+$＋$2e^-$——→乙醛＋H_2O	−0.58
$2H^+$＋$2e^-$——→H_2	−0.421
α-酮戊二酸＋CO_2＋$2H^+$＋$2e^-$——→异柠檬酸	−0.38
乙酰乙酸＋$2H^+$＋$2e^-$——→β-羟丁酸	−0.346
$NADP^+$＋$2H^+$＋$2e^-$——→$NADPH$＋H^+	−0.324
NAD^+＋$2H^+$＋$2e^-$——→$NADH$＋H^+	−0.32
硫辛酸＋$2H^+$＋$2e^-$——→二氢硫辛酸	−0.29
丙酮酸＋$2H^+$＋$2e^-$——→乳酸	−0.185
FAD＋$2H^+$＋$2e^-$——→$FADH_2$	−0.18
FMN＋$2H^+$＋$2e^-$——→$FMNH_2$	−0.18
草酰乙酸＋$2H^+$＋$2e^-$——→苹果酸	−0.166
延胡索酸＋$2H^+$＋$2e^-$——→琥珀酸	−0.031
2 细胞色素 b(Fe^{3+})＋$2e^-$——→2 细胞色素 b(Fe^{2+})	0.030
氧化型辅酶 Q＋$2H^+$＋$2e^-$——→还原型辅酶 QH_2	0.10
2 细胞色素 c_1(Fe^{3+})＋$2e^-$——→2 细胞色素 c_1(Fe^{2+})	0.22
2 细胞色素 c(Fe^{3+})＋$2e^-$——→2 细胞色素 c(Fe^{2+})	0.25
2 细胞色素 a(Fe^{3+})＋$2e^-$——→2 细胞色素 a(Fe^{2+})	0.29
2 细胞色素 a_3(Fe^{3+})＋$2e^-$——→2 细胞色素 a_3(Fe^{2+})	0.385
$\frac{1}{2}O_2$＋$2H^+$＋$2e^-$——→H_2O	0.816

　　四种复合物在电子传递过程中协调作用。复合物Ⅰ、Ⅲ、Ⅳ组成主要的电子传递链，即 NADH 呼吸链，催化 NADH 的氧化；复合物Ⅱ、Ⅲ、Ⅳ组成另一条电子传递链，即 $FADH_2$ 呼吸链。辅酶 Q 处在这两条电子传递链的交汇点上，它还接受其他黄素酶类脱下的氢，所以，它在电子传递链中处于中心地位（图 5-6）。

　　（1）NADH 氧化呼吸链——以 NAD 为辅酶的脱氢酶催化的物质氧化。

　　电子从 NADH 传递到 O_2 是线粒体呼吸链电子传递的一条主要途径。这条呼吸链应用最广，糖、蛋白质、脂肪三大燃料分子分解代谢中的脱氢氧化反应，绝大部分是通过 NADH 呼吸链完成。中间代谢物上的两个氢原子经以 NAD^+ 为辅酶的脱氢酶作用，使 NAD^+ 还原成为 $NADH$＋H^+，再经过 NADH 脱氢酶（以 FMN 为辅基）、辅酶 Q、铁硫蛋白、细胞色素 b、细胞色素 c_1、细胞色素 c、细胞色素 aa_3 到分子 O_2。

　　以 $NADP^+$ 为辅酶的脱氢酶催化代谢物脱氢生成的 NADPH，大多数存在于线粒体外，主要作为还原能用于物质的合成代谢。

　　（2）琥珀酸氧化呼吸链——以 FAD 为辅基的脱氢酶催化的物质氧化。

　　线粒体呼吸链电子传递的另一条主要途径是从琥珀酸传递到 O_2，琥珀酸是生物代谢过程（三羧酸循环）中产生的中间产物，它的氢原子是由以 FAD 为辅基的脱氢酶脱氢，即底物脱下氢的初始受体是 FAD。其他的中间产物如脂酰 CoA 脱氢酶脱下的氢通过 FAD 之后进入呼吸链，所以 $FADH_2$ 呼吸链又称为琥珀酸氧化呼吸链（图 5-6）。

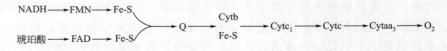

图 5-6　NADH、$FADH_2$ 呼吸链

　　上述两条呼吸链中，在 CoQ 之前是传递氢的，在 CoQ 之后是传递电子，而氢以 H^+ 质子形式进入介质中。

二、氧化磷酸化

糖、蛋白质、脂肪等代谢物的分子结构中蕴藏着大量的化学能，在细胞代谢中，这些物质逐渐分解，经生物氧化逐步释放能量，一部分能量用以形成高能磷酸键，贮存于高能磷酸化合物中，供机体直接利用，一部分能量以热的形式维持体温或散失于环境中，大部分可以通过磷酸化作用转移到高能磷酸化合物 ATP 中。伴随着放能的氧化作用而进行的磷酸化为氧化磷酸化，氧化磷酸化主要有两种方式：一种为底物水平磷酸化，另一种是电子传递链磷酸化。电子传递链磷酸化是机体产生 ATP 的主要形式，生物体内 95％的 ATP 来自这种方式。

1. 底物水平磷酸化

代谢底物在分解代谢中，有少数脱氢或脱水反应，引起代谢物分子内部能量重新分布，形成某些高能中间代谢物，这些高能中间代谢物中的高能键，可以通过酶促磷酸基团转移反应，直接使 ADP 磷酸化生成 ATP，这种作用称为底物水平磷酸化。例如，在糖分解代谢中，由糖酵解途径生成的 1,3-二磷酸甘油酸和磷酸烯醇式丙酮酸，由三羧酸循环中的 α-酮戊二酸氧化脱羧生成琥珀酸-CoA 都是带有高能键的中间代谢物，可使 ADP 磷酸化为 ATP。

$$X\sim P+ADP \longrightarrow XH+ATP$$

式中 X$\sim$P 代表底物在氧化过程中所形成的高能磷酸化合物。

底物水平磷酸化是捕获能量的一种方式，这种 ATP 生成方式，既不需要氧，也没有代谢物脱氢，而是代谢物在脱水、基团转移等过程中分子内部能量重新分布和转移合成 ATP。

2. 电子传递链磷酸化

电子传递链磷酸化是指利用代谢物脱下的 2H（NADH＋H^+ 或 $FADH_2$）经过电子传递链传递到分子氧形成水的过程中所释放出的能量，使 ADP 磷酸化生成 ATP 的作用。简言之，H 经呼吸链氧化与 ADP 磷酸化为 ATP 反应的偶联，称为电子传递链磷酸化，如图 5-7 所示。

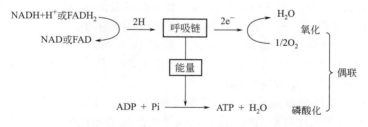

图 5-7　氧化与磷酸化偶联示意图

电子传递链磷酸化是需氧生物获得 ATP 的一种主要方式，是生物体内能量转移的主要环节，需要氧分子的参与。真核生物氧化磷酸化过程在线粒体内膜进行，原核生物在细胞质膜上进行。

（1）电子传递链磷酸化的偶联部位和 P/O　呼吸链中的氧化是放能过程，ADP 的磷酸化是吸能过程，两者只有偶联起来才能形成 ATP。电子在呼吸链中按顺序逐步传递释放自由能，其中释放自由能较多足以用来形成 ATP 的电子传递部位称为偶联部位。实验证明，呼吸链的四个复合物中，复合物Ⅰ、Ⅲ、Ⅳ是偶联部位，复合物Ⅱ不是偶联部位，NADH 经呼吸链氧化要通过复合物Ⅰ、Ⅲ和Ⅳ三个偶联部位，所以形成 3 个 ATP；$FADH_2$（来自于琥珀酸脱氢）经呼吸链氧化只通过复合物Ⅲ和Ⅳ二个偶联部位，只形成 2 个 ATP（见图 5-8）。

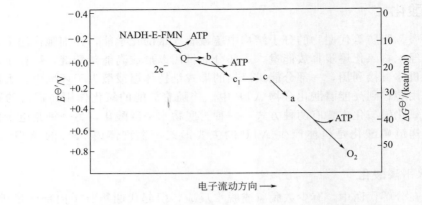

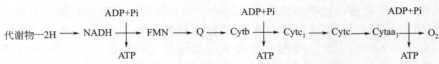

图 5-8 呼吸链中能量 ATP 形成的部位

NADH 呼吸链中有三个部位所释放的自由能变化 $\Delta G^{\ominus \prime}$ 都超过了 30.5kJ/mol（ATP 水解为 ADP 时释放的能量为 30.5kJ/mol），因此，认定这三个部位是氧化与磷酸化相偶联的部位：

$$NADH \longrightarrow FMN \quad \Delta G^{\ominus \prime} = -2 \times 23.06 \times [(-0.03)-(-0.32)] \times 4.184 = -55.6 kJ/mol$$
$$Cytb \longrightarrow Cytc \quad \Delta G^{\ominus \prime} = -2 \times 23.06 \times [(+0.25)-(+0.07)] \times 4.184 = -34.7 kJ/mol$$
$$Cytaa_3 \longrightarrow O_2 \quad \Delta G^{\ominus \prime} = -2 \times 23.06 \times [(+0.82)-(+0.29)] \times 4.184 = -102.1 kJ/mol$$

这样就把电子对由 NADH（$E^{\ominus \prime} = -0.32V$）传递到分子氧（$E^{\ominus \prime} = +0.82V$）所释放的相当大量的自由能，或者说由每个氧原子还原所产生的自由能分成几步，一步步地将能量释放出来（即能量降）。这三个部位所释放的自由能都足以供给 ADP 和无机磷酸形成 ATP。代谢物脱下的 2mol 氢原子，经 NADH 呼吸链氧化而使氧原子还原，有三处可以偶联磷酸化，生成 3mol ATP。但有些代谢物如琥珀酸、脂酰 CoA、磷酸甘油等由黄素脱氢酶类催化脱氢，生成的 FADH$_2$ 经呼吸链氧化，即不经部位 I，而是直接通过辅酶 Q 进入呼吸链，因此只有两处能偶联磷酸化，产生 2mol ATP。

电子传递链磷酸化的场所是线粒体，其磷酸化的效率可通过测定线粒体的 P/O 来判断。P/O 的比值是指代谢物氧化时每消耗 1mol 氧原子所消耗的无机磷原子的物质的量，即合成 ATP 的物质的量。因为 2mol 氢原子经呼吸链氧化后与 1mol 氧原子结合为水，该过程偶联 ADP 磷酸化生成 ATP 的反应，磷酸化反应要消耗无机磷酸，即每生成 1mol ATP，消耗 1mol 的无机磷酸，所以 P/O 的比值反映了每消耗 1mol 氧原子产生 ATP 的物质的量。经实际测量得知，NADH 呼吸链 P/O 的比值是 3，而 FADH$_2$ 呼吸链 P/O 的比值是 2。

（2）ATP 合成酶的结构　线粒体是真核细胞内的一种重要且独特的细胞器，它是细胞内的动力站，其主要功能是进行氧化磷酸化，合成 ATP，为细胞生命活动提供直接能量。

线粒体由外膜、内膜、膜间隙及基质（内室）四部分组成。内膜位于外膜内侧，把膜间隙与基质分开，内膜向基质折叠形成嵴。

用电镜负染法观察分离的线粒体时，可见内膜和嵴的基质面上有许多排列规则的带柄的球状小体，称为基本颗粒，简称基粒。基粒由头部、柄部和基部组成，也称为三联体或 ATP 酶复合体，如图 5-9 所示。F$_1$ 为偶联因子（头部），含有 5 种不同的亚基，按照 3α、

3β、1γ、1δ、1ε 的比例结合。此外，F_1 还含有一个热稳定的小分子蛋白质，称为 F_1 抑制蛋白，分子量为 10000，专一地抑制 F_1 的 ATP 酶活力。它可能在正常条件下起生理调节作用，防止 ATP 的无谓水解，但不抑制 ATP 的合成。F_0 是一个疏水蛋白（基部），嵌入线粒体内膜，是与线粒体电子传递链联系的部分。柄部连接 F_1 和 F_0，这种蛋白质没有催化活力。F_1 和 F_0 之间的柄含有寡霉素敏感性蛋白（OSCP），因此，柄部简称 OSCP。OSCP 能控制质子的流动，从而控制 ATP 的生成速度。复合物的"柄" F_0，含有质子通道，镶嵌在线粒体内膜中；复合物的"头" F_1，呈球状，与 F_0 结合后这个"头"伸向线粒体膜内的基质中。ATP 合成酶是氧化磷酸化作用的关键装置，也是合成 ATP 的关键装置。

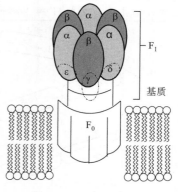

图 5-9　F_1-F_0-ATPase 结构示意图

3. 化学渗透偶联学说

在 NADH 和 $FADH_2$ 的氧化过程中，电子传递是如何偶联磷酸化的？目前得到较多支持的是化学渗透偶联学说。

化学渗透偶联学说的主要论点是认为呼吸链存在于线粒体内膜之上，当氧化进行时，呼吸链起质子泵作用，质子被泵出线粒体内膜的外侧，造成了膜内外两侧间跨膜的质子电化学梯度（即质子浓度梯度和电位梯度，合称为质子移动力），这种跨膜梯度具有的势能被膜上 ATP 合成酶所利用，使 ADP 与 Pi 合成 ATP。其要点分述如下：

（1）呼吸链中递氢体和电子传递体在线粒体内膜中是间隔交替排列的，并且都有特定的位置，催化反应是定向的。

（2）递氢体有氢泵的作用，当递氢体从线粒体内膜内侧接受从 $NADH + H^+$ 传来的氢后，可将其中的电子（$2e^-$）传给位于其后的电子传递体，而将两个 H^+ 质子从内膜内侧泵出到内膜外侧，因此，呼吸链的电子传递系统是一个主动运输质子的体系，三个复合物中的每一个都是由电子传递驱动的质子泵（图 5-10）。

（3）内膜对 H^+ 不能自由通过，泵出到内膜外侧 H^+ 不能自由返回内膜内侧，因而使线粒体内膜外侧的 H^+ 质子浓度高于内侧，造成 H^+ 质子浓度的跨膜梯度，并使原有的外正内负的跨膜电位增高，此电位差中就包含着电子传递过程中所释放的能量。这种 H^+ 质子梯度和电位梯度就是质子返回内膜的一种动力。

（4）利用线粒体内膜上的 ATP 合成酶的特点，将膜外侧的 $2H^+$ 转化成膜内侧的 $2H^+$，与氧生成水，即 H^+ 通过 ATP 酶的特殊途径，返回到基质，使质子发生逆向回流。由于 H^+ 浓度梯度所释放的自由能，偶联 ADP 与无机磷酸合成 ATP，质子的电化学梯度也随之消失（图 5-11）。

4. 电子传递链磷酸化的抑制作用和解偶联作用

（1）呼吸毒物——阻断电子传递　能够阻断电子传递链中某一部位电子传递的物质称为电子传递抑制剂。利用某种特异的抑制剂选择性地阻断电子传递链中某个部位的电子传递，是研究电子传递链中电子传递体顺序以及氧化磷酸化部位的一种重要方法。已知的抑制剂有以下几种：鱼藤酮、抗霉素 A、氰化物、硫化物、一氧化碳、叠氮化物等。这些物质称为呼吸毒物。抑制部位见图 5-12。

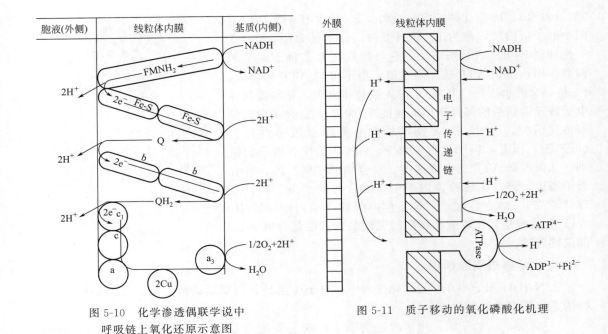

图 5-10　化学渗透偶联学说中　　　　图 5-11　质子移动的氧化磷酸化机理
呼吸链上氧化还原示意图

$$NADH \longrightarrow FMN \xRightarrow{} Q \xrightarrow[Fe-S]{Cytb} \xRightarrow{} Cytc_1 \longrightarrow Cytc \longrightarrow Cytaa_3 \xRightarrow{} O_2$$

鱼藤酮　　　　　　　　　抗霉素A　　　　　　　　　氰化物

阿米妥　　　　　　　　　　　　　　　　　　　　　CO,N$_3^-$

图 5-12　电子传递抑制剂的作用部位

　　当具有极毒的氰化物进入体内过多时，因 CN$^-$ 与细胞色素氧化酶的三价铁结合成氰化高铁细胞色素氧化酶，使细胞色素失去传递电子的能力，导致呼吸链中断，磷酸化过程也随之中断，细胞死亡。

　　氧化磷酸化过程可受到许多化学因素的作用。不同化学因素对氧化磷酸化过程的影响方式不同，根据它们的不同影响方式可分：氧化磷酸化抑制剂和解偶联剂。

　　（2）氧化磷酸化抑制剂　　氧化磷酸化抑制剂主要是指直接作用于线粒体 F_0F_1-ATP 合酶复合体中的 F_1 组分而抑制 ATP 合成的一类化合物。寡霉素是这类抑制剂的一个重要例子，它与 F_0 的一个亚基结合而抑制 F_1；另一个例子是双环己基碳二亚胺（DCCD），它阻断 F_0 的质子通道。这类抑制剂直接抑制了 ATP 的生成过程，使膜外质子不能通过 F_0F_1－ATP 合酶返回膜内，膜内质子继续泵出膜外显然越来越困难，最后不得不停止，所以这类抑制剂间接抑制电子传递和分子氧的消耗。

　　（3）解偶联剂——阻碍呼吸链释放的能量用于合成 ATP　　某些化合物能够消除跨膜的质子浓度梯度或电位梯度，解除电子传递与 ADP 磷酸化偶联的作用称为解偶联作用，其实质是只有氧化过程（电子照样传递）而没有磷酸化作用。这类化合物被称为解偶联剂。如 2,4-二硝基苯酚是最早发现的，也是最典型的化学解偶联剂。

　　解偶联蛋白是存在于某些生物细胞线粒体内膜上的蛋白质，为天然的解偶联剂。如动物的褐色脂肪组织的线粒体内膜上分布有解偶联蛋白，这种蛋白质构成质子通道，让膜外质子经其通道返回膜内而消除跨膜的质子浓度梯度，抑制 ATP 合成而产生热量以增加体温。解偶联剂不抑制呼吸链的电子传递，甚至还加速电子传递，促进燃料分子（糖、脂肪、蛋白质）的消耗和刺激线粒体对分子氧的需要，但不形成 ATP，电子传递过程中释放的自由能以热量的形式散失。如患病毒性感冒时，体温升高，就是因为病毒毒素使氧化磷酸化解偶联，氧化产生的能量全部变为热使体温升高。又如，在某些环境条件或生长发育阶段，生物体内也发生解偶联作用：冬眠动物、耐寒的哺乳动物和新出生的温血动物通过氧化磷酸化的解偶联作用，呼吸作用照常进行，但磷酸化受阻，不产生 ATP，也不需 ATP，产生的热以维持体温。

要说明的是解偶联剂只抑制电子传递链中氧化磷酸化作用的 ATP 生成，不影响底物水平磷酸化。

三、线粒体的穿梭系统

呼吸链、生物氧化与氧化磷酸化都是在线粒体内进行的。线粒体的主要功能是氧化供能，相当于细胞的发电厂。线粒体具有双层膜的结构，外膜的通透性较大，内膜却有着较严格的通透选择性，通常通过外膜与细胞浆进行物质交换。

糖酵解作用是在胞浆液中进行的，在真核生物胞液中的 NADH 不能通过正常的线粒体内膜，要使糖酵解所产生的 NADH 进入呼吸链氧化生成 ATP，必须通过所谓"穿梭系统"的间接途径进入线粒体，从而进入电子传递链。在动物细胞内有两个穿梭系统：一是磷酸甘油穿梭系统，主要存在于动物骨骼肌、脑及昆虫的飞翔肌等组织细胞中；二是苹果酸-天冬氨酸穿梭系统，主要存在于动物的肝、肾和心肌细胞的线粒体中。

1. 磷酸甘油穿梭系统

参与磷酸甘油穿梭作用的酶是 3-磷酸甘油脱氢酶，此酶有两种，一种存在于线粒体外，以 NAD^+ 为辅酶；另一种存在于线粒体内，以 FAD 为辅酶。细胞液中代谢物氧化产生的 NADH 通过磷酸甘油穿梭作用进入线粒体，则转变为 $FADH_2$（见图 5-13）。

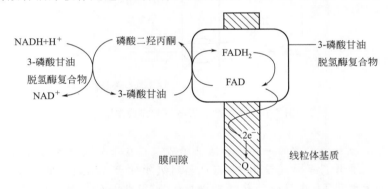

图 5-13　α-磷酸甘油穿梭作用

在线粒体外的胞液中，糖酵解产生的磷酸二羟丙酮和 $NADH+H^+$，在以 NAD^+ 为辅酶的 3-磷酸甘油脱氢酶的催化下，生成 3-磷酸甘油，3-磷酸甘油可扩散到线粒体内，再由线粒体内膜上的以 FAD 为辅基的 3-磷酸甘油脱氢酶催化，重新生成磷酸二羟丙酮和 $FADH_2$，前者穿出线粒体返回胞液，后者 $FADH_2$ 将 2H 传递给 CoQ，进入呼吸链，最后传递给分子氧生成水并形成 ATP。由于此呼吸链和琥珀酸的氧化相似，越过了第一个偶联部位，因此胞液中 $NADH+H^+$ 中的两个氢被呼吸链氧化时就只形成 2 分子 ATP，比线粒体中 $NADH+H^+$ 的氧化少产生 1 分子 ATP。电子传递之所以要用 FAD 作为电子受体是因为线粒体内 NADH 的浓度比细胞质中的高，如果线粒体和细胞质中的 3-磷酸甘油脱氢酶都与 NAD^+ 连接，则电子就不能进入线粒体。利用 FAD 能使电子逆着 $NADH+H^+$ 梯度而从细胞质转移到线粒体中，转入的代价是每对电子要消耗 1 分子 ATP。这种穿梭作用存在于某些肌肉组织和神经细胞，因此这种组织中每分子葡萄糖氧化只产生 36 分子的 ATP。

2. 苹果酸-天冬氨酸穿梭系统

苹果酸-天冬氨酸穿梭系统需要两种谷-草转氨酶、两种苹果酸脱氢酶和一系列专一的透性酶共同作用。首先，NADH 在胞液中苹果酸脱氢酶（辅酶为 NAD$^+$）催化下将草酰乙酸还原成苹果酸，然后苹果酸穿过线粒体内膜到达内膜基质，经基质中苹果酸脱氢酶（辅酶也为 NAD$^+$）催化脱氢，重新生成草酰乙酸和 NADH＋H$^+$；NADH＋H$^+$ 随即进入呼吸链进行氧化磷酸化，草酰乙酸经基质中谷-草转氨酶催化形成天冬氨酸，同时将谷氨酸变为 α-酮戊二酸，天冬氨酸和 α-酮戊二酸通过线粒体内膜返回胞液，再由胞液谷-草转氨酶催化变成草酰乙酸，参与下一轮穿梭运输，同时由 α-酮戊二酸生成的谷氨酸又回到基质（见图 5-14）。上述代谢物均需经专一的膜载体通过线粒体内膜。线粒体外的 NADH＋H$^+$ 通过这种穿梭作用而进入呼吸链被氧化，仍能产生 3 分子 ATP，此时每分子葡萄糖氧化共产生 38 分子 ATP。

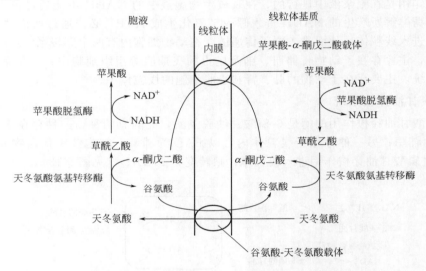

图 5-14　苹果酸、天冬氨酸穿梭作用

　　磷酸肌酸是脊椎动物体内的一种生物活性物质，存在于哺乳动物的心肌、骨骼肌、脑等器官或组织中。其作用是对能量物质 ATP 起到缓冲作用，上述器官或组织的生命活动过程中所消耗的大量 ATP 由磷酸肌酸补充，避免 ATP 供应的剧烈波动。

　　近年来发现，磷酸肌酸具有重要的药理作用，它是一种重要的心肌保护剂。临床用于心麻痹症的心脏保护及心肌代谢窘迫的其他状况，如心肌缺血、心肌肥厚、心肌梗死及心衰的治疗，并可在心脏外科手术中减轻手术给患者心肌功能带来的损伤。因此，磷酸肌酸对改善病人心肌的能量代谢具有重要意义。

　　目前磷酸肌酸的生产制备方法主要有生物提取法、化学合成法、酶催化法等。生物酶催化法具有条件温和、反应速率快和专一性强等优点。这种方法从动物肌肉提取较为纯净的磷酸激酶制剂作为酶源，以它的直接底物——腺苷三磷酸作为初始底物，在腺苷三磷酸和肌酸的最适酶反应条件下生产磷酸肌酸，用离子交换树脂进行分离纯化。由于反应体系只含有一种生成磷酸肌酸的酶，因此，酶反应条件容易控制，保证了磷酸肌酸的产率，也减少了杂蛋白混入产品的可能性，提高了产品纯度。

1. 发生在细胞中所有反应的总和称为代谢。这些反应又可分为分解和合成代谢反应。主要的分解代谢途径可以将大分子转化为小的产能代谢物，这些小的化合物也可以作为构件分子用于合成大分子，同时伴随能量的变化。葡萄糖、脂肪酸和某些氨基酸都可以被氧化生成乙酰 CoA 进入氧化代谢的共同途径——柠檬酸循环。分解代谢反应中的能量通过氧化磷酸化保存于 ATP。ATP 分子所释放的自由能主要蕴藏在 ATP 的两个磷酸酐键内。高能磷酸化合物可借助其相应的激酶作用，将其磷酸基团转移到 ADP 上，使 ADP 变为 ATP，ATP 又可将其磷酸基团转移给其他需能的化合物，使其获得能量而形成有较高反应势能的磷酸化合物。

2. 化学或酶促反应的方向决定于自由能的变化，只有当自由能的变化为负值时反应才能自发进行。一个反应的标准自由能的变化与该反应的平衡常数有关，$\Delta G^{\ominus\prime} = -RT\ln K_{eq}$。

3. 生物体生命活动所需的能量来自体内有机物质（如糖、脂和蛋白质）的氧化作用，一般称为生物氧化。生物氧化反应的自由能可以还原型辅酶的形式保存。这种形式的能量是以还原电势测量的，还原电势表示一个分子给出电子的能力。标准的还原电势与标准自由能变化有关，$\Delta G^{\ominus\prime} = -nF\Delta E^{\ominus\prime}$。非标准条件下的还原电势可以通过能斯特（Nernst）方程计算。

4. 电子传递和氧化磷酸化使 NADH 和 FADH$_2$ 再氧化，并将释放出的能量以 ATP 形式进行贮存。真核细胞电子传递和氧化磷酸化在细胞的线粒体内膜进行，而原核细胞则利用质膜进行。

5. 电子传递链是在生物氧化中，底物脱下的氢（$H^+ + e^-$），经过一系列传递体传递，最后与氧结合生成 H$_2$O 的电子传递系统，又称呼吸链。这条电子传递链主要包括 4 种蛋白质复合体：NADH-Q 还原酶（复合体Ⅰ）、琥珀酸-Q 还原酶（复合体Ⅱ）、细胞色素还原酶（复合体Ⅲ）和细胞色素氧化酶（复合体Ⅳ）。它们的电子载体有黄素蛋白类、铁-硫复合体、醌类、细胞色素基团以及铜离子。典型的呼吸链有两种：NADH 氧化呼吸链和 FADH$_2$ 氧化呼吸链。这是根据代谢物上脱下的氢的初始受体不同而区分的。

6. 呼吸链上电子传递载体的排列是有一定顺序和方向的，这些顺序和方向是根据呼吸链中各物质的标准氧化还原电位 $E^{\ominus\prime}$ 的数值决定的，$E^{\ominus\prime}$ 越大，说明该物质越易构成氧化剂而处于呼吸链的末端；$E^{\ominus\prime}$ 越小，则该物质越易构成还原剂而处于呼吸链的始端。电子传递的方向是从氧化还原电势较负的化合物流向氧化还原电势较正的化合物，直到氧。氧是氧化还原电势最高的受体，最后氧被还原成水。

7. 由转移的质子数可以计算出通过复合体Ⅰ~Ⅳ传递的一对电子所产生的 ATP 数。由 NADH 开始氧化脱氢脱电子，电子经过呼吸链传递给氧，生成 3 分子 ATP，则 P/O 为 3。这 3 分子 ATP 是在三个部位上生成的，第一个部位是在 NADH 和 CoQ 之间，第二个部位是在 Cytb 与 Cytc$_1$ 之间，第三个部位是在 Cytaa$_3$ 和氧之间。如果从 FADH$_2$ 开始氧化脱氢脱电子，电子经过呼吸链传递给氧，只能生成 2 分子 ATP，其 P/O 为 2。

8. 真核生物在细胞质中进行糖酵解时所生成的 NADH 是不能直接透过线粒体内膜被氧化的，但是 NADH＋H$^+$ 上的质子可以通过一个穿梭的途径而间接进入电子传递链。在线粒体内膜上的 3-磷酸甘油脱氢酶（辅基为 FAD）作用下，生成磷酸二羟丙酮和 FADH$_2$。磷酸二羟丙酮透出线粒体，继续作为氢的受体，FADH$_2$ 将氢传递给 CoQ 进入呼吸链氧化，这样只能产生 2 分子 ATP。在动物的肝、肾及心脏的线粒体存在草酰乙酸-苹果酸穿梭。在胞液及线粒体内的脱氢酶辅酶都是 NAD$^+$，胞液中的 NADH＋H$^+$ 到达线粒体内又生成 NADH＋H$^+$。从能量产生来看，草酰乙酸-苹果酸穿梭优于磷酸甘油穿梭机制；但磷酸甘油穿梭机制比草酰乙酸-苹果酸穿梭速度要快很多。

习 题

1. 解释下列名词

生物氧化；呼吸链；氧化磷酸化；磷氧比（P/O）；底物水平磷酸化

2. 为什么说 ATP 是生物能的主要表现形式？ATP 结构有何特点？

3. 生物体内存在哪些重要的高能磷酸物质？它们的主要功能是什么？

4. 说明电子从 NADH 传递到 O_2 过程中，有关的酶和电子载体的作用。

5. 常见的呼吸链电子传递抑制剂有哪些？它们的作用机制是什么？

6. 氰化物为什么能引起细胞窒息死亡？其解救机理是什么？

7. 有人曾经考虑过使用解偶联剂如 2,4-二硝基苯酚（DNP）作为减肥药，但很快就被放弃使用，为什么？

8. 氧化作用和磷酸化作用是怎样偶联的？

第6章 糖与糖代谢

本章提示：

　　本章对糖的概念、分类以及单糖、二糖和多糖的化学结构和性质作了基本介绍。着重叙述糖类的合成和分解途径。学习糖的合成和分解途径前，应首先对糖类的复杂代谢途径作概括性的了解，重点掌握糖酵解、柠檬酸循环、磷酸戊糖途径及糖异生的过程、关键酶及其调节。对糖类在生物体中的主要代谢途径有一个比较清楚的认识。

　　糖类是自然界分布最广的物质之一。植物可通过光合作用把 CO_2 和水同化成葡萄糖，葡萄糖可进一步合成寡糖和多糖，如蔗糖、淀粉和糖原，还有构成植物细胞壁的纤维素和肽聚糖等。

　　糖类代谢为生物体提供重要的能源和碳源。糖类物质分解代谢，经过彻底氧化生成二氧化碳和水，并同时放出能量。这些能量供生物体维持其生命活动所需。另外，糖也是生物体合成其他化合物的基本原料，有些糖类还可以充当体内的结构物质，如生物的细胞质、细胞核中都含有核糖和脱氧核糖，它们是组成核酸大分子的主要成分。代谢的中间产物还为氨基酸、脂肪酸、甘油的合成提供碳原子或碳骨架，进而合成蛋白质、脂类等生物大分子。

第1节　糖

　　糖类旧称碳水化合物，用 $C_n(H_2O)_m$ 通式来表示。随着研究的深入，发现许多糖并不符合这一通式，如鼠李糖（$C_6H_{12}O_5$）和脱氧核糖（$C_5H_{10}O_4$）等。但又有许多非糖物质反而符合这一通式，如乙酸（$C_2H_4O_2$）。糖是多羟基醛、多羟基酮及其衍生物。

一、糖的分类

1. 单糖

　　单糖是不能被水解成更小分子的糖类，也称简单糖。单糖的命名一般不用化学命名法，多数单糖是根据糖的来源给予一个通俗名称，如葡萄糖、果糖、半乳糖、核糖等。

2. 寡糖

　　寡糖包括的类别很多，是 2 到大约 10 个单糖残基的聚合物。寡糖中以双糖（又称二糖）分布最为普遍，如麦芽糖、蔗糖和乳糖等。

3. 多糖

　　多糖是水解时产生 10 个以上单糖分子的糖类，包括同多糖、杂多糖。

① 同多糖——水解时只产生一种单糖或单糖衍生物，如糖原、淀粉、壳多糖等。

② 杂多糖——水解时产生一种以上的单糖或单糖衍生物。杂多糖可以分为动物黏多糖、植物杂多糖和微生物杂多糖等。如透明质酸、半纤维素等。

单糖是多羟基的醛或酮，实验室通式常写为 $(CH_2O)_n$。自然界中最小的单糖 $n=3$，最大的单糖，一般，$n=7$。根据单糖分子中碳原子的数目（3～7）分别称为三碳糖或丙糖、四碳糖或丁糖、五碳糖或戊糖、六碳糖或己糖、七碳糖或庚糖。碳数相同的单糖又可区分为酮糖和醛糖两类。

二、单糖的结构

1. D 型和 L 型单糖

最小的单糖是三碳醛糖和酮糖，三碳醛糖称为甘油醛，是手性分子，分子中的 C2 是个不对称碳（图 6-1）。三碳酮糖称为二羟丙酮，它没有不对称碳，是非手性分子。其他所有单糖都可以看作是这两个单糖的碳链加长，都是手性分子（图 6-1）。按照 Fischer 投影式的画法，根据手性碳原子上的羟基是朝右或朝左，糖的构型又分为 D 型或 L 型。例如甘油醛的 C2 羟基向右，指定为 D-甘油醛；如朝向左，则指定为 L-甘油醛。两种常见的六碳糖是 D-葡萄糖和 D-果糖。葡萄糖是醛糖，果糖是酮糖。

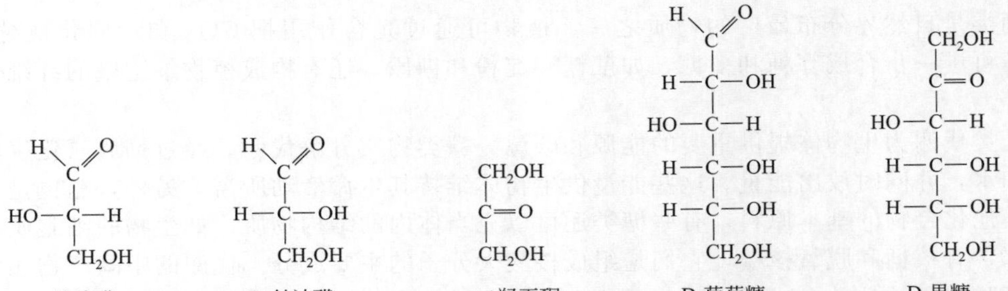

L-甘油醛　　　D-甘油醛　　　二羟丙酮　　　D-葡萄糖　　　D-果糖

图 6-1　糖的 Fischer 投影式

2. 单糖的环状结构

葡萄糖是多羟基醛，应该显示醛的特性反应，但实际上它不如简单醛类的特性那样显著，人们经过对糖结构的大量研究发现，糖并不是完全以链状的结构形式出现，特别是在水溶液中，直链式单糖分子上的醛基与分子内的羟基形成半缩醛时，分子可成为环状结构。根据有机化学的大环理论，糖最容易形成五元环和六元环结构。单糖由直链结构变成环状结构后，羰基碳原子成为新的手性中心，导致 C1 成为不对称碳原子，可以有 α 型和 β 型两种异构体形成。规定异头物的半缩醛羟基与分子末端的羟基在同侧的为 α 型，异侧为 β 型。六元环 D-葡萄糖的两种异构体如下：

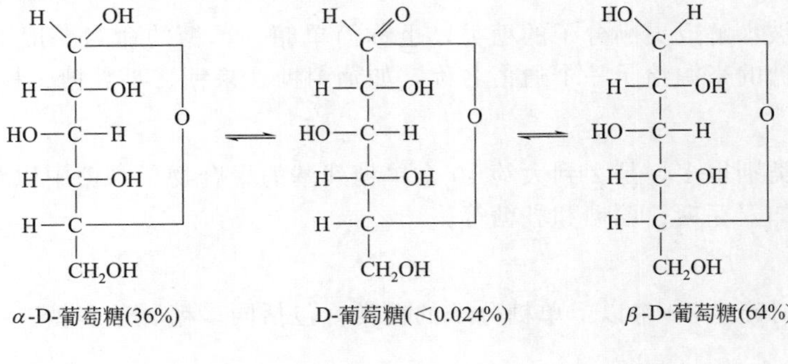

α-D-葡萄糖(36%)　　　D-葡萄糖(<0.024%)　　　β-D-葡萄糖(64%)

应该指出在平衡时，α 和 β 异头物不是相等的。在 31℃下，D-葡萄糖溶液平衡后，α-D-葡萄糖约占 36%，β-D-葡萄糖约占 64%，含游离醛基的开链葡萄糖占不到 0.024%。这就是葡萄糖的醛基特性表现不明显的原因。

半缩醛环状结构中的 C1 的醛基与 C5 的羟基通过氧原子形成一个含氧的六元环，它与吡喃相似，所以具有这样环状结构的葡萄糖称 D-吡喃葡萄糖。

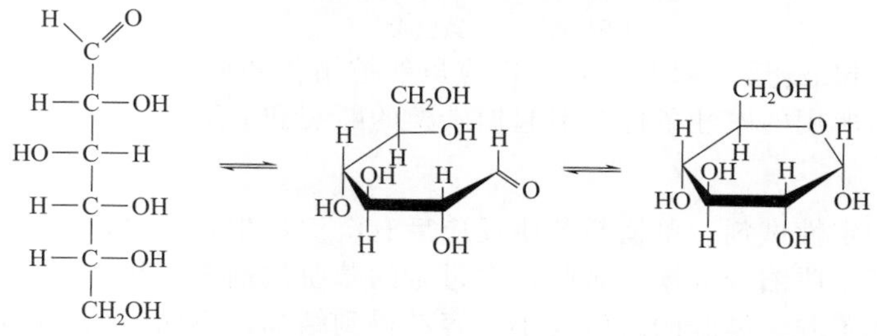

D-吡喃葡萄糖
（开链式）

α-D-吡喃葡萄糖
（环式）

酮也能与醇反应形成半缩酮。果糖分子上的 C2 酮基与 C5 羟基反应，形成分子内的半缩酮。形成的糖环称为呋喃糖，因为它与呋喃相似。

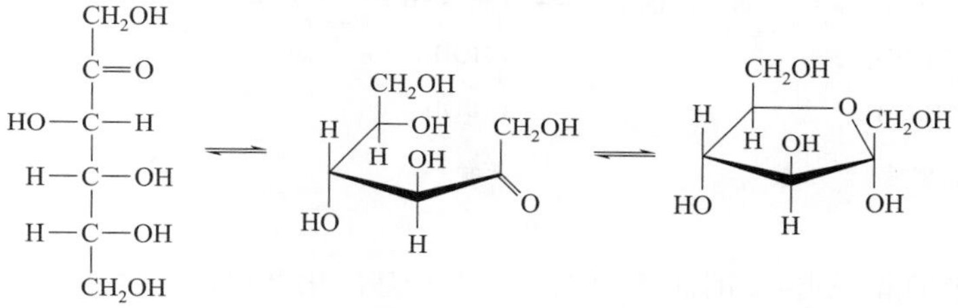

D-呋喃果糖
（开链式）

α-D-呋喃果糖
（环式）

在 1846 年科学家们发现葡萄糖的变旋现象，用链式结构无法解释，由此推测其可能存在其他结构。变旋现象：环状单糖或糖苷的比旋光度由于其 α-和 β-端基差向异构体达到平衡而发生变化，即旋光度发生改变，最终达到一个稳定的平衡值的现象。变旋现象往往能被某些酸或碱催化。德国有机化学家 E. Fischer 根据当时有限的试验资料和立体化学只是进行逻辑推论，于 1891 年发表了有关葡萄糖立体化学的著名论文，确定了葡萄糖的链式结构及其该有 16 种立体异构体，1902 年获得诺贝尔化学奖。采用 Fischer 投影式表征葡萄糖的环状结构，虽然能表示各个不对称碳原子的位置和构型差异，但不能准确反映糖分子的立体构型即各个基团的相对空间位置，因此英国化学家 W. H. Haworth 提出了使用透视式来表示单糖的环状结构。这种透视式称为 Haworth。

三、单糖的化学性质

1. 还原性

单糖分子的醛基有还原性。碱性溶液中的重金属离子（Cu^{2+}、Ag^+、Hg^{2+}、Bi^{3+} 等），如 Fehling 试剂（酒石酸钾钠、氢氧化钠和 $CuSO_4$）或 Benedict 试剂（柠檬酸、碳酸钠和 $CuSO_4$）中的 Cu^{2+} 是一种弱氧化剂，能使醛糖的醛基氧化成羧基，产物称为醛糖酸，金属离子自身被还原。能使氧化剂还原的糖称还原糖。所有的醛糖都是还原糖，许多酮糖也是还原糖，因为它在碱性溶液中能异构化为醛糖。Fehling 试剂和 Benedict 试剂常用于检测还原糖。反应如下：

$$\begin{array}{c} CHO \\ (CHOH)_n \\ CH_2OH \end{array} + 2Cu^{2+} + 4OH^- \longrightarrow \begin{array}{c} COOH \\ (CHOH)_n \\ CH_2OH \end{array} + 2CuOH + H_2O$$

$$2CuOH \longrightarrow Cu_2O + H_2O$$
$$\text{（不稳定）} \qquad \text{黄色或红色}$$

应当指出，Fehling 反应和 Benedict 反应虽然被用作还原糖的检验，但不能给出定量的醛糖酸产物，因为所用的碱性条件会引起糖碳架的断裂和分解。

2. 苯肼反应

苯肼是单糖的定性试剂。单糖与苯肼反应后有沉淀产生，所以可检出溶液中的单糖。常温时，糖与一分子苯肼缩合成糖的苯腙；在过量的苯肼试剂中加热反应，糖与二分子苯肼的缩合物称为糖脎或苯脎。糖脎的溶解度小，容易得到结晶，不同的糖脎晶体形状不同，熔点不同，可用来做定性鉴定。

$$\begin{array}{c} H \\ C=O \\ CHOH \\ (CHOH)_3 \\ CH_2OH \end{array} + 3 \ \langle \bigcirc \rangle\text{-NHNH}_2 \xrightarrow{\text{醋酸}} \begin{array}{c} HC=NNH-\langle\bigcirc\rangle \\ C=NNH-\langle\bigcirc\rangle \\ (CHOH)_3 \\ CH_2OH \end{array} + \langle\bigcirc\rangle\text{-NH}_2 + NH_3$$

己醛糖　　　　　　　　　　　　　苯脎　　　　　　　　　　苯胺

3. 形成糖苷

环状单糖的半缩醛（或半缩酮）羟基与另一含羟基的化合物发生缩合形成的缩醛（或缩酮），称为糖苷。糖苷分子中提供半缩醛羟基的糖部分称糖基，与之缩合的"非糖"部分称为糖苷配基，这两部分之间的连键称为糖苷键。糖苷配基也可以是糖，这样缩合成的糖苷，即为寡糖（包括双糖）和多糖。由于一个环状单糖有 α 和 β 两种异构体，成苷时相应也有两种形式。

甲基-α-D-吡喃葡糖苷　　　　　　　　　甲基-β-D-吡喃葡糖苷

糖苷与糖的性质很不相同，糖是半缩醛，容易变成游离醛，从而给出醛的各种反应。糖苷属于缩醛，一般不显示醛的性质，例如不与苯肼发生反应。糖苷对碱溶液稳定，但易被酸水解成原来的糖和配基。

4. 单糖脱水

单糖在稀酸溶液中是稳定的，但在稀酸中加热或在强酸作用下颜色变深。如戊糖与12%盐酸共热（蒸馏）时脱水生成糠醛，即呋喃醛。脱水是经过一系列 β-消去和随后的环化进行的。例如 D-木糖的脱水：

$$\begin{array}{c} CHO \\ H-C-OH \\ HO-C-H \\ H-C-OH \\ CH_2OH \end{array} \xrightarrow{-H_2O} \begin{array}{c} CHO \\ C-OH \\ C-H \\ H-C-OH \\ CH_2OH \end{array} \xrightarrow{-H_2O} \begin{array}{c} CHO \\ C=O \\ C-H \\ H-C \\ CH_2OH \end{array} \xrightarrow{-H_2O} \begin{array}{c} HC-CH \\ HC \ C-CHO \\ O \end{array}$$

D-木糖　　　　　　　　　　　　　　　　　　　　　　　　　糠醛

糠醛（呋喃甲醛）是化工原料，用于合成塑料、药物、染料和溶剂。玉米棒芯用稀酸在高温高压下水解、脱水和蒸馏制成糠醛。

四、常见的寡糖

寡糖是由 2～10 个单糖通过糖苷键连接而成的糖类物质。

1. 蔗糖

蔗糖俗称"食糖"，是在自然界中发现的最丰富的二糖，它只在植物中合成。蔗糖的主要来源是甘蔗和甜菜。蔗糖是由一分子葡萄糖和一分子果糖通过 α-$(1{\rightarrow}2)$-β-糖苷键相连而成，也就是由 α-葡萄糖分子 C1 上的半缩醛羟基与 β-果糖分子中 C2 上的半缩醛羟基彼此作用，失水形成。由于蔗糖分子中没有半缩醛羟基，故为非还原糖。

蔗糖加热到 200℃ 左右，则变成棕褐色的焦糖，它是一种无定性多孔性的固体物，有苦味，食品工业中用作酱油、饮料、糖果和面包等的着色剂。蔗糖的溶解度很大（179 g/100mL，0℃；487g/100mL，100℃），并且大多数的生物活性都不受高浓度的蔗糖影响，因此蔗糖适于作为植物组织间糖的运输形式。

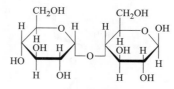

蔗糖
α-D-吡喃葡糖基-1,2-β-D-呋喃果糖苷

麦芽糖
α-D-吡喃葡糖基-1,4-β-D-吡喃葡糖

2. 麦芽糖

麦芽糖是饴糖的主要成分。麦芽糖是由一个 α-糖苷键连接起来的两个 D-葡萄糖构成的。糖苷键连接第一个残基的 C1 与第二个残基的 C4 上的氧，所以麦芽糖的命名是 α-D-吡喃葡糖基-$(1{\rightarrow}4)$-β-D-葡萄糖。

3. 纤维二糖

纤维二糖是纤维素中重复的二糖单位，纤维素降解可以放出纤维二糖。纤维二糖与麦芽糖的结构几乎相同，均为葡二糖，单糖单位间都是 1,4 连键，不同的只是糖苷键的构型，纤维二糖是 β-糖苷键，麦芽糖是 α-糖苷键。

4. 乳糖

哺乳类乳汁中存在乳糖，含量约 5%。在制牛奶干酪时，可以分离得到乳糖。乳糖是由半乳糖和葡萄糖通过 β-$(1{\rightarrow}4)$ 糖苷键连接而成的。乳糖具有还原性、能成脎。用酸或酶水解产生 1 分子 D-半乳糖和 1 分子 D-葡萄糖。

乳糖的溶解度（17g/100mL 冷水，40g/100mL 热水）远比蔗糖小。乳糖结晶时以 α-乳糖或 β-乳糖存在，两者的差别仅在于分子还原端残基的碳构型。α-乳糖比 β-乳糖易溶于水，甜度也稍大，β-乳糖可以从冰激凌中结晶析出（当长时间储存时），使冰激凌变成沙质结构。

β-乳糖
β-D-吡喃葡糖基-1,2-β-D-吡喃葡糖

α-乳糖
α-D-吡喃半乳糖基-1,4-α-D-吡喃葡糖

二糖在酶的作用下，能水解成单糖。主要的二糖酶为蔗糖酶、半乳糖酶和麦芽糖酶。这三种酶广泛存在于人及动物的小肠液和微生物中。

5．环糊精

环糊精也称糊精，一般由 6、7 或 8 个葡萄糖单位通过 α-1,4-糖苷键连接而成，分子结构像一个轮胎。环糊精无游离的异头羟基，属非还原糖。糊精在热碱性水溶液中较稳定，对酶水解较慢，对 α-和 β-淀粉酶有较大的抗水解作用。

由于环糊精的环状分子所具有的刚性，使得环糊精具有一定程度的抗酸、碱和酶的作用，它们在热的碱性溶液中较稳定，酸水解较慢，对淀粉酶也有较强抗性。

糊精分子作为单体堆叠起来形成圆筒形的多聚体，内部是疏水环境，外部是亲水的。它们既能很好地溶于水，又能从溶液中吸入疏水分子或分子的疏水部分到分子的空隙中，形成水溶性的包含络合物。因此在医药、食品、化妆品等工业中被广泛地用作稳定剂、抗氧化剂、增溶剂和乳化剂等。

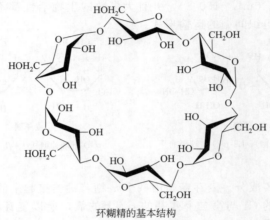

环糊精的基本结构

五、多糖

多糖是由多个单糖以糖苷键相连而形成的高聚物，多糖完全水解时，糖苷键断裂而变为寡糖、二糖，最后变成单糖。多糖在自然界分布很广，植物的骨架纤维素，动植物的贮藏成分如糖原、淀粉等，昆虫与节肢动物的甲壳质，植物的黏液、树胶、果胶等许多物质，都是由多糖组成的。

多糖没有还原性和变旋现象，无甜味，大多数多糖不易溶于水，有的与水形成胶体溶液。多糖的结构复杂，它包含单糖的组成、糖苷键的类型、单糖的排列顺序三个基本结构因素。

根据生物来源的不同，有植物多糖、动物多糖和微生物多糖之分。根据由一种还是多种单糖单位组成，多糖可分为同多糖和杂多糖。还可以按多糖的生物功能分为贮存多糖、贮能多糖和结构多糖。属于贮存多糖的有淀粉、糖原等。纤维素、壳多糖都属于结构多糖。另外，细胞表面的多糖起识别信号、传递信息的作用，这类多糖大多与专一的糖蛋白共价结合。

1．淀粉

淀粉是植物生长期间以淀粉粒形式贮存于细胞中的贮存多糖。它在种子、块茎和块根等器官中含量特别丰富。天然淀粉由直链淀粉与支链淀粉组成，直链、支链淀粉之比一般为 $15\%\sim25\%$ 比 $75\%\sim85\%$，视植物种类与品种、生长期不同而异。例如玉米淀粉以直链淀粉为主，糯米淀粉则以支链淀粉为主。直链淀粉是 D-葡萄糖基以 α-(1→4) 糖苷键连接的多糖链。直链淀粉分子的空间构象是卷曲成螺旋形的，每一回转为 6 个葡萄糖基。支链淀粉中除了 α-(1→4) 糖苷键外还有 α-(1→6) 糖苷键，支链与主链以 α-(1→6) 糖苷键连接，支链内的葡萄糖残基仍通过 α-(1→4) 糖苷键连接（图 6-2），平均每隔 25 个葡萄糖残基就出现一个分支，分支也称侧链，有些侧链本身还有分支。

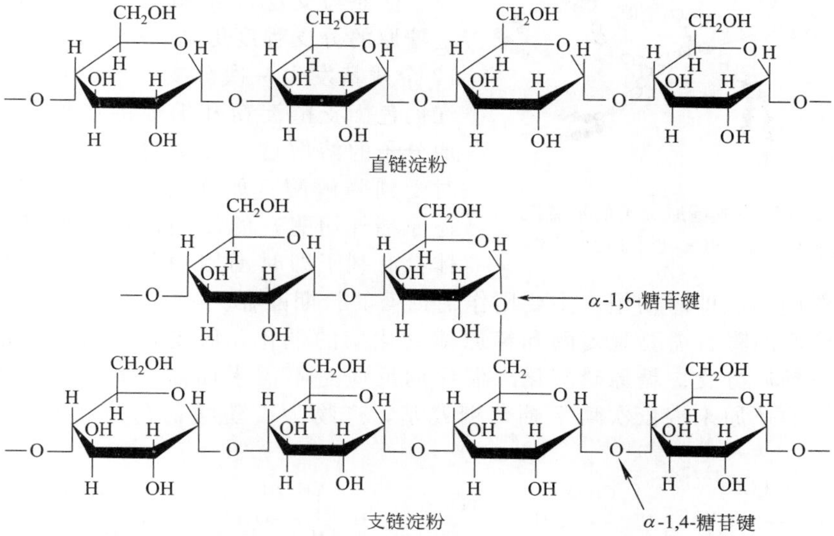

图 6-2　淀粉的分子结构

一个直链淀粉分子具有两个末端：一端由于存在一个游离的半缩醛羟基，具有还原性，称为还原端；另一端称为非还原端。单个直链分子具有一个还原端和一个非还原端，一个支链淀粉分子具有一个还原端和 $n+1$ 个非还原端（n 为分支数）。

直链淀粉水溶性较相等分子量的支链淀粉差，可能由于直链淀粉封闭型螺旋形线性结构紧密，利于形成较强的分子内氢键，而不利于与水分子接近，支链淀粉则由于高度分支性，相对来说结构比较开放，利于与溶剂水分子作氢键结合，有助于支链淀粉分散在水中。

成年人每天大约消耗 300g 糖，其中很多是由淀粉供给的。能够水解淀粉的酶称为淀粉水解酶，主要有如下几种：

① α-淀粉酶：它是一种内切酶，以随机方式水解 α-1,4-糖苷键，能将淀粉切断成分子量较小的糊精，使淀粉溶液黏度迅速下降。同时，由于 1,4-糖苷键的水解，还原性端基葡萄糖残基大量增加。动物和植物中都含有 α-淀粉酶。

② β-淀粉酶：β-淀粉酶是外切糖苷酶，它可从植物支链淀粉中游离的非还原端依次水解下麦芽糖，即每次水解都使淀粉缩短一个麦芽糖单位。β-淀粉酶的水解酶存在于某些高等植物的种子和块茎中。

两种类型的淀粉酶都只作用于 α-(1→4)-D-糖苷键。

③ 去分支酶：分支点处的 α-(1→6) 糖苷键既不是 α-淀粉酶的底物，也不是 β-淀粉酶的底物。在淀粉酶催化支链淀粉水解之后，留下一个不能再进一步水解的、高度分支的、称为极限糊精的核。极限糊精只有在去分支酶的催化下才能进一步降解，去分支酶可以水解 α-(1→6) 糖苷键。

2. 糖原

糖原又称动物淀粉。贮存于动物的肝脏与肌肉组织，在软体动物中含量也多。体内糖原

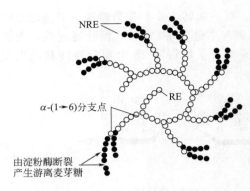

图 6-3　支链淀粉或糖原分子的示意图
（RE 代表还原端，NRE 代表非还原端）

的主要贮存场所是肝脏和骨骼肌。糖原是人和动物餐间以及肌肉剧烈运动时最易动用的葡萄糖贮库。葡萄糖是体内各器官的重要代谢燃料，更是大脑可利用的燃料。

糖原与支链淀粉相似（图 6-3），所不同的是糖原的分支程度更高，分支链更短，平均 8～12 个残基发生一次分支。与碘反应呈红紫色至红褐色。支链淀粉和糖原的高度分支一则可增加分子的溶解度，二则将有更多的非还原端同时受到降解酶（如 β-淀粉酶、磷酸化酶都是非还原端外切酶）的作用，加速聚合物转化为单体，有利于即时动用葡萄糖贮库以供代谢的急需。直链淀粉则不能即时动用，主要用作葡萄糖的长期贮存。

细胞内糖原的降解需要脱支酶和糖原磷酸化酶的催化，脱支酶水解糖原的 α-(1→6) 糖苷键，切下糖原分支。糖原磷酸化酶催化的反应是不需水而需磷酸参与的磷酸解作用，从糖链的非还原末端依次切下葡萄糖残基，产物为 1-磷酸葡萄糖和少一个葡萄糖残基的糖原。

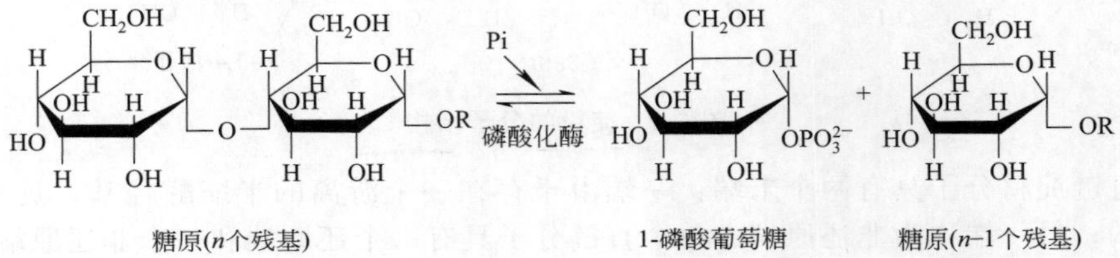

糖原(n个残基)　　磷酸化酶　　1-磷酸葡萄糖　　糖原(n–1个残基)

在肌肉细胞中，1-磷酸葡萄糖不能扩散至细胞外，可直接进入糖酵解途径，而葡萄糖则需消耗一个 ATP，经磷酸化后才能进入糖酵解途径，且葡萄糖易扩散至细胞外。

3. 纤维素

世界上最丰富的有机化合物是纤维素，大约占生物圈中有机物质的 50％ 以上。纤维素是植物细胞壁的主要组成成分，是植物中的结构多糖，但也在某些被囊类动物中发现。纤维素属于结构多糖，像直链淀粉那样，纤维素是相同葡萄糖残基的多聚物，但纤维素的葡萄糖残基是通过 β-1,4-糖苷键连接的（图 6-4），而不是 α-1,4-糖苷键。

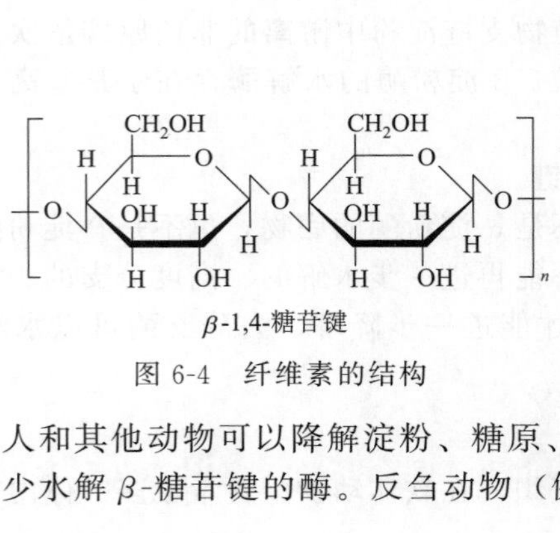

β-1,4-糖苷键

图 6-4　纤维素的结构

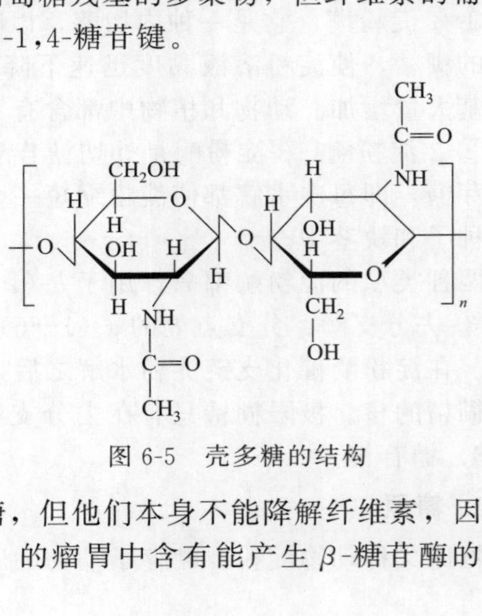

图 6-5　壳多糖的结构

人和其他动物可以降解淀粉、糖原、乳糖和蔗糖，但他们本身不能降解纤维素，因为他们缺少水解 β-糖苷键的酶。反刍动物（例如牛和羊）的瘤胃中含有能产生 β-糖苷酶的微生物，因此，反刍动物通过吃富含纤维素的草和其他植物可以获得葡萄糖。虽然纤维素不能作为人类的营养物，但人类食品中必需含纤维素，因为它可以促进胃肠蠕动、促进消化和排便。

由于纤维素含有大量羟基，所以具有亲水性，其羟基上的 H 被某些基团取代后，可制成不同种类的高分子化合物，例如 DEAE-纤维素、羧甲基纤维素、磺酸纤维素等，这些阴阳离子交换纤维素，作为色谱的载体，在生物化学研究中发挥重要作用。

4. 壳多糖（几丁质）

壳多糖可能是地球上第二种最丰富的有机化合物，是昆虫和甲壳纲的外骨骼的主要结构物质。壳多糖类似于纤维素，也是一个线性的聚合物，是由 β-$(1\rightarrow4)$ 连接的 N-乙酰葡萄糖胺残基组成的（图 6-5）。

壳多糖常常与非多糖化合物，例如蛋白质和无机材料紧密联系在一起。壳多糖部分去乙酰化可以生成脱乙酰壳多糖，它是一种带正电荷的无毒的聚合物，近来被广泛地应用于水和饮料处理、化妆、制药、医学、农业（种子包衣）以及食品、饲料加工。

糖类的应用

麦芽糖是饴糖的主要成分，我国在公元前12世纪就能制作，食品工业中麦芽糖用作膨松剂、填充剂和稳定剂。淀粉是食品、医药、化工、纺织工业的重要原料，变性淀粉有着更为广阔的应用领域，例如淀粉与丙烯腈的接枝共聚物，分子内含有酰胺基和羟基，具有较强的吸水能力和可降解性，在农业、卫生、日常生活中有广泛的应用。燃料乙醇指以生物物质为原料通过生物发酵等途径获得的可作为燃料用的乙醇，我国燃料乙醇的主要原料是陈化粮和木薯、甜高粱、地瓜等淀粉质或糖质非粮作物，今后研发的重点主要集中在以木质纤维素为原料的第二代燃料乙醇技术。生物制浆是利用微生物或其酶制剂所具有的分解能力，来去除制浆原料或浆中不利于制浆的其他成分（如果胶、半纤维素、木质素、脂质等），使植物组织和纤维彼此分离的过程。

近些年来对寡糖的生物活性研究非常多，表现在免疫调节功能、抗肿瘤、抗病毒、抗氧化、抗凝血、抗血栓、降血糖、降血脂等多种作用。寡糖作为一类新的生理活性物质，在营养与保健、疾病诊断与防治等方面的应用有着极大潜力。

纤维素及其衍生物有许多重要的应用。纤维素作为细胞壁的支撑和保护物质，可使细胞有足够的韧性和刚性，在生物化学和生物工程研究中是很有价值的载体材料。纤维素中的羟基可进行醚化和酯化反应，生成纤维素醚和纤维素酯，如甲基纤维素、乙基纤维素、羟甲基纤维素、硝酸纤维素、醋酸纤维素等，在纺织、涂料、造纸、胶片、复合材料（如玻璃纤维、碳纤维、钢纤维、聚丙烯纤维等方面）有重要的应用。

壳聚糖通过分子中的氨基和羟基可以一些重金属离子形成稳定的化合物，用于吸附分离相应的金属离子，如 Hg^{2+}、Cu^{2+}、Au^{2+}、Ag^+ 等。壳多糖和壳聚糖通过络合及离子交换作用，可对蛋白质、氨基酸、核酸、酚类、卤素以及某些染料等进行吸附，极具应用潜力。目前壳多精和壳聚糖已经在医药、化工、环境、纺织、食品等领域显示出良好的应用前景。

蛋白多糖是由糖胺聚糖通过共价键连接于核心蛋白而形成的复合物，是一种以较长而不分支的糖胺聚糖为主体，在糖的某些部位共价结合若干肽链而生成的复合物。存在于动物的结缔组织中，构成细胞间的基质，由结缔组织特化细胞或纤维细胞和软骨细胞产生。其主要功能是作为结缔组织的纤维成分（胶原和弹性蛋白）埋置或被覆的基质，也可当作垫组织使关节滑润。

第 2 节　糖的分解代谢

多糖和寡糖均需在酶的催化下降解成单糖，才能进入分解代谢途径。动、植物通过淀粉酶或淀粉磷酸化酶水解淀粉（糖原）生成葡萄糖。含有纤维素酶的微生物水解纤维素生成葡萄糖。蔗糖、乳糖等寡糖经水解和异构化成葡萄糖。然后葡萄糖再通过不同途径进一步氧化分解，并在分解过程中释放出能量，供生命活动之需。在分解过程中形成的某些中间产物又可作为合成蛋白质和脂肪的原料。

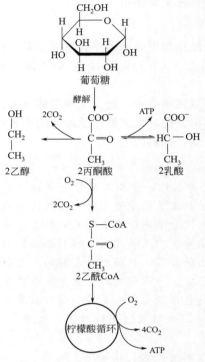

图 6-6　葡萄糖的分解代谢

糖分解代谢的重要途径包括：酵解途径（EMP）、柠檬酸循环（又称三羧酸循环，TCA）、磷酸戊糖途径（HMS）。葡萄糖经糖酵解-三羧酸循环氧化分解产生 CO_2 和 NADH、$FADH_2$；NADH、$FADH_2$ 可进入呼吸链被彻底氧化产生 H_2O 并释放大量能量。磷酸戊糖途径则生成 CO_2 和 NADPH，NADPH 是生物合成代谢反应的还原剂。这些途径在能量代谢中起着重要的作用，同时这些代谢途径还参与其他类型分子，如氨基酸和脂的形成和降解。

图 6-6 给出了糖酵解和柠檬酸循环之间的关系。在酵解途径中葡萄糖转化为丙酮酸，丙酮酸有三条主要的去路：①在大多数情况下，丙酮酸可以氧化脱羧形成乙酰 CoA，然后乙酰 CoA 进入柠檬酸循环；②在某些微生物中，丙酮酸可以转化为乙醇，这一过程称为酒精发酵；③丙酮酸的第三条去路是在某些环境条件下（如缺氧），可逆地还原为乳酸。

一、糖酵解

11

糖酵解是葡萄糖经 1,6-二磷酸果糖和 3-磷酸甘油酸转变为丙酮酸，同时产生 ATP 的一系列反应。糖酵解是动物、植物以及微生物中葡萄糖分解产生能量的共同代谢途径，这一过程无论在有氧或厌氧的条件下均可进行。糖酵解作用进行的场所是细胞质。

糖酵解途径涉及十个酶催化反应，途径中的酶都位于细胞质中，一分子葡萄糖通过该途径被转换成两分子丙酮酸（图 6-7）。全部过程从葡萄糖开始，为了叙述方便，这 10 个步骤可划分为四个阶段：己糖的磷酸化、磷酸己糖的裂解、氧化脱氢及第一个 ATP 的生成、丙酮酸及第二个 ATP 的生成。

1. 己糖的磷酸化

在第一阶段中，通过两次磷酸化反应，将葡萄糖活化为 1,6-二磷酸果糖，为裂解成 2 分子磷酸丙糖作准备。这一阶段共消耗 2 分子 ATP，可称为耗能的糖活化阶段，包括 3 步反应：

（1）葡萄糖的磷酸化　葡萄糖由己糖激酶催化，消耗一分子 ATP，形成 6-磷酸葡萄糖（G-6-P），己糖激酶是从 ATP 转移磷酸基团到各种六碳糖上去的酶，此酶催化的反应不可

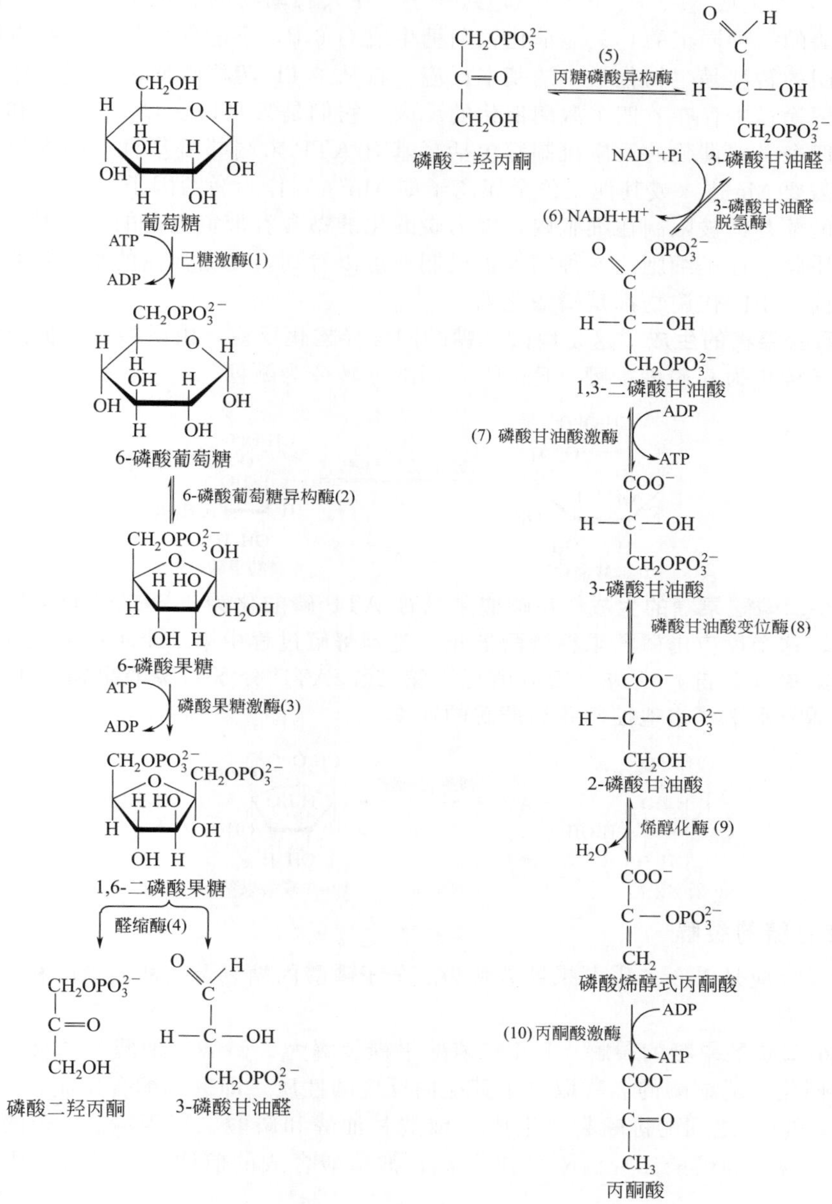

图 6-7　葡萄糖酵解过程

逆。这是糖酵解途径中的第一个限速步骤。糖原在糖原磷酸化酶的催化下，生成 1-磷酸葡萄糖，再经磷酸葡萄糖变位酶的催化，也能产生 6-磷酸葡萄糖。

己糖激酶除催化葡萄糖（G）生成 G-6-P 以外，也能催化甘露糖（M）、果糖（F）和半

乳糖（Gal）分别生成 M-6-P、F-6-P 和 Gal-6-P。在人和动物的肝脏中的葡萄糖激酶（实际上是己糖激酶的一种同工酶）只能催化葡萄糖生成 G-6-P，不能催化其他己糖的磷酸化。

磷酸基团的转移是生物化学中的基本反应。将从 ATP 转移磷酸基团到受体上的酶称为激酶。在酵解途径中存在着四个激酶催化的反应，它们是第（1）、（3）、（7）和（10）步反应，所有这四个激酶催化的反应机制都包括羟基对 ATP 末端邻酰基直接的亲核攻。所有激酶的活性都需要 Mg^{2+}（或其他二价金属离子如 Mn^{2+}）作为激活因子。

磷酸化的葡萄糖被限制在细胞内，因为磷酸化的糖含有带负电荷的邻酰基，可防止糖分子再次通过质膜，这是细胞的一种糖保护机制。可以看到，在糖代谢的整个过程中，直至净合成能量之前，中间代谢物都是磷酸化的。

（2）6-磷酸果糖的生成　这是磷酸己糖的同分异构化反应，由磷酸葡萄糖异构酶催化 6-磷酸葡萄糖异构化为 6-磷酸果糖（F-6-P），即醛糖转变为酮糖。

6-磷酸葡萄糖　磷酸葡萄糖异构酶　6-磷酸果糖

（3）1,6-二磷酸果糖的生成　6-磷酸果糖被 ATP 磷酸化为 1,6-二磷酸果糖，即第二个磷酸化反应，这个反应由磷酸果糖激酶催化，是糖酵解过程中第二个不可逆反应，也是糖酵解的第二个限速（关键）反应，反应消耗了第二个 ATP 分子。磷酸果糖激酶是一种变构酶，此酶的活力水平严格地控制着糖酵解的速率。

6-磷酸果糖　+ ATP　磷酸果糖激酶　1,6-二磷酸果糖　+ ADP

2. 磷酸己糖的裂解

第二阶段反应是 1,6-二磷酸果糖裂解为 2 分子磷酸丙糖以及磷酸丙糖的相互转化，此阶段包括 2 步反应。

（4）1,6-二磷酸果糖的裂解　1,6-二磷酸果糖裂解为 3-磷酸甘油醛和磷酸二羟丙酮，反应由醛缩酶催化。醛缩酶的名称取自于其逆向反应的性质，即醛醇缩合反应。在醛缩酶的作用下，使 C3 和 C4 之间的键断裂，生成 3-磷酸甘油醛和磷酸二羟丙酮。3-磷酸甘油醛进一步进行酵解反应，而磷酸二羟丙酮可作为 α-甘油磷酸合成的前体，或者转化成 3-磷酸甘油醛进行酵解。

该反应本身在热力学上不利于向右进行（$\Delta G^{\ominus'} = +23.85 \text{kJ/mol}$），而有利于缩合反应。但在正常生理条件下，由于 3-磷酸甘油醛在下一阶段的反应中不断被氧化消耗，使细胞中 3-磷酸甘油醛的浓度大大降低，从而驱动反应向裂解方向进行。

1,6-二磷酸果糖　醛缩酶　磷酸二羟丙酮　3-磷酸甘油醛

（5）磷酸丙糖的同分异构化　磷酸二羟丙酮可以在丙糖磷酸异构酶的催化下迅速异构化为 3-磷酸甘油醛，3-磷酸甘油醛可以直接进入糖酵解的后续反应。实际上等于一分子的 1,6-

二磷酸果糖裂解生成了能进一步酵解的两分子的 3-磷酸甘油醛。

酵解进行到这一步时，一分子葡萄糖被裂解成两分子的 3-磷酸甘油醛。通过放射性同位素追踪实验发现，一分子 3-磷酸甘油醛中的 C1、C2 和 C3 分别来自于葡萄糖分子中 C4、C5 和 C6，而另一分子的 3-磷酸甘油醛（由磷酸二羟丙酮转换来的）C1、C2 和 C3 分别来自于葡萄糖分子中 C3、C2 和 C1。也就是说，葡萄糖分子中的 C4 和 C3 转换成了 3-磷酸甘油醛中的 C1，而 C5 和 C2 变成了 3-磷酸甘油醛的 C2、C6 和 C1 变成了 3-磷酸甘油醛的 C3。

虽然该反应的平衡趋于向左进行，但由于 3-磷酸甘油醛有效地进入后续反应而不断被消耗利用，因此反应仍向右进行。如果缺少此酶，将只有一半的丙糖磷酸（即 3-磷酸甘油醛）进行酵解，磷酸二羟丙酮将堆积，所以这个反应很重要。

3. 氧化脱氢及第一个 ATP 的生成

在第三阶段中，3-磷酸甘油醛氧化脱氢，释放能量，产生第一个 ATP 分子，包括 2 步反应。

（6）1,3-二磷酸甘油酸的生成　在有 NAD^+ 和 H_3PO_4 时，3-磷酸甘油醛被 3-磷酸甘油醛脱氢酶催化，进行氧化脱氢，生成 1,3-二磷酸甘油酸。

该反应是糖酵解中唯一的一次氧化还原反应，同时又是磷酸化反应。在这步反应中产生了一个高能磷酸化合物，C1 上的醛基变成酰基磷酸，它是磷酸与羧酸的混合酸酐，具有转移磷酸基团的高势能。形成酸酐所需的能量来自于醛基的氧化。通过此反应，NAD^+ 被还原为 NADH。

3-磷酸甘油醛脱氢酶是由 4 个相同亚基组成的四聚体，可与 NAD^+ 牢固结合。亚基的第 149 位半胱氨酸残基的—SH 基是活性基团，能特异地结合 3-磷酸甘油醛。碘乙酸可与 3-磷酸甘油醛脱氢酶的—SH 基反应，因此能抑制 3-磷酸甘油醛脱氢酶的活性，是一种强的糖酵解抑制剂。

$$E—SH+ICH_2COO^- \longrightarrow ES—CH_2COO^- +HI$$

（7）3-磷酸甘油酸和第一个 ATP 的生成　磷酸甘油酸激酶催化 1,3-二磷酸甘油酸分子 C1 上高能磷酸基团到 ADP 上，生成 3-磷酸甘油酸和 ATP。

反应（6）和（7）联合作用，将一个醛氧化为一个羧酸的反应与 ADP 磷酸化生成 ATP 偶联在一起。通过从一个高能化合物（如 1,3-二磷酸甘油酸）将磷酰基转移给 ADP 形成

ATP 的过程称为底物水平磷酸化，即 ATP 的形成直接与一个代谢中间物上的磷酰基转移相偶联的作用。底物水平磷酸化不需要氧，是酵解中形成 ATP 的机制。这是糖酵解中第一次产生能量 ATP 的反应，反应是可逆的。

因为 1 分子葡萄糖分解为 2 分子的三碳糖，实际产生 2 分子 ATP，这样就抵消了在第一阶段中葡萄糖的磷酸化所消耗的 2 分子 ATP。

4. 丙酮酸及第二个 ATP 的生成

第四阶段包括 3 个步骤，最后生成丙酮酸和第二分子 ATP。

(8) 3-磷酸甘油酸异构化为 2-磷酸甘油酸 磷酸甘油酸变位酶催化 3-磷酸甘油酸 C3 上的磷酸基团转移到分子内的 C2 原子上，生成 2-磷酸甘油酸。该反应实际是分子内的重排，磷酸基团位置的移动。

$$
\begin{array}{c}
COO^- \\
| \\
H-C-OH \\
| \\
CH_2OPO_3^{2-} \\
\text{3-磷酸甘油酸}
\end{array}
\xrightleftharpoons{\text{磷酸甘油酸变位酶}}
\begin{array}{c}
COO^- \\
| \\
H-C-OPO_3^{2-} \\
| \\
CH_2OH \\
\text{2-磷酸甘油酸}
\end{array}
$$

(9) 磷酸烯醇式丙酮酸的生成 在有 Mg^{2+} 或 Mn^{2+} 存在的条件下，由烯醇化酶催化 2-磷酸甘油酸脱去一分子水，生成磷酸烯醇式丙酮酸 (PEP)。

$$
\begin{array}{c}
COO^- \\
| \\
H-C-OPO_3^{2-} \\
| \\
CH_2OH \\
\text{2-磷酸甘油酸}
\end{array}
\xrightarrow{\text{烯醇化酶}}
\begin{array}{c}
COO^- \\
| \\
C-OPO_3^{2-} \\
\| \\
CH_2 \\
\text{磷酸烯醇式丙酮酸}
\end{array} + H_2O
$$

这一脱水反应，使分子内部能量重新分布，C2 上的磷酸基团转变为高能磷酸基团，因此，磷酸烯醇式丙酮酸是高能磷酸化合物，而且非常不稳定。

(10) 丙酮酸和第二个 ATP 的生成 在 Mg^{2+} 或 Mn^{2+} 的参与下，丙酮酸激酶催化磷酸烯醇式丙酮酸的磷酸基团转移到 ADP 上，生成烯醇式丙酮酸和 ATP。而烯醇式丙酮酸很不稳定，迅速重排形成丙酮酸。

$$
\begin{array}{c}
COO^- \\
| \\
C-OPO_3^{2-} \\
\| \\
CH_2 \\
\text{磷酸烯醇式丙酮酸}
\end{array}
\xrightarrow[\text{丙酮酸激酶}]{ADP \quad ATP}
\begin{array}{c}
COO^- \\
| \\
C=O \\
| \\
CH_3 \\
\text{丙酮酸}
\end{array}
$$

这是糖酵解过程中第二次产生能量 ATP 的反应，ATP 的生成方式也是底物水平磷酸化。而且这步反应是细胞质中进行糖酵解的第三个不可逆反应。

酵解进行到这一步，除了净生成两分子 ATP 外，还使得两分子的 NAD^+ 还原为 NADH。糖酵解整个过程的总反应可表示为：

葡萄糖＋2ADP＋2Pi＋2NAD$^+$ ⟶ 2 丙酮酸＋2ATP＋2NADH＋2H$^+$＋2H$_2$O

在糖酵解过程的起始阶段消耗 2 分子 ATP，形成 1,6-二磷酸果糖，以后在 1,3-二磷酸甘油酸及磷酸烯醇式丙酮酸反应中各生成 2 分子 ATP。因此糖酵解过程净产生 2 分子 ATP。表 6-1 概括了糖酵解中 ATP 的消耗和产生。

如果糖酵解是从糖原开始的，则糖原经磷酸解后生成 1-磷酸葡萄糖，然后再经磷酸葡萄糖变位酶催化转变为 6-磷酸葡萄糖。这样在生成 6-磷酸葡萄糖的过程中没有消耗 ATP，所以相当于每分子葡萄糖经糖酵解可净产生 3 分子 ATP。

表 6-1　糖酵解中 ATP 的消耗和产生

反　　应	酵解 1 分子葡萄糖的 ATP 变化
葡萄糖 ⟶ 6-磷酸葡萄糖	−1
6-磷酸果糖 ⟶ 1,6-二磷酸果糖	−1
2×1,3-二磷酸甘油酸 ⟶ 2×3-磷酸甘油酸	+2
2×磷酸烯醇式丙酮酸 ⟶ 2×丙酮酸	+2
净变化	+2

　　糖酵解在生物体中普遍存在，从单细胞生物到高等动植物都存在糖酵解过程。并且在无氧及有氧条件下都能进行，是葡萄糖进行有氧或无氧分解的共同代谢途径。通过糖酵解，生物体获得生命活动所需的部分能量。当生物体在相对缺氧如高原氧气稀薄或氧的供应不足如激烈运动时，糖酵解是糖分解的主要形式，也是获得能量的主要方式，但糖酵解只将葡萄糖分解为三碳化合物，释放的能量有限，因此是肌体供氧不足或有氧氧化受阻（呼吸、三羧酸循环机能障碍）时补充能量的应急措施。在供氧不足的生物体肌肉组织中，葡萄糖经无氧氧化产生的丙酮酸转变为乳酸的过程与某些厌氧微生物如某些细菌或酵母菌将葡萄糖氧化为乙醇的发酵过程基本相同，所以称为糖酵解作用。

　　此外，糖酵解途径中形成的许多中间产物，可作为合成其他物质的原料，如磷酸二羟丙酮可转变为甘油，丙酮酸可转变为丙氨酸或乙酰 CoA，后者是脂肪酸合成的原料，这样就使糖酵解与蛋白质代谢及脂肪代谢途径联系起来，实现物质间的相互转化。

二、丙酮酸的去路

　　糖酵解生成的终产物丙酮酸如何进一步分解代谢，其去路关键取决于氧的有无。在无氧条件下，丙酮酸不能进一步氧化，只能进行乳酸发酵或酒精发酵而生成乳酸或乙醇。在有氧条件下，丙酮酸先氧化脱羧生成乙酰 CoA，再经三羧酸循环和电子传递链彻底氧化为 CO_2 和 H_2O，并产生大量 ATP。

1. 丙酮酸生成乳酸

　　在许多种厌氧微生物如乳酸杆菌，或高等生物细胞供氧不足如剧烈运动的肌肉细胞中，丙酮酸被还原为乳酸，反应由乳酸脱氢酶催化，还原剂为 NADH。

$$\underset{\text{丙酮酸}}{\overset{\displaystyle COO^-}{\underset{\displaystyle CH_3}{|\ C=O\ |}}} + NADH + H^+ \xrightleftharpoons{\text{乳酸脱氢酶}} \underset{\text{乳酸}}{\overset{\displaystyle COO^-}{\underset{\displaystyle CH_3}{|\ HO-C-H\ |}}} + NAD^+$$

　　在此反应中，EMP 途径中的 3-磷酸甘油醛氧化时所形成的 NADH 在丙酮酸的还原反应中消耗掉了，使 NAD^+ 得到再生，从而维持糖酵解在无氧条件下继续不断地运转。如果 NAD^+ 不能再生，那么糖酵解进行到 3-磷酸甘油醛就不能再向下进行，也就没有 ATP 的产生。葡萄糖转变为乳酸的总反应为：

$$葡萄糖 + 2Pi + 2ADP \longrightarrow 2\ 乳酸 + 2ATP + 2H_2O$$

　　动物、植物及微生物都可进行乳酸发酵。但哺乳动物体内乳酸的生成通常都是伴随着乳酸再转换为丙酮酸。在体育锻炼时肌肉中生成的乳酸被转运出肌肉，通过血液运到肝脏，然后通过肝脏的乳酸脱氢酶再转换成丙酮酸。肝脏中的丙酮酸进一步代谢需要氧。当供给组织的氧不充分时，所有的组织都可通过厌氧酵解产生乳酸，造成乳酸堆积，引起血液中乳酸水平升高，称为乳酸中毒，血液的 pH 有时会降至危险的酸性水平。乳酸是一种在锻炼期间和锻炼后引起肌肉酸痛的物质。

　　乳酸发酵可用于生产奶酪、酸奶、食用泡菜及青贮饲料等。如食用泡菜的腌制就是乳酸杆菌大量繁殖，产生乳酸积累导致酸性增强，抑制了其他细菌的活动，因而使泡菜不致腐烂。

2. 丙酮酸形成乙醇

酵母在无氧条件下，将丙酮酸转变为乙醇和 CO_2，同时 NADH 被氧化成 NAD^+。这一过程涉及两个反应：首先在丙酮酸脱羧酶催化下，丙酮酸脱羧生成乙醛和 CO_2，第二步乙醛由 $NADH+H^+$ 还原生成乙醇同时产生氧化型 NAD^+。

由葡萄糖转变为乙醇的过程称为酒精发酵（alcoholic fermentation），这一无氧过程的净反应为：

$$葡萄糖+2Pi+2ADP+2H^+ \longrightarrow 2\,乙醇+2CO_2+2ATP+2H_2O$$

在乙醛生成乙醇的过程中，NAD^+ 也得到再生，可用于 3-磷酸甘油醛的氧化。酒精发酵也存在于真菌和缺氧的植物器官中。如甘薯在长期淹水供氧不足时，块根进行无氧呼吸，产生乙醇而使块根具有酒味。

上述反应在酿造啤酒和制造面包时起着重要作用。在啤酒厂，当丙酮酸转换成乙醇时，产生许多 CO_2 气体，CO_2 气体被灌装于啤酒中用于产生气泡；在烤面包时，CO_2 能使生面团膨胀。

3. 丙酮酸生成乙酰 CoA

如果在有氧条件下，丙酮酸进入线粒体内被脱羧形成乙酰 CoA，催化此反应的酶是丙酮酸脱氢酶系。

$$丙酮酸+NAD^++CoASH \longrightarrow 乙酰\,CoA+CO_2+NADH+H^+$$

当 NADH 通过线粒体中的电子传递链把电子传递给 O_2 时，NAD^+ 就再生出来，可供此反应和 3-磷酸甘油醛的氧化反应所用。乙酰 CoA 进入三羧酸循环，被彻底氧化生成 CO_2 和 H_2O。

三、糖酵解途径中的调控

在糖酵解中，除己糖激酶、磷酸果糖激酶和丙酮酸激酶所催化的反应是不可逆反应外，其余反应都是可逆反应，因此上述三种酶催化的反应是糖酵解的控制部位，调节着糖酵解的速度，以满足细胞对 ATP 和合成原料的需要。

1. 己糖激酶

己糖激酶的变构抑制剂是其催化反应的产物 6-磷酸葡萄糖。当能量过剩时，6-磷酸葡萄糖可作为糖原合成的前体。然而当 6-磷酸葡萄糖积累和不再需要生产能量或进行糖原贮存时，即 6-磷酸葡萄糖不能快速代谢时，己糖激酶被 6-磷酸葡萄糖抑制。因此，ATP/AMP 的比值高，或柠檬酸水平高也会抑制己糖激酶的活性。

2. 磷酸果糖激酶

磷酸果糖激酶催化 6-磷酸果糖转变为 1,6-二磷酸果糖，这一反应是酵解途径的第二个别构调节部位，是糖酵解过程中最重要的调节酶，糖酵解速度主要决定于该酶活性，因此它是一个限速酶。

磷酸果糖激酶是一个四聚体的变构酶，该酶活性可通过几种途径被调节：

（1）AMP 是磷酸果糖激酶的变构激活剂，ATP 既是该酶的变构抑制剂，又是该酶作用的底物，究竟起何作用，决定于 ATP 的浓度及酶的活性中心和变构中心对 ATP 的亲和力。磷酸果糖激酶的活性中心对 ATP 的亲和力高，即 K_m 值低；而变构中心对 ATP 的亲和力低，即 K_m 值高。因此，当 ATP 浓度低时，ATP 作为底物与酶的活性中心结合，酶就发挥正常的催化功能；当 ATP 浓度高时，ATP 与酶的变构中心结合，引起酶构象改变而失活。总之，ATP 通过自身浓度的变化来影响磷酸果糖激酶的活性，从而调节糖酵解的速度。当 ATP/AMP 的比值降低时此酶的活性增高，即在细胞能荷低时，糖酵解被促进。

（2）柠檬酸也是磷酸果糖激酶的变构抑制剂，柠檬酸是丙酮酸进入三羧酸循环的第一个中间产物，当糖酵解的速度快时，柠檬酸生成多，高浓度柠檬酸与磷酸果糖激酶的变构中心结合，使酶构象改变而失活，导致糖酵解减速。当细胞中能量和作为原料的碳架都有富余时，磷酸果糖激酶的活性几乎等于零。

（3）NADH 和脂肪酸也抑制磷酸果糖激酶的活性，即机体内能量水平高，不需糖分解生成能量，该酶活性就受到抑制，从而控制糖酵解的速度。此外，磷酸果糖激酶被 H^+ 抑制，在 pH 明显下降时糖酵解速率降低。这对防止在缺氧条件下形成过量的乳酸而导致酸毒症具有重要的意义。

3. 丙酮酸激酶

1,6-二磷酸果糖既是丙酮酸激酶的激活剂，又是磷酸果糖激酶催化反应的产物，所以磷酸果糖激酶的激活自然会引起丙酮酸激酶的激活，这种类型的调控方式称为前馈激活。

丙酮酸激酶活性也受高浓度 ATP 及乙酰 CoA 等代谢物的抑制，这是产物对反应本身的反馈抑制。当 ATP 的生成量超过细胞自身需要时，通过丙酮酸激酶的变构抑制使糖酵解速度减低。所以当能荷高时，磷酸烯醇式丙酮酸生成丙酮酸的反应将受阻。

4. 巴斯德效应

巴斯德效应是在研究葡萄糖发酵时观察到的，当酵母细胞在厌氧条件下生长时，产生的乙醇和消耗的葡萄糖要比在有氧条件下生长时多得多。类似的现象也出现在肌肉中，当缺氧时，肌肉中出现乳酸堆积，但在有氧条件下则不会出现乳酸堆积现象。无论是酵母还是肌肉，在缺氧条件下葡萄糖转化为丙酮酸的速率要高得多。所以人们将氧存在下，酵解速度降低的现象称为巴斯德效应。

四、柠檬酸循环

大部分生物的糖分解代谢是在有氧条件下进行，糖的有氧分解实际上是丙酮酸在有氧条件下的彻底氧化，因此无氧酵解和有氧氧化是在丙酮酸生成以后才开始进入不同的途径。丙酮酸的氧化可分为两个阶段：丙酮酸氧化为乙酰 CoA，乙酰 CoA 的乙酰基部分经过三羧酸循环被彻底氧化为 CO_2 和 H_2O，同时释放出大量能量。

柠檬酸循环是英国生物化学家 Krebs 于 1937 年提出的。Krebs 提出：在有氧条件下，糖酵解产物丙酮酸氧化脱羧形成乙酰 CoA，乙酰 CoA 通过一个循环被彻底氧化为 CO_2，这个循环称 Krebs 循环，也称为柠檬酸循环。因为柠檬酸有三个羧基，所以也称三羧酸循环（简称 TCA 循环）。

柠檬酸循环是有氧代谢的枢纽，糖、脂肪和氨基酸的有氧分解代谢都汇集在柠檬酸循环的反应中，同时，柠檬酸循环的中间代谢物又是许多生物合成的起点。因此柠檬酸循环既是分解代谢途径，又是合成代谢途径。该途径在动植物和微生物细胞中普遍存在，具有重要的生理意义。

柠檬酸循环中的酶分布在原核生物细胞质和真核生物的线粒体中。因为细胞质中通过酵解生成的丙酮酸可以进入柠檬酸循环，但必须首先转换成乙酰 CoA。在真核生物中，丙酮酸首先要转运到线粒体内，然后才能进行转换乙酰 CoA 的反应。

1. 丙酮酸的氧化脱羧

丙酮酸转化为乙酰 CoA 和 CO_2，都是由一些酶和辅酶构成的丙酮酸脱氢酶系催化的，总反应为：

$$\underset{\text{丙酮酸}}{\underset{|}{\overset{COO^-}{\underset{CH_3}{\overset{|}{C=O}}}}} + CoASH + NAD^+ \xrightarrow[\text{丙酮酸脱氢酶系}]{\text{硫辛酸、TPP、} \atop \text{FAD、Mg}^{2+}} \underset{\text{乙酰CoA}}{\underset{|}{\overset{SCoA}{\underset{CH_3}{\overset{|}{C=O}}}}} + CO_2 + NADH + H^+$$

丙酮酸脱氢酶系是一个多酶复合体，位于线粒体内膜上，由丙酮酸脱氢酶（E1）、二氢硫辛酸转乙酰酶（E2）和二氢硫辛酸脱氢酶（E3）三种酶组成，在多酶复合体中还包含有硫胺素焦磷酸（TPP）、硫辛酸、CoASH、FAD、NAD^+ 和 Mg^{2+} 六种辅助因子。下面给出丙酮酸脱氢酶系催化丙酮酸转化为乙酰 CoA 和 CO_2 的反应过程。

（1）E1 催化丙酮酸脱羧，将剩下的二碳片段转移到 E2 的组成成分硫辛酰胺上。

丙酮酸首先与 E1 的辅基硫胺素焦磷酸（TPP）反应，释放出 CO_2 后，生成羟乙基 TPP。

$$\underset{\text{丙酮酸}}{\underset{|}{\overset{COO^-}{\underset{CH_3}{\overset{|}{C=O}}}}} + TPP \xrightarrow[Mg^{2+}]{\text{丙酮酸脱氢酶系}} \underset{\text{羟乙基TPP}}{H_3C-\overset{\overset{OH}{|}}{C}H-TPP} + CO_2$$

二氢硫辛酸转乙酰酶催化，使连在 TPP 上的羟基被氧化，形成乙酰基，并转移到硫辛酸上，形成乙酰硫辛酸。

$$H_3C-\overset{\overset{OH}{|}}{C}H-TPP + \underset{\text{硫辛酸}}{\overset{S}{\underset{S}{\big\rangle}}\!\!\overset{R}{\diagdown}} \xrightarrow{\text{二氢硫辛酸转乙酰酶}} \underset{\text{乙酰硫辛酸}}{H_3C-\overset{\overset{O}{\|}}{C}-S\diagup\!\!\overset{R}{\underset{HS}{\diagdown}}} + TPP$$

（2）辅酶 A 与乙酰硫辛酸中的乙酰基反应生成乙酰 CoA，并释放出二氢硫辛酸。

$$\underset{\text{乙酰硫辛酸}}{H_3C-\overset{\overset{O}{\|}}{C}-S\diagup\!\!\overset{R}{\underset{HS}{\diagdown}}} + CoASH \xrightarrow{\text{二氢硫辛酸转乙酰酶}} \underset{\text{乙酰CoA}}{\underset{|}{\overset{SCoA}{\underset{CH_3}{\overset{|}{C=O}}}}} + \underset{\text{二氢硫辛酸}}{\overset{HS}{\underset{HS}{\big\rangle}}\!\!\overset{R}{\diagdown}}$$

（3）由 E3 催化，将二氢硫辛酸脱氢氧化，使硫辛酸再生，带有硫辛酸的 E2 再参与下一轮反应。此酶以 FAD 作为辅基，FAD 使二氢硫辛酸氧化，同时辅基本身被还原成 $FADH_2$，然后，$FADH_2$ 再使 NAD^+ 还原，生成 NADH 和 FAD。

$$\underset{\text{二氢硫辛酸}}{\overset{HS}{\underset{HS}{\big\rangle}}\!\!\overset{R}{\diagdown}} + FAD \xrightarrow{\text{二氢硫辛酸脱氢酶}} \underset{\text{硫辛酸}}{\overset{S}{\underset{S}{\big\rangle}}\!\!\overset{R}{\diagdown}} + FADH_2$$

丙酮酸转化为乙酰 CoA 的反应实际上不是柠檬酸循环中的反应，而是酵解和柠檬酸循环之间的桥梁，真正进入柠檬酸循环的是丙酮酸脱羧生成的乙酰 CoA。

乙酰 CoA 和 NADH 是丙酮酸脱氢酶系的抑制剂，NAD^+ 和 CoASH 则是丙酮酸脱氢酶系的激活剂。

2. 柠檬酸循环的酶促反应

由丙酮酸形成的乙酰 CoA 或者其他代谢途径（如脂肪酸或氨基酸的分解代谢途径）产生的乙酰 CoA 可以通过柠檬酸循环氧化，被彻底氧化为 CO_2 和 H_2O。

柠檬酸循环的过程是乙酰 CoA 与草酰乙酸缩合生成柠檬酸，经过柠檬酸循环，释放出两分子 CO_2，并重新转化为草酰乙酸，用于下一轮与新进入循环的乙酰 CoA 的缩合反应。用同位素 ^{13}C 和 ^{14}C 分别标记乙酰 CoA 中的甲基及羧基，发现第一轮循环释放的两个 CO_2 分子均不含 ^{13}C 和 ^{14}C。这说明循环产生的 CO_2 不是直接来自乙酰 CoA，新进入柠檬酸循环的那两个碳变成了对称的四碳分子琥珀酸中的两个碳了。这个对称分子中的上下两部分碳原子从化学上看是等价的，所以来自乙酰 CoA 的两个碳均匀地分布在琥珀酸分子中。

从柠檬酸循环可以看出，循环中生成了许多还原型辅酶 NADH 和 $FADH_2$，这些辅酶将通过电子传递链被氧化，导致氧化磷酸化的发生，生成大量的 ATP。这表明，柠檬酸循环中释放的大部分能量是以还原型辅酶的形式贮存的。柠檬酸循环在细胞的线粒体基质中进行（图 6-8）。

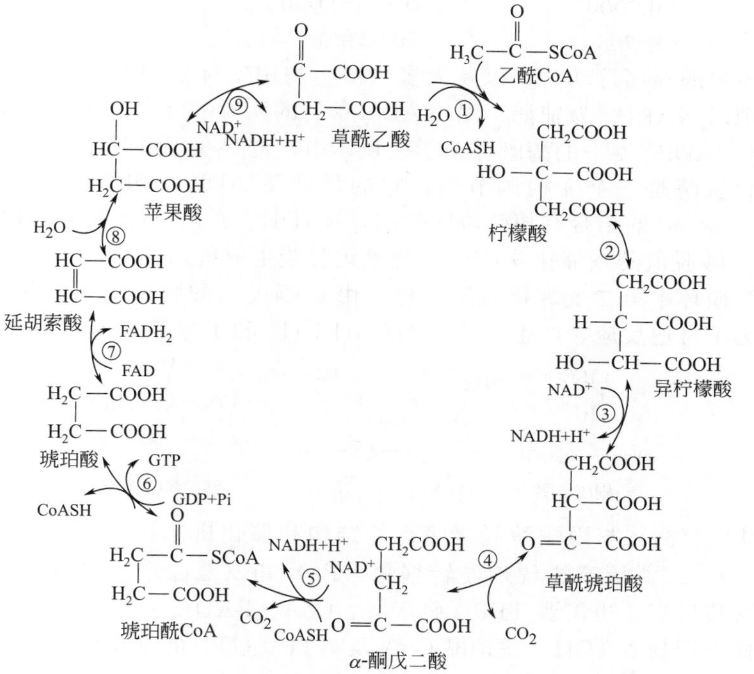

图 6-8　柠檬酸循环概括图
①柠檬酸合成酶；②顺乌头酸酶；③、④异柠檬酸脱氢酶；⑤α-酮戊二酸脱氢酶系；
⑥琥珀酰 CoA 合成酶；⑦琥珀酸脱氢酶；⑧延胡索酸酶；⑨苹果酸脱氢酶

① 柠檬酸合成酶催化乙酰 CoA 与草酰乙酸缩合生成柠檬酸。

这是柠檬酸循环的第一个反应，在柠檬酸合成酶的催化下，乙酰 CoA 与草酰乙酸缩合生成柠檬酸。

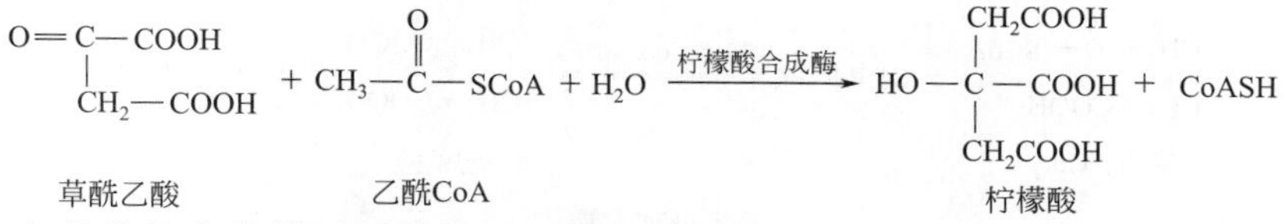

② 顺乌头酸酶催化柠檬酸异构化生成异柠檬酸。

柠檬酸由顺乌头酸酶催化脱水，形成 C ═C 双键，然后，还是在顺乌头酸酶催化下，加水生成异柠檬酸。

柠檬酸　　　　　　　　顺乌头酸　　　　　　　　异柠檬酸

③、④ 异柠檬酸脱氢酶催化异柠檬酸氧化脱羧生成 α-酮戊二酸和 CO_2。

柠檬酸循环中包括 4 个氧化还原步骤，异柠檬酸氧化脱羧是第一个氧化还原反应。该反应是在异柠檬酸脱氢酶的催化下，异柠檬酸脱氢，使 NAD^+ 还原为 $NADH+H^+$，并生成一个不稳定的中间产物——草酰琥珀酸，草酰琥珀酸经非酶催化的脱羧作用生成 α-酮戊二酸和 CO_2，反应是不可逆的。

异柠檬酸　　　　　　　　草酰琥珀酸　　　　　　　　α-酮戊二酸

异柠檬酸脱氢酶在高等动植物以及大多数微生物中实际发现有两种，一种以 NAD^+ 为辅酶，另一种则以 $NADP^+$ 为辅酶。对 NAD^+ 专一的酶存在于线粒体中，需要有 Mg^{2+} 或 Mn^{2+} 激活；对 $NADP^+$ 专一的酶既存在于线粒体中，也存在于细胞质中。

异柠檬酸脱氢酶是一个变构调节酶，它的活性受 ADP 变构激活。该酶与异柠檬酸、Mg^{2+}、NAD^+、ADP 的结合有相互协同作用，NADH、ATP 对该酶起变构抑制作用。

⑤ α-酮戊二酸脱氢酶系催化 α-酮戊二酸氧化脱羧生成琥珀酰 CoA。

这是柠檬酸循环中第二个氧化脱羧反应，由 α-酮戊二酸脱氢酶系催化，该步反应释放出大量能量，为不可逆反应，产生 1 分子 $NADH+H^+$ 和 1 分子 CO_2。

α-酮戊二酸　　　　　　　　　　　　琥珀酰CoA

α-酮戊二酸脱氢酶系与丙酮酸脱氢酶系的结构和催化机制相似，由 α-酮戊二酸脱氢酶（E1，含有 TPP）、二氢硫辛酰琥珀酰转移酶（E2）和二氢硫辛酸脱氢酶（E3）三种酶组成；都是氧化脱羧反应，也需要 TPP、硫辛酸、CoA、FAD、NAD^+ 及 Mg^{2+} 六种辅助因子的参与；并同样受产物 NADH、琥珀酰 CoA 及 ATP、GTP 的反馈抑制。

⑥ 琥珀酰 CoA 合成酶催化底物水平磷酸化。

琥珀酰 CoA 合成酶催化琥珀酰 CoA 转化为琥珀酸。琥珀酰 CoA 含有一个高能硫酯键，是高能化合物，在琥珀酰 CoA 合成酶催化下，高能硫酯键水解释放的能量使 GTP 或 ATP 合成，同时生成琥珀酸。在哺乳动物中合成的是 GTP，而在植物和一些细菌中合成的是 ATP。

GTP 的磷酸基团通过核苷二磷酸激酶可以被转移给 ADP 形成 ATP。这是三羧酸循环中唯一的底物水平磷酸化直接产生高能磷酸化合物的反应。

琥珀酰CoA　　　　　　　　　　　　　琥珀酸

$$GTP + ADP \xrightarrow{核苷二磷酸激酶} GDP + ATP$$

⑦ 琥珀酸脱氢酶催化琥珀酸脱氢生成延胡索酸。

这是柠檬酸循环中的第三步氧化还原反应。在琥珀酸脱氢酶的催化下，琥珀酸被氧化脱氢生成延胡索酸（反丁烯二酸），酶的辅基 FAD 是氢受体。

$$\begin{array}{c} CH_2-COOH \\ | \\ CH_2-COOH \end{array} + FAD \xrightarrow{琥珀酸脱氢酶} \begin{array}{c} CH-COOH \\ || \\ CH-COOH \end{array} + FADH_2$$

琥珀酸   延胡索酸

底物类似物丙二酸、戊二酸等是琥珀酸脱氢酶的竞争性抑制剂。丙二酸结构类似于琥珀酸，也是二羧酸，可以与琥珀酸脱氢酶的活性部位的碱性氨基酸残基结合，但由于丙二酸不能被氧化，使得循环反应不能继续进行。所以在分离的线粒体和细胞匀浆液中加入丙二酸后，会引起琥珀酸、α-酮戊二酸和柠檬酸的堆积，这是研究柠檬酸循环反应顺序的早期证据。

⑧ 延胡索酸酶催化延胡索酸加水生成苹果酸。

$$\begin{array}{c} CH-COOH \\ || \\ CH-COOH \end{array} + H_2O \xrightarrow{延胡索酸酶} \begin{array}{c} HO-CH-COOH \\ | \\ CH_2-COOH \end{array}$$

延胡索酸   苹果酸

⑨ 苹果酸脱氢酶催化苹果酸氧化生成草酰乙酸，完成一轮柠檬酸循环。

这是柠檬酸循环中的第四次氧化还原反应，也是循环的最后一步反应。在苹果酸脱氢酶的催化下，苹果酸氧化脱氢生成草酰乙酸，NAD^+ 是氢受体。

$$\begin{array}{c} HO-CH-COOH \\ | \\ CH_2-COOH \end{array} + NAD^+ \xrightarrow{苹果酸脱氢酶} \begin{array}{c} O=C-COOH \\ | \\ CH_2-COOH \end{array} + NADH$$

苹果酸   草酰乙酸

3. 柠檬酸循环的总结

在柠檬酸循环的总反应中，对于进入循环的每个乙酰 CoA 都可以产生 3 分子 NADH、1 分子 $FADH_2$、1 分子 GTP 或 ATP：

乙酰 CoA＋3NAD$^+$＋FAD＋GDP(或 ADP)＋Pi＋2H$_2$O ⟶

2CO$_2$＋3NADH＋3H$^+$＋FADH$_2$＋GTP(或 ATP)＋CoASH、

NADH 和 FADH$_2$ 通过线粒体内膜上的电子传递链可以被氧化，同时通过氧化磷酸化生成 ATP。

在酵解过程中，甘油醛脱氢酶催化的反应中生成 2 分子 NADH，由于这两个 NADH 位于胞液中（酵解是在胞液中进行的），而真核生物中的电子传递链位于线粒体，这两个 NADH 可以通过苹果酸穿梭途径和甘油磷酸穿梭途径进入线粒体。一分子 NADH 经苹果酸穿梭途径进入线粒体可产生 3 分子 ATP，而通过甘油磷酸穿梭途径可以产生 2 分子 ATP。但在绝大多数情况下，都是经过苹果酸穿梭途径进入线粒体的。

柠檬酸循环是糖、脂肪、氨基酸降解产生的乙酰 CoA 最后氧化阶段，如果将酵解阶段也考虑在内，1 分子葡萄糖的降解可以产生多少 ATP 呢？1 分子葡萄糖酵解可以净产生 2 分子 ATP 和 2 分子丙酮酸，而 2 分子丙酮酸转化为 2 分子乙酰 CoA，可产生 2 分子 NADH，经氧化磷酸化可产生 6 或 4 分子 ATP，2 分子乙酰 CoA 经柠檬酸循环可生成 24 分子 ATP，所以共产生 38 或 36 分子 ATP。一分子葡萄糖降解产生的总 ATP 数量列于表 6-2。

4. 三羧酸循环的生物学意义

生物界中的动物、植物及微生物都普遍存在三羧酸循环途径，所以三羧酸循环具有普遍的生物学意义。

（1）三羧酸循环是机体将糖或其他物质氧化而获得能量的最有效方式。在糖代谢中，糖经此途径氧化产生的能量最多。每分子葡萄糖经有氧氧化生成 H_2O 和 CO_2 时，可净生成 38 分子 ATP（或 36 分子 ATP）。

表 6-2　一分子葡萄糖降解产能的总结

反应阶段	反　　　　应	产能的产物	ATP的消耗	ATP的合成		净得
				底物水平	氧化	
酵解	葡萄糖——→6-磷酸葡萄糖		1			−1
	6-磷酸果糖——→1,6-二磷酸果糖		1			−1
	3-磷酸甘油醛——→1,3-二磷酸甘油酸	2NADH			2×3 或 2×2	6 或 4
	1,3-二磷酸甘油酸——→3-磷酸甘油酸	2ATP		2		2
	磷酸烯醇式丙酮酸——→丙酮酸	2ATP		2		2
丙酮酸	丙酮酸——→乙酰CoA	2NADH			2×3	6
柠檬酸循环	柠檬酸——→草酰琥珀酸	2NADH			2×3	6
	α-酮戊二酸——→琥珀酰CoA	2NADH			2×3	6
	琥珀酰CoA——→琥珀酸	2GTP(或ATP)		2		2
	琥珀酸——→延胡索酸	2FADH$_2$			2×2	4
	苹果酸——→草酰乙酸	2NADH			2×3	6
合计						38 或 36

（2）三羧酸循环是糖、脂和蛋白质三大类物质代谢与转化的枢纽。一方面此循环的中间产物如草酰乙酸、α-酮戊二酸、丙酮酸、乙酰CoA等是合成糖、氨基酸、脂肪等的原料。另一方面该循环是糖、蛋白质和脂肪彻底氧化分解的共同途径：蛋白质水解的产物如谷氨酸、天冬氨酸、丙氨酸等脱氨后或转氨后的碳架要通过三羧酸循环才能被彻底氧化；脂肪分解后的产物脂肪酸经 β-氧化后生成乙酰CoA以及甘油，也要经过三羧酸循环而被彻底氧化。因此三羧酸循环是联系三大类物质代谢的枢纽。

5. 草酰乙酸的回补反应

柠檬酸循环是绝大多数生物体主要的分解代谢途径，也是提供大量自由能的重要代谢系统，在许多合成代谢中都利用柠檬酸循环的中间产物作为生物合成的前体来源，例如 α-酮戊二酸和草酰乙酸分别是谷氨酸和天冬氨酸合成的碳架；琥珀酰CoA是卟啉环合成的前体，而卟啉是叶绿素和血红素的组成部分；柠檬酸转运至胞液后裂解成乙酰CoA可用于脂肪酸合成（图6-9）。

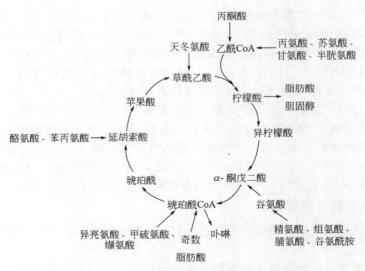

图 6-9　代谢物进出柠檬酸循环的几个部位

柠檬酸循环的中间代谢物被用于其他生物分子的合成，势必减少它在循环中的浓度，影响循环的正常进行，所以要通过回补途径来补充减少的代谢物。回补反应主要有以下几种途径。

（1）由苹果酸脱氢酶催化产生。反应如下：

$$\underset{\text{丙酮酸}}{\overset{CH_3}{\underset{COOH}{|}}{C}{=}O} + CO_2 \xrightleftharpoons[\underset{NADPH+H^+ \quad NADP^+}{}]{\text{苹果酶}} \underset{\text{苹果酸}}{\overset{CH_2-COOH}{\underset{HO-CH-COOH}{}}} \xrightleftharpoons[\underset{NAD^+ \quad NADH+H^+}{}]{\text{苹果酸脱氢酶}} \underset{\text{草酰乙酸}}{\overset{CH_2-COOH}{\underset{O=C-COOH}{}}}$$

（2）丙酮酸羧化酶催化的，由丙酮酸羧化生成草酰乙酸的反应，这个反应是哺乳动物中最重要的回补反应。

$$\underset{\text{丙酮酸}}{\overset{COO^-}{\underset{CH_3}{\overset{|}{\underset{|}{C{=}O}}}}} + CO_2 \xrightarrow[\underset{ATP \quad ADP}{\text{生物素},Mg^{2+}}]{\text{丙酮酸羧化酶}} \underset{\text{草酰乙酸}}{\overset{CH_2-COOH}{\underset{O=C-COOH}{}}} + Pi$$

丙酮酸羧化酶是一个调节酶，它被高浓度的乙酰 CoA 激活，因为乙酰 CoA 的堆积表明柠檬酸循环速度的减慢，所以循环需要更多的代谢中间物。丙酮酸羧化酶激活后可以使丙酮酸羧化加快，从而使循环中的草酰乙酸浓度升高，就可减少乙酰 CoA 的堆积，保证柠檬酸循环的进行。

（3）许多植物和某些微生物是通过磷酸烯醇式丙酮酸羧化酶催化的反应向柠檬酸循环提供草酰乙酸的。

$$\underset{\text{磷酸烯醇式丙酮酸}}{\overset{COO^-}{\underset{CH_2}{\overset{|}{\underset{||}{C-OPO_3^{2-}}}}}} + CO_2 + H_2O \xrightarrow[\underset{ATP \quad ADP}{}]{\text{磷酸烯醇式丙酮酸羧化酶}} \underset{\text{草酰乙酸}}{\overset{CH_2-COOH}{\underset{O=C-COOH}{}}} + Pi$$

磷酸烯醇式丙酮酸（PEP）在磷酸烯醇式丙酮酸羧化酶作用下生成草酰乙酸。反应在胞液中进行，生成的草酰乙酸需转变成苹果酸后经穿梭进入线粒体，然后再脱氢生成草酰乙酸。

6. 柠檬酸循环的调控

柠檬酸循环在细胞代谢中占据着中心位置，所以受到严密的调控。

循环过程的多个反应是可逆的，但柠檬酸的合成及 α-酮戊二酸的氧化脱羧这两步反应不可逆，因此整个循环只能单方向进行。柠檬酸循环中，主要有三个控制部位：

（1）柠檬酸合成酶　柠檬酸合成酶是三羧酸循环途径的关键限速酶，该酶催化乙酰CoA 和草酰乙酸生成柠檬酸。ATP 是此酶的变构抑制剂，它能提高柠檬酸合成酶对其底物乙酰 CoA 的 K_m 值，即当 ATP 水平高时，有较少的酶被乙酰 CoA 所饱和，因而合成的柠檬酸就少。而作为底物的草酰乙酸和乙酰 CoA 浓度高时，可激活柠檬酸合成酶。

（2）异柠檬酸脱氢酶　ATP 和 NADH 抑制异柠檬酸脱氢酶的活性；而 ADP 是该酶的变构激活剂，能增大此酶对底物的亲和力。

（3）α-酮戊二酸脱氢酶系　该酶受 ATP 及其所催化的反应产物琥珀酰 CoA、NADH 的抑制（图 6-10）。

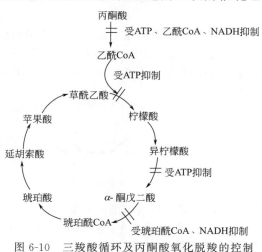

图 6-10　三羧酸循环及丙酮酸氧化脱羧的控制

总之，调节三羧酸循环的关键因素是 [NADH]/[NAD$^+$] 的比值、[ATP]/[ADP] 的比值和草酰乙酸、乙酰 CoA 等代谢物的浓度。

五、磷酸戊糖途径

生物体中，糖酵解和柠檬酸循环是糖分解代谢的主要途径，同时，还存在着其他糖代谢途径。磷酸戊糖途径（PPP），也称己糖磷酸支路（HMP 或 HMS），是另一条糖代谢途径。这个途径的主要用途是提供重要代谢物戊糖和 NADPH。戊糖主要用于核酸的生物合成，而 NADPH 是以还原力形式存在的化学能的载体，主要用于需要还原力的生物合成中。所以磷酸戊糖途径在生物合成脂肪酸、胆固醇的组织，例如乳腺、肝脏、肾上腺、脂肪等中最活跃。催化磷酸戊糖途径的所有酶都存在于胞液中，胞液是许多需要 NADPH 的生物合成的场所。

> **6-磷酸葡萄糖脱氢酶（G6PD）缺乏症**
>
> 是由于 G6PD 基因突变引起的一种 X 连锁的遗传性疾病，在世界范围内患者约有 4 亿人。1991 年美国华人 Ellson 发表了该基因的全序列，G6PD 缺乏症的检测进入了分子水平。本病常在疟疾高发区、地中海贫血和异常血蛋白病等流行地区出现，地中海沿岸、东南亚、印度、非洲和美洲黑人的发病率较高。我国分布规律呈"南高北低"的态势，长江流域以南，尤以广东、海南、广西、云南、贵州、四川等地为高发区，发生率为 4% ～ 15%，个别地区高达 40%。G6PD 缺乏症在临床上有多种 G6PD 基因变异型。诱因有：①蚕豆；②氧化药物（解热镇痛药、磺胺药、硝基呋喃类、伯氨喹、维生素 K、对氨基水杨酸等）；③感染（病原体有细菌或病毒）。

磷酸戊糖途径可分为氧化阶段和非氧化阶段：氧化阶段从 6-磷酸葡萄糖氧化开始，直接氧化脱氢脱羧形成 5-磷酸核糖；非氧化阶段是磷酸戊糖分子在转酮酶和转醛酶的催化下互变异构及重排，产生 6-磷酸果糖和 3-磷酸甘油醛，此阶段产生中间产物 C_3、C_4、C_5、C_6 和 C_7 糖。

1. 磷酸戊糖途径的过程

（1）不可逆的氧化脱羧阶段 第一阶段包括三种酶催化的 3 步反应，即脱氢、水解和脱氢脱羧反应。是不可逆的氧化阶段，由 NADP$^+$ 作为氢的受体，脱去 1 分子 CO_2，生成五碳糖。

① 6-磷酸葡萄糖氧化生成 6-磷酸葡萄糖酸内酯，产生 NADPH。

这步反应是整个磷酸戊糖途径的主要调节部位，6-磷酸葡萄糖受 NADPH 的别构抑制，通过这一简单调节，磷酸戊糖途径可以自我限制 NADPH 的生产。

② 6-磷酸葡萄糖酸内酯的水解反应。

在 6-磷酸葡萄糖酸内酯酶催化下，6-磷酸葡萄糖酸内酯水解，生成 6-磷酸葡萄糖酸。

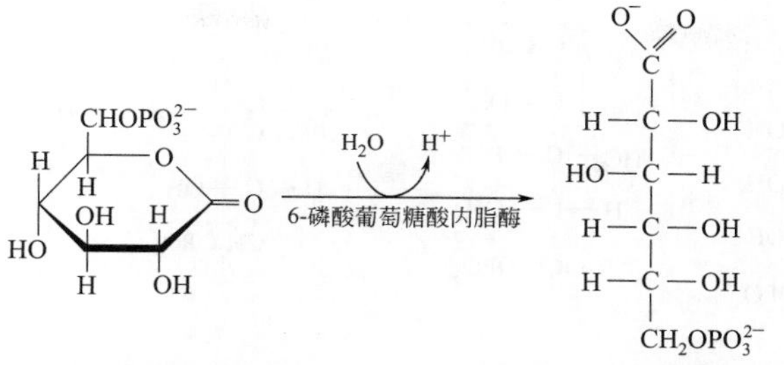

6-磷酸葡萄糖酸内酯 → 6-磷酸葡萄糖酸内脂酶 (H_2O, H^+) → 6-磷酸葡萄糖酸

③ 6-磷酸葡萄糖酸脱羧生成 5-磷酸核酮糖，又产生 NADPH。

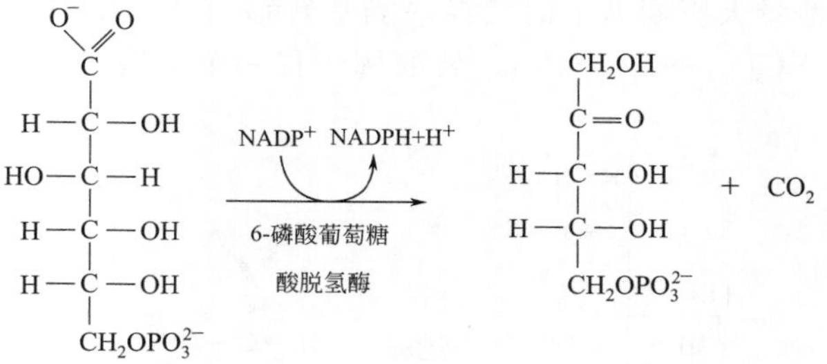

6-磷酸葡萄糖酸 → 6-磷酸葡萄糖酸脱氢酶 ($NADP^+$, $NADPH+H^+$) → 5-磷酸核酮糖 $+$ CO_2

（2）可逆的非氧化分子重排阶段　第二阶段是可逆的非氧化阶段，包括异构化、转酮反应和转醛反应，使糖分子重新组合，分五步进行。

④ 磷酸戊糖的异构化反应。5-磷酸核酮糖异构酶催化 5-磷酸核酮糖转变为 5-磷酸核糖，而 5-磷酸核酮糖差向异构酶催化 5-磷酸核酮糖转变为 5-磷酸木酮糖（图 6-11）。

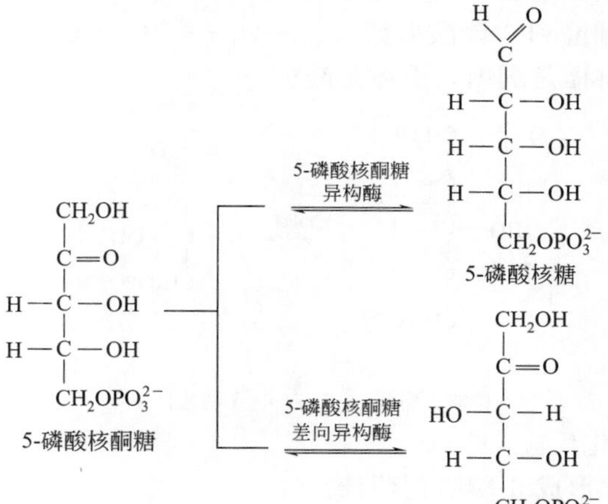

图 6-11　5-磷酸核酮糖转变为 5-磷酸核糖或 5-磷酸木酮糖

⑤ 转酮反应。

转酮酶催化 5-磷酸木酮糖上的乙酮醇基（羟乙酰基）转移到 5-磷酸核糖的第一个碳原子上，生成 3-磷酸甘油醛和 7-磷酸景天庚酮糖（$C_5+C_5 \longrightarrow C_3+C_7$）。在此，转酮酶转移一个二碳单位，二碳单位的供体是酮糖，而受体是醛糖。

转酮酶以硫胺素焦磷酸（TPP）为辅酶，其作用机理与丙酮酸脱氢酶系中的 TPP 类似。

$$\text{5-磷酸核糖} \qquad \text{5-磷酸木酮糖} \xrightarrow{\text{转酮酶}} \text{3-磷酸甘油醛} \qquad \text{7-磷酸景天庚酮糖}$$

⑥ 转醛反应。

转醛酶催化 7-磷酸景天庚酮糖上的二羟丙酮基转移给 3-磷酸甘油醛，生成 4-磷酸赤藓糖和 6-磷酸果糖（$C_7 + C_3 \longrightarrow C_4 + C_6$）。转醛酶转移一个三碳单位，三碳单位的供体是酮糖，而受体是醛糖。

$$\text{3-磷酸甘油醛} \qquad \text{7-磷酸景天庚酮糖} \xrightarrow{\text{转醛酶}} \text{4-磷酸赤藓糖} \qquad \text{6-磷酸果糖}$$

⑦ 转酮反应。

转酮酶催化 5-磷酸木酮糖上的乙酮醇基（羟乙酰基）转移到 4-磷酸赤藓糖的第一个碳原子上，生成 3-磷酸甘油醛和 6-磷酸果糖（$C_5 + C_4 \longrightarrow C_3 + C_6$）。此步反应与第 5 步相似，转酮酶转移的二碳单位供体是酮糖，受体是醛糖。

$$\text{4-磷酸赤藓糖} \qquad \text{5-磷酸木酮糖} \xrightarrow{\text{转酮酶}} \text{3-磷酸甘油醛} \qquad \text{6-磷酸果糖}$$

⑧ 磷酸己糖的异构化反应。

6-磷酸果糖经异构化形成 6-磷酸葡萄糖。

2. 磷酸戊糖途径的化学计量

如果从 6 分子 6-磷酸葡萄糖开始进入反应，那么经过第一阶段的两次氧化脱氢及脱羧后，产生 6 分子 CO_2 和 6 分子 5-磷酸核酮糖与 12 分子 $NADPH + H^+$。总反应为：

$$6 \times 6\text{-磷酸葡萄糖} + 12NADP^+ + 6H_2O \longrightarrow 6 \times 5\text{-磷酸核酮糖} + 6CO_2 + 12(NADPH + H^+)$$

在非氧化阶段反应中，6 分子 5-磷酸核酮糖经过异构化作用形成 4 分子 5-磷酸木酮糖和 2 分子 5-磷酸核糖，之后经过转酮醇酶和转醛醇酶的催化生成 4 分子 6-磷酸果糖和 2 分子 3-磷酸甘油醛。而 2 分子 3-磷酸甘油醛可以在磷酸丙糖异构酶、醛缩酶和 1,6-二磷酸果糖酯酶的催化下生成 1 分子 6-磷酸果糖。

$$6 \times 5\text{-磷酸核酮糖} + H_2O \longrightarrow 5 \times 6\text{-磷酸葡萄糖} + H_3PO_4$$

因此由 6 分子 6-磷酸葡萄糖开始，经过 6 次磷酸戊糖途径的一系列反应，可转化为 5 分子 6-磷酸果糖（可进一步转化为 6-磷酸葡萄糖）和 6 分子 CO_2，相当于 1 分子 6-磷酸葡萄糖被彻底氧化。此途径的总反应可用下式表示：

$$6\text{-磷酸葡萄糖} + 12NADP^+ + 7H_2O \longrightarrow 6CO_2 + 12NADPH + 12H^+ + Pi$$

从上式可以看出，通过磷酸戊糖途径使一个 6-磷酸葡萄糖分子全部氧化为 6 分子 CO_2，并产生 12 个具有强还原力的分子 NADPH。

3. 磷酸戊糖途径的生物学意义

磷酸戊糖途径是生物中普遍存在的一种糖代谢途径，具有多种生物学意义：

（1）产生大量的 NADPH，为细胞的各种合成反应提供还原力。$NADPH + H^+$ 作为氢和电子供体，是脂肪酸的合成，非光合细胞中硝酸盐、亚硝酸盐的还原，氨的同化，以及丙酮酸羧化还原成苹果酸等反应所必需的。

（2）磷酸戊糖途径的中间产物为许多化合物的合成提供原料。如 5-磷酸核糖是合成核苷酸的原料，也是 NAD^+、$NADP^+$、FAD 等的组分；4-磷酸赤藓糖可与糖酵解产生的中间产物磷酸烯醇式丙酮酸合成莽草酸，最后合成芳香族氨基酸。此外，核酸的降解产物核糖也需由磷酸戊糖途径进一步分解。所以磷酸戊糖途径与核酸及蛋白质的代谢联系密切。

（3）磷酸戊糖途径与光合作用有密切关系。在磷酸戊糖途径的非氧化重排阶段中，一系列中间产物 C_3、C_4、C_5、C_7 及酶类与光合作用中卡尔文循环的大多数中间产物和酶相同。

（4）磷酸戊糖途径与糖的有氧、无氧分解是相互联系的。磷酸戊糖途径中间产物 3-磷酸甘油醛是三种代谢途径的枢纽点。如果磷酸戊糖途径受阻，3-磷酸甘油醛则进入无氧或有氧分解途径；反之，如果用碘乙酸抑制 3-磷酸甘油醛脱氢酶，使糖酵解和三羧酸循环不能进行，3-磷酸甘油醛则进入磷酸戊糖途径。磷酸戊糖途径在整个代谢过程中没有氧的参与，但可使葡萄糖降解，这在种子萌发的初期作用很大；植物感病或受伤时，磷酸戊糖途径增强，所以该途径与植物的抗病能力有一定关系。糖分解途径的多样性，是物质代谢上所表现出的生物对环境的适应性。

通常，磷酸戊糖途径在机体内可与三羧酸循环同时进行，但在不同生物及不同组织器官中所占比例不同。如在植物中，有时可占 50% 以上；在动物及多种微生物中约有 30% 的葡萄糖经此途径氧化。

糖尿病是一种以糖代谢为主要表现的慢性、复杂的代谢性疾病，系胰岛素相对或绝对不足，或利用缺陷而引起。虽然糖尿病的病因和生化缺陷尚未被彻底阐明，但目前较一致的认识是：该病是一种家族性疾病，其易感性有很大的遗传因素。糖尿病的临床特征是血糖浓度持续升高，甚至出现糖尿。重症病人常伴有脂类、蛋白质代谢紊乱和水、电解质、酸碱平衡紊乱，甚至出现一系列并发症，重者可致死亡。糖尿病是临床常见病之一，我国发病率为 1% 以下。糖尿病病人代谢异常主要表现在以下四方面：①糖代谢紊乱——高血糖和糖尿；②脂类代谢紊乱——高脂血症、酮症酸中毒；③体重减轻和生长迟缓；④微血管病变、神经病变等并发症。临床上将此病分为两类。Ⅰ型又称为胰岛素依赖型糖尿病。因此种类型往往在儿童时期就发作，又称为幼年发作糖尿病。被认为是由于自身破坏了胰岛中的胰岛素分泌细胞——β细胞。Ⅰ型糖尿病和遗传有关。Ⅱ型又称为非胰岛素依赖型糖尿病，这种类型的发病往往在 40 岁以后，因此又称为成年发作糖尿病，也和遗传基础有关。这类患者主要是缺乏胰岛素受体。他们的胰岛素水平并不低，甚至高于一般水平，控制饮食就可控制病情。

第 3 节　糖的合成代谢

糖作为生物体物质组成的重要成分之一，一方面通过不同途径不断地进行分解代谢，为细胞活动及物质合成提供能源和碳源。另一方面，生物体可以通过不同途径合成各种糖。

一、蔗糖的生物合成

蔗糖在植物中分布最广，它是高等植物光合作用的重要产物，也是植物体内糖类贮藏和运输的主要形式。在高等植物体中蔗糖的合成主要有两条途径，分别由蔗糖合成酶及磷酸蔗糖合成酶催化。用于合成寡糖和多糖的葡萄糖分子，首先要转变为活化形式，该形式是糖与核苷酸相结合的化合物，称为糖核苷酸。

1. 糖核苷酸的作用

在高等植物中，是 Leloir 最早发现第一个糖核苷酸——尿苷二磷酸葡萄糖（UDPG），因此，在 1970 年 Leloir 获诺贝尔奖。后来又发现腺苷二磷酸葡萄糖（ADPG）和鸟苷二磷酸葡萄糖（GDPG）都是葡萄糖的活化形式，它们分别在寡糖和多糖的生物合成中作为葡萄糖的供体。

2. 蔗糖的生物合成途径

蔗糖在植物体内的代谢作用中占有重要地位。目前公认的植物体中蔗糖合成有两条途径：蔗糖合成酶途径和磷酸蔗糖合成酶途径。

（1）蔗糖合成酶途径　蔗糖合成酶能利用 UDPG 作为葡萄糖的供体与果糖合成蔗糖。

$$UDPG + 果糖 \xrightarrow{\text{蔗糖合成酶}} UDP + 蔗糖$$

这种酶除了可利用 UDPG 外，也可利用 ADPG、GDPG 等糖核苷酸作为葡萄糖的供体。UDPG 和 ADPG 可在相应酶的催化下生成：UDPG 是在 UDPG 焦磷酸化酶的催化下由 1-磷酸葡萄糖和 UTP 生成的，而 ADPG 是在 ADPG 焦磷酸化酶的催化下由 1-磷酸葡萄糖和 ATP 生成的。虽然蔗糖合成酶可以利用多种糖核苷酸合成蔗糖，但该途径不是蔗糖合成的主要途径。因为这个酶的作用主要是使蔗糖分解，提供 UDPG，为多糖合成提供糖基，在贮藏淀粉的组织器官中对蔗糖转变成淀粉起着重要作用。例如，正在发育的谷类作物籽粒中，蔗糖合成酶能将运输来的蔗糖分解为 UDPG 或 ADPG，然后用以合成淀粉。

$$1-磷酸葡萄糖 + UTP \xrightarrow{\text{UDPG 焦磷酸化酶}} UDPG + PPi$$

$$1-磷酸葡萄糖 + ATP \xrightarrow{\text{ADPG 焦磷酸化酶}} ADPG + PPi$$

（2）磷酸蔗糖合成酶途径　磷酸蔗糖合成酶在光合组织中活性高，其特点是只利用 UDPG 作为葡萄糖的供体。此合成途径包括两步反应，首先由 6-磷酸蔗糖合成酶催化 UDPG 与 6-磷酸果糖生成 6-磷酸蔗糖，再经磷酸酯酶作用，水解脱去磷酸基团，形成蔗糖。此途径是蔗糖生物合成的主要途径。

$$\text{UDPG} + 6\text{-磷酸果糖} \xrightarrow{6\text{-磷酸蔗糖合成酶}} \text{UDP} + 6\text{-磷酸蔗糖}$$
$$6\text{-磷酸蔗糖} + H_2O \longrightarrow \text{蔗糖} + Pi$$

蔗糖合成的可能途径见图 6-12。

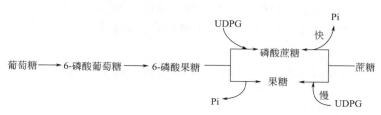

图 6-12 蔗糖合成的可能途径

（3）蔗糖磷酸化酶　蔗糖磷酸化酶可催化 1-磷酸葡萄糖和果糖合成蔗糖并生成一分子磷酸，反应是可逆的。但此途径仅存在于微生物中，在高等植物中至今未发现这种合成蔗糖的途径。

$$1\text{-磷酸葡萄糖} + \text{果糖} \xrightarrow{\text{蔗糖磷酸化酶}} \text{蔗糖} + Pi$$

二、淀粉的生物合成

植物经光合作用合成的糖大部分转化为淀粉。淀粉是植物界普遍存在的贮存多糖，禾谷类作物种子、豆类和薯类等粮食中含有大量淀粉。淀粉有直链淀粉和支链淀粉两种，对于支链淀粉来说，除了要形成 α-1，4-糖苷键，还有形成 α-1，6-糖苷键的问题。

1. 直链淀粉的生物合成

（1）淀粉磷酸化酶　淀粉磷酸化酶催化 1-磷酸葡萄糖与引子合成淀粉。动物、植物、酵母和某些微生物细菌中都有淀粉磷酸化酶存在，该酶在离体条件下催化可逆反应：

$$1\text{-磷酸葡萄糖} + (\text{引子})_n \xrightarrow{\text{淀粉磷酸化酶}} (\text{引子})_n + Pi$$

引子主要是 α-1，4-糖苷键的淀粉或葡萄多糖。引起反应的最小引子分子为麦芽三糖，即 $n \geqslant 3$。引子的功能是作 α-葡萄糖的受体，转移来的葡萄糖分子，是结合在"引物"的 C4 非还原性末端的羟基上。过去认为这是植物体内合成淀粉的反应，但植物细胞内无机磷酸浓度较高，不适宜反应向合成方向进行。因此，有人提出，淀粉磷酸化酶主要是使淀粉分解，或为其他酶提供引物，所以不是合成淀粉的主要途径。

（2）淀粉合成酶　淀粉合成酶催化 UDPG 或 ADPG 与引子合成淀粉。UDPG（或 AD-PG）在此作为葡萄糖的供体，此途径是淀粉合成的主要途径。淀粉合成酶利用 ADPG 比利用 UDPG 的效率高近 10 倍。

$$\text{ADPG} + (\text{引子})_n \xrightarrow{\text{淀粉合成酶}} (\text{引子})_n + \text{ADP}$$
$$\text{UDPG} + (\text{引子})_n \xrightarrow{\text{淀粉合成酶}} (\text{引子})_n + \text{UDP}$$

（3）D-酶　D-酶是一种糖苷转移酶，它可作用于 α-1，4-糖苷键，将一个麦芽多糖的残余键段转移到受体上。受体可以是葡萄糖、麦芽糖，或其他 α-1，4-键的多糖。例如将麦芽三糖中的 2 个葡萄糖单位转移给另一个麦芽三糖，生成麦芽五糖，反应继续进行，便可使淀粉链延长（图 6-13）。

麦芽三糖给体　麦芽三糖受体　　　麦芽五糖　　葡萄糖

图 6-13　D-酶的作用示意图

2. 支链淀粉的生物合成

支链淀粉的生物合成除了要形成 α-1，4-糖苷键，还要形成 α-1，6-糖苷键。催化 α-1，6-糖苷键形成的酶为 Q 酶。此酶能从直链淀粉的非还原端处切下一段 $6\sim7$ 个残基的寡聚糖碎片，并将其转移到一段直链淀粉的一个葡萄糖残基的 6-羟基处，形成 α-1，6-糖苷键，这样就形成分支结构。因此，Q 酶与形成 α-1，4-键的淀粉合成酶共同作用就可合成支链淀粉（图 6-14）。

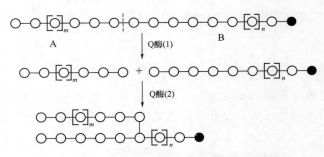

图 6-14　在 Q 酶作用下支链淀粉的形成

在反应（1）中，Q 酶将直链淀粉在虚线处切断，生成 A、B 两段直链；在反应（2）中，Q 酶将 A 段直链以 1，6-键连接到 B 段直链上，形成分支。O 表示葡萄糖残基；●表示还原性端葡萄糖残基；
—表示 1，4-连接；丨表示 1，6-连接

三、纤维素的生物合成

纤维素分子是由葡萄糖残基以 β-1，4-糖苷键连接组成的不分支的直链葡聚糖，是植物中最广泛存在的骨架多糖，构成植物细胞壁的结构。

纤维素的合成和蔗糖、淀粉一样都是以糖核苷酸作为葡萄糖的供体。催化 β-1，4-糖苷键形成的酶为纤维素合成酶，同时需要一段由 β-1，4-糖苷键连接的葡聚糖作为"引物"。

$$NDPG+（葡萄糖）_n \longrightarrow （葡萄糖）_{n+1}+NDP$$

在不同植物细胞中，糖基供体有所不同。有些植物（如玉米、绿豆、豌豆及茄子）以 GDPG 作为糖基供体；有些植物（如棉花）则以 UDPG 为糖基供体；而细菌只能利用 UDPG 为糖基供体来合成纤维素。

四、糖原生成作用

以葡萄糖为合成基本原料（其他单糖，如半乳糖和果糖等可以通过转变成磷酸葡萄糖来合成糖原），这种过程称为糖原生成作用。

由葡萄糖合成糖原过程在细胞胞液中进行，主要反应过程如下：

1. 葡萄糖 —→ 6-磷酸葡萄糖

$$葡萄糖+ATP \xrightarrow{\text{己糖激酶}} 6\text{-磷酸葡萄糖}+ADP$$

2. 6-磷酸葡萄糖 —→ 1-磷酸葡萄糖

6-磷酸葡萄糖在磷酸葡萄糖变位酶催化下，转变为 1-磷酸葡萄糖。此反应需要 1，6-二磷酸葡萄糖作为中间物。

$$6\text{-磷酸葡萄糖}+1,6\text{-二磷酸葡萄糖} \xrightleftharpoons{\text{磷酸葡萄糖变位酶}} 1\text{-磷酸葡萄糖}+1,6\text{-二磷酸葡萄糖}$$

3. 1-磷酸葡萄糖 —→ 尿苷二磷酸葡萄糖（UDPG）

1-磷酸葡萄糖在 UDPG 焦磷酸化酶催化下，与尿苷三磷酸（UTP）作用生成 UDPG。

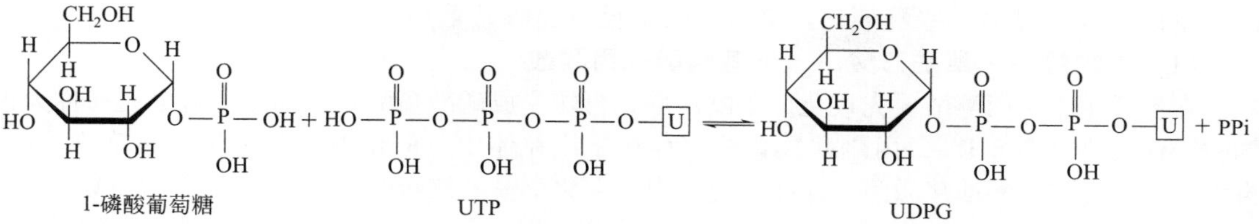

1-磷酸葡萄糖   UTP   UDPG

4. 葡萄糖直链的延长

以糖原为引物，在糖原合成酶催化下，UDPG 中的葡萄糖以 α-1，4-糖苷键与引物相连，生成比引物糖原多一个葡萄糖残基的多糖。通过不断循环，即可得到大的分子量的糖原。糖原的合成实际上是在引物上不断加长糖链。每加上一个葡萄糖残基，需要消耗 1 分子 UTP，即消耗 1 分子 ATP。

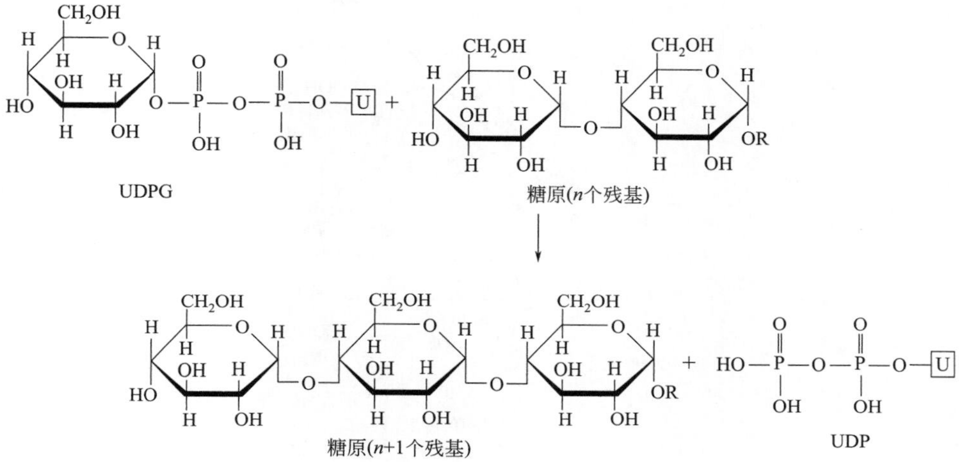

UDPG   糖原(n个残基)

糖原($n+1$个残基)   UDP

5. 糖原生成

在分支酶作用下，糖的直链形成分支，在分支处糖残基之间的连接方式为 α-（1→6）糖苷键。

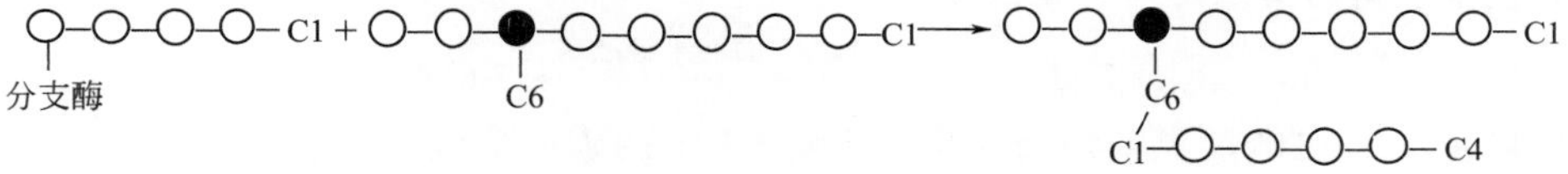

6. UDP 的再生

$$UTP + ATP \xrightarrow[Mg^{2+}]{\text{核苷二磷酸激酶}} UDP + ADP$$

五、糖异生作用

由非糖前体物质合成糖的过程，称为糖异生。肝脏是糖异生的主要器官，其次是肾。能够进行葡萄糖异生作用的非糖前体化合物有多种，如丙酮酸、草酰乙酸、乳酸、某些氨基酸以及甘油等。在剧烈运动的肌肉中，当糖酵解的速率超过三羧酸循环和呼吸链的速率时就会积累乳酸。在饥饿时，肌肉中的蛋白质分解就产生氨基酸。脂肪的水解便产生甘油和脂肪酸。

1. 糖异生作用过程

糖异生的途径基本上是糖酵解的逆行过程。糖异生和酵解两个过程中的许多中间代谢物是相同的，一些反应以及催化反应的酶也是一样的。但葡萄糖异生并不是糖酵解的简单逆转。因为在糖酵解中，由己糖激酶、磷酸果糖激酶和丙酮酸激酶催化的三步反应是不可逆的，所以必须通过另一些酶催化，绕过这三个反应步骤，葡萄糖异生作用才能顺利进行。

(1) 丙酮酸 —→ 草酰乙酸 —→ 磷酸烯醇式丙酮酸

在糖异生中，丙酮酸要先羧化成草酰乙酸，再转变成磷酸烯醇式丙酮酸，这个途径称为丙酮酸羧化支路（图 6-15）。丙酮酸羧化酶（存在于线粒体中）催化丙酮酸羧化生成草酰乙酸，再由磷酸烯醇式丙酮酸羧激酶（存在于胞质中）催化草酰乙酸转变为磷酸烯醇式丙酮酸。

$$丙酮酸 + ATP + CO_2 \xrightarrow[Mg^{2+}]{丙酮酸羧化酶} 草酰乙酸 + ADP$$

$$草酰乙酸 + GTP \xrightarrow{磷酸烯醇式丙酮酸羧激酶} 磷酸烯醇式丙酮酸 + GDP + CO_2$$

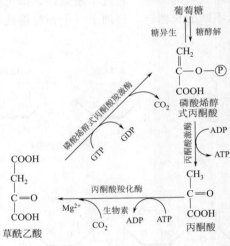

图 6-15 丙酮酸羧化支路

丙酮酸羧化酶存在于线粒体内，而糖酵解是在细胞质中进行的，因此，丙酮酸需从细胞质转移到线粒体内才能羧化成草酰乙酸，后者只有在转变为苹果酸后才能再进入细胞质。苹果酸再经细胞质中的苹果酸脱氢酶转变成草酰乙酸。

(2) 1,6-二磷酸果糖 —→ 6-磷酸果糖

$$1,6\text{-}二磷酸果糖 + H_2O \xrightarrow{1,6\text{-}二磷酸果糖酯酶} 6\text{-}磷酸果糖 + Pi$$

该反应由 1,6-二磷酸果糖酯酶催化，水解 C1 上的磷酸酯键，生成 6-磷酸果糖。

1,6-二磷酸果糖酯酶是变构酶，受 AMP 变构抑制。当生物体内 AMP 浓度很高时，说明生物体内能量缺少，需糖酵解产生能量。因此，高浓度的 AMP 抑制 1,6-二磷酸果糖酯酶的活性，不能进行糖异生作用而进行糖酵解，产生的丙酮酸进入三羧酸循环，生成大量 ATP，供给生物体能量。但该酶受 ATP、柠檬酸变构激活。

(3) 6-磷酸果糖 —→ 葡萄糖

6-磷酸果糖经酵解途径逆向变成 6-磷酸葡萄糖。

6-磷酸葡萄糖在 6-磷酸葡萄糖酯酶的催化下水解成葡萄糖。

$$6\text{-}磷酸葡萄糖 + H_2O \xrightarrow{6\text{-}磷酸葡萄糖酯酶} 葡萄糖 + Pi$$

这样一来，整个酵解途径就成为可逆的了。糖异生的主要原料是乳酸、甘油和生糖氨基酸。乳酸在乳酸脱氢酶作用下转变成丙酮酸，经上述的丙酮酸羧化支路生成糖；甘油在甘油激酶作用下转变为磷酸甘油后，经脱氢氧化成磷酸二羟丙酮，再循酵解逆过程合成糖；生糖氨基酸则通过多种渠道成为糖酵解代谢中的中间产物，然后生成糖。糖氧化与糖异生的关系见图 6-16。

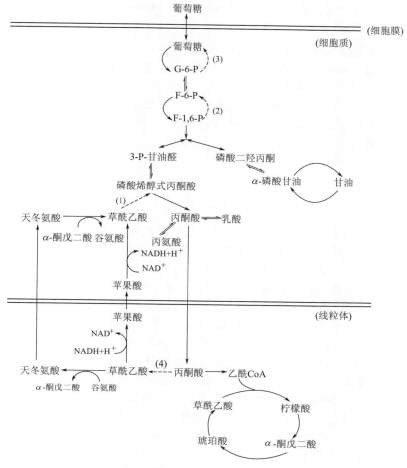

图 6-16　肝及肾皮质中糖氧化与糖异生作用的通路

图中（1）、（2）、（3）、（4）为糖异生作用的关键反应

从以上过程可以看出，糖异生是个需能过程，由 2 分子丙酮酸合成 1 分子葡萄糖需要 4 分子 ATP 和 2 分子 GTP，同时还需要 2 分子 NADH。葡萄糖异生的化学计量关系为：

2 丙酮酸＋4ATP＋2GTP＋2NADH＋6H$_2$O $\longrightarrow$ 葡萄糖＋4ADP＋2GDP＋6Pi＋2NAD$^+$

在葡萄糖异生中，由丙酮酸合成葡萄糖需要 6 个高能磷酸键，所以此过程是一个吸能过程。只要完成以上三步反应，糖异生作用就可基本沿糖酵解的逆转，使非糖化合物转化为葡萄糖。

2. 糖异生的生理意义

（1）保证血糖水平的相对恒定　血糖的正常浓度为 80～120mg/100mL，即使禁食数周，血糖浓度仍可保持较稳定水平，这对保证某些主要依赖葡萄糖的组织具有重大意义。体内有些组织消耗糖量很大，人脑、肾髓质、血细胞及视网膜等，休息状态的肌肉每天也消耗 30～40g，仅这几个组织的耗糖量每天就在 200g 左右。可是人体贮存可供利用的糖仅 150g，而且贮存糖量最多的肌肉只供本身氧化供能消耗，如果靠肝糖原的分解维持血糖浓度则不到 12h 即全部耗净。

（2）糖异生作用与乳酸的利用有密切关系　剧烈运动时，肌糖原酵解生成大量乳酸。乳酸经血液运送到肝脏，可合成肝糖原和葡萄糖。对于回收乳酸分子中的能量，更新肝糖原，防止乳酸酸中毒的发生等都有一定意义。

在激烈运动时，糖酵解作用产生的 NADH 的速度超出通过氧化呼吸链再形成 NAD^+ 的能力。这时肌肉中酵解过程形成的丙酮酸由乳酸脱氢酶转变为乳酸以使 NAD^+ 再生，这样糖酵解作用才能继续提供 ATP。乳酸属于一种最终代谢产物，除了再转变为丙酮酸外，别无其他去路。肌肉细胞内的乳酸扩散到血液并随着血液进肝脏细胞，在肝细胞内通过葡萄糖异生途径转变为葡萄糖，又回到血液随血液供应肌肉和脑对葡萄糖的需要。这个循环称为可立氏循环。

小 结

1. 糖是多羟基醛或酮以及它们的衍生物。单糖中的醛糖和酮糖都具有环状结构，最易形成五元环和六元环。典型的单糖是葡萄糖和果糖。最主要的寡糖是双糖。双糖中最常见的是蔗糖、乳糖和麦芽糖。蔗糖分子中的葡萄糖和果糖缩合失去还原性为非还原糖。麦芽糖和乳糖因分子中保留半缩醛羟基为还原糖。重要的多糖是淀粉、糖原和纤维素。

2. 糖酵解途径：糖酵解是单糖分解代谢的共同途径，催化糖酵解的 10 个酶都位于细胞质中。每个己糖可以转化为两分子的丙酮酸，同时净生成两分子 ATP 和两分子 NADH。

3. 丙酮酸的去路：（1）有氧条件下，丙酮酸进入线粒体氧化脱羧转变为乙酰 CoA，同时产生 1 分子 $NADH+H^+$。乙酰 CoA 进入三羧酸循环，最后氧化为 CO_2 和 H_2O。（2）在厌氧条件下，可生成乳酸和乙醇。同时 NAD^+ 得到再生，酵解过程持续进行。

4. 柠檬酸循环：在细胞质中酵解产生的丙酮酸被转运到线粒体基质，在丙酮酸脱氢酶系的作用下，氧化生成乙酰 CoA 和 CO_2。生成的乙酰 CoA，再与草酰乙酸缩合成柠檬酸，进入柠檬酸循环。1 分子乙酰 CoA 经柠檬酸循环氧化为 2 分子 CO_2 的同时，使得 3 分子 NAD^+ 还原为 NADH，1 分子 FAD 还原为 $FADH_2$，同时由 GDP 和 Pi 生成了 1 分子 GTP。生成的还原型辅酶 NADH 和 $FADH_2$ 经电子传递和氧化磷酸化可以生成 11 分子 ATP。所以进入柠檬酸循环的 1 分子乙酰 CoA 中的二碳单位经柠檬酸循环和氧化磷酸化，实际上相当于生成 12 分子 ATP。而 1 分子葡萄糖经酵解、丙酮酸脱氢酶系、柠檬酸循环以及电子传递及氧化磷酸化可以产生 36 或 38 分子 ATP。

5. 磷酸戊糖途径：磷酸戊糖途径提供了 6-磷酸葡萄糖的另外一条代谢途径。在胞质中，磷酸戊糖途径分为两个阶段：氧化阶段和非氧化阶段。在氧化阶段，每分子 6-磷酸葡萄糖在转化为 5-磷酸核酮糖和 CO_2 的同时，生成 2 分子 NADPH；在非氧化阶段，包括 5-磷酸核酮糖转化为核苷酸和核酸生物合成所需要的 5-磷酸核糖以及糖酵解和糖异生的中间产物磷酸丙糖和磷酸己糖。磷酸戊糖途径能生成两个重要的产物：NADPH 和 5-磷酸核糖。5-磷酸核糖是体内核苷酸和核酸生物合成的必需前体。$NADPH+H^+$ 提供各种合成代谢所需要的还原力。

6. 糖异生作用：非糖物质如丙酮酸、草酰乙酸和乳酸等在一系列酶的作用下合成糖的过程，称为糖异生作用。糖异生作用不是糖酵解的逆反应，因为要克服糖酵解的三个不可逆反应，且反应过程是在线粒体和细胞液中进行的。2 分子乳酸经糖异生转变为 1 分子葡萄糖需消耗 4 分子 ATP 和 2 分子 GTP。

7. 蔗糖和淀粉的生物合成：在蔗糖和多糖合成代谢中糖核苷酸起重要作用，在植物体中主要以 UDPG 为葡萄糖供体，由蔗糖合成酶及磷酸蔗糖合成酶催化合成蔗糖。淀粉的合成以 ADPG 或 UDPG 为葡萄糖供体，小分子寡糖引物为葡萄糖受体，淀粉合成酶催化直链淀粉合成，Q 酶催化分支淀粉合成。

8. 糖代谢中有很多变构酶可以调节代谢的速度。酵解途径中的调控酶是己糖激酶、6-磷酸果糖激酶和丙酮酸激酶，其中 6-磷酸果糖激酶是关键反应的限速酶。三羧酸循环反应的调控酶是柠檬酸合成酶、异柠檬酸脱氢酶和 α-酮戊二酸脱氢酶系，柠檬酸合成酶是关键的限速酶。糖异生作用的调控酶有丙酮酸羧化酶、1,6-二磷酸果糖酯酶、6-磷酸葡萄糖酯酶。磷酸戊糖途径的调控酶是 6-磷酸葡萄糖脱氢酶。它们受可逆共价修饰、变构调控及能荷的调控。

习　题

1. 解释下列名词

糖异生；糖酵解途径；糖核苷酸；糖的有氧氧化；磷酸戊糖途径

2. 说明糖酵解和柠檬酸循环的主要过程及生物学意义。

3. 说明磷酸戊糖途径的主要过程及其意义。

4. 鸡蛋清中的抗生物素蛋白对生物素的亲和力极高，如果将该蛋白质加到肝脏提取液中，对丙酮酸经糖异生转化为葡萄糖有什么影响？

5. 比较 3 分子葡萄糖进入糖酵解降解为丙酮酸和 3 分子葡萄糖经磷酸戊糖途径生成 2 分子 6-磷酸果糖和 3-磷酸甘油醛进入糖酵解同样降解为丙酮酸产生的 ATP 数。

6. 说明糖异生的生理学意义。

第7章 脂和脂代谢

本章提示：

本章主要介绍单脂和复脂的组分、结构和性质及其代谢过程。要求掌握脂肪的结构与性质。重点掌握脂肪酸的 β-氧化和脂肪酸的从头合成途径及其限速步骤和特点。

第1节 脂 类

脂质（脂类或类脂），其化学本质是脂肪酸和醇所形成的酯类及其衍生物。参与脂质组成的脂肪酸多是4碳以上的长链一元羧酸，醇成分包括甘油（丙三醇）、鞘氨醇、高级一元醇和固醇。脂质的主要成分是碳、氢、氧，有些还含有氮、磷、硫。

脂质的显著特点是一般不溶于水，而溶于乙醚、三氯甲烷、苯等有机溶剂，这是因为脂质分子中碳氢比例较高。脂质这种能溶于有机溶剂而不溶于水的特性称为脂溶性。但这并不是绝对的，由低级脂肪酸构成的脂质就溶于水。

一、脂质的分类

脂质按化学组成分类，大体可分成三大类。

1. 单纯脂质

单纯脂质是由脂肪酸和甘油形成的酯，它又可分为：

（1）三酰甘油或甘油三酯，由3分子脂肪酸和一分子甘油组成。

（2）蜡，主要由长链脂肪酸和长链醇或固醇组成。

2. 复合脂质

除含脂肪酸和醇外，还含有其他非脂分子成分的脂类。复合脂质按照非脂成分的不同可分为：

（1）磷脂 这种脂类的非脂成分是磷酸和含氮碱（如胆碱、乙醇胺）。磷脂根据醇成分不同，又可分为甘油磷脂（如磷脂酸、磷脂酰胆碱、磷脂酰乙醇胺等）和鞘氨醇磷脂（简称鞘磷脂）。

（2）糖脂 其非脂成分是糖，并因醇成分不同，又分为鞘糖脂（如脑苷脂、神经节苷脂）和甘油糖脂（如单半乳糖基二酰甘油）。

3. 衍生脂质

衍生脂质是由单纯脂质或复合脂质衍生而来，并与其关系密切。

（1）取代烃 主要是脂肪酸及其碱性盐和高级醇，少量脂肪醛、脂肪胺和烃。

（2）固醇类（甾类） 包括固醇（甾类）、胆酸、性激素和肾上腺皮质激素。

（3）萜 包括许多天然色素（如胡萝卜素）、香精油、天然橡胶等。

（4）其他脂类 如维生素 A、维生素 D、维生素 E、维生素 K、脂酰 CoA、类二十碳烷（前列腺素）、脂多糖、脂蛋白。

也可以是否能被碱水解把脂质分为两大类。能被碱水解产生皂（脂肪酸盐）的称为可皂化脂质，不能被碱水解的称为不可皂化脂质。类固醇和萜是两类主要的不可皂化脂质。

二、脂质的生物学功能

1. 贮存脂质

属于这一类的是三酰甘油和蜡。在脊椎动物的脂肪细胞中贮存着大量的三酰甘油，几乎充满了整个细胞。许多植物的种子中存在三酰甘油，为种子发芽提供能量和合成前体。很多生物中油脂是能量的主要贮存形式。1g 油脂在体内完全氧化将产生 37kJ 的能量，而 1g 糖或蛋白质只产生 17kJ 能量。

某些动物贮存在皮下的三酰甘油不仅作为能量贮存物质，而且也是抗低温的绝缘层。海豹、海象、企鹅以及其他南北极温血动物都填充着大量的三酰甘油。人和动物的皮下和肠系膜脂肪组织还起着防震的作用。

在海洋的浮游生物中蜡是代谢燃料的主要贮存形式。另外，鸟类以及水禽的尾羽腺分泌蜡，使羽毛防水。冬青、杜鹃花和许多热带植物的叶覆盖着一层蜡以防寄生物的侵袭和水分的过度蒸发。

2. 结构脂质

细胞质膜、核膜和各种细胞器的膜总称为生物膜。生物膜的骨架是由磷脂类构成的双层分子（或称脂双层）。参与脂双层的膜脂还有固醇和糖脂。这些膜脂在结构上共同的特点是具有极性（亲水）的"头部"和非极性（疏水）的"尾部"。在水介质中，膜脂装配成脂双层。脂双层的表面是亲水部分，内部是疏水烃链（图 7-1）。脂双层具有屏障作用，使膜两层的亲水物质不能自由通过，这对维持细胞正常的结构和功能是很重要的。

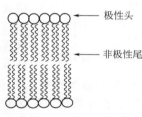

图 7-1 脂双层结构

3. 活性脂质

具有活性的脂质主要有类固醇和萜（类异戊二烯）。类固醇中很重要的一类是类固醇激素，包括雄性激素、雌性激素和肾上腺皮质激素。萜类化合物包括对人体和动物正常生长所必需的脂溶性维生素 A、维生素 D、维生素 E、维生素 K 和多种光合色素。

其他的活性物质有的作为酶的辅助因子或激活剂，例如磷脂酰丝氨酸作为凝血因子的激活剂。有的作为电子载体或糖基载体，还有些作为细胞内信号，例如真核细胞质膜上的磷脂酰肌醇及其衍生物。

三、油脂的结构和性质

油脂广泛存在于动植物中，是构成动植物体的重要成分之一。油脂是油和脂的总称，习惯上把在常温下呈液态的叫油（oil），呈固态或半固态的叫脂（fat）。但这种区分不是严格的，从化学结构来看均为甘油和脂肪酸所组成的酯。

1. 油脂的结构

（1）结构 最常见的油脂是三酰甘油（也称甘油三酯），它是由三个脂酰基与甘油形成的三脂。三酰甘油是中性（非离子化）、非极性（疏水）脂。三酰甘油的结构通式是：

甘油　　　　　脂肪酸　　　　　　三酰甘油

甘油分子中共含 3 个羟基，所以可逐一被脂肪酸酯化。如果甘油只有 1 个羟基或 2 个羟基被脂肪酸酯化，则分别称为单酰甘油和二酰甘油。式中的 R^1、R^2 和 R^3 是脂肪酸的烃链，当 $R^1 = R^2 = R^3$ 时，该化合物称为单纯甘油酯，如棕榈酸甘油酯；当 R^1、R^2 和 R^3 不相同时，称为混合甘油酯。在上式中，甘油骨架两端的碳原子称为 α 位，中间的是 β 位。

甘油即丙三醇，为无色无臭略带甜味的黏稠液体，可与水、乙醇以任意比例互溶。甘油用途极为广泛，可作为防冻剂、防干剂、柔软剂等。另外甘油广泛用于化妆品、医药、国防等领域。

（2）脂肪酸　微生物、植物和动物中大约存在着 100 多种脂肪酸，它们的主要区别表现在烃链的长度、不饱和度（碳-碳双键的数目）和双键的位置。

脂肪酸是由一条长的烃链（"尾巴"）和一个末端羧基（"头"）组成的羧酸。烃链多数为线性的，分支或含环的较少。烃链不含双键（和三键）的为饱和脂肪酸，含一个或多个双键的为不饱和脂肪酸。只含一个双键的脂肪酸称单不饱和脂肪酸，含两个或两个以上双键的称多不饱和脂肪酸。

脂肪酸结构示意

① 脂肪酸的种类　大多数含量高的脂肪酸的碳原子数通常是 12～20，几乎都是偶数，这是因为在生物体内脂肪酸是以二碳单位（乙酰 CoA）从头合成的。

每个脂肪酸都可以有通俗名、系统名和简写符号。表 7-1 列举了哺乳动物中常见的一些脂肪酸。根据 IUPAC 的标准命名，羧基碳被指定为 C1，其余的碳依次编号。但通常，使用希腊字母标记碳原子，与羧基相邻的碳（C2）被指定为 α-碳，其余的碳依次用 β、γ、δ、ε 等字母表示。希腊字母 ω 常用于指离羧基最远的碳原子。简写的一种方法是，先写出脂肪酸的碳原子数目，再写出双键数目，两个数目之间用冒号（:）隔开。双键位置用 Δ^N 表示，

表 7-1　一些常见脂肪酸

通俗名	系统名	简写	分子式	熔点/℃
月桂酸	正十二烷酸	12:0	$CH_3(CH_2)_{10}COOH$	44
豆蔻酸	正十四烷酸	14:0	$CH_3(CH_2)_{12}COOH$	52
棕榈酸	正十六烷酸	16:0	$CH_3(CH_2)_{14}COOH$	63
硬脂酸	正十八烷酸	18:0	$CH_3(CH_2)_{16}COOH$	70
花生酸	正二十烷酸	20:0	$CH_3(CH_2)_{18}COOH$	75
山嵛酸	正二十二烷酸	22:0	$CH_3(CH_2)_{20}COOH$	81
木蜡酸	正二十四烷酸	24:0	$CH_3(CH_2)_{22}COOH$	84
棕榈油酸	cis-Δ^9-十六碳烯酸	$16:1\Delta^9$	$CH_3(CH_2)_5CH{=}CH(CH_2)_7COOH$	-0.5
油酸	cis-Δ^9-十八碳烯酸	$18:1\Delta^9$	$CH_3(CH_2)_7CH{=}CH(CH_2)_7COOH$	13
亚油酸	cis,cis-$\Delta^{9,12}$-十八碳二烯酸	$18:2\Delta^{9,12}$	$CH_3(CH_2)_4(CH{=}CHCH_2)_2(CH_2)_6COOH$	-9
亚麻酸	全 cis-$\Delta^{9,12,15}$-十八碳三烯酸	$18:3\Delta^{9,12,15}$	$CH_3CH_2(CH{=}CHCH_2)_3(CH_2)_6COOH$	-17
花生四烯酸	全 cis-$\Delta^{5,8,11,14}$-二十碳四烯酸	$24:4\Delta^{5,8,11,14}$	$CH_3(CH_2)_4(CH{=}CHCH_2)_4(CH_2)_2COOH$	-49

上标 N 表示每个双键的最低编号的碳原子。如十六碳软脂酸用这种方法可表示为 16:0，油酸可写作 $18:1\Delta^9$，花生四烯酸可写作 $20:4\Delta^{5,8,11,14}$。"cis"表示顺式，"trans"表示反式，不饱和脂肪酸中双键的构型通常都是 cis 构型。

② 脂肪酸的物理和化学性质　脂肪酸和含脂肪酸化合物的物理性质很大程度取决于脂肪酸烃链的长度和不饱和度。非极性烃链是造成脂肪酸在水中溶解度低的原因，烃链越长，溶解度越低。

脂肪酸的熔点也受烃链的长度和不饱和度的影响。比较月桂酸（12:0）、豆蔻酸（14:0）和软脂酸（16:0）的熔点，可以看出，随着烃链长度的增加，饱和脂肪酸的熔点也随之增加。这主要是由于当烃链增加时，相邻烃链之间的范德华力增强，所以熔化时需要更多的能量。

饱和和不饱和脂肪酸的物理性质有很大差别。由于饱和脂肪酸的烃链是柔软的链，分子中的每个碳原子都可以自由旋转，使分子之间紧密接触，并形成有序晶型结构；而不饱和脂肪酸由于双键的存在，使烃链表现出明显的弯曲，这种弯曲使分子间的相互作用被减弱。因为破坏有序性差的不饱和脂肪酸排列所需的热能少，所以不饱和脂肪酸熔点比相同链长的饱和脂肪酸的低，并且对相同链长的不饱和脂肪酸，双键越多，熔点越低。顺式异构体的熔点又比反式异构体的低。

不饱和脂肪酸中的双键在一定条件和催化作用下，可以与氢或卤素起加成反应，生成饱和脂肪酸。与卤素的加成反应也称卤化作用，利用这一性质可以推断油脂中脂肪酸的不饱和程度，具体用碘值来表示。碘值是指在油脂的卤化作用中，100g 油脂与碘作用所需碘的质量（g）。

2. 油脂的性质

(1) 皂化作用——脂肪水解生成肥皂。

所有油脂均能被酸、碱和脂肪酶水解，水解的产物是甘油和各种高级脂肪酸。

$$脂肪 + H_2O \longrightarrow 甘油 + 3\ 脂肪酸$$

但酸水解是可逆的，而碱水解是不可逆的，因为过量的碱会与分解产生的脂肪酸生成盐，所以其终产物是甘油和各种高级脂肪酸的盐，后者就是通常所说的肥皂。因此也把油脂的碱水解过程称为皂化作用。

$$C_3H_5(OCOR)_3 + 3H_2O \longrightarrow 3RCOOH + C_3H_5(OH)_3$$
$$\ \ \ \ \ \ 脂肪 \qquad\qquad\qquad\qquad 脂肪酸 \qquad 甘油$$
$$RCOOH + NaOH \longrightarrow RCOONa + H_2O$$
$$\ \ \ \ \ \ 脂肪酸 \qquad\qquad\qquad\quad 肥皂$$

油脂的皂化作用对于油脂的分析鉴定极为重要，人们常常通过皂化值来检测油脂的质量，分析油脂中是否混有其他物质，测定油脂的水解程度，而且可以指示将油脂转化为肥皂所需的碱量。皂化值是指完全皂化 1g 油脂所需氢氧化钾的质量（mg）。

(2) 乳化作用——肥皂去污是脂肪的乳化作用。

油脂虽然不溶于水，但在乳化剂的作用下，可变成很小的颗粒，均匀地分散在水中而形成稳定的乳状液，这个过程叫乳化作用。所谓乳化剂是一种表面活性物质，能降低水和油两相交界处的界面张力。在日常生活中，用肥皂去污就是一种典型的乳化作用，以肥皂作乳化剂，把衣物上的油污变成细小的颗粒使之均匀地分散在水中，以达到去污的目的。

(3) 自动氧化——脂肪的自动氧化及其防止。

油脂在空气中暴露过久，会产生一种难闻的臭味，这种现象称为油脂的酸败。酸败的化学本质一方面是油脂中不饱和脂肪酸的双键在空气中氧的氧化作用下成为过氧化物，过氧化物继续分解生成有臭味的低级醛、酮、羧酸和醛、酮的衍生物。氧与双键反应形成过氧化物和自由基（带有一个未配对电子的化合物，极富反应性），这些化合物能够与其他脂、蛋白质和核酸反应，因此氧化了的油的毒性是相当大的。

油脂酸败的程度一般用酸值来表示。酸值是指中和 1g 油脂中的游离脂肪酸所需要的 KOH 的质量（mg）。油脂的酸败程度越高，酸值也就越大。所以酸值可以用来监测油脂的品质。

四、复合脂质

1. 磷脂

磷脂包括甘油磷脂和鞘磷脂两类，它们主要参与细胞膜系统的组成，少量存在于其他部位。甘油磷脂是第一大类膜脂，鞘脂类（包括鞘磷脂和鞘糖脂）是第二大类膜脂。

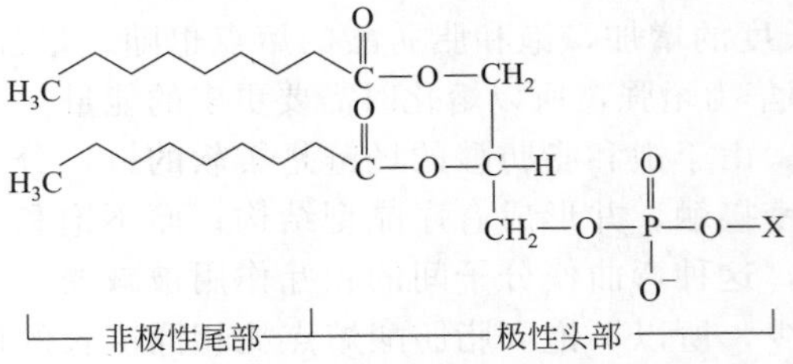

图 7-2　甘油磷脂的结构通式

（1）甘油磷脂

① 甘油磷脂的结构　甘油磷脂也称磷酸甘油酯，甘油磷脂分子的结构通式如图 7-2，分子中磷酸基与酯化的醇部分一起构成极性头部，两条长的烃链组成非极性尾部。最简单的甘油磷脂是磷脂酸，它是由两个在 3-磷酸甘油的 C1 和 C2 处成酯的脂酰基组成的。因此，甘油磷脂可以看作是 3-磷酸甘油的衍生物。

在结构更复杂的甘油磷脂中，磷脂酸的磷酸基进一步被一个极性醇（X—OH）酯化，形成各种常见的甘油磷脂。X—OH 一般为含氮碱、乙醇胺、丝氨酸等，此外是肌醇、甘油和糖分子。各种甘油磷脂的名称是由磷脂酸派生的，例如磷脂酰胆碱、磷脂酰乙醇胺等。一般说，C1 上连接的是饱和脂肪酸，C2 主要是 18 碳不饱和脂肪酸，如油酸（18:1）、亚油酸（18:2）和亚麻酸（18:3）。几种常见的甘油磷脂的极性头部列于表 7-2。

表 7-2　几种常见甘油磷脂的极性头部

X—OH	X 结构	形成的甘油磷脂的名称
水	—H	磷脂酸
胆碱	—CH$_2$CH$_2$N$^+$(CH$_3$)$_3$	磷脂酰胆碱（卵磷脂）
乙醇胺	—CH$_2$CH$_2$NH$_3^+$	磷脂酰乙醇胺（脑磷脂）
丝氨酸	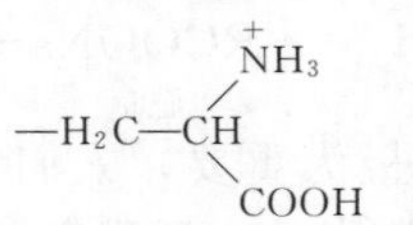 —H$_2$C—CH(NH$_3^+$)—COOH	磷脂酰丝氨酸
甘油	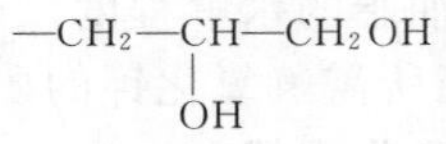 —CH$_2$—CH(OH)—CH$_2$OH	磷脂酰甘油
磷脂酰甘油	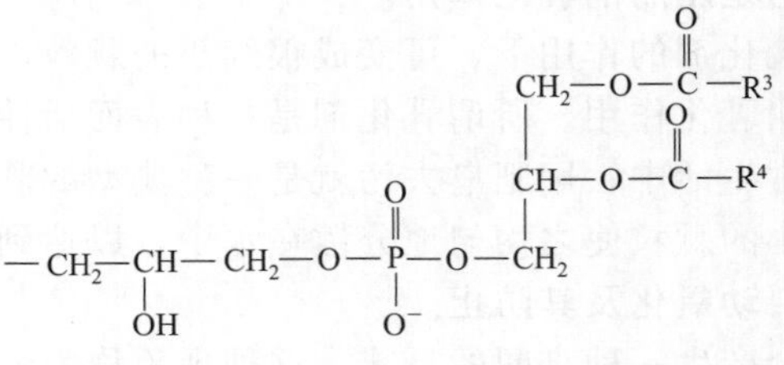 —CH$_2$—CH(OH)—CH$_2$—O—P(O$^-$)—O—CH$_2$—CH(O—CO—R^3)—CH$_2$—O—CO—R^4	二磷脂酰甘油（心磷脂）
肌醇	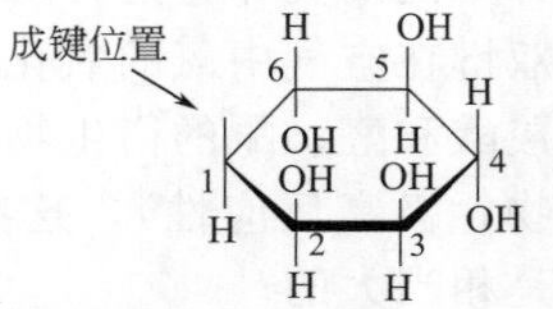	磷脂酰肌醇

② 常见的甘油磷脂

a. 磷脂酰胆碱（卵磷脂） 是生物体分布最广的一类磷脂，尤以卵黄、脑、精液、肾上腺中含量最高。磷脂酰胆碱为白色蜡状物，在低温下可结晶，易吸水变成棕黑色胶状物，不溶于丙酮，溶于乙醚及乙醇。磷脂酰胆碱有控制动物体代谢、防止脂肪肝形成的作用。

b. 磷脂酰乙醇胺（脑磷脂） 与磷脂酰胆碱同为动植物体内含量最丰富的磷脂，主要存在于脑组织和神经组织中，心脏、肝脏中亦有存在。脑磷脂与凝血有关，血小板中的凝血酶致活素即由脑磷脂和蛋白质组成。当脑磷脂受某些生物毒素中的特殊酶作用而水解时，将会失去一个脂肪酸而形成溶血脑磷脂，可引起溶血现象。

c. 磷脂酰丝氨酸 血小板膜中带负电荷的酸性磷脂，主要是磷脂酰丝氨酸，称为血小板第三因子。当血小板因组织受损而被激活时，膜中的这些磷脂转向外侧，作为表面催化剂与其他凝血因子一起致使凝血酶原活化。

磷脂酰丝氨酸、磷脂酰乙醇胺、磷脂酰胆碱的含氮碱（—X）之间的关系如下：

$$\underset{\text{丝氨酸}}{-CH_2CHCOO^-} \xrightarrow{\text{脱羧}} \underset{\text{乙醇胺}}{-CH_2CH_2\overset{+}{N}H_3} \xrightarrow{\text{甲基化}} \underset{\text{胆碱}}{-CH_2CH_2\overset{+}{N}(CH_3)_3}$$
（丝氨酸上方：$\overset{+}{N}H_3$）

d. 磷脂酰肌醇（PI） 是极性很强的脂的前体，它的衍生物包括 4-磷酸磷脂酰肌醇（PIP）和 4,5-二磷酸磷脂酰肌醇（PIP_2）。其中 4,5-二磷酸磷脂酰肌醇参与跨质膜的信号传导。

③ 甘油磷脂的一般性质 醇的甘油磷脂为白色蜡状固体，暴露于空气中由于多不饱和脂肪酸的氧化作用，磷脂颜色变暗。甘油磷脂溶于大多数含少量水的非极性溶剂，但难溶于无水丙酮，用氯仿-甲醇混合液可从细胞核组织中提取磷脂。

甘油磷脂是两性分子，有一个极性头和一个长的非极性尾巴。极性头指的是磷脂分子中的阴离子基团和其他一个或两个带电荷基团。

用弱碱水解甘油磷脂产生脂肪酸盐（皂）和 3-磷酰甘油醇。用强碱水解则生成脂肪酸盐、醇（X—OH）和 3-磷酸甘油。

（2）鞘磷脂 鞘磷脂（鞘氨醇磷脂）大量存在于神经组织和脑内，是动植物细胞膜的重要成分。鞘磷脂由鞘氨醇或二氢鞘氨醇、脂肪酸和磷酸胆碱组成。

① 鞘氨醇 鞘氨醇是一个无分支的 C_{18} 氨基二醇，目前已发现的天然鞘氨醇有 30 多种，哺乳动物中常见的是 4-鞘氨醇，在 C4 和 C5 之间有一个反式双键。在哺乳动物中常见结构如下：

鞘氨醇　　　　　　　　　　　二氢鞘氨醇

② 神经酰胺 鞘氨醇分子的 C1、C2 和 C3 携带有三个功能基（—OH，—NH_2，—OH），像甘油分子的 3 个羟基。当脂肪酸通过酰胺键与鞘氨醇的—NH_2 相连，则形成神经酰胺。神经酰胺是鞘脂类（鞘磷脂和鞘糖脂）共同的基本结构。

神经酰胺的结构通式　　　　　　　　　　胆碱鞘磷脂

鞘磷脂是神经酰胺的 C1 位羟基（伯醇基）被磷脂酰胆碱或磷脂酰乙醇胺酯化形成的化

合物。可以看出，鞘磷脂是两性分子，与磷脂酰胆碱很相似，因为二者都含有胆碱、磷酸和两个长的疏水尾巴。鞘磷脂存在于大多数哺乳动物细胞的质膜内，是包围着某些神经细胞的髓鞘的主要成分。

2. 糖脂

糖脂是指糖通过其半缩醛羟基以糖苷键与脂质连接的化合物。糖脂可分为鞘糖脂、甘油糖脂以及由类固醇衍生的糖脂。作为膜脂主要是前两类。

（1）鞘糖脂 鞘糖脂也是以神经酰胺为母体的化合物，因此也可与鞘磷脂一起归入鞘脂类。鞘糖脂是神经酰胺的 C1 位羟基被糖基化形成的糖苷化合物。根据糖基是否含有唾液酸或硫酸基成分，鞘糖脂可分为中性鞘糖脂和酸性鞘糖脂两类。

① 中性鞘糖脂。第一个被发现的鞘糖脂是半乳糖基神经酰胺，因为首先从人脑中获得，所以又称脑苷脂。脑苷脂是含有一个单糖残基的鞘糖脂，该单糖通过 β-糖苷键与神经酰胺连接。

半乳糖脑苷脂在神经组织中很丰富，大约占髓鞘中脂的 15%。有些哺乳动物的组织中还含有葡萄糖脑苷脂，分子中的糖残基是葡萄糖，而不是半乳糖。

② 酸性鞘糖脂。糖基部分被硫酸化的鞘糖脂，称为硫苷脂。最简单的硫苷脂是硫酸脑苷脂。硫苷脂广泛分布于哺乳动物的各器官中，以脑中含量最丰富。硫苷脂可能与血液凝固和细胞黏着有关。

糖基部分含有唾液酸的鞘糖脂，常称为神经节苷脂。神经节苷脂的糖基都是寡糖链，含一个或多个唾液酸。在人体内的神经节苷脂中几乎全部是 N-乙酰神经氨酸。神经节苷脂是最重要的鞘糖脂，在神经系统特别是神经末梢中含量丰富，种类很多。它们可能在神经冲动传递中起重要作用。

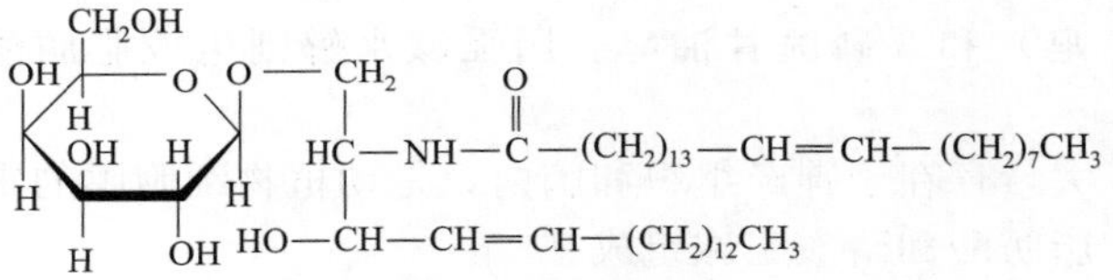

N-神经酰胺脑苷脂 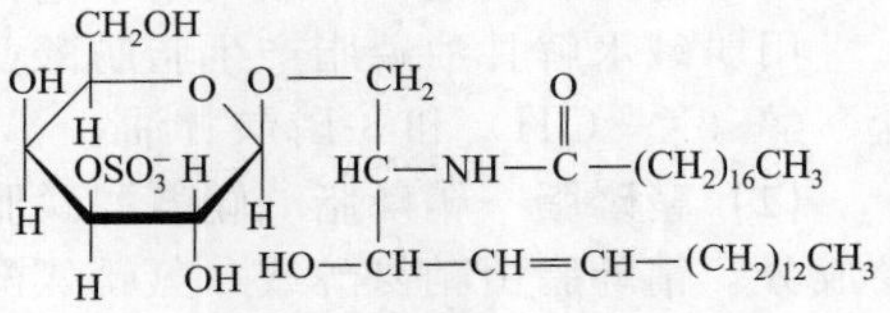　　　　　　　　　　　　硫酸脑苷脂

（2）甘油糖脂 也称糖基甘油酯。它是二酰甘油分子 C3 位上的羟基与糖基以糖苷键连接而成。最常见的甘油糖脂有单半乳糖基二酰甘油和二半乳糖基二酰甘油。

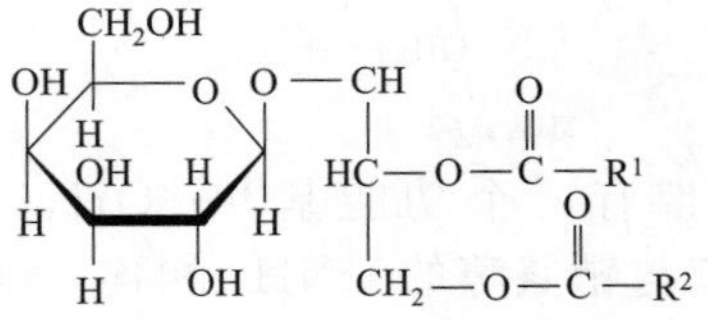

单半乳糖基二酰甘油 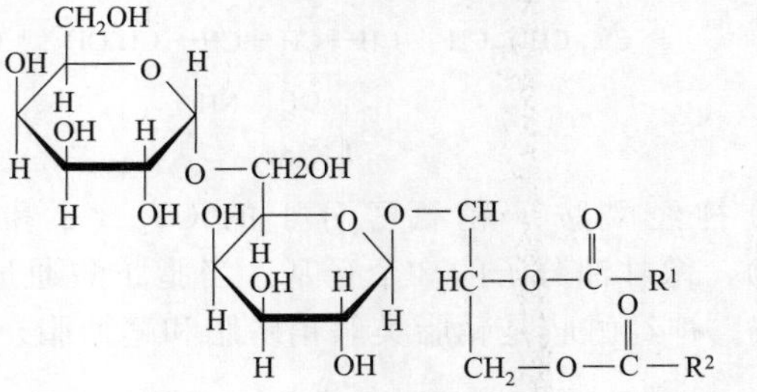　　　　　　　　二半乳糖基二酰甘油

甘油糖脂主要存在于植物和微生物中。植物的叶绿体和微生物的质膜含有大量的甘油糖脂。哺乳类虽然含甘油糖脂，但分布不普遍，主要存在于睾丸和精子的质膜以及中枢神经系统的髓磷脂中。

五、类固醇

类固醇是真核生物中常见的第三类膜脂。类固醇和脂溶性维生素常常被归类于聚异戊二烯化合物，因为这类化合物的结构与五碳的异戊二烯分子有关。类固醇有一个由四个稠环组成的环形核，其中三个环是六碳环，一个是五碳环。

胆固醇

胆固醇是类固醇中的一种，它是哺乳动物质膜的一个重要成分，在植物中很少出现。尽管胆固醇与心血管疾病有关，但它在哺乳动物的生物化学中起着必不可少的作用。胆固醇除与磷脂共同构成细胞膜的结构外，还与神经兴奋传导有关，参与脂质代谢，参与血浆脂蛋白的合成。此外，胆固醇还是体内许多其他类固醇物质，如胆酸、肾上腺皮质激素和性腺中的类固醇激素以及维生素 D_3 等的前体物质。但血清中胆固醇含量过高易引起动脉硬化和心肌梗死。

胆固醇还是临床生化检查的一个重要指标，在正常情况下，机体在肝脏中合成和从食物中摄取的胆固醇，将转化为甾体激素或成为细胞膜的组分，并使血液中胆固醇的浓度保持恒定。但肝脏发生严重病变时，胆固醇浓度降低。而在黄疸性梗阻和肾病综合征患者体内，胆固醇往往会升高。

胆酸钠盐(胆酸盐)

睾酮(固醇类激素)

六、生物膜

生物的基本结构和功能单位是细胞，任何细胞都以一层薄膜（厚度 6～10nm）将其内含物与环境分开，这层膜称细胞膜或外周膜。此外，真核细胞中还有许多膜系统，组成具有各种特定功能的亚细胞结构和细胞器，例如，细胞核，线粒体，内质网，溶酶体等。细胞的外周膜和内膜系统称为"生物膜"，生物膜结构是细胞结构的基本形式，它对细胞内很多生物大分子的有序反应和整个细胞的区域化都提供了必需的结构基础，从而使各个细胞器和亚细胞结构既有各自恒定、动态的内环境，又相互联系，相互制约，从而使整个细胞活动有条不紊、协调一致地进行。

生物膜具有多种功能，生物体内许多重要过程（如物质运输、能量转换、细胞识别、细胞免疫、神经传导和代谢调控）以及激素和药物作用、肿瘤发生等，都与生物膜有关。

1. 生物膜的基本结构

化学分析结果表明生物膜几乎都是由脂类和蛋白质两大类物质组成，此外还含有少量糖（糖蛋白和糖脂）以及金属离子等，水分一般占 15.20%。

（1）膜脂　生物膜的脂类主要含有磷脂、鞘糖脂和胆固醇（在一些真核生物中）。膜含有的脂有一个共同的特点，它们都是两性分子，含有极性成分和非极性成分。

磷脂和鞘糖脂在一定的条件下可以形成单层膜或微团，然而在体内，这些脂倾向于组装成一个脂双层。由于磷脂和鞘糖脂含有两条尾巴，不能很好地包装成微团，但可以精巧地组装成脂双层。但并不是所有的两性脂都可以形成脂双层，胆固醇是两性脂，仅靠自身不能形成脂双层，因为分子中的极性基团—OH 相对于疏水的稠环系统太小了。在生物膜中，不能形成脂双层的胆固醇和其他脂（大约占整个膜脂的 30%）可以稳定地排列在其余 70%脂组成的脂双层中。

脂双层内的脂分子的疏水尾巴指向脂双层内部，而它们的亲水头部与每一面的水相接触，磷脂中带正电荷和负电荷的头部基团为脂双层提供了两层离子表面，脂双层的内部是高度非极性的。脂双层倾向于闭合形成球形结构，这一特性可以减少脂双层的疏水边界与水相之间不利的接触。

在实验室可以合成由脂双层构成的小泡，小泡内是一个水相空间，这样的脂双层称为脂质体，它相当稳定，并且对许多物质是不通透的。根据这一特性，可以利用脂质体将药物带到体内特定组织，脂质体膜中的靶蛋白可以识别特定的组织。

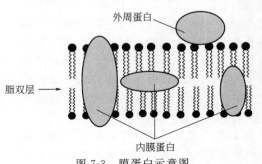

图 7-3　膜蛋白示意图

（2）**膜蛋白**　生物膜中的蛋白质，根据它们在膜上的定位，大致可分为外周蛋白和内膜蛋白（图 7-3）。

① 外周蛋白　外周蛋白分布于膜的脂双层（外层或内层）的表面。它们与膜的作用比较弱，通常都是通过离子键和氢键与膜脂的极性头部或与内膜蛋白结合。由于外周蛋白既没有共价连接在脂双层上，也没有嵌入在脂基质中，所以不需要切断共价键或破坏膜，只要改变离子强度或 pH，就能很容易地将外周蛋白从膜上分离出来。外周蛋白一般占膜蛋白的 $20\%\sim30\%$。

② 内膜蛋白　内膜蛋白一般占膜蛋白的 $70\%\sim80\%$，主要靠疏水力与膜脂相结合。蛋白质分子上非极性基团的氨基酸侧链与膜脂的疏水部分都与水疏远，它们之间存在一种相互趋近的作用，称为疏水相互作用。内膜蛋白有的部分嵌在脂双层中，有的横跨全膜。这类蛋白质不易分离，只有用较剧烈的条件（如去垢剂、有机溶剂和超声波等）才能把它们溶解下来。它们的特征是水不溶性，分离下来之后，一旦除掉去垢剂或有机溶剂又聚合成不溶性物质。

（3）**膜糖类**　生物膜中含有一定的糖类，它们大多与膜蛋白结合，少量与膜脂结合（估计细胞质膜约有 1/10 的膜脂与糖类结合）。分布于质膜表面的糖残基形成一层多糖-蛋白质复合物（或称细胞外壳）。在生物膜中组成寡糖的单糖主要有：半乳糖、甘露糖、岩露糖、半乳糖胺、葡萄糖胺等。糖蛋白可能与大多数细胞的表面行为有关，细胞与周围环境的相互作用都涉及糖蛋白。

2. 生物膜的结构特征

1972 年，S. Jonathan Singer 和 Garth L. Nicolson 就生物膜的结构提出了"流动镶嵌模型"。这个模型的要点是：①膜的基质或膜结构的连续主体是极性的脂质双分子层；②由于极性脂质的疏水尾部含有一定量的饱和或不饱和脂肪酸，而这些脂肪酸在细胞的正常温度下呈液体状态，因此，脂质双分子层具有流动性；③膜的内嵌蛋白的表面具有疏水的氨基酸侧链基团，故可使此类蛋白质"溶解"于双分子层的中心疏水部分中；④外周蛋白的表面主要含有亲水 R 基，可通过静电引力与带电荷的脂质双分子层的极性头部连接；⑤双分子层中的脂质分子之间或蛋白质组分与脂质之间无共价结合；⑥膜蛋白可做横向移动，外周蛋白漂浮在高度流动的脂双层"海"中，外周蛋白与膜表面松散连接，内膜蛋白插入或跨越脂双层，与疏水内部接触。

（1）**膜组分的不对称分布**　构成膜组分的脂质、蛋白质和糖类在膜两侧的分布是不对称的。例如，人红细胞的外层含磷脂酰胆碱（PC）和鞘磷脂较多，内层含磷脂酰丝氨酸和磷脂酰乙醇胺较多。这种不对称分布会导致两侧电荷数量、流动性等的差异。

膜脂的不对称分布与膜蛋白的定向分布及其功能都有密切关系。膜蛋白无论是外周蛋白，还是内膜蛋白，它们在膜两侧的分布也是不对称的。就内膜蛋白而言，有的部分嵌入或插入外侧，有的则从内侧嵌入或插入。即便是跨膜分布的膜蛋白，由于膜蛋白定向分布，无论它们是在膜两层的疏水区，还是暴露在两侧亲水部分的组分都是不同的。另外，糖类在膜上的分布也是不对称的。

（2）生物膜的流动性　膜的流动性，既包括膜脂，也包括膜蛋白的运动状态。流动性是生物膜结构的主要特征。大量研究结果表明，合适的流动性对生物膜表现其正常功能具有十分重要的作用。如能量转换、物质运输、信息传递、细胞分裂、细胞融合、胞吞、胞吐以及激素作用等都与膜的流动性有密切关系。

① 膜脂的流动性　膜脂的基本成分是磷脂，因此膜脂的流动性主要决定于磷脂。在生理条件下，磷脂大多呈液晶态，当温度降低至其相变温度时，即从流动的液晶态转变为类似晶态的凝胶状态。凝胶状态也可以"溶解"为液晶态。各种膜脂由于组分不同而具有各自的相变温度。生物膜脂组成很复杂，其相变温度的范围很宽，有时可宽达几十摄氏度。在相变温度以上时，磷脂经历几种不同类型的分子运动。

a. 侧向扩散　侧向扩散是指在双层中的每层平面内的脂运动，速度是很快的，在一个大约 $2\mu m$ 长的细菌细胞内，一个磷脂分子在 37℃ 下从一端扩散到另一端大约只需 1s。

b. 横向扩散　横向扩散也称翻转，即双层中的某一层内的脂过渡到另一层，这一运动速度是非常慢的，大约为同一层内的任何两个脂交换的 $1/10^9$，因为实现这一过程需要很大的激活能。

c. 脂酰链的链内旋转和曲伸能力　饱和的脂酰链可以以两种类型的构象存在，在较低的温度下，碳链内的碳-碳键的旋转运动很少，处于一种紧绷的状态；但在较高的温度下，稳定的分子运动使得链内产生可短暂的扭曲。由带有单一类型脂酰链的磷脂构成的一个脂双层在低温时处于一种有序的凝胶态，在这种状态下，脂酰链呈现伸展的构象，此时的范德华力最大，形成晶体排列。当脂双层被加热时，发生了类似于晶体溶解的相转换，形成液晶态。此时的膜脂是高度无序的，脂酰链之间松散。因为脂酰基的烃链并没有像低温时那样伸展，所以在相转换期间，脂双层的厚度大约减少了 15%。由单一的脂组成的合成的双层膜会在一个特定温度下发生相转换，该温度称为相转换温度，或称为该脂的熔点。

② 膜蛋白的运动性　膜蛋白也可以进行侧向扩散（膜蛋白在脂双层结构中的侧向移动）和旋转扩散（即膜蛋白可围绕与膜平面相垂直的轴进行旋转运动）。

对于许多生物来说，在不同的条件下，膜的流动性是相对恒定的。维持膜流动性的恒定很重要，因为流动性的变化会影响膜蛋白的催化功能。膜的流动性可以通过改变膜脂中的不饱和与饱和脂肪酸残基的比例来调解。

典型的哺乳动物质膜的脂中含有 20%～25% 的胆固醇，胆固醇在调节膜的流动性中起着主要的作用。胆固醇分子嵌入脂双层中的烃链之间，使得相转换温度变宽了。胆固醇的刚性的环结构限制了液晶态中脂酰链的运动，因此降低了膜的流动性。将胆固醇加入到处于凝胶相的脂中，打乱了伸展的脂酰链的有序组装，可以增加膜的流动性，所以动物细胞膜中胆固醇的存在有助于维持膜非常恒定的流动性。

第 2 节　脂类代谢

脂类化合物包括甘油三酯和类脂质。类脂质大都是细胞的重要结构物质和生理活性物质。甘油三酯是生物体的主要储能物质，1g 脂肪彻底氧化可放出 46.5kJ/mol 能量，比 1g

糖或蛋白质放出的能量大一倍以上，因此脂肪是生物体内贮藏能量最多的物质。

脂肪也是组成生物体的重要成分，如磷脂是构成生物膜的重要组分，油脂是机体代谢所需燃料的贮存和运输形式。脂类物质也可为动物机体提供溶解于其中的必需脂肪酸和脂溶性维生素。某些萜类及类固醇类物质如维生素 A、维生素 D、维生素 E、维生素 K、胆酸及固醇类激素具有营养、代谢及调节功能。有机体表面的脂类物质有防止机械损伤与防止热量散发等保护作用。脂类作为细胞的表面物质，与细胞识别和种特异性以及组织免疫等有密切关系。

本节主要讨论脂类在有机体内的降解和合成过程。

一、脂肪的分解代谢

脂肪的降解是指脂肪在脂肪酶催化下的水解。

1. 脂肪的酶促降解

脂肪即脂肪酸的甘油三酯是脂类中含量最丰富的一大类，它是甘油的三个羟基和三个脂肪酸分子缩合、失水后形成的酯，是植物和动物细胞贮脂的主要组分。

人和动物的小肠中存在胰脂肪酶。根据胰脂肪酶作用的底物不同可分为酯酶和脂酶两类。酯酶主要水解脂肪酸和一元醇构成的酯。

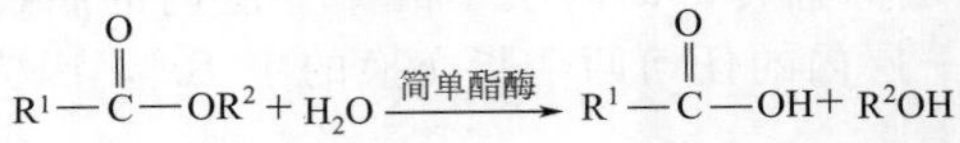

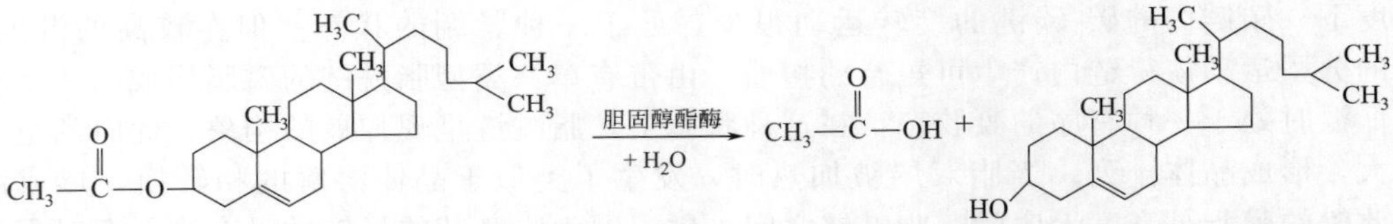

脂酶包括脂肪酶和磷脂酶。组织中有三种脂酶，即脂肪酶、甘油二酯脂肪酶和甘油单酯脂肪酶，逐步把甘油三酯水解成甘油和脂肪酸。这三种酶水解步骤为：

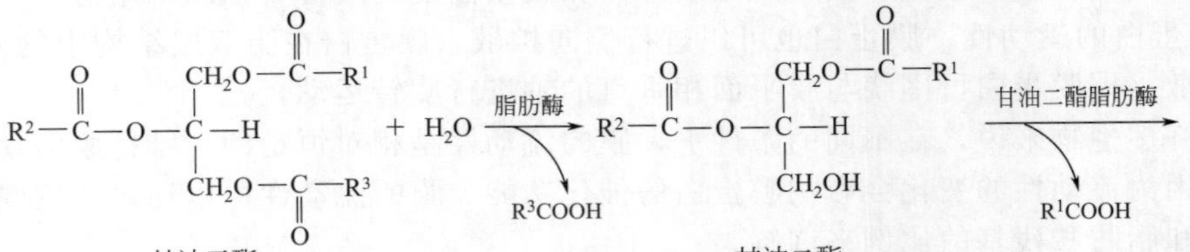

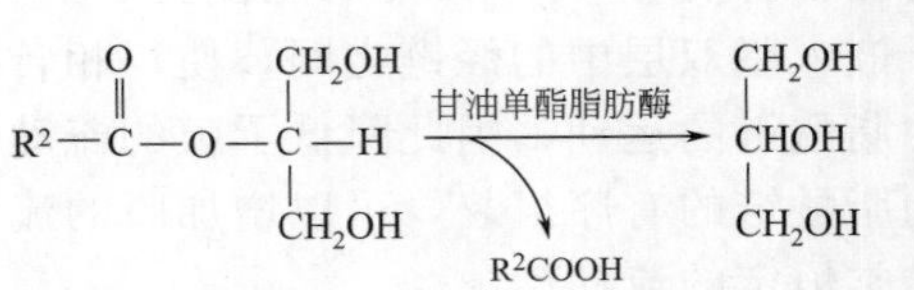

2. 甘油的降解与转化

甘油先与 ATP 作用，在甘油激酶催化下生成 α-磷酸甘油。然后再被氧化生成磷酸二羟丙酮，再经异构化，生成 3-磷酸甘油醛，然后可经糖酵解途径转化成丙酮酸，进入三羧酸循环而彻底氧化，或经过糖异生途径合成糖原。因此甘油代谢和糖代谢的关系极为密切。甘油转化成磷酸二羟丙酮以及与糖的相互转变关系如下：

CH₂OH — diagram of glycerol metabolism

$$\begin{array}{c} \text{CH}_2\text{OH} \\ | \\ \text{CH}-\text{OH} \\ | \\ \text{CH}_2\text{OH} \end{array} \xrightarrow[\text{磷酸酶}]{\overset{\text{甘油激酶}}{\text{ATP} \quad \text{ADP}}} \begin{array}{c} \text{CH}_2\text{O}-\text{P} \\ | \\ \text{CH}-\text{OH} \\ | \\ \text{CH}_2\text{OH} \end{array} \xrightarrow[\text{NAD}^+ \quad \text{NADH+H}^+]{\text{磷酸甘油脱氢酶}} \begin{array}{c} \text{CH}_2\text{O}-\text{P} \\ | \\ \text{C}=\text{O} \\ | \\ \text{CH}_2\text{OH} \end{array}$$

甘油　　　　　　　　　　α-磷酸甘油　　　　　　　　　　磷酸二羟丙酮

$$\begin{array}{ccccc} \text{糖原} \leftarrow \text{葡萄糖} \leftarrow \text{6-P-葡萄糖} & \xleftarrow{\text{EMP逆行}} & \begin{array}{c}\text{CH}_2\text{O}-\text{P}\\|\\\text{CH}-\text{OH}\\|\\\text{CHO}\end{array} \\ \text{能量}+\text{H}_2\text{O}+\text{CO}_2 \leftarrow \text{乙酰CoA} \leftarrow \text{丙酮酸} & \xleftarrow{\text{EMP顺行}} \end{array}$$

3-磷酸甘油醛

3. 饱和脂肪酸的 **β**-氧化作用

脂肪酸的分解有 β-氧化、ω-氧化、α-氧化等不同方式。

（1）β-氧化作用的概念　脂肪酸的 β-氧化作用是指脂肪酸在一系列酶的作用下，在 α,β-碳原子之间断裂，β-碳原子氧化成羧基，生成含 2 个碳原子的乙酰 CoA 和较原来少 2 个碳原子的脂肪酸。脂肪酸的 β-氧化过程是在线粒体中进行的。

$$\text{CH}_3(\text{CH}_2)_{10}\text{CH}_2{}'\underset{\beta}{\text{CH}_2}\underset{\alpha}{\text{CH}_2}-\overset{\text{O}}{\overset{||}{\text{C}}}-\text{S}-\text{CoA} \xrightarrow[\text{CoA}]{\beta\text{-氧化}} \text{CH}_3-\overset{\text{O}}{\overset{||}{\text{C}}}-\text{S}-\text{CoA} + \text{CH}_3(\text{CH}_2)_{10}\text{CH}_2{}'\text{CH}_2-\overset{\text{O}}{\overset{||}{\text{C}}}-\text{S}-\text{CoA}$$

脂酰CoA(16C)　　　　　　　　　　　乙酰CoA　　　　　　脂酰CoA[(n–2)C]

（2）脂肪酸的活化　脂肪酸在进行 β-氧化降解前，在细胞质内必须先被激活成脂酰 CoA，该反应由脂酰 CoA 合成酶催化，需要 ATP 和 CoA 参与，总反应为：

$$\text{RCOOH} + \text{HSCoA} \xrightarrow[\text{ATP} \quad \text{AMP+PPi}]{\text{脂酰CoA合成酶}} \text{R}-\overset{\text{O}}{\overset{||}{\text{C}}}-\text{S}-\text{CoA}$$

由于体内焦磷酸酶可迅速将产物焦磷酸水解为无机磷，从而使活化反应自左向右几乎不可逆，形成一个活化的脂酰 CoA 需消耗 2 个高能磷酸键的能量。

细胞中发现了四种不同的脂酰 CoA 合成酶，它们分别对带有短的（$<\text{C}_6$）、中等长度的（$\text{C}_6 \sim \text{C}_{12}$）、长的（$\text{C}_{12} \sim \text{C}_{16}$）和更长的（$>\text{C}_{16}$）碳链的脂肪酸具有催化的特异性。

（3）脂肪酸经线粒体膜外至膜内的转运　由于脂肪酸活化是在内质网或线粒体膜外，反应产物必须被转运至发生 β-氧化作用的线粒体基质中，而脂酰 CoA 不能直接穿过线粒体内膜，因此需要一个转运系统。

这个穿梭转运过程是通过两个脂酰基转移酶和一个嵌在线粒体内膜的转运酶完成的。转运脂酰 CoA 的载体是肉毒碱，即 L-β-羟基-γ-三甲基氨基丁酸，是一个由赖氨酸衍生而成的兼性化合物。它可将脂肪酸以酰基形式从线粒体膜外转运至膜内。其转运机制如下：肉毒碱与脂酰 CoA 结合生成脂酰肉毒碱，该反应由肉毒碱脂酰转移酶催化，并在线粒体膜外侧进行，脂酰肉毒碱通过线粒体内膜的移位酶穿过内膜，脂酰基与线粒体基质中的辅酶 A 结合，重新产生脂酰 CoA，释放肉毒碱。线粒体内膜内侧的肉毒碱转移酶催化此反应。最后经肉毒碱移位酶重新生成脂酰 CoA 和肉毒碱。从总体上看，穿梭系统是将细胞质中的脂酰 CoA 转运到了线粒

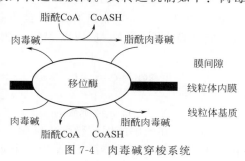

图 7-4　肉毒碱穿梭系统

体基质中（图 7-4）。

（4）脂肪酸 β-氧化作用的步骤 脂酰 CoA 进入线粒体后，在基质中进行 β-氧化作用（图 7-5），包括 4 个循环步骤。

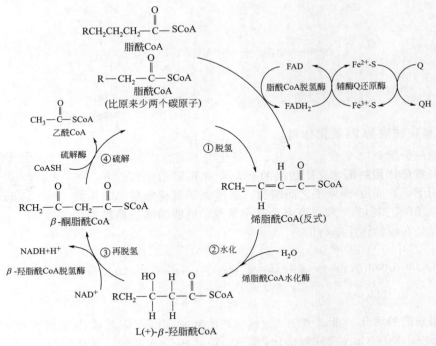

图 7-5　脂肪酸 β-氧化作用

① 脱氢。脂酰 CoA 在脂酰 CoA 脱氢酶的催化下，在 C2 和 C3（即 α、β 位）之间脱氢，形成的产物是反式烯脂酰 CoA，氢受体是 FAD。

② 水化。反式烯脂酰 CoA 在烯脂酰 CoA 水化酶催化下，在双键上加水生成 L（＋)-β-羟脂酰 CoA。此酶具立体化学专一性，只催化 L-异构体的生成。

③ 再脱氢。在 β-羟脂酰 CoA 脱氢酶催化下，在 L（＋)-β-羟脂酰 CoA 的 C3 羟基上脱氢氧化成 β-酮脂酰 CoA，反应以 NAD⁺ 为辅酶。

④ 硫解。在硫解酶即酮脂酰硫解酶催化下 β-酮脂酰 CoA 被第二个 CoASH 分子硫解，产生乙酰 CoA 和比原来脂酰 CoA 少 2 个碳原子的脂酰 CoA。缩短了两个碳的脂酰 CoA 再

作为底物重复上述①～④反应，直至整个脂酰 CoA 都转换成乙酰 CoA。

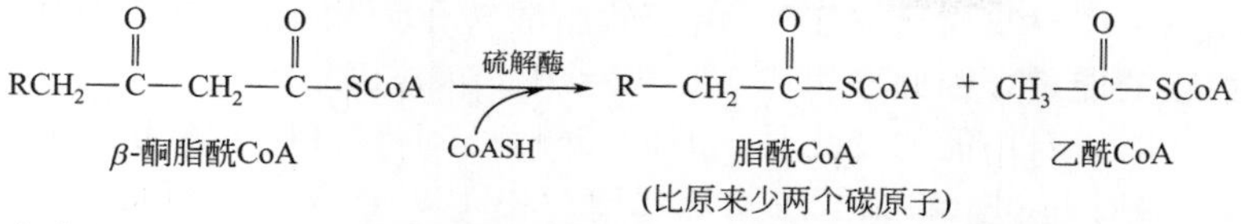

$$RCH_2-\overset{\overset{O}{\|}}{C}-CH_2-\overset{\overset{O}{\|}}{C}-SCoA \xrightarrow[\text{CoASH}]{\text{硫解酶}} R-CH_2-\overset{\overset{O}{\|}}{C}-SCoA + CH_3-\overset{\overset{O}{\|}}{C}-SCoA$$

β-酮脂酰CoA   脂酰CoA   乙酰CoA

（比原来少两个碳原子）

尽管 β-氧化作用中 4 个反应步骤都是可逆的，但是由于 β-酮脂酰 CoA 硫解酶催化的硫解作用是高度的放能反应（$\Delta G' = -28.03kJ/mol$），整个反应平衡点趋于裂解方向，难以进行逆向反应，所以使脂肪酸氧化得以继续进行。

在这里，回顾一下柠檬酸循环，可以发现，脂肪酸 β-氧化的前三个反应与柠檬酸循环中的三步反应从化学角度上看是类似的（图 7-6），所以通过对比很容易记忆这些反应。有所不同的是柠檬酸循环是一个完整的循环，而脂肪酸 β-氧化是一个螺旋状代谢途径。

（5）脂肪酸 β-氧化产物的去路 生成的乙酰 CoA 都进入 TCA 循环，而且 β-氧化和柠檬酸循环生成的所有 NADH 和 $FADH_2$ 都经呼吸链氧化。可以看出，脂肪酸彻底氧化的三个阶段：第一阶段，长链脂肪酸经 β-氧化降解为乙酰 CoA；第二阶段，乙酰基经柠檬酸循环氧化为 CO_2；第三阶段，前面两个阶段产生的 NADH 和 $FADH_2$ 中的电子经呼吸链传递给 O_2，传递中产生的能量经氧化磷酸化合成 ATP。

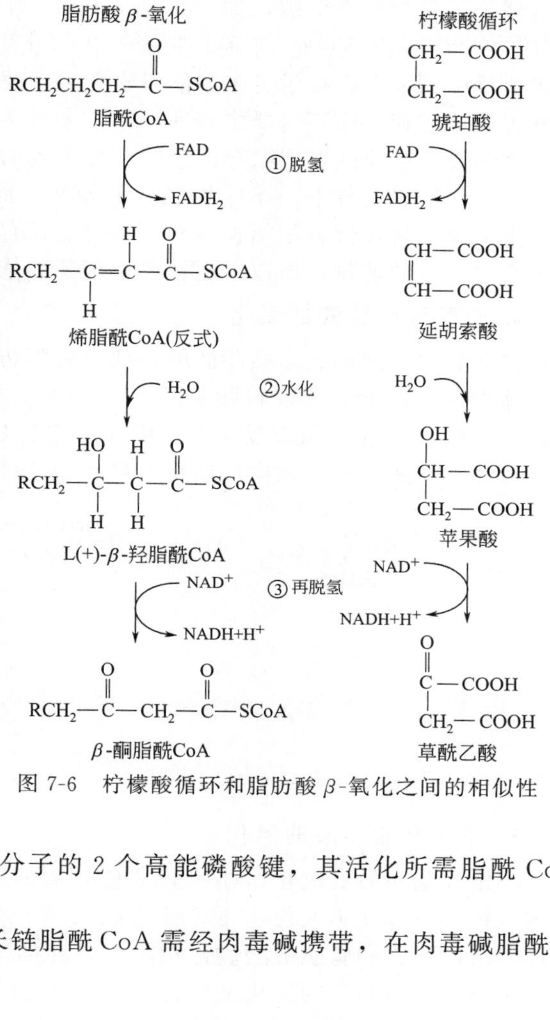

图 7-6　柠檬酸循环和脂肪酸 β-氧化之间的相似性

（6）脂肪酸 β-氧化作用的要点

① 脂肪酸需一次活化，消耗 1 个 ATP 分子的 2 个高能磷酸键，其活化所需脂酰 CoA 合成酶在线粒体外。

② 脂酰 CoA 合成酶在线粒体外活化的长链脂酰 CoA 需经肉毒碱携带，在肉毒碱脂酰转移酶催化下进入线粒体氧化。

③ 脂肪酸 β-氧化的酶都在线粒体内。

④ β-氧化包括脱氢、水化、再脱氢、硫解 4 个重复步骤。

（7）脂肪酸 β-氧化过程中的能量贮存 脂肪酸 β-氧化后形成的乙酰 CoA 进入三羧酸循环，最后形成 CO_2 和 H_2O。脂肪酸在 β-氧化中，每形成 1 分子乙酰 CoA，就使 1 分子 FAD 还原为 $FADH_2$，并使 1 分子 NAD^+ 还原为 NADH 和 H^+。$FADH_2$ 进入呼吸链，生成 2 分子 ATP；$NADH+H^+$ 进入呼吸链，生成 3 分子 ATP。因此，每生成 1 分子乙酰 CoA，就生成 5 分子 ATP。现以软脂酰 CoA 为例，其产生 ATP 分子的过程如下：

软脂酰 CoA+HSCoA+FAD+NAD^++H_2O ⟶

豆蔻脂酰 CoA+乙酰 CoA+$FADH_2$+NADH+H^+

经过 7 次上述的 β-氧化循环，即可将软脂酰 CoA 转变为 8 分子的乙酰 CoA。每分子乙酰

CoA 进入三羧酸循环彻底氧化共生成 12 分子 ATP。因此由 8 个分子乙酰 CoA 氧化为 H_2O 和 CO_2，共形成 $8 \times 12 = 96$ 分子 ATP。由于软脂酸转化为软脂酰 CoA 消耗 1 分子 ATP 中的两个高能磷酸键的能量，因此净生成 $131 - 2 = 129$ 个 ATP。

当软脂酸氧化时，自由能的变化是 $-9790.56 kJ/mol$。ATP 水解为 ADP 和 Pi 时，自由能的变化为 $-30.54 kJ/mol$。软脂酸生物氧化净产生 129 个 ATP，可形成 $3962.3 kJ/mol$ 能量。与葡萄糖氧化相比，1 分子葡萄糖氧化成 CO_2 和水可以产生 36 或 38 分子 ATP，不过葡萄糖分子只含有 6 个碳，如果是 16 个碳应当生成 $(16/6) \times 36$（或 38）$= 96$（101）个 ATP，产生的 ATP 只是 16 碳软脂酸经 β-氧化生成能量的 74%（78%）。所以脂肪酸中的一个碳比糖中的一个碳提供更多的能量。更为重要的是作为燃料分子，脂肪酸的疏水性使得它能够大量被贮存，而不需要像糖那样结合大量水。既然以脂形式贮存能量有显著的优越性，为什么还要以糖原的形式贮存能量呢？最重要的一点是脂肪酸氧化时需要氧才能产生可利用的能量，在缺氧条件下，不能提供任何能量；而糖是唯一能在缺氧条件下产生能量的化合物。由于膜的特殊性，中枢神经系统不可能拥有大量的脂肪酸，也就是说，不能利用这些底物去产生大量的能量，所以中枢神经系统还是依赖葡萄糖的氧化提供能量。

4. 奇数碳脂肪酸的氧化

自然界中发现的大多数脂肪酸是偶数碳脂肪酸，但在许多植物、海洋生物和石油酵母等生物体内还存在很多奇数碳脂肪酸。奇数碳脂肪酸可以像偶数碳脂肪酸一样进行 β-氧化，但最后一轮 β-氧化的硫解反应产物中除了乙酰 CoA 外，还有丙酰 CoA。在哺乳动物的肝脏内，通过三个酶的催化反应可以将丙酰 CoA 转化为琥珀酸。

$$\underset{\text{丙酰CoA}}{CH_3CH_2-\overset{\overset{O}{\|}}{C}-SCoA} + ATP + CO_2 \xrightarrow[\text{生物素}]{\text{丙酰CoA羧化酶}} \underset{\text{甲基丙二单酰CoA}}{CH_3-\overset{\overset{COOH}{|}}{CH}-\overset{\overset{O}{\|}}{C}-SCoA} + ADP + Pi$$

$$\Big\downarrow \text{甲基丙二单酰CoA变位酶}$$

$$\underset{\text{琥珀酰CoA}}{HOOC-CH_2-CH_2-\overset{\overset{O}{\|}}{C}-SCoA}$$

5. 不饱和脂肪酸的氧化

不饱和脂肪酸的氧化途径和上述饱和脂肪酸基本一样，但由于自然界中不饱和脂肪酸为顺式双键，且多在第九位，而烯脂酰 CoA 水化酶和羟脂酰 CoA 脱氢酶又具高度立体异构特异性，所以不饱和脂肪酸的氧化除需 β-氧化的全部酶外，还需异构酶和还原酶的参加。

单不饱和脂肪酸的氧化是按着饱和脂肪酸同样的方式活化和转入线粒体内，并且进行三次 β-氧化循环，在第三轮中形成 Δ^3-顺式烯脂酰 CoA。Δ^3-顺式烯脂酰辅酶 A 不能被烯脂酰 CoA 水化酶作用，因此需要烯脂酰 CoA 异构酶催化其形成 Δ^2-反式烯脂酰 CoA，后者可被烯脂酰 CoA 水化酶作用。油酰 CoA 的氧化过程见图 7-7。

6. 脂肪酸的其他氧化方式

除了 β-氧化途径外，脂肪酸还有其他几种氧化方式。

(1) ω-氧化　在动物体中，C_{10} 或 C_{11} 脂肪酸的碳链末端碳原子（ω-碳原子）可以先被氧化，形成二羧酸。二羧酸进入线粒体内后，可以从分子的任何一端进行 β-氧化，最后生成的琥珀酰 CoA 可直接进入柠檬酸循环。

$$CH_3(CH_2)_n COOH \xrightarrow{\omega\text{-氧化}} COOH(CH_2)_n COOH \longrightarrow \beta\text{-氧化}$$

（2）α-氧化　　α-氧化是指每一次氧化只失去一个碳原子即羧基碳原子，生成缩短了一个碳原子的脂肪酸和 CO_2。这种氧化方式对降解支链脂肪酸具有重要作用。

$$RCH_2CH_2COOH \xrightarrow{\alpha\text{-氧化}} RCH_2COOH + CO_2$$

7. 酮体的代谢

酮体是丙酮、乙酰乙酸、β-羟丁酸三种物质的总称。在正常生理状态下，血液中酮体的含量很低，这是因为脂肪酸的氧化和糖的降解处于适当平衡，脂肪酸氧化产生的乙酰 CoA 进入柠檬酸循环后被彻底氧化分解。乙酰 CoA 能否全部进入柠檬酸循环，还要取决于草酰乙酸的供应能力。在长期饥饿或病理状态下，如糖尿病等，由于糖供应不足或利用率降低，机体需动员大量的脂肪酸供能，同时生成大量的乙酰 CoA。此时草酰乙酸进入糖异生途径，又得不到及时的回补而浓度降低，因此不能与乙酰 CoA 缩合形成柠檬酸。在这种情况下，大量积累的乙酰 CoA 衍生为乙酰乙酸、β-羟丁酸和丙酮（图 7-8）。

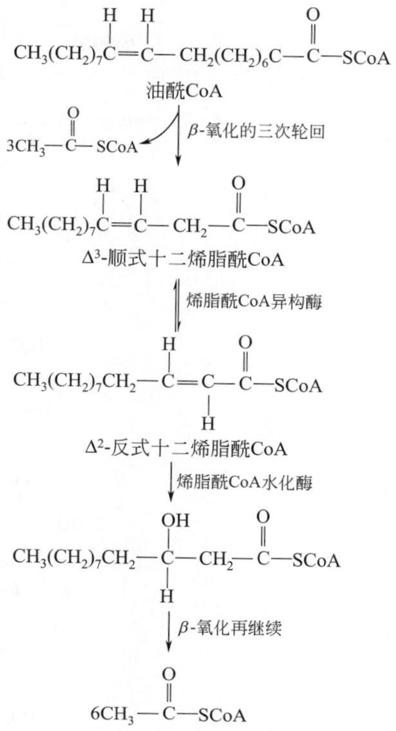

酮体是很多组织的重要能源，酮体中的 β-羟丁酸是一个稳定的化合物，而乙酰乙酸不太稳定，容易脱羧形成 CO_2 和丙酮。长期饥饿和糖尿病患者的呼吸中会伴有丙酮的气味。酮体几乎可以被所有的组织利用，包括中枢神经系统，但肝脏和红细胞除外，因为红细胞中没有线粒体，而肝脏中缺少激活酮体的酶。心肌和肾脏优先利用乙酰乙酸。脑在正常代谢时主要以葡萄糖作燃料，但在饥饿和患糖尿病时脑也不得不利用乙酰乙酸，长期饥饿时，脑需要的燃料中有 75% 是乙酰乙酸。

酮体是正常的、有用的代谢物。正常血液中酮体含量较少，浓度为 $0.03\sim0.5\,\mathrm{mg/L}$，但当酮体的浓度过量时，会产生比较严重的后果。长期饥饿或患糖尿病的人，血液中的酮体水平是正常时的 40 多倍。酮体浓度高，称为酮体症，会引起体内一系列生理变化。由于乙酰乙酸、β-羟丁酸都是酸，可使体内酸碱紊乱，出现酸中毒，即酮症酸中毒。

图 7-7　油酰 CoA 的氧化过程

二、脂肪的合成代谢

脂肪生物合成的直接原料是 α-磷酸甘油和脂肪酰 CoA。它们由不同的途径合成，合成可分为三个阶段：α-磷酸甘油的生成；脂肪酸的生物合成；甘油三酯的合成。

1. α-磷酸甘油的生成

合成脂肪酸所需的 α-磷酸甘油主要来自两个方面。一个是糖酵解产生的磷酸二羟丙酮的还原；另一个是脂肪水解产生的甘油与 ATP 作用。

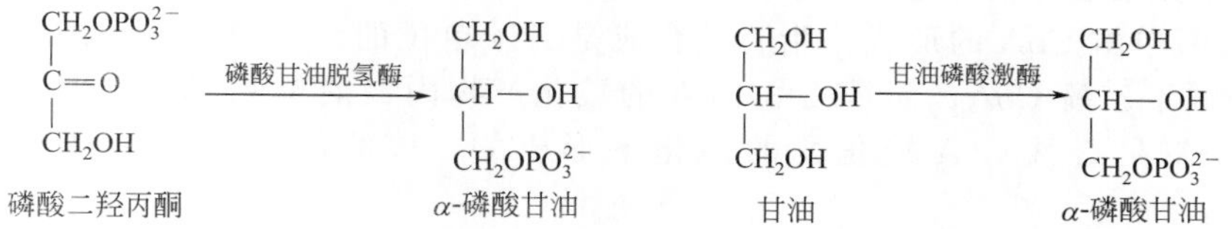

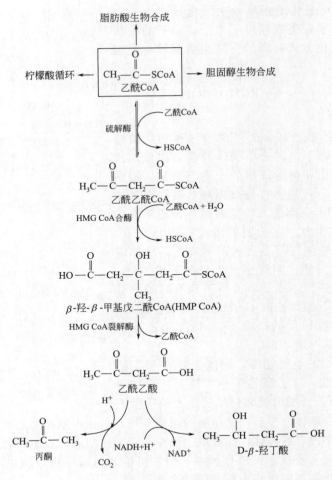

图 7-8　酮体的生物合成

2. 脂肪酸的生物合成

高等动物脂肪酸合成最活跃的组织是脂肪组织、肝脏和乳腺。

（1）饱和脂肪酸的从头合成　脂肪酸合成的基本原料乙酰 CoA 主要来自糖酵解产物丙酮酸。真核生物中的脂肪酸生物合成包括以下几个过程。

① 乙酰 CoA 的转运　由于脂肪酸合成是在细胞质中进行的，脂肪酸合成所需的乙酰 CoA 存在于线粒体中，所以首先乙酰 CoA 转运到细胞质中，但代谢产生的乙酰 CoA 不能穿过线粒体的内膜到胞液中去，所以要借助"柠檬酸穿梭"来达到进入胞液的目的。

柠檬酸穿梭途径是指乙酰 CoA 与草酰乙酸结合形成柠檬酸，然后通过三羧酸载体透过膜，再由膜外柠檬酸裂解酶裂解成草酰乙酸和乙酰 CoA。草酰乙酸又被 NADH 还原成苹果酸，苹果酸再经氧化脱羧产生 CO_2、NADPH 和丙酮酸。丙酮酸进入线粒体后，在羧化酶催化下形成草酰乙酸，又可参加乙酰 CoA 转运循环。其过程见图 7-9。

② 丙二酸单酰 CoA 的形成　脂肪酸合成是二碳单位的延长过程，逐加的二碳单位并不是直接来源于乙酰 CoA，而是乙酰 CoA 的羧化产物丙二酸单酰 CoA。丙二酸单酰 CoA 是由乙酰 CoA 在乙酰 CoA 羧化酶的催化下形成的，该酶的辅基为生物素，反应中消耗 ATP。

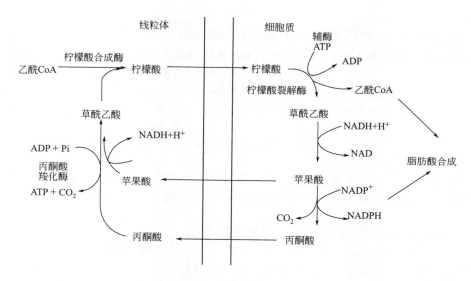

图 7-9 柠檬酸转运系统

$$HCO_3^- + ATP + BCCP\text{-}生物素 \longrightarrow BCCP\text{-}生物素\text{-}COOH + ADP + Pi$$

$$H_3C\text{—}\overset{\overset{O}{\|}}{C}\text{—}SCoA + BCCP\text{-}生物素\text{-}COOH \xrightarrow{\text{乙酰CoA羧化酶}} HO\text{—}\overset{\overset{O}{\|}}{C}\text{—}CH_2\text{—}\overset{\overset{O}{\|}}{C}\text{—}SCoA + BCCP\text{-}生物素$$

乙酰CoA   丙二酸单酰CoA

乙酰 CoA 羧化酶为别构酶，大肠杆菌中的乙酰 CoA 羧化酶是三个酶的复合体。其中的蛋白质叫生物素羧基载体蛋白（BCCP），作为生物素的载体，生物素共价连接到蛋白质的一个赖氨酸的 ε-氨基上，组成了生物胞素。乙酰 CoA 羧化酶的另外 2 个蛋白质都是酶，即生物素羧化酶和羧基转移酶。羧基转移酶催化 BCCP-羧化生物素上有活性的羧基转移到乙酰 CoA 上，产生丙二酸单酰 CoA 和 BCCP-生物素。

此步反应是脂肪酸合成的限速步骤，当酶活性升高时产生大量丙二酸单酰 CoA，为脂肪酸合成提供充足的原料，使脂肪酸合成走向旺盛。同时丙二酸单酰 CoA 可抑制肉毒碱酰基转移酶 I 的活性，阻断脂肪酸进入线粒体的运转，使脂肪酸的氧化分解停止。

③ 乙酰 ACP 和丙二酸单酰 ACP 的合成　脂肪酸的合成类似于脂肪酸降解，也需要酰基载体，但这个载体不是 CoASH，而是一个带有辅基磷酸泛酰巯基乙胺的酰基载体蛋白（ACP）。

不同来源的 ACP 其氨基酸组成有所不同，但都有一个磷酸泛酰巯基乙胺的活性基团（图 7-10）。乙酰 CoA 和丙二酸单酰 CoA 首先分别与 ACP 活性基团上的巯基共价连接形成乙酰 ACP 和丙二酸单酰 ACP。

$$SH\text{—}CH_2\text{—}CH_2\text{—}\overset{\overset{H}{|}}{N}\text{—}\overset{\overset{\|}{O}}{C}\text{—}CH_2\text{—}CH_2\text{—}\overset{\overset{H}{|}}{N}\text{—}\overset{\overset{\|}{O}}{C}\text{—}\overset{\overset{OH}{|}}{\underset{|}{C}}\text{—}\overset{\overset{CH_3}{|}}{\underset{CH_3}{C}}\text{—}CH_2\text{—}O\text{—}\overset{\overset{O}{\|}}{\underset{O^-}{P}}\text{—}O\text{—}CH_2\text{—}Ser\text{—}ACP$$

图 7-10　酰基载体蛋白（ACP）的活性基团——磷酸泛酰巯基乙胺

④ 反应历程　从乙酰 CoA 和丙二酸单酰 CoA 开始的脂肪酸合成反应由脂肪酸合成酶系催化。脂肪酸合成酶系包括六种酶和一个酰基载体蛋白，即乙酰转酰酶、丙二酸单酰转酰酶、β-酮脂酰 ACP 合成酶、β-酮脂酰 ACP 还原酶、β-羟脂酰 ACP 脱水酶、烯脂酰

ACP 还原酶。

a. 转酰基反应。乙酰 CoA 与 ACP 作用，生成乙酰 ACP：该反应是一个起始反应，由乙酰转酰酶催化，将乙酰 CoA 先转运至 ACP，再转运至 β-酮脂酰 ACP 合成酶的巯基上。

$$H_3C - \overset{\overset{O}{\|}}{C} - SCoA + HSACP \xrightarrow{\text{乙酰转酰酶}} H_3C - \overset{\overset{O}{\|}}{C} - SACP + HSCoA$$
乙酰CoA 乙酰ACP

$$H_3C - \overset{\overset{O}{\|}}{C} - SACP + \text{酶-SH} \longrightarrow H_3C - \overset{\overset{O}{\|}}{C} - S\text{-酶} + HSACP$$
乙酰ACP

b. 转酰基反应。丙二酸单酰 CoA 与 ACP 作用，生成丙二酸单酰 ACP：丙二酸单酰转酰酶催化丙二酸加载到 ACP 上，为 β-酮脂酰 ACP 合成酶提供第二底物。

$$HO - \overset{\overset{O}{\|}}{C} - CH_2 - \overset{\overset{O}{\|}}{C} - SCoA + HSACP \xrightarrow{\text{丙二酸单酰转酰酶}} HO - \overset{\overset{O}{\|}}{C} - CH_2 - \overset{\overset{O}{\|}}{C} - SACP + CoASH$$
丙二酸单酰CoA 丙二酸单酰ACP

c. 缩合反应。此步反应为乙酰基和丙二酸单酰基的缩合反应。由 β-酮脂酰 ACP 合成酶催化。

$$H_3C - \overset{\overset{O}{\|}}{C} - S\text{-酶} + HO - \overset{\overset{O}{\|}}{C} - CH_2 - \overset{\overset{O}{\|}}{C} - SACP \xrightarrow{\beta\text{-酮脂酰ACP合成酶}} CH_3 - \overset{\overset{O}{\|}}{C} - CH_2 - \overset{\overset{O}{\|}}{C} - SACP + \text{酶-SH} + CO_2$$
丙二酸单酰ACP 乙酰乙酰ACP

d. 还原反应。由 β-酮脂酰 ACP 还原酶催化的反应是脂肪酸合成中的第一个还原反应。此还原反应类似于 β-氧化中发生在 β-碳原子上的氧化反应，NADPH 作为还原剂，产物为 D-构型的 β-羟丁酰 ACP。

$$CH_3 - \overset{\overset{O}{\|}}{C} - CH_2 - \overset{\overset{O}{\|}}{C} - SACP \xrightarrow[\underset{NADPH+H^+ \quad NADP^+}{}]{\beta\text{-酮脂酰ACP还原酶}} CH_3 - \overset{\overset{OH}{|}}{CH} - CH_2 - \overset{\overset{O}{\|}}{C} - SACP$$
乙酰乙酰ACP D-β-羟丁酰ACP

e. 脱水反应。β-羟丁酰 ACP 脱水生成相应的 α,β-烯丁酰 ACP。

$$CH_3 - \overset{\overset{OH}{|}}{CH} - CH_2 - \overset{\overset{O}{\|}}{C} - SACP \xrightarrow[\underset{H_2O}{}]{\beta\text{-羟脂酰ACP脱水酶}} CH_3 - \overset{\overset{H}{|}}{C} = \overset{\overset{}{C}}{\underset{H}{}} - \overset{\overset{O}{\|}}{C} - SACP$$
D-β-羟丁酰ACP 烯丁酰ACP

f. 再还原反应。这步还原反应由 NADPH 作为电子供体，由烯脂酰 ACP 还原酶催化，产生一个连接 ACP 的四碳脂肪酸，这是一个完整的脂肪酸合成的最后一步。

$$CH_3 - \overset{\overset{H}{|}}{C} = \overset{\overset{}{C}}{\underset{H}{}} - \overset{\overset{O}{\|}}{C} - SACP \xrightarrow[\underset{NADPH+H^+ \quad NADP^+}{}]{\text{烯脂酰ACP还原酶}} CH_3 - CH_2 - CH_2 - \overset{\overset{O}{\|}}{C} - SACP$$
烯丁酰ACP 丁酰ACP

丁酰 ACP 再与丙二酸单酰 ACP 缩合，重复以上 c～f 步反应，每重复一次延长一个二碳单位，重复 6 次生成软脂酰 ACP（C_{16}），软脂酰 ACP 与 CoASH 在转酰基酶催化下生成软脂酰 CoA，后者可作为合成脂肪酸的原料。脂肪酸全合成过程见图 7-11。

综上所述，脂肪酸合成每循环一次，碳链延长 2 个碳原子；CO_2 虽然在脂肪酸合成中参与起初的羧化反应，但在缩合反应中又重新释放出来，并没有消耗，它似乎仅仅起催化剂作用；在羧化反应中消耗 ATP，此 ATP 由糖酵解提供；每次循环，经两次还原，消耗 $2NADPH + 2H^+$，试验表明，脂肪酸合成需要的 NADPH 有 60% 是由磷酸戊糖途径提供的，其余部分可由糖酵解间接生成。

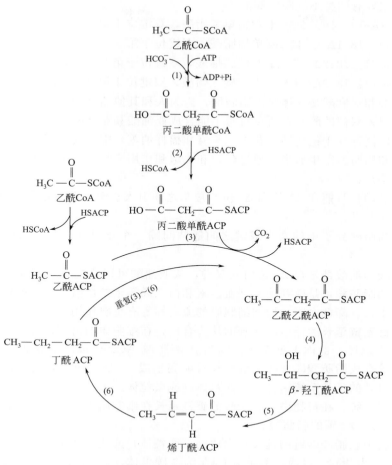

图 7-11 脂肪酸合成的步骤

(1) 乙酰 CoA 羧化酶；(2) 丙二酸单酰转酰酶；(3) β-酮脂酰 ACP 合成酶；
(4) β-酮脂酰 ACP 还原酶；(5) β-羟脂酰 ACP 脱水酶；(6) 烯脂酰 ACP 还原酶

把饱和脂肪酸的从头合成与 β-氧化相比较可以看出，虽然它们有一些共同的中间产物基团，如酮脂酰基、羟脂酰基、烯脂酰基等，但两个过程概括起来有许多不同点。哺乳动物脂肪酸 β-氧化和合成的主要区别见表 7-3。

表 7-3　哺乳动物脂肪酸 β-氧化和合成的主要区别

项目	β-氧化	合成
发生部位	线粒体	细胞质
酰基载体	CoASH	ACP
原料转运方式	肉毒碱穿梭系统	柠檬酸转运系统
二碳片段的裂解与加入方式	乙酰 CoA	丙二酸单酰 CoA
H 受体/供体	NAD^+，FAD	NADPH
酶的组织形式	分立的酶	多功能酶
反应过程	脱氢、水化、再脱氢、硫解	缩合、还原、脱水、再还原

（2）不饱和脂肪酸的合成　不饱和脂肪酸的合成，是在去饱和酶系的作用下，在原有饱和脂肪酸中引入双键的过程。去饱和作用是在内质网膜上进行的。

哺乳动物主要有四类不饱和脂肪酸：

棕榈油酸（ω-7）：$16:1\Delta^9$　十六碳单烯脂酸，双键位于第 9 位

油酸（ω-9）：$18:1\Delta^9$　十八碳单烯脂酸，双键位于第 9 位

亚油酸（ω-6）：$18:2\Delta^{9,12}$　十八碳二烯酸，双键位于第 9，12 位

亚麻酸（ω-7）：$18:3\Delta^{9,12,15}$　十八碳三烯酸，双键位于第 9，12，15 位

其中亚油酸和亚麻酸是人体必需脂肪酸，因为人和其他哺乳动物缺乏在脂肪酸第 9 位碳原子以上位置引入双键的酶系，所以自身不能合成亚油酸和亚麻酸，必须从植物中获得。亚油酸和亚麻酸广泛存在于植物油（花生、芝麻和棉籽油等）中。其他多不饱和脂肪酸都是由以上 4 种不饱和脂肪酸衍生而来，通过延长和去饱和作用交替进行来完成的。不饱和双键的引入具有以下特点：

第一，哺乳动物只能在 Δ^9 位和 Δ^9 位与羧基之间引入双键，而不能在 Δ^9 位与 ω-甲基之间任何位置引入双键；

第二，多烯脂酸分子中的两个双键之间通常间隔一个亚甲基，即—CH＝CH—CH_2—CH＝CH—。

如棕榈油酸和油酸都是在 Δ^9 位引入双键，从亚油酸可以合成花生四烯酸。花生四烯酸是重要的不饱和脂肪酸，是前列腺素、血栓素和白三烯等十二烷酸类合成的前体。不饱和脂肪酸对于促进生长、降低血脂、增加细胞膜的流动性等有重要作用。

（3）脂肪酸碳链延长途径　脂肪酸的从头合成是在细胞质的可溶性部分进行的，又称非线粒体系统合成途径，也称Ⅰ型系统。因为 β-酮脂酰 ACP 合成酶对软脂酰 ACP 无活性，所以由Ⅰ型系统合成脂肪酸时，碳链的延长只能到生成 16 个碳的软脂酸为止。若要继续延长碳链，则需另外的延长系统途径，即线粒体（或微粒体）系统合成途径，延长系统也称为Ⅱ型系统和Ⅲ型系统。在植物中，软脂酸的碳链延长在细胞质中进行，由延长酶系统Ⅱ和Ⅲ催化，形成 18 碳、20 碳的脂肪酸。

在人和动物中软脂酸碳链的延长在内质网（微粒体）或线粒体中进行。在内质网上的延长以软脂酰 CoA 为基础。以丙二酸单酰 CoA 为二碳供体，以 CoASH 为酰基载体，经过缩合、还原、脱水和再还原，生成硬脂酰 CoA。然后重复循环，生成 20 碳以上的脂酰 CoA。在线粒体中软脂酸的延长是与 β-氧化相似的逆向过程：以软脂酰 CoA 与乙酰 CoA（二碳供体）进行缩合、还原、脱水和再还原，生成硬脂酰 CoA。重复循环，可继续加长碳链（延长到 C_{24} 至 C_{26}）。可见脂肪酸的从头合成是 ACP 作酰基载体，以丙二酸单酰 ACP 作二碳供体，而延长途径是以 CoASH 为酰基载体，以丙二酸单酰 CoA 或乙酰 CoA 作为二碳供体。总之，不同生物的延长系统在细胞内的分布及反应物均不同，如表 7-4 所示。

表 7-4　不同生物的脂肪酸延长系统

生物	在细胞内的部位	反应物
植物	细胞质	软脂酰 ACP，丙二酸单酰 ACP，NADPH＋H^+
动物	内质网	软脂酰 CoA，丙二酸单酰 CoA，NADPH＋H^+
人和动物	线粒体膜	软脂酰 CoA，乙酰 CoA，NADPH

3. 甘油三酯的合成

甘油三酯是由 α-磷酸甘油和脂酰辅酶 A 逐步缩合生成的。甘油三酯的合成过程如下。

（1）磷脂酸的生成　α-磷酸甘油在磷酸甘油转酰酶催化下分别与 2 分子脂酰 CoA 缩合，形成磷脂酸：

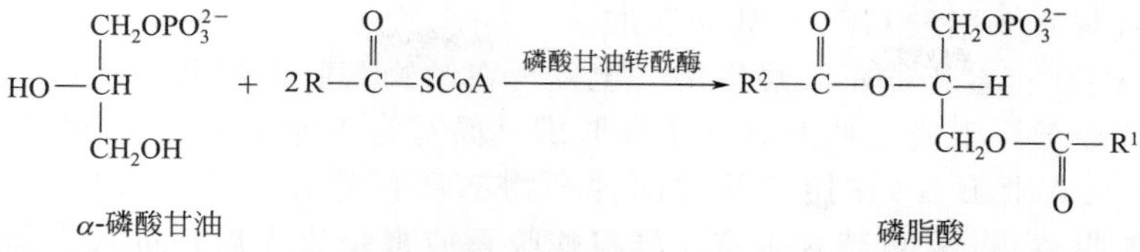

α-磷酸甘油   磷脂酸

（2）甘油二酯的生物合成 磷脂酸在磷脂酸磷酸酶作用下，水解去掉磷酸，生成甘油二酯。

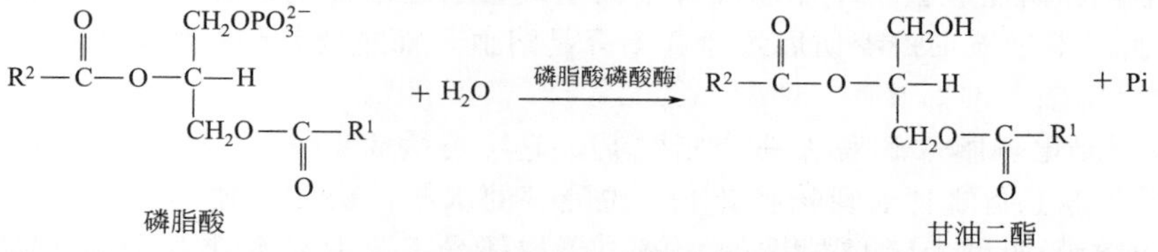

磷脂酸   甘油二酯

（3）甘油三酯的生物合成 甘油二酯在甘油二酯转酰酶作用下与 1 分子脂酰 CoA 缩合成甘油三酯：

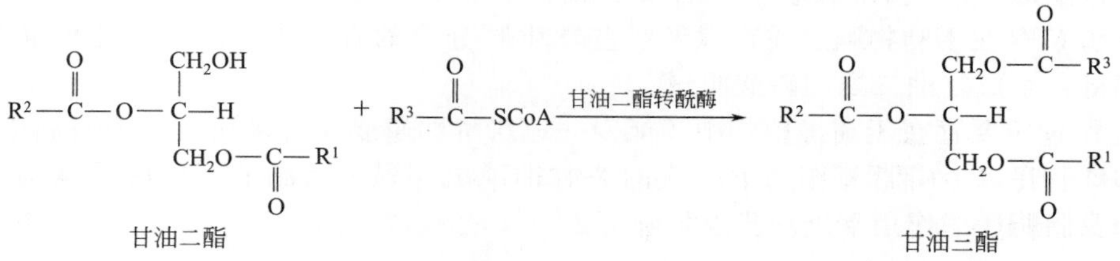

甘油二酯   甘油三酯

三、甘油磷脂的代谢

磷酸甘油的衍生物称为甘油磷脂。虽然磷脂的种类繁多，但它们具有共同的结构特征，即都是具有亲水性和疏水性的兼性分子；都含有甘油、磷酸、脂肪酸和一个含氮化合物，如卵磷脂是由甘油、脂肪酸、磷酸和胆碱组成，称为磷脂酰胆碱。

甘油磷脂具有重要的生物学功能，在淋巴液中，甘油磷脂在脂蛋白中起到使非极性的胆固醇、甘油三酯和极性的蛋白质结合起来的作用，某些甘油磷脂还具有促进凝血的作用。细胞生物膜的双脂层结构中，大部分的磷脂是甘油磷脂。生物膜的许多特性如柔韧性、对极性分子的不可透性等，均与甘油磷脂有关。含甘油磷脂丰富的部位有肝、血浆、神经髓鞘、蛋黄、豆科植物种子、线粒体、红细胞膜、内质网等。

近年来，发现磷脂酰肌醇及其衍生物参与细胞信号传导，特别是肌醇三磷酸（IP_3）和甘油二酯（DAG）作为胞内信使分子具有重要的生理调节作用。

1. 甘油磷脂的分解代谢

参与甘油磷脂分解代谢的酶有磷脂酶 A、磷脂酶 B、磷脂酶 C 和磷脂酶 D 等，其中磷脂酶 A 又分为磷脂酶 A_1 和磷脂酶 A_2 两种。它们在自然界中分布很广，存在于动物、植物、细菌、真菌中。在动物小肠内对卵磷脂分解起作用的磷脂酶主要是磷脂酶 A_1、磷脂酶 A_2、磷脂酶 B。

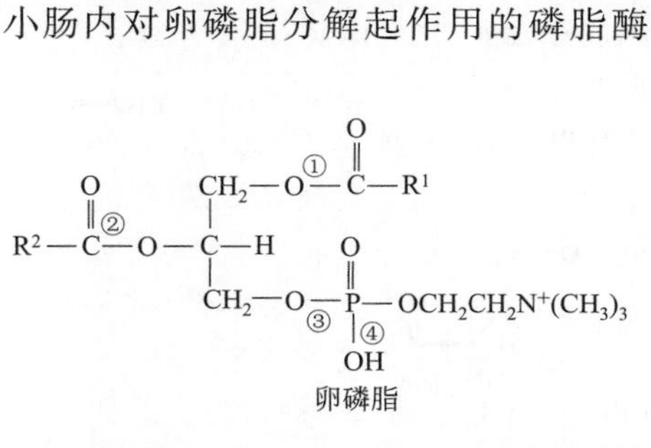

卵磷脂

磷脂酶 A_1 广泛存在于动物细胞内，能专一性地作用于卵磷脂①位酯键，生成 2-脂酰甘油磷酸胆碱（简写为 2-脂酰 GDP）和脂肪酸。

磷脂酶 A_2 主要存在于蛇毒及蜂毒中，也发现在动物胰脏内以酶原形式存在，专一性地水解卵磷脂②位酯键，生成 1-脂酰甘油磷酸胆碱（简写为 1-脂酰 GDP）和脂肪酸。

磷脂酶 A_1 与磷脂酶 A_2 作用后的这两种产物都具有溶血作用，因此称为溶血卵磷脂。蛇毒和蜂毒中磷脂酶 A_2 含量特别丰富，当毒蛇咬人或毒蜂蜇人后，进入人体内的毒液中的磷脂酶 A_2 催化卵磷脂脱去一个脂肪酸分子而生成会引起溶血的溶血卵磷脂，使红细胞膜破裂而发生溶血。不过被毒蛇咬伤后致命并不只是溶血，而主要是蛇毒中含有多种神经麻痹的蛇毒蛋白。

磷脂酶 B 催化磷脂水解脱去一个脂酰基，它可分为 L1 和 L2 两种，L1 催化由磷脂酶 A_2 作用后的产物 1-脂酰甘油磷酸胆碱上①位酯键的水解，L2 催化由磷脂酶 A_1 作用后的产物 2-脂酰甘油磷酸胆碱上②位酯键的水解，产物都是 L-α-甘油磷酸胆碱和相应的脂肪酸。L-α-甘油磷酸胆碱先通过甘油磷酸胆碱二酯酶的作用水解④位酯键，再通过磷酸单酯酶的作用水解③位酯键，最终生成磷酸、甘油和胆碱。

磷脂酶 C 存在于动物脑、蛇毒以及一些微生物分泌的毒素中，能专一地水解卵磷脂③位磷酸酯键，生成甘油二酯和磷酸胆碱。

磷脂酶 D 主要存在于高等植物中，能专一地水解卵磷脂④位酯键，生成磷脂酸和胆碱。总之，卵磷脂在以上磷脂酶作用下生成的 3-甘油磷酰胆碱、磷脂酸和磷酸胆碱等物质，在磷酸酯酶及脂肪酶的作用下进一步发生降解。

2. 甘油磷脂的生物合成

在生物细胞内的甘油磷脂有多种，其合成途径也不一样，以脑磷脂及卵磷脂的合成过程为例说明如下。

在高等动植物体中磷脂合成的一般途径是，乙醇胺或胆碱在激酶催化下生成磷酸乙醇胺或磷酸胆碱，然后在转胞苷酶的催化下与胞苷三磷酸（CTP）作用生成胞苷二磷酸乙醇胺（CDP-乙醇胺）或胞苷二磷酸胆碱（CDP-胆碱），它们再与甘油二酯作用生成磷脂酰乙醇胺（脑磷脂）或磷脂酰胆碱（卵磷脂）。这种合成脑磷脂或卵磷脂的途径称为 CDP-乙醇胺途径或 CDP-胆碱途径（图 7-12）。磷脂合成途径如图 7-13 所示。

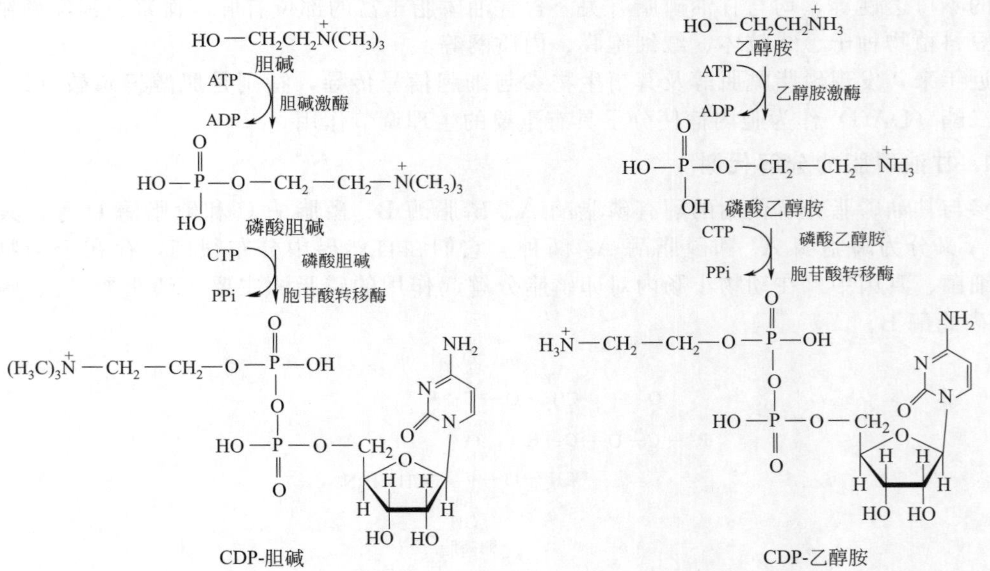

图 7-12　CDP-胆碱和 CDP-乙醇胺的形成反应

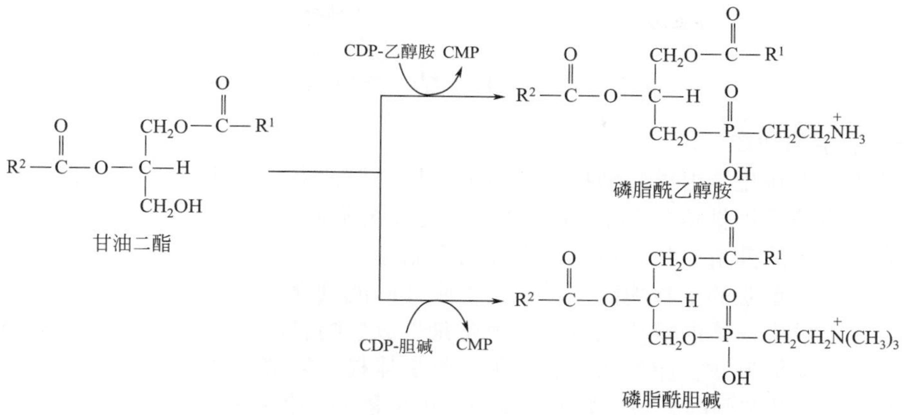

图 7-13　磷脂酰胆碱和磷脂酰乙醇胺的形成反应

左旋肉碱与减肥

随着人们生活水平和健康意识的提高，减肥瘦身已经成为一种趋势，左旋肉碱也成为一些减肥机构推崇的减肥产品。左旋肉碱又称 L-肉碱或音译卡尼丁，其主要功能是促进脂类代谢。脂肪酸的 β-氧化在线粒体基质中进行，而在胞质中形成的脂酰 CoA 不能透过线粒体内膜，必须依靠内膜上的肉毒碱为载体才能进入线粒体基质。虽然左旋肉碱是脂肪的运载工具，在脂肪代谢中不可或缺，但脂肪的消耗量并不完全取决于左旋肉碱，不能直接达到减肥效果。在细胞内，左旋肉碱的基本功能只是作为载体把脂肪酸从线粒体外运入线粒体内膜，在线粒体内脂肪酸才被氧化并释放出能量。所以，这很容易给不了解其减肥原理的人一种错觉，好像左旋肉碱是脂肪氧化的关键所在。其实，机体如果能量消耗不大，脂肪消耗不多，左旋肉碱的增加并不能有效促进脂肪的氧化功能。

肥胖发生的主要生理机制是由于能量摄入大于能量支出，能量收支不平衡。机体能量摄取过多或能量消耗不足都可以引起肥胖。能量摄入过多主要体现在膳食营养方面：膳食结构不合理、食物摄入过量以及不良的进食习惯是导致肥胖的重要因素。能量消耗不足主要体现在运动不足上。简单地说，适当运动＋饮食控制才是减肥关键。如果运动量（能量消耗）不大，脂肪消耗不多，只是增加左旋肉碱并不会增加脂肪的氧化功能，故而对减肥并无帮助。只有在运动量较大时，服用左旋肉碱才有助于减肥。此时，大量运动仍是减肥的关键，左旋肉碱仅起辅助作用。如果运动量并不大，比如仅仅节食减肥，服用左旋肉碱对减肥并无作用。

有些机构宣扬左旋肉碱绝对安全，因为母乳和婴儿奶粉中就含有该成分，但左旋肉碱并不是人人适用。对以下几种人群就并不适用：①有些肥胖者是属于肉质结实的类型，并不是脂肪型肥胖，燃烧脂肪的左旋肉碱减肥法对其根本没有效果。②对肝脏、肾脏疾病人群不适用。因为左旋肉碱会促进脂肪的代谢，可能加大肾脏和肝脏的负担，因此患有肾脏、肝脏疾病的人群要慎用。想要改善肥胖新陈代谢和肌肉能力的人士，最好使用一个月后就停用一周。使用左旋肉碱减肥还需要注意，左旋肉碱会导致排汗增多，所以要注意及时补水，排除毒素；左旋肉碱具有抗疲劳的功效，服用左旋肉碱可能会影响睡眠质量，因此在休息前最好不要服用左旋肉碱；左旋肉碱虽号称并无副作用，但是从部分使用者的反映来看，依然存在头晕、心慌、失眠等不良反应，服用时要用量适当，如有不适就要马上停用。

1. 脂肪的生物功能

脂类是指一类在化学组成和结构上有很大差异，但都有一个共同特性，即不溶于水而易溶于乙醚、氯仿等非极性溶剂的物质。通常脂类可按不同组成分为五类，即单纯脂、复合脂、萜类和类固醇及其衍生物、衍生脂类及结合脂类。

脂类物质具有重要的生物功能。脂肪是生物体的能量提供者。

脂肪也是组成生物体的重要成分，如磷脂是构成生物膜的重要组分，油脂是机体代谢所需燃料的贮存和运输形式。脂类物质也可为动物机体提供溶解于其中的必需脂肪酸和脂溶性维生素。某些萜类及类固醇类物质如维生素 A、维生素 D、维生素 E、维生素 K、胆酸及固醇类激素具有营养、代谢及调节功能。有机体表面的脂类物质有防止机械损伤与防止热量散发等保护作用。脂类作为细胞的表面物质，与细胞识别、种特异性和组织免疫等有密切关系。

2. 脂肪的降解

在脂肪酶的作用下，脂肪水解成甘油和脂肪酸。甘油经磷酸化和脱氢反应，转变成磷酸二羟丙酮，纳入糖代谢途径。脂肪酸与 ATP 和 CoA 在脂酰 CoA 合成酶的作用下，生成脂酰 CoA。脂酰 CoA 在线粒体内膜上肉毒碱：脂酰 CoA 转移酶系统的帮助下进入线粒体基质中，经 β-氧化降解成乙酰 CoA，再进入三羧酸循环彻底氧化。β-氧化过程包括脱氢、水化、再脱氢和硫解四个步骤，每次 β-氧化循环生成 $FADH_2$、NADH、乙酰 CoA 和比原先少两个碳原子的脂酰 CoA。此外，某些组织细胞中还存在 α-氧化生成 α-羟脂肪酸或 CO_2 和少一个碳原子的脂肪酸；经 ω-氧化生成相应的二羧酸。

3. 脂肪的生物合成

脂肪的生物合成包括三个方面：饱和脂肪酸的从头合成，脂肪酸碳链的延长和不饱和脂肪酸的生成。脂肪酸从头合成的场所是细胞液，需要 CO_2 和柠檬酸的参与，C_2 供体是糖代谢产生的乙酰 CoA。反应有二个酶系参与，分别是乙酰 CoA 羧化酶系和脂肪酸合成酶系。首先，乙酰 CoA 在乙酰 CoA 羧化酶催化下生成，然后在脂肪酸合成酶系的催化下，以 ACP 作酰基载体，乙酰 CoA 为 C_2 受体，丙二酸单酰 CoA 为 C_2 供体，经过缩合、还原、脱水、再还原几个反应步骤，先生成含 4 个碳原子的丁酰 ACP，每次延伸循环消耗一分子丙二酸单酰 CoA、两分子 NADPH，直至生成软脂酰 ACP。产物再活化成软脂酰 CoA，参与脂肪合成或在微粒体系统或线粒体系统延长成 C_{18}、C_{20} 和少量碳链更长的脂肪酸。在真核细胞内，饱和脂肪酸在 O_2 的参与和专一的去饱和酶系统催化下，进一步生成各种不饱和脂肪酸。高等动物不能合成亚油酸、亚麻酸、花生四烯酸，必须依赖食物供给。3-磷酸甘油与两分子脂酰 CoA 在磷酸甘油转酰酶作用下生成磷脂酸，再经磷酸酶催化变成二酰甘油，最后经二酰甘油转酰酶催化生成脂肪。

4. 磷脂的生成

磷脂酸是最简单的磷脂，也是其他甘油磷脂的前体。磷脂酸与 CTP 反应生成 CDP-二酰甘油，再分别与肌醇、丝氨酸、磷酸甘油反应，生成相应的磷脂。磷脂酸水解成二酰甘油，再与 CDP-胆碱或 CDP-乙醇胺反应，分别生成磷脂酰胆碱和磷脂酰乙醇胺。

1. 解释下列名词

脂肪酸的 α-氧化；脂肪酸的 β-氧化；脂肪酸的 ω-氧化；柠檬酸穿梭；乙酰 CoA 羧化酶系；脂肪酸合成酶系

2. 按下述几方面，比较脂肪酸氧化和合成的差异：

①进行部位；②酰基载体；③所需辅酶；④β-羟基中间物的构型；⑤促进过程的能量状态；⑥合成或降解的方向；⑦酶系统。

3. 在脂肪酸合成中，乙酰 CoA 羧化酶起什么作用？

4. 脂肪酸氧化和脂肪酸的合成是如何协同调控的？

5. 1mol 软脂酸完全氧化成 CO_2 和 H_2O 可生成多少 mol ATP？

6. 1mol 甘油完全氧化成 CO_2 和 H_2O 时净生成多少 mol ATP？假设 NADH 都通过磷酸甘油穿梭进入线粒体。

7. 假设体重为 70.0kg 的人体中，15% 完全是由三硬脂酰甘油酯（$M_r=892$）构成的脂肪组织（三硬脂酰甘油酯可以在有氧条件下氧化为 CO_2 和 H_2O，且发生了甘油磷酸穿梭）。

a. 计算这个人脂肪的能量储备是多少？

b. 假如人体每天的能量需求量是 10000kJ，计算这个人在饥饿条件下，仅靠体内的脂肪能量储备能存活多少天？

c. 在饥饿条件下，人体每天损失多少体重？

8. 假如必须食鲸脂和海豹脂，其中几乎不含糖类：

a. 使用脂肪作为唯一能量的来源，会产生什么样的后果？

b. 如果饮食中不含葡萄糖，试问消耗奇数碳脂肪酸好，还是偶数碳脂肪酸好？

第8章　蛋白质代谢

本章提示：

　　本章介绍了蛋白质与氨基酸的一般代谢途径，详细地介绍氨基酸与蛋白质的生物合成过程。在学习时，弄清楚蛋白质与氨基酸的一般代谢途径，掌握氨基酸生物合成和分解的共同反应和特殊反应。掌握蛋白质分解与合成的过程。

　　一切生命现象不能离开蛋白质，蛋白质是生命活动的重要物质基础。生物体内的各种蛋白质不断地进行分解和合成代谢，处于动态更新之中。蛋白质的降解产物氨基酸，不仅能重新合成蛋白质，而且是许多重要生物分子（如嘌呤、嘧啶、卟啉、某些维生素和激素等）的前体。当机体摄取的氨基酸过量时，氨基酸可以发生脱氨基作用，产生的酮酸可以通过糖异生途径转变为葡萄糖，也可以通过三羧酸循环氧化成二氧化碳和水，并为机体提供所需能量，每克蛋白质在体内氧化分解产生 17.19kJ 的能量。高等动物分解蛋白质的主要部位在小肠内，蛋白质的合成在细胞的核糖体上进行。代谢概况见图 8-1。

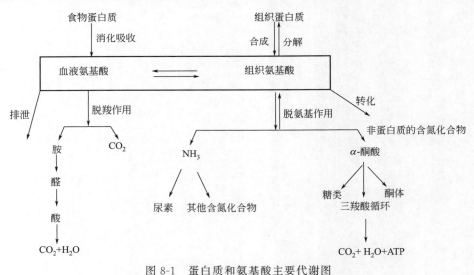

图 8-1　蛋白质和氨基酸主要代谢图

第 1 节　蛋白质的酶促反应

　　各种生物体有其特殊的蛋白质，人或动物吃了蛋白质食物后，蛋白质在胃里受到胃蛋白酶的作用，分解为分子量较小的肽，进入小肠后受到来自胰脏的胰蛋白酶和胰凝乳蛋白酶的作用，进一步分解为小肽，然后小肽又被肠黏膜里的二肽酶、氨肽酶及羧肽酶分解为氨基酸，氨基酸可以被直接吸收利用，也可以进一步氧化供能。在植物体内，虽然不从体外吸收氨基酸以合成蛋白质，但植物生长时特别是当种子萌发时，蛋白质发生强烈的降解作用，产生的氨基酸被重新利用形成幼苗中的蛋白质。某些植物的果实中也含有丰富的蛋白酶，如菠萝中的菠萝蛋白酶、木瓜中的木瓜蛋白酶、无花果中的无花果蛋白酶等都可使蛋白质水解。此外，微生物也含有多种多样的蛋白酶，能将蛋白质水解为氨基酸。可见蛋白质的酶促降解是生命活动的重要组成部分。

第 2 节　氨基酸的分解代谢

食物蛋白质经消化吸收，以氨基酸形式进入血液循环及全身各组织，组织蛋白质又降解为氨基酸，这两种来源的氨基酸（外源性和内源性）混合在一起，存在于细胞液、血液和其他体液中，总称为氨基酸代谢库。生物体内氨基酸的主要作用是合成蛋白质或其他含氮化合物。但多余的氨基酸不能贮藏只能被降解，天然氨基酸分子都含有 α-氨基和 α-羧基，因此各种氨基酸都有其共同的代谢途径，但个别氨基酸由于其特殊的侧链结构也有特殊的代谢途径。

一、氨基酸共同的分解代谢途径

氨基酸共同的分解代谢途径包括脱氨基和脱羧基作用两个方面。

1. 脱氨基作用

氨基酸的脱氨基作用是氨基酸脱去氨基后，形成酮酸和氨。脱氨基作用主要包括以下几种方式：

（1）氧化脱氨基作用　α-氨基酸在氨基酸氧化酶的催化下氧化生成 α-酮酸并产生氨的过程称为氧化脱氨基作用。动物体内有两种氨基酸氧化酶，即对 L-氨基酸有专一性的 L-氨基酸氧化酶和对 D-氨基酸有专一性的 D-氨基酸氧化酶，它们都是以 FMN 和 FAD 为辅酶的氧化脱氨酶。

$$R-\underset{\underset{\text{氨基酸}}{\overset{|}{NH_3^+}}}{\overset{|}{CH}}-COO^- + FAD(FMN)+H_2O \xrightarrow{\text{氨基酸氧化酶}} R-\underset{\underset{\alpha\text{-酮酸}}{\overset{\|}{O}}}{\overset{}{C}}-COO^- + FADH_2(FMNH_2) + NH_3$$

在有分子氧存在的情况下，氨基酸氧化酶也能催化辅酶的氧化，反应产生过氧化氢（H_2O_2），可被过氧化氢酶降解为水和氧：

$$FADH_2(FMNH_2)+O_2 \longrightarrow FAD(FMN)+H_2O_2$$

$$2H_2O_2 \xrightarrow{\text{过氧化氢酶}} 2H_2O+O_2$$

由于 L-氨基酸氧化酶在体内分布不广泛，其 pH 为 10 左右，活性也不高，D-氨基酸氧化酶活性虽高，但体内缺少 D-氨基酸，所以这两种氨基酸氧化酶在体内都不起主要作用。L-谷氨酸脱氢酶在动植物及大多数微生物中普遍存在，其 pH 为 7 左右，是脱氨活力很高的酶，在氨基酸代谢中起重要作用的脱氨酶。它催化 L-谷氨酸脱氨生成 α-酮戊二酸，其辅酶是 NAD^+ 或 $NADP^+$。谷氨酸脱氢酶是由 6 个亚基组成的变构调节酶，GTP 和 ATP、NADH 是它的别构抑制剂，GDP 和 ADP 是它的别构激活剂，所以当机体能量水平低时，氨基酸的氧化分解速度增加，调节氨基酸氧化分解供给机体能量。

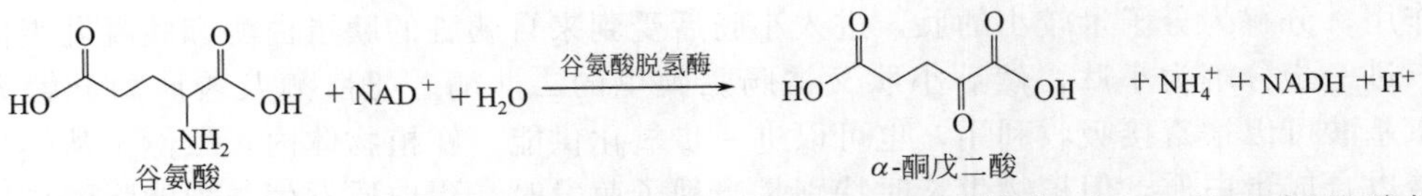

谷氨酸 + NAD^+ + H_2O $\xrightarrow{\text{谷氨酸脱氢酶}}$ α-酮戊二酸 + NH_4^+ + $NADH$ + H^+

(2) 转氨基作用 氨基酸的转氨基作用是指在转氨酶的催化下，一种 α-氨基酸的氨基可以转移到 α-酮酸上，生成相应的一分子 α-酮酸和一分子 α-氨基酸，使原来的氨基酸转变成相应的酮酸，而原来的酮酸转变成相应的氨基酸。

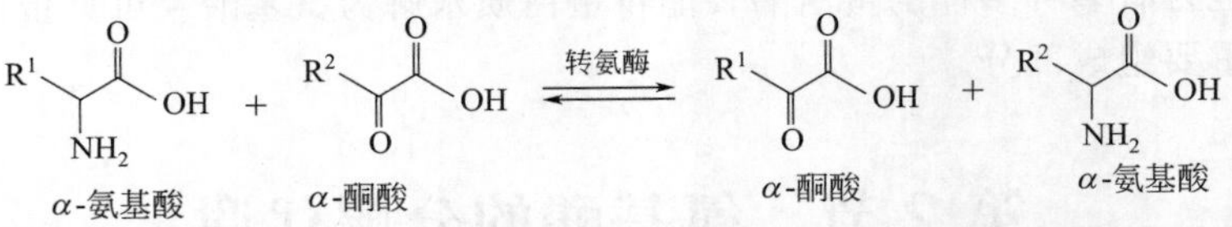

α-氨基酸 + α-酮酸 $\xrightleftharpoons{\text{转氨酶}}$ α-酮酸 + α-氨基酸

转氨酶种类很多，在动物、植物及微生物中分布很广，在真核生物细胞液和线粒体内都可以进行转氨基反应。转氨酶催化可逆反应，平衡常数约为 1.0 左右，说明催化反应可以向两个方向进行，但在生物体中转氨基作用与氨基酸氧化分解作用相偶联，最终使氨基酸的转氨基作用向一个方向进行。

最为重要并且分布最广泛的是天冬氨酸氨基转移酶（GOT，谷草转氨酶）和丙氨酸氨基转移酶（GPT，谷丙转氨酶）它们催化下列反应：

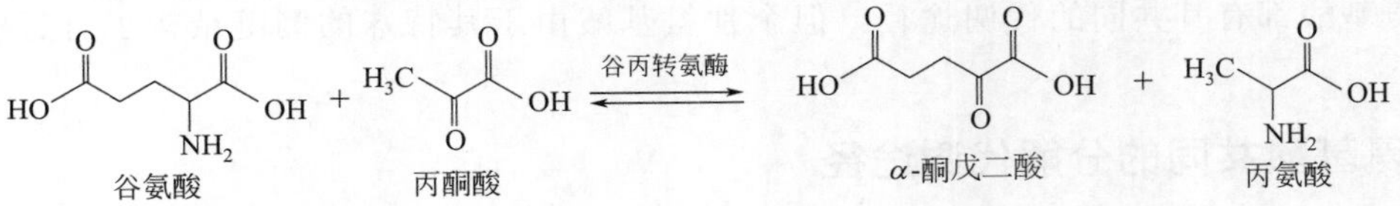

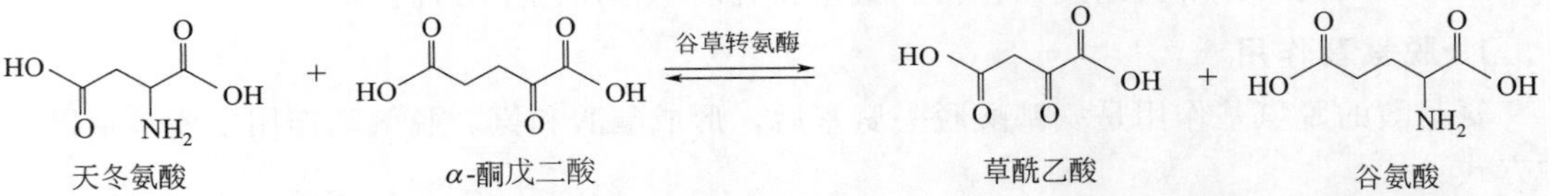

谷氨酸 + 丙酮酸 $\xrightleftharpoons{\text{谷丙转氨酶}}$ α-酮戊二酸 + 丙氨酸

天冬氨酸 + α-酮戊二酸 $\xrightleftharpoons{\text{谷草转氨酶}}$ 草酰乙酸 + 谷氨酸

转氨酶种类虽然很多，但都以磷酸吡哆醛（维生素 B_6）为辅酶，其反应机制如图 8-2 所示：氨基酸和磷酸吡哆醛形成醛亚胺，经双键移位、水解放出相应的酮酸和磷酸吡哆胺；磷酸吡哆胺和酮酸反应形成醛亚胺，再经双键移位、水解放出磷酸吡哆醛，并形成相应的氨基酸。

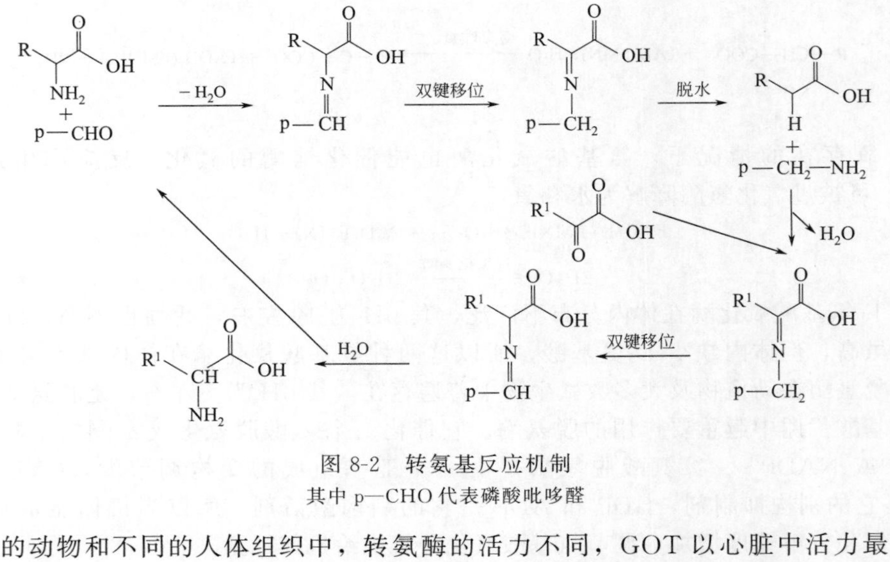

图 8-2 转氨基反应机制
其中 p—CHO 代表磷酸吡哆醛

不同的动物和不同的人体组织中，转氨酶的活力不同，GOT 以心脏中活力最大，其次为肝脏。GPT 在肝脏中活力最大，当肝细胞损伤时，酶释放到血液里，使血液的酶活力增加，肝炎病人酶活力超过正常人。

（3）联合脱氨基作用　联合脱氨基作用是指在转氨酶和谷氨酸脱氢酶的作用下，将转氨基作用和脱氨基作用偶联在一起的一种脱氨方式。辅因子包括磷酸吡哆醛和 NAD^+（$NADP^+$）。在自然界中，L-氨基酸氧化酶活力都很低，很难满足生物机体脱氨的需要，而转氨基作用虽然普遍存在，但又不能最终将氨基脱去。所以动物体内大多数氨基酸都是通过联合脱氨基作用脱去氨基的（图 8-3）。

图 8-3　联合脱氨基作用

谷氨酸在氨基酸代谢中处在中心位置。α-酮戊二酸是一种氨基传递体。α-酮戊二酸可以由三羧酸循环大量产生。

（4）非氧化脱氨基作用　除氧化脱氨基作用以外，还有不同方式的非氧化脱氨基作用。非氧化脱氨基作用大多在微生物中进行，动物体内也有发现，但不普遍。

① **脱水脱氨基作用**　L-丝氨酸和 L-苏氨酸的脱氨基是利用脱水方式完成的。催化此反应的酶以磷酸吡哆醛为辅酶。

② **直接脱氨基作用**　天冬氨酸酶可催化天冬氨酸直接脱下氨基生成延胡索酸和 NH_3。

苯丙氨酸解氨酶（PAL）催化的脱氨反应：

③ **水解脱氨基作用**　氨基酸在水解酶的作用下脱氨产生羟酸。

$$R-CH-COO^- + H_2O \xrightarrow{\text{氨基酸水解酶}} R-CH-COO^- + NH_3$$

（氨基酸，NH_3^+）（羟酸，OH）

2. 脱羧基作用

（1）直接脱羧基　氨基酸在氨基酸脱羧酶作用下脱去羧基，生成 CO_2 和伯胺类化合物，辅酶为磷酸吡哆醛（除组氨酸）。氨基酸脱羧作用在微生物中普遍存在，在高等动植物组织内不是主要代谢途径。

氨基酸脱羧酶的专一性很高，除个别氨基酸外，一种氨基酸脱羧酶一般只对一种氨基酸起脱羧作用。例如谷氨酸脱羧酶催化的反应，生成 γ-氨基丁酸在植物组织中广泛分布，经一系列反应可转化为琥珀酸进入三羧酸循环。脑组织中游离的 γ-氨基丁酸对中枢神经系统的传导有抑制作用。

有些氨基酸脱羧后形成的胺类化合物是组成某些维生素或激素的成分。如天冬氨酸脱羧后生成 β-丙氨酸，它是 B 族维生素泛酸的组成成分。又如丝氨酸脱羧后生成乙醇胺，乙醇胺甲基化后生成胆碱，而乙醇胺和胆碱分别是合成脑磷脂和卵磷脂的成分。

（2）羟化脱羧基　有些氨基酸可先被羟基化，然后脱去羧基。例如，酪氨酸在酪氨酸酶催化下被羟化生成 3,4-二羟苯丙氨酸，后者脱去羧基生成 3,4-二羟苯乙胺（简称多巴胺）。多巴胺进一步氧化可形成聚合物黑素。马铃薯、梨等切开后变黑就是因为黑素形成的结果。在动物体内，由多巴和多巴胺可生成去甲肾上腺素和肾上腺素等。在植物体内，由多巴和多巴胺可形成生物碱。

二、氨基酸分解产物的代谢

氨基酸经脱氨和脱羧作用产生的 α-酮酸、胺类化合物、NH_3 和 CO_2，需要进一步代谢构成其他细胞成分或排出体外。胺可以随尿直接排出，也可以在酶的催化下转变为其他物质；CO_2 由肺呼出。α-酮酸和氨进一步进行代谢转变成被排出的物质或合成体内有用的物质。

1. 氨的去向

（1）尿素的生成和尿素循环　氨可与草酰乙酸或天冬氨酸形成天冬酰胺，当需要的时候，天冬酰胺分子内的氨基又可以通过天冬酰胺酶的作用分解出来，再去合成氨基酸。另外，脱下的氨也可以和 α-酮酸形成其他的氨基酸，或者与植物中大量存在的有机酸形成有机酸盐。在动物体内，氨基酸脱氨降解产生的氨主要是作为废物排出体外。各种动物排氨的方式不同，水生动物体内外水分供应充足，所以氨可以直接随水排出体外；而人类和其他哺乳动物则是通过尿素循环将氨转化为尿素排出体外。尿素循环过程如下：

① 氨甲酰磷酸的合成　来自外周组织或肝脏自身代谢的 NH_3 及 CO_2，首先在肝细胞内合成氨甲酰磷酸，此反应由存在于线粒体中的氨甲酰磷酸合成酶Ⅰ催化，并需 ATP 提供能量。氨甲酰磷酸合成酶Ⅰ是肝线粒体中最丰富的酶之一，占线粒体基质内总蛋白质的 20% 以上。氨甲酰磷酸合成酶Ⅰ是一个别构酶，反应是不可逆的。其中 CO_2 是糖代谢的产物，反应消耗 2 分子 ATP。

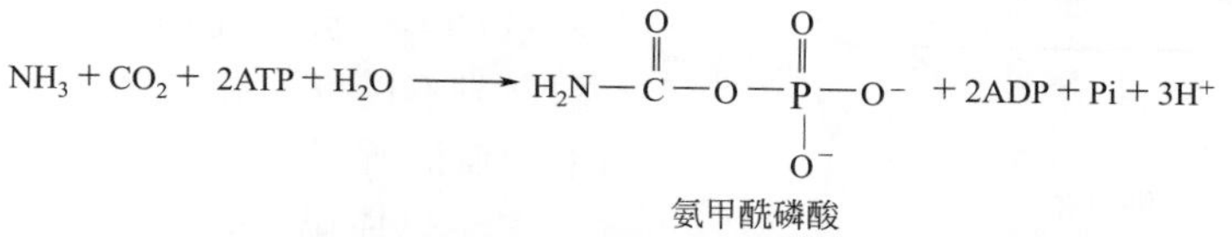

$$NH_3 + CO_2 + 2ATP + H_2O \longrightarrow H_2N-\overset{\overset{O}{\|}}{C}-O-\overset{\overset{O}{\|}}{\underset{\underset{O^-}{|}}{P}}-O^- + 2ADP + Pi + 3H^+$$

氨甲酰磷酸

② 瓜氨酸合成　氨甲酰磷酸的氨甲酰基经酶催化转移给鸟氨酸形成瓜氨酸。

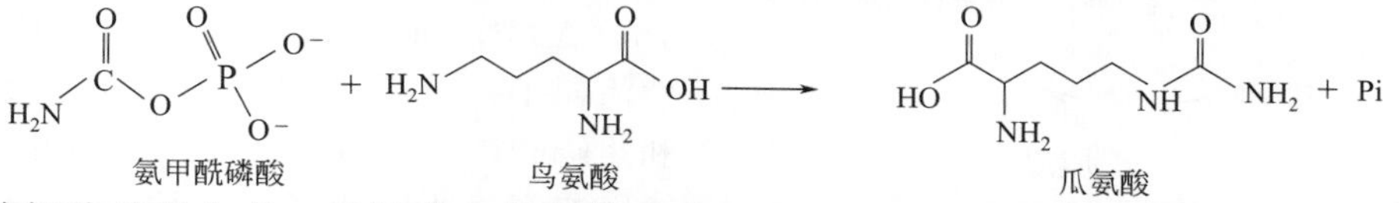

氨甲酰磷酸　　鸟氨酸　　瓜氨酸

③ 精氨琥珀酸合成　瓜氨酸在线粒体内合成后，即被转运到线粒体外，在胞质中经精氨酸代琥珀酸合成酶（ASAS）的催化，与天冬氨酸反应生成精氨琥珀酸。天冬氨酸作为氨基的供体，反应需要 Mg^{2+} 的存在。

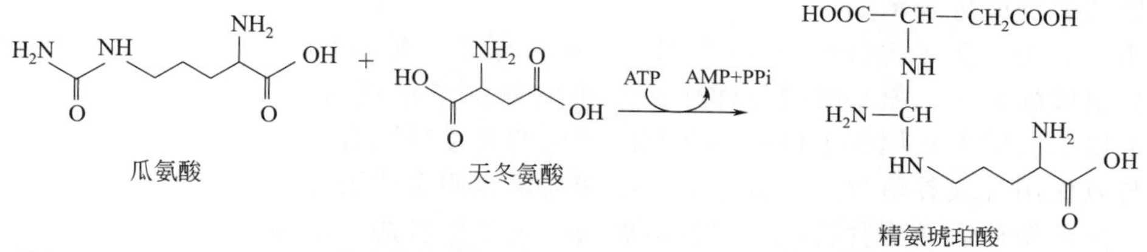

瓜氨酸　　天冬氨酸　　精氨琥珀酸

④ 精氨琥珀酸的裂解　精氨琥珀酸通过精氨琥珀酸分解酶（ASAL）的作用，分解为精氨酸和延胡索酸，延胡索酸可进入三羧酸循环进一步降解。

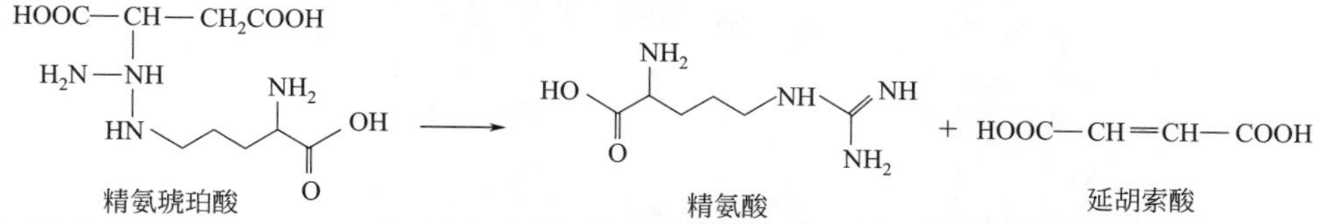

精氨琥珀酸　　精氨酸　　延胡索酸

⑤ 尿素形成　在胞质中形成的精氨酸受精氨酸酶的催化生成尿素和鸟氨酸，鸟氨酸再进入线粒体参与瓜氨酸的合成，通过鸟氨酸循环，如此周而复始地促进尿素的生成。

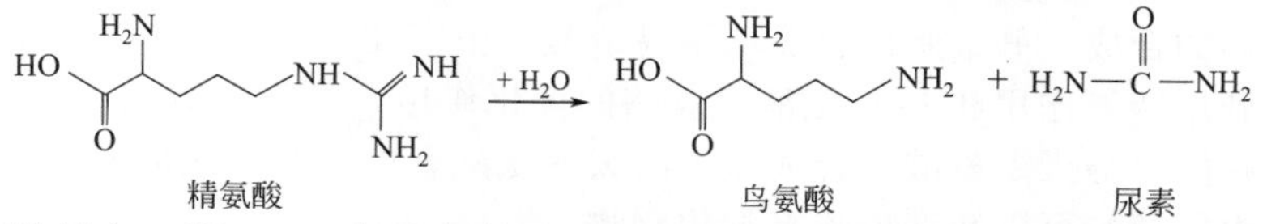

精氨酸　　鸟氨酸　　尿素

整个尿素循环中，第 1、2 步反应的酶是在线粒体中完成的，这样有利于将 NH_3 严格限制在线粒体中，防止氨对机体的毒害作用。其他几步反应在细胞质中进行，并通过精氨琥珀酸裂解产生延胡索酸，延胡索酸可进一步氧化为草酰乙酸进入三羧酸循环，也可经转氨基作用重新形成天冬氨酸进入尿素循环，从而把尿素循环和三羧酸循环密切联系在一起。尿素循环的特点：

a. 鸟氨酸、赖氨酸均可与精氨酸竞争和精氨酸酶结合，是精氨酸酶强有力的抑制剂。

b. 尿素的生物合成是一个循环的过程。在反应开始时消耗的鸟氨酸在反应末又重新生成，整个循环中没有鸟氨酸、瓜氨酸、精氨琥珀酸或精氨酸的净丢失或净增加，只消耗了氨、CO_2、ATP 和天冬氨酸。

c. 尿素分子中两个氨基，一个来自氨，另一个来自天冬氨酸，而天冬氨酸又可由其他氨基酸通过转氨基作用生成。由此可见，尿素分子中的两个氨基虽然来源不同但均直接或间接来自各种氨基酸的氨基。

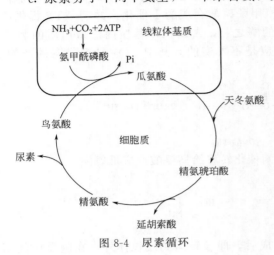

图 8-4　尿素循环

d. 形成一分子尿素可清除两分子氨和一分子 CO_2。尿素属中性无毒物质，所以尿素的合成不仅可消除氨的毒性，还可减少 CO_2 溶于血液所产生的酸性。

e. 机体在将有毒的氨转换成尿素的过程是消耗能量的，合成氨甲酰磷酸时消耗了两分子 ATP；而在合成精氨琥珀酸时表面上虽然消耗了一分子 ATP；但由于生成了 AMP 和焦磷酸，这一过程实际上是水解了两个高能磷酸键，所以相当于消耗了 2 分子 ATP。因此生成一分子尿素实际上共消耗 4 分子 ATP。尿素循环过程如图 8-4。

尿素合成的总反应可表示如下：

$$NH_3 + CO_2 + 天冬氨酸 + 3ATP + 2H_2O \longrightarrow 尿素 + 延胡索酸 + 2ADP + AMP + 4Pi$$

(2) 酰胺的合成　氨基酸脱氨作用所产生的氨除了形成含氮化合物（如尿素）排出体外，还可以酰胺的形式储藏于体内。细胞组织中的谷氨酰胺合成酶、天冬酰胺合成酶，催化谷氨酸与氨作用合成谷氨酰胺，催化天冬氨酸与氨作用合成天冬酰胺。然后谷氨酰胺、天冬酰胺通过血液循环运送到肾脏，经谷氨酰胺酶、天冬酰胺酶作用分解成谷氨酸、天冬氨酸及氨。此时氨是尿氨的主要来源，占尿中氨总量的 60%。

天冬氨酸 $+ NH_4^+ + ATP \xrightarrow{Mg^{2+}}$ 天冬酰胺 $+ ADP + Pi$

谷氨酸 $+ NH_4^+ + ATP \xrightarrow{Mg^{2+}}$ 谷氨酰胺 $+ ADP + Pi$

(3) 嘧啶环的合成　肝细胞内合成氨甲酰磷酸，由存在于线粒体中的氨甲酰磷酸合成酶Ⅰ催化的，它利用转氨作用和 L-谷氨酸脱氢酶的催化作用，谷氨酸氧化产生的氨作为氮源。生成的氨甲酰磷酸再与天冬氨酸缩合成氨甲酰天冬氨酸，然后经环化形成二氢乳清酸，然后合成尿苷酸，由尿苷酸可以转变成嘧啶类化合物。

2. α-酮酸的代谢转变

(1) 合成非必需氨基酸　α-酮酸经还原加氨或转氨作用，可以合成非必需氨基酸。某一种 α-酮酸也可在代谢中转变成其他 α-酮酸后再经氨基化生成另一种非必需氨基酸。

(2) 转变成糖或脂肪　各种氨基酸的碳骨架差异很大，所生成的 α-酮酸各不相同，其分解代谢途径当然各异，最后都可与糖、脂肪的中间代谢产物尤其是三羧酸循环的中间产物相联系，于是转变成糖、脂肪或酮体，中间产物是乙酰 CoA、α-酮戊二酸、琥珀酰 CoA、延胡索酸、草酰乙酸。根据代谢终产物的不同，把氨基酸分成两大类（表 8-1）。

表 8-1　氨基酸与糖和脂肪的共同中间代谢产物

氨基酸	生糖或生酮	共同中间代谢产物	氨基酸	生糖或生酮	共同中间代谢产物
天冬氨酸	生糖	草酰乙酸	精氨酸	生糖	α-酮戊二酸
天冬酰胺	生糖	草酰乙酸	赖氨酸	生酮	乙酰乙酰 CoA
谷氨酸	生糖	α-酮戊二酸	甘氨酸	生糖	丙酮酸
谷氨酰胺	生糖	α-酮戊二酸	缬氨酸	生糖	琥珀酰 CoA
苯丙氨酸	生糖并生酮	乙酰乙酸,延胡索酸	丝氨酸	生糖	丙酮酸
甲硫氨酸	生糖	琥珀酰 CoA	组氨酸	生糖	α-酮戊二酸
亮氨酸	生酮	乙酰乙酸、乙酰 CoA	丙氨酸	生糖	丙酮酸
异亮氨酸	生糖并生酮	乙酰 CoA、琥珀酰 CoA	色氨酸	生糖并生酮	乙酰乙酰 CoA、丙酮酸
脯氨酸	生糖	α-酮戊二酸	酪氨酸	生糖并生酮	乙酰乙酸、延胡索酸
半胱氨酸	生糖	丙酮酸	苏氨酸	生糖	丙酮酸、琥珀酰 CoA

第一类氨基酸的碳架可生成丙酮酸和三羧酸循环的中间产物，经糖异生作用可转化为葡萄糖，因此把这些氨基酸称为生糖氨基酸；第二类氨基酸脱氨后的碳架可转化为乙酰辅酶 A 或乙酰乙酰辅酶 A，它们是合成脂肪的前体，这些产物在某些情况下（如饥饿、糖尿病等）在动物体内可转变为酮体（乙酰乙酸、β-羟丁酸和丙酮），所以称为生酮氨基酸。大多数氨基酸是严格生糖的（13 种），只有亮氨酸和赖氨酸是严格生酮的，有 5 种氨基酸降解后产生两种产物，一种是生糖产物，另一种是生酮产物。当体内需要能量时，α-酮酸可经三羧酸循环被氧化成 CO_2 和水，同时提供能量，例如，1mol 谷氨酸氧化脱氨基产生 1mol NADH、α-酮戊二酸和氨，α-酮戊二酸进入三羧酸循环转变成草酰乙酸和 2mol NADH、1mol $FADH_2$ 和 1mol ATP，草酰乙酸进一步氧化可以产生 15mol ATP，共合成 27mol ATP。在生物体内，氨基酸也可以作为原料去合成其他含氮化合物，其中包括核酸、激素、叶绿素、血红素、胺、生物碱、生氰糖苷等。例如三羧酸循环的中间产物琥珀酰 CoA 与甘氨酸可合成叶绿素、血红素、细胞色素。一些由氨基酸衍生的含氮化合物见表 8-2。

表 8-2　一些由氨基酸衍生的含氮化合物

含氮化合物种类	氨基酸前体	含氮衍生物
RNA、DNA	甘氨酸、谷氨酸、天冬氨酸、	嘌呤 嘧啶
脂类	甲硫氨酸 丝氨酸	胆碱 鞘氨醇
激素	酪氨酸 色氨酸 甲硫氨酸	肾上腺素、甲状腺素 吲哚乙酸 乙烯
色素	酪氨酸 甘氨酸	黑素 叶绿素、血红素、细胞色素
维生素	色氨酸	烟酸
生物碱	谷氨酸 酪氨酸 色氨酸	烟酸 吗啡 奎宁
抗生素	缬氨酸、半胱氨酸	青霉素
糖苷	苯丙氨酸 缬氨酸 酪氨酸	苦杏仁苷 亚麻苦苷 蜀黍苷

氨在 pH7.4 时主要以 NH_4^+ 形式存在，氨是有毒物质，在兔体内，当血液中的氨含量达到 5mg/100mL，兔立刻死亡。高等动物的脑组织对氨相当敏感，血氨浓度升高称高氨血症。当肝功能严重损伤时、尿素合成酶的遗传缺陷都可导致高氨血症。血液中 1% 氨能引起中枢神经系统中毒，称氨中毒。人类高氨血症时可引起脑功能障碍。氨中毒后引起语言紊乱、视力模糊，出现一种特殊的震颤，甚至昏迷或死亡。氨对神经系统有很强的毒性，患者临床症状的严重程度取决于酶活性缺陷的程度及血氨浓度。酶完全缺陷者病情最重，常于新生儿出生 2 天后早期发病，最初的征象是嗜睡和喂养困难，随着发生呕吐、低体温、呼吸困难、通气过度和碱中毒或酸中毒、惊厥，甚至昏迷状态，血氨多在 $400\mu mol/L$ 以上，同时因脑水肿而致颅内压增高，病死率极高。部分酶缺乏时则因程度的不同有较大的差异，各个年龄阶段均可发病，其中以婴幼儿期为多见。病程可为渐进性，如慢性进行性智力损害、癫痫、行为异常，也可为间歇性发病，慢性期可见脑皮质萎缩、髓鞘生成不良、海绵样变性。常因感染、高蛋白质饮食、饥饿、疲劳等诱发急性发作。

第 3 节 氨基酸的生物合成

氨基酸合成途径共同特点是氨基主要由谷氨酸提供，而它们的碳架来自糖代谢（包括糖酵解、三羧酸循环或磷酸戊糖途径）的中间产物。生物体合成氨基酸的方式可分为三类。

一、α-酮酸经还原性氨基化作用可产生氨基酸

α-酮酸与 NH_3 作用生成亚氨基酸，亚氨基酸被还原成 α-氨基酸：

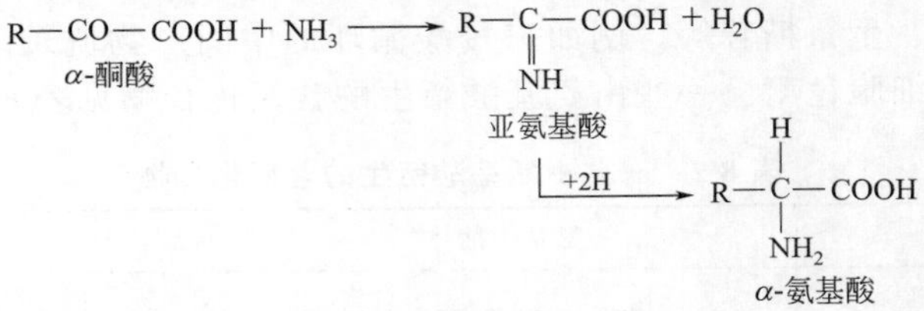

$$R-CO-COOH + NH_3 \longrightarrow R-\underset{NH}{\overset{\|}{C}}-COOH + H_2O$$

α-酮酸　　　　　　　　　　　　亚氨基酸

$$\xrightarrow{+2H} R-\underset{NH_2}{\overset{H}{\underset{|}{\overset{|}{C}}}}-COOH$$

α-氨基酸

酮酸的来源：氨基酸脱氨及脂肪分解代谢而来。

NH_3 的来源如下：

1. 生物固氮合成氨

生物固氮是指某些微生物能把空气中的分子氮转化为氨态氮的作用。固氮生物包括两种类型：一类是自生固氮微生物，如固氮菌、巴氏梭菌、蓝绿藻等；另一类是共生固氮微生物，如与豆科植物共生的根瘤菌，与非豆科植物共生的放线菌等。固氮生物可以在常温常压下将 N_2 还原为 NH_3。固氮酶由两种蛋白质组成：一种蛋白质含有钼和铁，称钼铁蛋白；另一种蛋白质含有铁，称铁蛋白。这两种蛋白质要同时存在才具有固氮活性。固氮酶催化 N_2 还原为 NH_3 的反应：

$$N_2 + 6e^- + 12ATP + 12H_2O \longrightarrow 2NH_3 + 12ADP + 12Pi + 4H^+$$

固氮酶催化的反应是还原反应，所以需要有强还原剂。在多数固氮微生物中这个电子来源是铁氧还蛋白，铁氧还蛋白是由 4FE-4S 组成的一种电子载体，有氧化和还原两种状态。首先，铁氧还蛋白接受光合作用或氧化反应产生的电子，转变成还原态，还原态铁氧还蛋白再把电子传递给铁蛋白；然后 ATP 与铁蛋白结合，并通过改变其构象而将其氧化还原电势

从-0.29V 变为-0.40V，从而使铁蛋白的还原能力加强，进而把自己的电子传递给钼铁蛋白，然后 ATP 被水解，铁蛋白与钼铁蛋白分离开；最后，与钼铁蛋白复合物相结合的 N_2 被还原为 NH_4^+（图 8-5）。

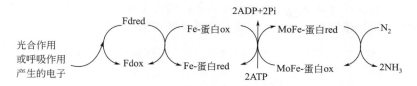

图 8-5　固氮酶的电子传递体系

2. 硝酸盐离子（NO_3^-）、亚硝酸盐离子（NO_2^-）还原成氨

植物主要吸收无机氮化合物，其中以铵盐、硝酸盐和亚硝酸盐为主。铵盐可直接用于合成氨基酸，吸收的硝酸盐和亚硝酸盐必须被还原为铵才能合成氨基酸。

$$NO_3^- \xrightarrow{e^-} NO_2^- \xrightarrow{2e^-} \xrightarrow{2e^-} \xrightarrow{2e^-} NH_4^+$$

硝酸还原酶　　　　　亚硝酸还原酶

（1）硝酸还原酶　硝酸还原酶催化的反应以 NADH 或 NADPH 作为电子供体，有些硝酸还原酶还能以铁氧还蛋白作为电子供体。反应式如下：

$$NO_3^- + NAD(P)H + H^+ \longrightarrow NO_2^- + NADP^+ + H_2O$$

高等植物中的硝酸还原酶主要是以 NADH 作为电子供体的。硝酸还原酶含有金属钼、FAD 和细胞色素 b557，所以是一种钼黄素蛋白。在还原过程中，电子传递顺序为：

$$NAD(P)H \longrightarrow FAD\text{-}Cytb557 \longrightarrow Mo \longrightarrow NO_3^-$$

硝酸还原酶是一种诱导酶，受其底物 NO_3^- 的诱导以及光照、温度和水分的影响。

（2）亚硝酸还原酶　亚硝酸盐在亚硝酸还原酶的催化下进一步还原为氨。亚硝酸还原酶催化的反应也需电子供体，光合生物中的电子供体为还原型铁氧还蛋白，存在于绿色组织的叶绿体内。NADH 或 NADPH 也可作为电子供体，存在于非光合生物中。

$$NO_2^- + 6e^- + 6H^+ \longrightarrow NH_4^+ + H_2O$$

3. 含氮有机物分解

蛋白质、氨基酸、酰胺、嘌呤、嘧啶、尿素等物质经分解可生成氨。

二、α-酮酸经氨基转移作用可产生氨基酸

在氨基酸合成反应中，转氨作用是氨基酸合成的主要方式。它是在转氨酶的作用下，由一种氨基酸把它分子上的氨基转移到其他 α-酮酸上，以形成另一种氨基酸的过程。转氨酶需要磷酸吡哆醛作为辅酶。除苏氨酸和赖氨酸外，其他氨基酸的氨基都可通过转氨作用得到。在细胞内，转氨酶分布在细胞质、叶绿体、线粒体和微粒体中。叶绿体在进行光合作用时，在转氨酶的作用下，便可生成各种氨基酸，例如，谷氨酸、天冬氨酸。

谷氨酸　　　　　α-酮酸　　　　　　　　　α-酮戊二酸　　　　　α-氨基酸

在上述转氨反应中需要 α-酮酸作为氨基酸碳架，这些碳架来源于糖酵解、三羧酸循环、乙醇酸途径和磷酸戊糖途径等。利用丙酮酸也可合成一些氨基酸：

丙酮酸 → 丙氨酸
丙酮酸 → α-酮戊二酸 → 缬氨酸 → α-酮异己酸 → 亮氨酸

三、氨基酸之间的相互转化

一种氨基酸，在某些情况下，可以转变成另一种氨基酸。例如，由苏氨酸或丝氨酸可生成甘氨酸，由苏氨酸可变成异亮氨酸，由色氨酸或胱氨酸可生成丙氨酸，由谷氨酸可以生成脯氨酸，由苯丙氨酸可生成酪氨酸，由甲硫氨酸可生成半胱氨酸。氨基酸之间的相互转化如图8-6。

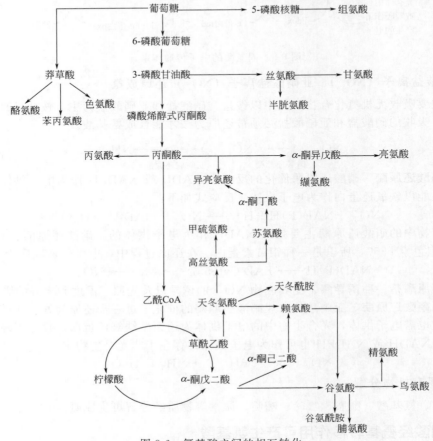

图 8-6　氨基酸之间的相互转化

氨基酸代谢缺陷症

（1）苯丙酮尿症：因苯丙氨酸羟化酶无活性引起，苯丙氨酸堆积在血中，并经尿排出；部分苯丙氨酸经转氨基作用转变为苯丙酮酸，进一步代谢为苯乙酸、苯乳酸和羟苯乙酸从尿中排出。全球发病率约1/1.5万。临床表现为：婴儿逐步出现智商降低，并出现易激惹，呕吐，过度活动或焦躁不安，1岁后语言出现障碍、步态笨拙、双手震颤、发作癫痫，严重者可出现脑萎缩和脑瘫痪。

（2）帕金森病：是中老年人的神经系统变性疾病，主要病变出现在脑部黑质和纹状体通路，多巴胺生成减少，神经元变性。65岁以上人群患病率为1000/10万，随年龄增高，男性稍多于女性。1817年英国医生JamesParkinson首先对此病进行了详细的描述，其临床表现主要包括静止性震颤、运动迟缓、肌强直和姿势步态障碍，同时患者可伴有抑郁、便秘和睡眠障碍等非运动症状。

（3）白化病：是一种较常见的皮肤及其附属器官黑色素缺乏所引起的疾病，由于先天性缺乏酪氨酸酶，或酪氨酸酶功能减退，黑色素合成发生障碍所导致的遗传性白斑病。患

（4）甲硫氨酸代谢障碍病

由于遗传缺陷造成甲硫氨酸代谢障碍，可使体内同型半胱氨酸含量每升高达数百纳摩尔，患儿往往由于严重的心血管疾病而死亡。

第 4 节　蛋白质的生物合成

食物蛋白质不能直接利用，需经消化、分解成氨基酸，吸收后方可用来合成蛋白质。已经完全清楚，细胞内每个蛋白质分子的生物合成都受到细胞内 DNA 的指导，经转录作用把遗传信息传递到 mRNA 的结构中，各种蛋白质就是以其相应的 mRNA 为"模板"，各种氨基酸为原料合成的，这一过程称为翻译。mRNA 不同，所合成的蛋白质也就不同。所以蛋白质生物合成的过程贯穿了从 DNA 分子到蛋白质分子之间遗传信息的传递和体现的过程。生物遗传信息的传递如图 8-7。

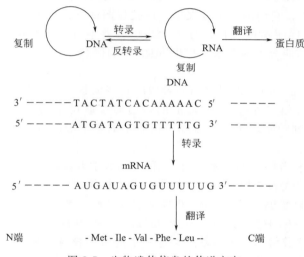

图 8-7　生物遗传信息的传递方向

蛋白质合成的过程十分复杂。真核生物细胞合成蛋白质需要 70 多种核糖体蛋白质，20 多种活化氨基酸的酶，加上辅酶及其他蛋白质因子，40 多种 tRNA、rRNA，总计 300 多种不同的大分子参与多肽的合成。一个典型的细菌干重的 35% 物质参与蛋白质合成。

蛋白质合成的过程需要消耗大量的能量。蛋白质合成的原料是氨基酸，反应所需能量由 ATP 和 GTP 提供，约占全部生物合成反应总耗能的 90%。

蛋白质合成的速度是惊人的。大肠杆菌在 37℃ 条件下，合成 100 个氨基酸组成的蛋白质只需 5s。

蛋白质生物合成的早期研究工作都是用原核生物大肠杆菌的无细胞体系进行的。对大肠杆菌的蛋白质合成机理了解较多，真核生物的蛋白质合成机理与大肠杆菌的有许多相似之处，但也有差异。

一、蛋白质合成体系的主要组分

参与蛋白质合成的物质，除氨基酸外，还有 mRNA（模板）、tRNA（特异的搬运工具）、核糖体（装配机）、有关的酶（氨酰 tRNA 合成酶与某些蛋白质因子），以及 ATP、GTP 等供能物质与必要的无机离子等。

1. mRNA 与遗传密码

（1）mRNA F. Jacob 和 J. Monod 在 1961 年提出了 mRNA 的概念。他们认为，既然蛋白质是在胞质中合成的，而编码蛋白质的信息载体 DNA 却在细胞核内，那么必定有一种中间物质用来传递 DNA 的信息。他们在研究大肠杆菌中与乳糖代谢有关酶类的生物合成时发现，诱导物如异丙基硫代半乳糖苷的加入，可以立刻使酶蛋白的合成速度增加上千倍。而诱导物一旦消失，又可使酶蛋白的合成立刻停止。他们对这种信使物质的性质作了如下的预言：

① 信使是一种多核苷酸；

② 信使的碱基组成应与相应的 DNA 的碱基组成相一致；

③ 在多肽合成时信使应与核糖体作短暂的结合；

④ 信使的长度应是不同的，因为由它们所编码的多肽链的长度是不同的；

⑤ 信使的半衰期很短，所以信使的合成速度应该是很快的。

这样的信使可能是一种 RNA，当时已发现的两种 RNA（rRNA、tRNA）都不具备这些特性。各种生物的 rRNA 的大小差异不大，碱基组成的变化也不大。tRNA 除了有与 rRNA 相同的问题以外，它们的分子也太小。在被噬菌体 T2 感染后的大肠杆菌中，发现有一种新的 RNA，它的代谢速度极快，分子大小也参差不齐，碱基组成又与 T2 DNA 相一致，这些特征都符合信使分子的要求，提出 mRNA 的概念。

（2）遗传密码

① **遗传密码的发现** mRNA 是蛋白质合成的直接模板，其核苷酸排列顺序取决于相应 DNA 的碱基排列顺序，它又决定了所形成的蛋白质多肽链中的氨基酸的排列顺序。那么 mRNA 上的核苷酸排列顺序是如何翻译成蛋白质中的氨基酸的排列顺序，即如何编码成遗传密码的呢？

mRNA 中有 4 种核苷酸，而氨基酸有 20 种，用数学方法推算，如果每一种核苷酸代表一种氨基酸，那么只能代表 4 种氨基酸。如果每两个相邻的核苷酸代表一种氨基酸，可以有 $4^2 = 16$ 种排列方式，显然也不足以代表 20 种基本氨基酸。如果每三个相邻的核苷酸代表一种氨基酸，可以有 $4^3 = 64$ 种排列方式，这就足以满足为 20 种基本氨基酸编码的需要。已经证明是三个相邻的核苷酸编码一种氨基酸，这三个连续的核苷酸称为三联体密码或密码子。利用人工合成的简单的多核苷酸代替天然的 mRNA，观测可以合成怎样的多肽，可以推测

氨基酸的密码。1961 年，Nirenberg 等用大肠杆菌无细胞体系，外加 20 种标记氨基酸混合物及多聚尿嘧啶核苷酸 polyU，经保温反应后，发现在酸不溶性部分中（即多肽中）只有苯丙氨酸的多聚体，证明 UUU 是编码苯丙氨酸的密码。同样，用 polyA 和 polyC 作为 mRNA 来合成蛋白质，结果分别只得到多聚赖氨酸和多聚脯氨酸，说明 AAA 是赖氨酸的密码，CCC 是脯氨酸的密码。Nirenberg 和 Ochoa 等用 poly（UG）、poly（AC）重复上述类似实验，发现标记氨基酸掺入新合成的肽链的频率与按统计学方法推算出的多核苷酸中三联体密码出现的频率相符合。即

poly（UG）：UGU GUG UGU GUG UGU GUG UGU GUG

翻译成：Cys-Val-Cys-Val-Cys-Val

poly（AC）：ACA CAC ACA CAC ACA CAC ACA CAC

翻译成：Thr-His-Thr-His-Thr-His

此方法虽然能确定密码子的碱基组成，但不能确定碱基序列。有力的证明是 Nirenberg

等人建立的核糖体结合技术，他们首先合成一个已知序列的核苷酸三聚体，然后与大肠杆菌核糖体和氨酰 tRNA 一起温育，然后用硝酸纤维素过滤，与核糖体结合的 tRNA 不能通过，没有结合的则能过滤，由此确定与已知的核苷酸三聚体结合的 tRHA 上连接的是哪一个氨基酸，利用此法破译了 50 个密码子。

Khorana 等用有机化学合成法加上酶法制备了已知的核苷酸重复序列，并以此为模板进行体外合成蛋白质，发现可以生成 3 种重复的多肽链，例如，如果多聚 UG 作为模板，则合成了两个相邻氨基酸残基交替重复出现的 Cys-Val 的多肽链，说明半胱氨酸的密码子是 UGU，缬氨酸的密码子是 GUG。

用了四年时间，于 1965 年完全查清了 20 种基本氨基酸所对应的全部 64 个密码子，其中 61 种是氨基酸的密码子，三个密码子 UAA、UAG、UGA 不编码任何氨基酸，称为蛋白质合成的终止密码子，又称无意义密码子。每种氨基酸可以有 1~6 种密码。其中 AUG 不仅是甲硫氨酸的密码，又是肽链合成的起始密码子。遗传密码见表 8-3。

表 8-3　遗传密码

5′-磷酸末端的碱基	中间碱基				3′-OH 末端的碱基
	U	C	A	G	
U	Phe	Ser	Tyr	Cys	U
	Phe	Ser	Tyr	Cys	C
	Leu	Ser	终止密码	终止密码	A
	Leu	Ser	终止密码	Trp	G
C	Leu	Pro	His	Arg	U
	Leu	Pro	His	Arg	C
	Leu	Pro	Gln	Arg	A
	Leu	Pro	Gln	Arg	G
A	Ile	Thr	Asn	Ser	U
	Ile	Thr	Asn	Ser	C
	Ile	Thr	Lys	Arg	A
	Met、fMet	Thr	Lys	Arg	G
G	Val	Ala	Asp	Gly	U
	Val	Ala	Asp	Gly	C
	Val	Ala	Glu	Gly	A
	Val	Ala	Glu	Gly	G

注：密码子的阅读方向为 5′→3′，如 CAU 代表组氨酸、ACU 代表苏氨酸、AUG 代表起始密码。

mRNA 5′端起始密码子 AUG 到 3′端终止密码子之间的核苷酸序列，各个三联体密码连续排列编码一个蛋白质多肽链，称为开放阅读框架。密码子的阅读方向和 mRNA 编码方向一致，都是 5′→3′。

② 遗传密码的主要特征

a. 密码的连续性。编码蛋白质氨基酸序列的各个三联体密码连续阅读，密码间既无间断也无交叉。即两个密码子之间没有任何起标点符号作用的密码子加以隔开。因此要正确阅读密码必须从一个正确的起点开始，一个不漏地挨着读下去，直至碰到终止信号为止。若插入或删去一个碱基，就会使这以后的读码发生错误，这称移码。基因损伤引起 mRNA 阅读框架内的碱基发生插入或缺失，可能导致框移突变。

目前已经证明，在绝大多数生物中读码规则是不重叠的，每三个碱基编码一个氨基酸，碱基不重复使用。但是在少数大肠杆菌噬菌体的 RNA 基因组中，部分基因的遗传密码却是重叠的。

b. 密码的摆动性或变偶性。tRNA 的反密码需要通过碱基互补与 mRNA 上的遗传密码反向配对结合，但反密码与密码间不严格遵守常见的碱基配对规律，称为摆动配对。密码的摆动性是指密码子的专一性主要由头两位碱基决定，而第三位碱基有较大的灵活性。Crick对第三位碱基的这一特性给予一个专门的术语，称"摆动性"（见表8-4）。当第三位碱基发生突变时，仍能翻译出正确的氨基酸来，从而使合成的多肽仍具有生物学活力。密码的变偶性或摆动性减少了密码阅读时的误差，增加了翻译的准确性。

表 8-4　遗传密码的摆动性

tRNA 反密码子 第一位碱基($3' \rightarrow 5'$)	U	C	A	G	I	ψ
mRNA 密码子 第三位碱基($5' \rightarrow 3'$)	A 或 G	G	U	C 或 U	U 或 C 或 A	AG(U)

c. 密码的简并性。密码的简并性是指大多数氨基酸都可以具有几组不同的密码子（见表8-5）。遗传密码中，除色氨酸和甲硫氨酸仅有一个密码子外，其余氨基酸有2、3、4个或多至6个三联体为其编码。如 UUA、UUG、CUU、CUC、CUA、CUG 六组密码子都编码亮氨酸。编码同一个氨基酸的一组密码称为同义密码子。密码的简并性可以减少有害的突变。如亮氨酸的密码子 CUA 中 C 突变成 U 时，密码子 UUA 决定的仍是亮氨酸，即这种基因的突变并没有引起基因表达产物蛋白质的变化。

表 8-5　遗传密码的简并性

氨基酸	密码子数目	氨基酸	密码子数目	氨基酸	密码子数目
Arg	6	Cys	2	Gly	4
Leu	6	Gln	2	Ile	3
Ser	6	Glu	2	Asp	2
Ala	4	Lys	2	Asn	2
Thr	4	Phe	2	Trp	1
Val	4	Tyr	2	Met	1
Pro	4	His	2		

d. 密码的相对通用性。遗传密码是用大肠杆菌为实验材料，无细胞体系下获得的结果。密码的通用性是指不论病毒、原核生物还是真核生物都共同使用同一套密码字典。较早时，曾认为密码是完全通用的。但是1980年底有人报道酵母链孢霉和哺乳动物线粒体 DNA 中的编码显然违背了遗传密码的通用性。如人线粒体中 UGA 不再是终止密码子，而编码色氨酸。表 8-6 列出了人线粒体基因组编码的特性。酵母线粒体和原生动物纤毛虫也有类似情形，AGA、AGG 不再是终止信号而编码精氨酸。所以遗传密码具有相对的通用性。

表 8-6　人线粒体基因组编码的特性

密码	"通用"密码	人线粒体密码
UGA	终止密码	Trp
AGA	Arg	终止密码
AGG	Arg	终止密码
AUA	Ile	起始密码(Met 或 fMet)
AUU	Ile	起始密码(Ile)
AUG	起始密码(Met 或 fMet)	起始密码(Met)

2. tRNA

在蛋白质合成中，tRNA 是搬运活性氨基酸的工具。每个 tRNA 都有1个由3个核苷酸编成的特殊的反密码子，此反密码子可以根据碱基配对的原则，将氨基酸按照 mRNA 链上的密码子所决定的氨基酸顺序搬运到蛋白质合成的场所——核糖体的特定部位。人们把携带相同氨基酸而反密码子不同的一组 tRNA 称为同功受体 tRNA。天然蛋白质的 20 种氨基酸都有自己特定的 tRNA，并且一种氨基酸常有数种 tRNA，在 ATP 和酶的存在下，它可与特定的氨基酸结合。tRNA 分子上与多肽合成有关的四个位点如下：

（1）3′端-CCA 上的氨基酸接受位点　tRNA 分子的 3′端的碱基顺序是-CCA，"活化"氨基酸的羧基连接到 3′末端腺苷的核糖 3′-OH 上，形成氨酰 tRNA（见图 8-8）。

（2）反密码子位点　在 tRNA 链上有三个特定的碱基，组成一个反密码子，反密码子与密码子的方向相反。由此反密码子按碱基配对原则识别 mRNA 链上的密码子（见图 8-9）。

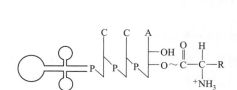

图 8-8　氨酰 tRNA 示意图

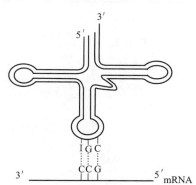

图 8-9　密码子与反密码子的识别

（3）核糖体识别位点　在核糖体内合成多肽链的过程中，多肽链通过 tRNA 暂时结合在核糖体的正确位置上，直至合成终止后多肽链才从核糖体上脱下。tRNA 起着连接这条多肽链和核糖体的作用。

（4）识别氨酰 tRNA 合成酶的位点　形成氨酰 tRNA 的反应是在氨酰 tRNA 合成酶催化下完成的。这个反应需要三种底物，即氨基酸、tRNA 和 ATP。由 ATP 提供活化氨基酸所需的能量。一种氨酰 tRNA 合成酶可以识别一组同功受体 tRNA（最多达 6 个）。

3. 核糖体

核糖体也叫"核糖核蛋白体"，是 tRNA、mRNA 和蛋白质相互作用的场所，是由几十种蛋白质和几种 RNA 组成的亚细胞颗粒，其中蛋白质与 RNA 的质量比约为 1∶2。1950 年就有人将放射性同位素标记的氨基酸注射到大白鼠体内，在短时间内，取出肝脏制成匀浆，离心，分成细胞核、线粒体、微粒体及上清液等组分，测定各部分的放射性强度，发现微粒体的放射性强度最高。将核糖体与放射性标记氨基酸、ATP、Mg^{2+} 和大白鼠肝的胞浆上清液一起保温，发现可以进行肽链的合成。以后发现其他的细胞也可使氨基酸渗入核糖体。这一系列实验说明核糖体是合成蛋白质的部位。再用去污剂处理微粒体，将核糖体从内质网中分离出来，离心后可以获得纯化的核糖体。在原核细胞中，它可以游离形式存在，也可以与 mRNA 结合形成串状的多核糖体。平均每个细胞约有 2000 个核糖体。真核细胞中的核糖体既可游离存在，也可以与细胞内质网相结合，形成粗糙内质网。每个真核细胞含有 $10^6 \sim 10^7$ 个核糖体。线粒体、叶绿体及细胞核内也有自己的核糖体。表 8-7 总结了不同生物核糖体的一些特性。

在 1968 年第一次完成了大肠杆菌核糖体小亚基由其 rRNA 和蛋白质在体外的重新组装。这个重组装的颗粒具有与 30S 亚基功能完全相同的蛋白质合成活性。重组装只需 16S rRNA 和 21 种蛋白质，而不需要加入其他组分（如酶或特殊因子），表明这是一个"自我组装"的过程。图 8-10 概略地表示出大肠杆菌核糖体的 30S 和 50S 亚基的组装过程。

表 8-7　核糖体的组成及某些特性

核糖体		亚基(M_r)	rRNA(碱基数目)	蛋白质种类
原核细胞	70S	30S(900000)	16S(1540)	21
		50S(1600000)	5S(120) 23S(2900)	34
真核细胞	80S	40S(1400000)	18S(1900)	大约33
		60S(2800000)	5S(120) 5.8S(160) 28S(4700)	大约50

16S rRNA + 21S蛋白质 —0℃→ 21S颗粒 含15S蛋白质 —40℃→ 26S颗粒 含21S蛋白质 —0℃→ 30S核糖体亚基

23S rRNA + 5S rRNA + 34S蛋白质 —0℃ 4mmol/L Mg²⁺→ 33S颗粒 含20S蛋白质 —44℃→ 41S颗粒含有 全部34S蛋白质 —0℃ 10mmol/L Mg²⁺→ 50S核糖体亚基

图 8-10　大肠杆菌核糖体的30S和50S亚基的组装过程

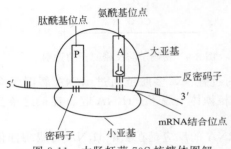

图 8-11　大肠杆菌70S核糖体图解

核糖体上有两个tRNA位点：氨酰基位点（A位点）与肽酰基位点（P位点）。这两个位点的位置可能是在50S亚基与30S亚基相结合的表面上。50S亚基上还有一个在肽酰tRNA移位过程中使GTP水解的位点。在50S与30S亚基的接触面上有一个结合mRNA的位点。此外，核糖体上还有许多与起始因子、延伸因子、释放因子及与各种酶相结合的位点。图8-11为大肠杆菌70S核糖体示意图。

4. 辅助因子

蛋白质合成中除需要几种RNA和各种氨基酸外，还需要多种辅助因子，包括起始因子、延伸因子和释放因子，它们都是蛋白质。表8-8为各种辅助因子的分子量及功能。

表 8-8　各种辅助因子的分子量及功能

项目		分子量	功能
起始因子 (initiation factor)	原核生物(大肠杆菌) IF₁ IF₂ IF₃	94000 80000 21000	与30S结合,增加与起始复合物形成速度 对GTP与fMet-tRNA有一定的亲和力 与mRNA有一定的亲和力
	真核生物 eIF₁ eIF₂ eIF₂ₐ eIF₃ eIF₄ₐ eIF₄ᵦ eIF₄c eIF₄ᴅ eIF₄ᴇ eIF₅ eIF₆	15000 122000 65000 700000 50000 80000 19000 17000 240000 150000 23000	稳定40S mRNA·Met-tRNA复合物 被GTP活化,使Met-tRNA与40S mRNA结合 用于AUG指导合成 与40S mRNA及40S·Met-tRNA·GTP结合 辅助mRNA结合 识别mRNA,有ATPase活性 与40S亚基结合 生理功能不详 帽子结合蛋白 释放起始因子,缔合核糖体亚基 防止40S亚基与60S亚基结合

项目		分子量	功能
延伸因子 （elongation factor）	原核生物（大肠杆菌） EF-Tu EF-Ts EF-G	42000 31000 84000	共同促使氨酰 tRNA 进入核糖体的 A 位， 具有 GTP 酶的活性；促使肽酰 tRNA 位移 P 位 及"空"tRNA 离开核糖体
	真核生物 $eEF_{1\alpha}$ 单体 $eEF_{1\beta\gamma}$ 聚合体 eEF_2		与 EF-Tu 类似 与 EF-Ts 类似 与 EF-G 类似
释放因子 （release factor）	原核生物（大肠杆菌） RF_1 RF_2 RF_3	94000 47000	与 UAA、UAG 识别 与 UAA、UGA 识别 无识别性质
	真核生物 eRF	25000	与 UAA、UAG、UGA 识别

蛋白质生物合成的信息系统主要包括 DNA 和 mRNA。DNA 分子可比作一卷遗传"设计书"，DNA 分子如有缺陷，则细胞内 RNA 与蛋白质的合成将会出现异常，机体的某些结构与功能随之发生变异。DNA 分子的此种异常，可以随着个体繁殖而传给后代。DNA 分子上基因的缺陷，造成人体结构与功能障碍。某一氨基酸的密码子突变为另一氨基酸密码子的现象，称为误义突变。镰刀形贫血的血红蛋白（HbS）即属于这一类，镰刀形红细胞性贫血是由于患者体内合成血红蛋白的基因异常所造成的贫血疾患。患者的血红蛋白在氧分压较低的情况下容易在红细胞中析出，而使红细胞呈镰刀形并极易破裂。这是因为在 DNA 分子相当于此基因的片段中出现了一个碱基的变异。DNA 分子上的这一遗传信息的异常，最终造成蛋白质分子组成的改变。在我国人群中，已发现异常血红蛋白数十种，有的是我国特有的。除误义突变外，其他遗传变异也可造成分子病。

二、蛋白质生物合成过程

20 世纪 60 年代初实验证明，在无细胞体系条件下，可以使氨基酸渗入蛋白质的分子中，生物体利用氨基酸合成蛋白质的事实无可怀疑。蛋白质生物合成的过程，即由 DNA 的遗传信息经 mRNA 翻译成蛋白质的氨基酸序列的过程。蛋白质生物合成的过程相当复杂，需要大约 200 种生物大分子。目前对大肠杆菌的蛋白质合成过程研究得比较清楚，但从其他有关实验结果看，这一过程在不同生物中基本相似，只是在真核生物中更为复杂。蛋白质合成过程大致可分为四个阶段：氨基酸的活化；肽链合成的起始；肽链的延伸；肽链合成的终止与释放。

1. 氨基酸的活化

氨基酸在形成肽链以前必须活化以获得能量。催化氨基酸活化的酶是氨酰 tRNA 合成酶，它催化氨基酸的羧基与相应的 tRNA 的 3′ 端核糖上 3′-羟基之间形成酯键，生成氨酰 tRNA。反应分两步进行：①形成氨基酸-AMP-酶复合物；②形成氨酰 tRNA。

$$\text{ATP}+\text{氨基酸} \xrightarrow[\text{Mg}^{2+}]{\text{氨酰 tRNA 合成酶}} \text{氨基酸-AMP-酶}+\text{PPi}$$

$$\text{氨基酸-AMP-酶}+\text{tRNA} \xrightarrow{\text{Mg}^{2+}} \text{氨酰 tRNA}+\text{AMP}+\text{酶}$$

这个反应是在细胞质内进行的，每一种氨基酸以共价键连接形成一种专一的 tRNA，过程中需要消耗 ATP。ATP 水解后释放出无机焦磷酸（PPi），形成的氨酰腺苷酸复合物中，氨基酸的—COOH 通过酸酐键与 AMP 上的 5′-磷酸基相连接，形成高能酸酐键，从而使氨基酸的羧基得到活化。氨基酸从氨基酸-AMP-酶复合物上转移到相应的 tRNA 上，形成氨酰 tRNA，这是蛋白质合成中的活化中间体。氨酰基转移到 tRNA 的 3′端腺苷酸的 3′-羟基或 2′-羟基上，因生物而不同，但此活化的氨基酸能在 2′-羟基和 3′-羟基之间迅速转移。总反应为：

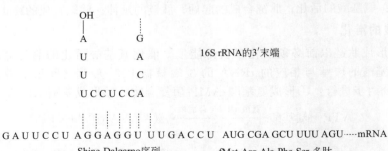

氨酰 tRNA 合成酶专一性很强：一是它既能识别特异的氨基酸，每种氨基酸都有一个专一的酶；二是只作用于 L-氨基酸，形成氨酰 tRNA，对 D-氨基酸不起作用。有的氨酰 tR-NA 合成酶对氨基酸的专一性并不很高，但对 tRNA 仍具有极高的专一性。如 L-异亮氨酸 tRNA 合成酶也能活化缬氨酸，形成缬氨酸-AMP-酶复合物，但仍不能把所带的氨基酸转移到 tRNA^{Ile} 上。氨酰 tRNA 合成酶的这种极严格的专一性大大减少了多肽合成中的差错。活化一分子氨基酸相当于消耗了两个高能磷酸键，且反应是不可逆的。反应还需二价阳离子如 Mg^{2+} 或 Mn^{2+} 的存在。此酶分子分子量从 $2.27 \times 10^4 \sim 2.7 \times 10^5$，有的由单链组成，有的由几个亚基组成（表 8-9）。

表 8-9　某些氨酰 tRNA 合成酶的性质

来源	氨基酸专一性	分子量	亚基数目	来源	氨基酸专一性	分子量	亚基数目
大肠杆菌	His	85000	$2\alpha_2$	酵母	Lys	138000	$2\alpha_2$
大肠杆菌	Ile	114000	单肽链	酵母	Phe	270000	$4\alpha_2\beta_2$
大肠杆菌	Lys	104000	$2\alpha_2\beta_2$	牛胰	Tyr	108000	$2\alpha_2$
大肠杆菌	Gly	22700	$4\alpha_2$				

2. 肽链合成的起始

（1）起始密码子　细菌中多肽的合成并不是从 mRNA 的 5′端第一个核苷酸开始的，头一个密码子往往位于 5′端的第 26 个核苷酸以后。许多原核生物的 mRNA 分子往往是多顺反子 mRNA，在同一个 mRNA 分子上可以编码好几种多肽链。大肠杆菌中一个 7000 核苷酸长的 mRNA 可以编码 6 种与色氨酸合成有关的酶类。那么如何区别起始的和内部的 AUG 密码子呢？在核糖体小亚基内部的 16S rRNA 的 3′端含有一个或几个富含嘧啶碱基的序列，而在 mRNA 上起始密码子 AUG 的 5′端处大约 10 个核苷酸处有一段富含嘌呤碱基的序列称 Shine-Dalgarno（简称 SD 序列），这两个序列恰好有碱基互补的关系。所以有两种相互作用确定了蛋白质合成的起始部位：一是 mRNA 的 5′端序列与 16S rRNA 3′端序列的配对；二是 mRNA 上起始密码子与 fMet-tRNA$_f$ 的反密码子的配对。图 8-12 为 R17 噬菌体 A 蛋白 mRNA 起始区的 SD 序列与 16S rRNA 的 3′末端部分核苷酸序列之间的互补关系。

```
OH
|
A              G
U              A          16S rRNA的3′末端
U              C
UCCUCCA
   ┊┊┊┊┊┊┊
GAUUCCU AGGAGGU UUGACCU  AUG CGA GCU UUU AGU·····mRNA
   Shine-Dalgarno序列              fMet-Arg-Ala-Phe-Ser-多肽
```

图 8-12　R17 噬菌体 A 蛋白 mRNA 起始区的 SD 序列与
16S rRNA 的 3′末端部分核苷酸序列之间的互补关系

（2）起始复合物的形成

① 起始氨基酸及起始 tRNA　原核细胞中多肽的合成都自甲硫氨酸开始，并不是以甲硫氨酸-tRNA 作起始物，而是以 N-甲酰甲硫氨酸-tRNA（缩写 fMet-tRNA$_f$）的形式起始。f 表示结合到起始 tRNA 上的甲硫氨酸可以被甲酰化，结合到 tRNA$_m$ 上的甲硫氨酸却不能被甲酰化。细胞内有两种携带甲硫氨酸的 tRNA：tRNA$_f$，用来与 fMet（图 8-13）相结合，参与肽链合成的起始作用；tRNA$_m$，携带正常的甲硫氨酸进入肽链。

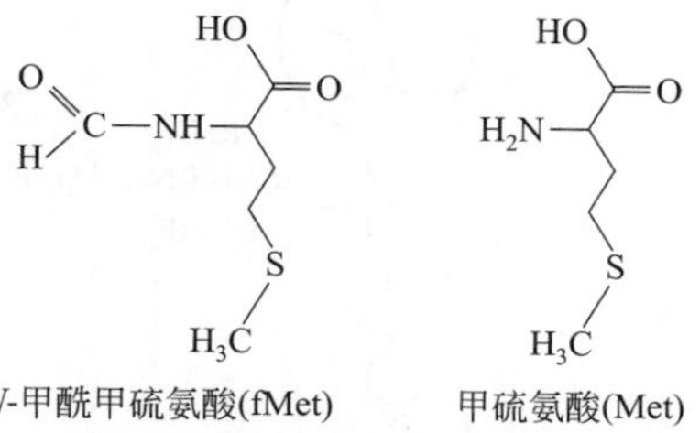

图 8-13　N-甲酰甲硫氨酸与甲硫氨酸结构的比较

② 起始复合物的形成过程

a. 在 IF$_3$ 参与下 70S 核糖体解离为 30S 与 50S 大小亚基，IF$_3$ 与 30S 亚基结合。

b. 带有 IF$_3$ 的 30S 亚基与 mRNA 结合成 30S 亚基-mRNA-IF$_3$（1：1：1）复合物。在 mRNA 5′端起始密码子 AUG 的上游约 10 个核苷酸处有一段富含嘌呤的 SD 序列能够与 30S 亚基上 16S rRNA 的 3′端富含嘧啶的序列互补配对。这样 30S 亚基在 mRNA 上的结合位置正好使 P 位对准起始密码子 AUG，以便 fMet-tRNA$_f$ 进入 P 位。

c. IF$_2$-GDP 与 GTP 反应生成 IF$_2$-GTP，再与 fMet-tRNA$_f$ 结合生成 GTP-IF$_2$-fMet-tRNA$_f$ 复合物，使 fMet-tRNA$_f$ 进入 P 位。

d. 在 IF$_1$ 参加下，mRNA-30S 亚基-IF$_3$ 进一步与 GTP-IF$_2$-fMet-tRNA$_f$ 结合，并释放出 IF$_3$。这样就形成一个 30S-mRNA-fMet-tRNA$_f$-GTP-IF$_{1,2}$ 的 30S 起始复合物（或称为前起始复合物）。

e. 30S 起始复合物与 50S 大亚基相结合，形成一个 70S 起始复合物。同时 GTP 水解成 GDP 和 Pi，并释放出 IF$_1$ 和 IF$_2$。这时核糖体上的 P 位和 A 位都已处于正确的状态，肽基部位（即 P 位）已被 fMet-tRNA$_f$ 占据，空着的氨酰 tRNA 部位（即 A 位）准备接受一个能与第二个密码子配对的氨酰 tRNA，为肽链的延伸作好了准备。如图 8-14 所示。

3. 肽链的延伸

肽链的延伸在核糖体上进行。需要有 70S 的起始复合物、氨酰 tRNA、三种延伸因子（一种是热不稳定的 EF-Tu，另一种是热稳定的 EF-Ts，第三种是依赖于 GTP 的 EF-G，又称移位因子），以及 GTP 和 Mg^{2+}。其步骤如下：

（1）进位　在 mRNA 的密码顺序指导下，一个新的氨酰 tRNA 与 EF-Tu·GTP 结合后首先进入 P 位，A 位空着。然后氨酰 tRNA 利用 GTP 水解释放的能量和延伸因子（EF-T）作用下，翻转到 A 位。EF-T 有 EF-Ts 和 EF-Tu 两种，EF-Tu 的作用使氨酰 tRNA 与 GTP 结合，这个氨酰 tRNA 的反密码子必须与处于 A 位点上的 mRNA 的密码子互补配对。EF-Ts 作用使 EF-Tu·GTP 分解为 EF-Tu·GDP 释放出来，释放的 EF-Tu·GDP 再与 EF-Ts 和 GTP 反应重新生成 EF-Tu·GTP，并参与下一轮反应（如图 8-15）。

（2）成肽　肽基转移酶催化下，P 位的甲酰甲硫氨酰基（或肽基）从 P 位转移到 A 位上与新来的氨酰 tRNA 的氨基形成第一个肽键。HO-tRNA$_f$ 仍然留在 P 位上，肽基转移酶活性位于 P 位和 A 位的连接处，靠近 tRNA 的接受臂（图 8-16）。

（3）移位　fMet-tRNA$_f$ 的转移给新来的氨酰 tRNA 形成肽键后，A 位与 P 位基团在 EF-G 作用下进行移位。EF-G 和 GTP 结合到核糖体上，由核糖体上 GTPase 将 GTP 水解，促进核糖体沿 mRNA 的 5′→3′方向移动，每次移动一个密码子的距离。移位的结果使原来在 A 位上的肽酰 tRNA 又回到 P 位，原来在 P 位上的无负载的 tRNA 被移到出口部位，脱酰基 tRNA 离开核糖体。A 位空出来供下一轮肽键延长时新来的氨基酸结合。移位过程需

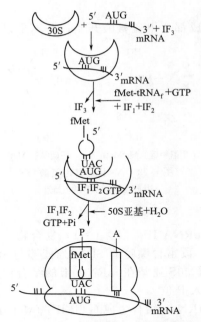

图 8-14　大肠杆菌起始复合物形成过程

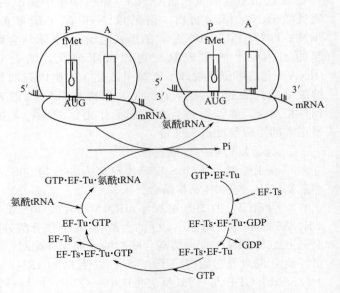

图 8-15　EF-Tu、EF-Ts 的作用过程

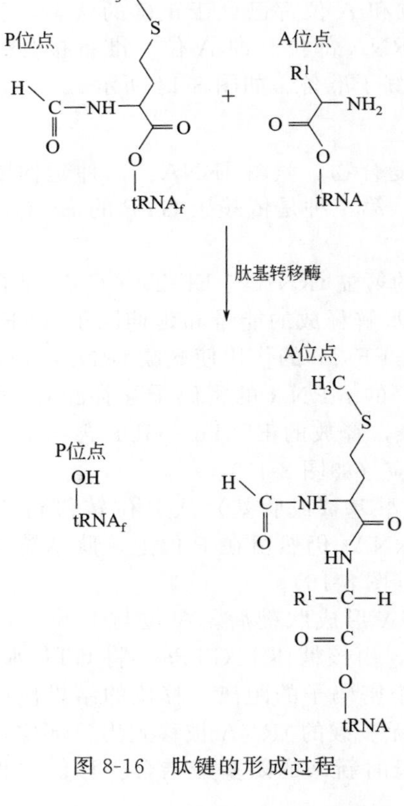

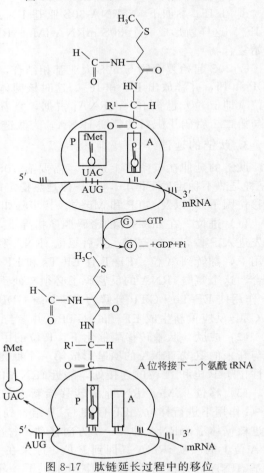

图 8-16　肽键的形成过程

图 8-17　肽链延长过程中的移位

要 GTP 提供能量。肽链延伸过程每重复一次，肽链就增加一个氨基酸。延伸与移位是两个分离的独立过程，移位只不过是被动的反应而已（图 8-17）。

4. 肽链合成的终止与释放

mRNA 链上的肽链密码 UAA、UAG、UGA 为肽链合成终止的信号。当核糖体移动到终止密码子 UAA、UAG 或 UGA 时，没有相应的氨酰 tRNA 能结合在 A 位。但参与该过程的有三种终止因子，也称为释放因子，即 RF_1、RF_2 和 RF_3 蛋白。tRNA 不含终止密码的反密码子，不识别终止密码，这些终止信号可被释放因子或称终止因子识别。RF1 分子量为 94000，可以识别终止密码子 UAA 和 UAG，并与之结合；RF2 分子量为 47000，可以识别终止密码子 UAA 和 UGA，并与之结合。释放因子都是作用于 A 位，RF1、RF2 的作用使 P 位上的肽酰转移酶变为水解酶，从而使已合成的多肽链由于肽酰 tRNA 的水解，从核糖体上释放出来。然后在 RF_3 作用下 tRNA 脱落，70S 核糖体也从 mRNA 脱落，解离为 30S 和 50S，并进行下一轮核糖体循环，合成另一分子蛋白质（过程如图 8-18）。mRNA 只能使用一次或数次，最后被核糖核酸酶降解。新合成的 mRNA 不断从细胞核转移到核糖体。IF3 与 30S 亚基结合可以防止 50S 亚基与 30S 亚基结合。上述合成过程所表示的是单个核糖体的情况，实际上生物体内合成蛋白质通常是多个核糖体同时与同一个 mRNA 的不同部位相连，构成多核糖体，形成念珠状（图 8-19）。

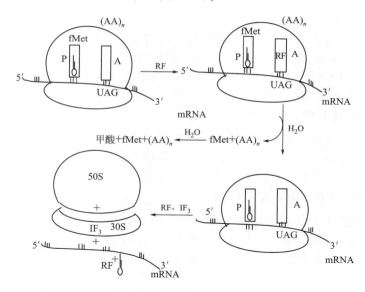

图 8-18　肽链的终止与释放

三、蛋白质合成后的"加工"与折叠

某些蛋白质在其肽链合成结束后，还需要进一步加工、修饰才能转变为具有正常生理功能的蛋白质。大肠杆菌新合成的多肽，一部分仍停留在胞浆之中，一部分则被送到质膜、外膜或质膜与外膜之间的空隙。有的也可分泌到胞外。真核细胞中新合成的多肽被送往溶酶体、线粒体、叶绿体、胞核等细胞器。

1. N 端的甲酰甲硫氨酸的切除

在真核生物中，常常在多肽链合成到一定长度时（15～30 个氨基酸），其 N 端的甲硫氨酸就被氨基肽酶切除。在原核生物内也有少数肽链 N 末端的 fMet 只去除甲酰基，而甲硫氨酸被保留下来，这样的蛋白质多肽链的 N 末端氨基酸就是甲硫氨酸。

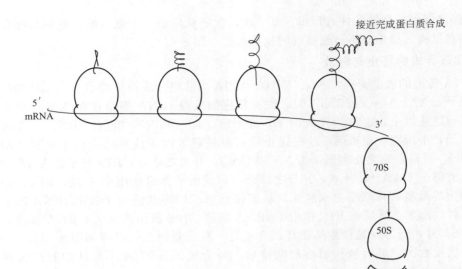

图 8-19　多核糖体合成蛋白质的示意图

2. 二硫键的形成

二硫键由两个半胱氨酸残基形成，对维持蛋白质空间结构起重要作用，如核糖核酸酶合成后，肽链中 8 个半胱氨酸残基构成了 4 对二硫键，此 4 对二硫键对它的酶活性是必要的。二硫键也可以在链间形成，使蛋白质分子的亚单位聚合。肽链内或两条肽链间的二硫键是在肽链形成后—SH 基被氧化而形成的。

3. 个别氨基酸残基的化学修饰

有些蛋白质前体需经一定的化学修饰（磷酸化、乙酰化、甲基化、ADP-核糖化、羟化）才能参与正常的生理活动。有些酶的活性中心含有磷酸化的丝氨酸、苏氨酸或酪氨酸残基，这些磷酸化的氨基酸残基都是在肽链合成后相应残基的—OH 被磷酸化而形成的。

4. 蛋白质前体中不必要肽段的切除

无活性的酶原转变为有活性的酶，常需要去掉一部分肽链，其他蛋白质也存在类似过程，只是转变的场所不同，酶原多是在细胞外转变为酶，而蛋白质前体中不必要肽段的切除是在细胞内进行的。有些新合成的多肽链要在专一性的蛋白酶作用下切除部分肽段才能具有活性。

5. 亚基之间、亚基与辅基之间的聚合

具有四级结构的蛋白质由几个亚基组成，因此必须经过亚基之间的聚合过程才能形成具有特定构象和生物功能的蛋白质。一级结构形成后，多肽链卷曲折叠形成 α 螺旋、β 折叠等二级结构，并借盐键、氢键、疏水键等维持一定空间构象。由一条以上肽链构成的蛋白质和带有辅基的蛋白质，肽链之间或多肽链与辅基之间需要聚合，结合蛋白质如糖蛋白、脂蛋白和色素蛋白分别需加糖、加脂、加辅基等才成为活性蛋白质。

信号肽的概念首先是由 D. Salatini 和 G. Blobel 提出的。以后，C. Milstein 和 G. Brownlee 在体外合成的免疫球蛋白肽链的 N 端找到了这种信号肽。当时，只是在体外合成的未经转译后加工的免疫球蛋白上找到了信号肽，但不能在体内合成的经过转译后加工的成熟免疫球蛋白上找到它。因为在体内合成时，在转译后加工时，信号肽被信号肽酶切掉了。以后在很多真核细胞的分泌蛋白中发现有信号肽。信号肽具有一些共同的特征：

肽链长度为 13～26 个氨基酸残基，氨基端至少含有一个带正电荷的氨基酸，在中部有一段长度为 10～15 个氨基酸残基的由高度疏水性氨基酸组成的肽链，常见的为丙氨酸、亮氨酸、缬氨酸、异亮氨酸和苯丙氨酸。这个疏水区极重要，其中某一个氨基酸被非极性氨基酸置换时，信号肽失去功能；在信号肽的 C 端有一个可被信号肽酶识别的位点，此位点上游常有一段疏水区较强的五肽，信号肽酶切点上游的第一个（−1）及第三个（−3）氨基酸常为具有一个小侧链的氨基酸（如丙氨酸）。信号肽的位置也不一定在新生肽的 N 端。有些蛋白质（如卵清蛋白）的信号肽位于多肽链的中部，但其功能则相同。Blobel 等已证明，识别信号肽的是一种核蛋白体，称为信号识别体（SRP）。SRP 的分子量为 396000，有两个功能域，一个用以识别信号肽，另一个用以干扰进入的氨酰 tRNA 和肽酰移位酶的反应，以终止多肽链的延伸作用。信号肽与 SRP 的结合发生在蛋白质合成刚一开始时，即 N 端的新生肽链刚一出现时。一旦 SRP 与带有新生肽链的核糖体相结合，肽链的延伸作用暂时终止，或延伸速度大大降低，SRP-核糖体复合体就移动到内质网上并与那里的 SRP 受体停泊蛋白相结合。一旦与此受体相结合后，蛋白质合成的延伸作用又重新开始。SRP 受体是一个二聚体蛋白，由 69000 的 α 亚基与 30000 的 β 亚基组成。然后，带有新生肽链的核糖体被送入多肽移位装置，同时，SRP 又被释放到胞浆中，新生肽链又继续延长。

四、蛋白质生物合成的阻断剂

蛋白质生物合成的阻断剂很多，其作用部位、对象各有不同。或作用于翻译过程，直接影响蛋白质生物合成；或作用于转录过程，影响细胞分裂而间接影响蛋白质的生物合成；也有作用于复制过程的（如多数抗肿瘤药物）。

1. 抗生素类阻断剂

某些抗生素能与核糖体结合，从而妨碍翻译过程，是蛋白质合成最直接的阻断剂。如链霉素、氯霉素等阻断剂主要作用于细菌，故可用作抗菌药物。

2. 蛋白质合成阻断剂的毒素

（1）白喉毒素　白喉毒素是白喉杆菌产生的毒蛋白，由 A、B 两条链组成。它可催化使 eEF_2 失活反应，抑制真核生物蛋白质合成。A 链有催化作用，B 链可与细胞表面特异受体结合，帮助 A 链进入细胞。进入胞质的 A 链可使辅酶 Ⅰ（NAD^+）与延伸因子 eEF_2 产生反应，造成 eEF_2 失活。eEF_2 在合成后经加工形成一种称为白喉酰胺的组氨酸的衍生物。白喉酰胺可与 NAD^+ 中核糖的 $1'C$ 在白喉毒素 A 链催化下结合成 eEF_2-核糖-ADP。结合后的 eEF_2-核糖-ADP 仍可附着于核糖体，并与 GTP 结合，但不能促进移位。白喉毒素作为有催化活性的酶，毒性非常大，一只豚鼠注入 $0.05\mu g$，可以致命。

（2）植物毒蛋白　某些植物毒蛋白也是肽链延长的抑制剂。"红豆生南国"，红豆亦称"相思子"，它所含的红豆碱与蓖麻籽所含的蓖麻蛋白都可与真核生物核糖体 60S 亚基结合，抑制肽链延长。蓖麻蛋白毒力很强，它的毒力为等质量氰化钾毒力的 6000 倍，曾被用作生化武器，对某些动物体每千克仅 $0.1\mu g$，足以致死。该蛋白质也由 A、B 两链组成，B 链是凝集素，可与细胞膜上含乳糖苷的糖蛋白（或糖脂）结合，帮助 A 链进入细胞。A 链具有核糖苷酶的活性，可与 60S 亚基结合，切除 28Sr RNA 的 4324 位腺苷酸，间接抑制 eEF_2 的作用，使肽链难以延长。A 链在蛋白质合成的无细胞体系中可直接作用，对完整细胞必须有 B 链同在，才能进入细胞，抑制蛋白质合成。

3. 蛋白质合成阻断剂的其他蛋白质类物质

（1）干扰素　干扰素是细胞感染病毒后产生的一类蛋白质。干扰素可抑制病毒繁殖，保护宿主。其原理之一是它在双股 RNA（如某些病毒 RNA）存在时，可抑制细胞的蛋白质生物合成，使病毒无法繁殖。

（2）eIF_2 蛋白激酶　缺铁性网织红细胞蛋白质合成障碍与 eIF_2 蛋白激酶的活化以及 eIF_2 磷酸化有关。缺铁时，血红素合成减少，血红素的不足，引起网织红细胞的蛋白质合成障碍。

小 结

1. 蛋白质被蛋白酶和肽酶降解成氨基酸。氨基酸用于合成新的蛋白质或转变成其他含氮化合物（如卟啉、激素等），也有部分氨基酸通过脱氨和脱羧作用产生其他活性物质和为机体提供能量，脱下的氨可被重新利用或经尿素循环转变成尿素排出体外。

2. 转氨基作用是氨基酸合成的主要方式。转氨酶以磷酸吡哆醛为辅酶，谷氨酸是主要的氨基供体，氨基酸的碳架主要来自糖代谢的中间物。不同的氨基酸生物合成途径各不相同，但它们都有一个共同的特征，就是所有氨基酸都不是以 CO_2 和 NH_3 为起始原料从头合成的，而是起始于三羧酸循环、糖酵解途径和磷酸戊糖途径的中间物。

3. 蛋白质生物合成体系的重要组分主要包括 mRNA、tRNA、rRNA、有关的酶以及几十种蛋白质因子。mRNA 是蛋白质生物合成的直接模板，mRNA 中每三个相邻的核苷酸组成三联体，代表一个氨基酸的信息，此三联体就称为密码，共有 64 种不同的密码。遗传密码具有以下特点：①连续性；②简并性；③通用性；④方向性；⑤摆动性；⑥起始密码 AUG，终止密码 UAA、UAG、UGA。能够识别 mRNA 中 5′端起始密码 AUG 的 tRNA 称为起始 tRNA。在原核生物中，起始 tRNA 是 $tRNA^{fmet}$；而在真核生物中，起始 tRNA 是 $tRNA^{met}$。tRNA 的作用主要是：①3′-CCA 接受氨基酸；②反密码子识别 mRNA 链上的密码子；③连接多肽链和核糖体。rRNA 和几十种蛋白质组成合成蛋白的场所核糖体。核蛋白体的功能：①小亚基可与 mRNA、GTP 和起始 tRNA 结合；②具有两个不同的 tRNA 结合点，A 位——氨酰基位，可与新进入的氨酰 tRNA 结合，P 位——肽酰基位，可与延伸中的肽酰 tRNA 结合；③具有转肽酶活性。

起始因子（IF）作用主要是促进核蛋白体小亚基与起始 tRNA 及模板 mRNA 结合。原核生物中存在 3 种，分别为 IF_1、IF_2、IF_3，在真核生物中存在 11 种（eIF）。延伸因子（EF）作用主要促使氨酰 tRNA 进入核蛋白的受体，并促进移位过程。原核生物中存在 3 种（EF-Tu，EF-Ts，EF-G），真核生物中存在 2 种（eEF_1，eEF_2）。释放因子（RF）主要作用是识别终止密码，协助多肽链的释放。原核生物中有 3 种，在真核生物中只有 1 种。

4. 蛋白质生物合成归纳为：

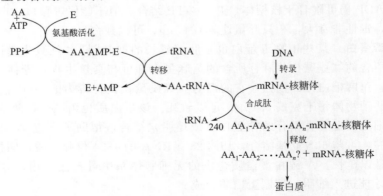

5. 蛋白质合成后的几种修饰方式：氨基末端的甲酰甲硫氨酸的切除、肽链的折叠、氨基酸残基的修饰、切去一段肽链。

习 题

1. 如果一只老鼠喂食含有 ^{15}N 标记的 Ala，老鼠分泌出的尿素是否变成 ^{15}N 标记？

2. 有一两岁小孩的体重和智力等发育低于正常小孩，而且头发灰白，经常饭后呕吐，经化验小孩尿中苯丙氨酸、苯丙酮酸高出正常值百倍以上。这种病症是由于哪种酶缺乏引起的？为什么病人头发灰白？提出你最好的治疗方案。

3. 列举血氨的来源与去路，并分析谷氨酸和精氨酸治疗肝性脑病（肝昏迷）的生化基础。

4. 说明尿素循环过程及生物学意义。

5. 为什么说转氨基反应在氨基酸合成和降解过程中都起重要作用？

6. 两组成年猫在禁食 12h 后，试验组喂不含 Arg 的复合氨基酸饮食，对照组喂完全氨基酸或鸟氨酸代替 Arg 的复合氨基酸饮食。在 2h 后，试验组血中氨浓度是正常值的 8 倍，此时猫表现出氨中毒症状。对照组没有不寻常的临床症状。为什么试验猫先禁食 12h？是什么因素使试验组氨浓度上升？为什么 Arg 会导致氨中毒？为什么鸟氨酸能代替 Arg？

7. 遗传密码如何编码？有哪些基本特性？

8. 简述 tRNA 在蛋白质的生物合成中是如何起作用的？

9. mRNA 遗传密码排列顺序翻译成多肽链的氨基酸排列顺序，保证准确翻译的关键是什么？

10. 写出由具有下列序列的 DNA 模板合成的 mRNA 分子的序列：5′ATCGTACCGT-TA3′，写出由 mRNA 序列编码的氨基酸序列。当多聚（UUAC）加到无细胞的蛋白质合成体系中，会形成什么样的氨基酸序列？

第9章 核酸代谢

本章提示：

　　本章主要介绍嘌呤核苷酸与嘧啶核苷酸以及 DNA、RNA 分解与合成过程及生物体内嘌呤与嘧啶组成元素的来源。学习时应该了解两类核苷酸在生物体内如何合成的，进一步了解如何聚合成 DNA 和 RNA，重点了解 DNA 和 RNA 的代谢机制。

　　在生物界，物种通过遗传使其生物学特性、性状能世代相传。现代科学已经证明遗传的物质基础是核酸。生物体内的核酸，多以核蛋白的形式存在。核蛋白经胃酸作用，分解成蛋白质和核酸。核酸经核酸酶、核苷酸酶及核苷酶的作用，可逐级水解成核苷酸、核苷、戊糖、磷酸和碱基，这些产物均可被吸收，磷酸和戊糖可再被利用，碱基除少部分可再被利用外，大部分均可被分解而排出体外。生物体可利用一些简单的前体物质合成嘌呤核苷酸和嘧啶核苷酸，并进一步合成核酸。

第1节　核酸的分解代谢

　　动物可以分泌水解酶类来分解食物中的核蛋白和核酸类物质，植物一般不能消化体外的有机物质。生物中普遍存在着分解核酸的酶系，核酸酶催化水解核酸为单核苷酸，各种单核苷酸受细胞内磷酸单酯酶作用水解为碱基和 $5'$-磷酸戊糖，$5'$-磷酸核糖可以通过磷酸戊糖途径进行代谢，而 $5'$-磷酸脱氧核糖在组织中分解生成乙醛和 3-磷酸甘油醛，进一步氧化分解。

　　核苷酸酶也可催化核苷酸水解生成磷酸和核苷。核苷酸酶的种类很多，有些非特异性的核苷酸酶对所有核苷酸都能作用，无论磷酸基在核苷的 $2'$、$3'$还是 $5'$位置上。有些核苷酸酶具有特异性；有的只能水解 $3'$-核苷酸，称为 $3'$-核苷酸酶；有的只能水解 $5'$-核苷酸，称为 $5'$-核苷酸酶。核苷酸水解产生的核苷可在核苷酶的作用下进一步分解为戊糖和碱基。核苷酶的种类也很多，按底物不同可分为嘌呤核苷酶和嘧啶核苷酶。按催化反应的不同可分为核苷磷酸化酶和核苷水解酶。核苷磷酸化酶催化核苷分解生成含氮碱基和戊糖的磷酸酯，此酶对两种核苷都能起作用。核苷水解酶将核苷分解生成含氮碱基和戊糖，此酶对脱氧核糖核苷不起作用。酶的作用下核酸分解过程见图 9-1。核苷酸分解产生的嘌呤碱和嘧啶碱在生物体中还可以继续进行分解。

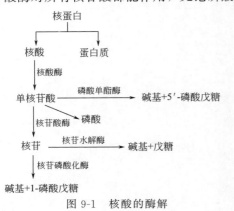

图 9-1　核酸的酶解

$$\text{核苷} + \text{磷酸} \xrightarrow{\text{核苷磷酸化酶}} \text{嘌呤（或嘧啶）} + \text{1-磷酸戊糖}$$

$$\text{核苷} + H_2O \xrightarrow{\text{核苷水解酶}} \text{嘌呤（或嘧啶）} + \text{戊糖}$$

一、嘌呤的降解

不同种类生物降解嘌呤碱基的能力不同，因而代谢产物的形式也各不相同。人类、灵长类、鸟类、爬虫类以及大多数昆虫体内缺乏尿酸酶，故嘌呤代谢的最终产物是尿酸；人类及灵长类以外的其他哺乳动物体内存在尿酸氧化酶，可将尿酸氧化为尿囊素，故尿囊素是其体内嘌呤代谢的终产物；在某些硬骨鱼体内存在尿囊素酶，可将尿囊素氧化分解为尿囊酸；在大多数鱼类、两栖类体内存在尿囊酸酶，可将尿囊酸进一步分解为尿素及乙醛酸；而氨是甲壳类、海洋无脊椎动物等体内嘌呤代谢的终产物，因这些动物体内存在脲酶，可将尿素分解为氨和二氧化碳。植物、微生物体内嘌呤代谢的途径与动物相似。尿囊素酶、尿囊酸酶和脲酶在植物体内广泛存在，当植物进入衰老期，体内的核酸会发生降解，产生的嘌呤碱进一步分解为尿囊酸，然后从叶子内运输到贮藏器官，而不是排出体外，可见植物有保存和同化氨的能力。微生物一般能将嘌呤类物质分解为氨、二氧化碳及有机酸，如甲酸、乙酸、乳酸等。嘌呤在各种脱氨酶的作用下脱去氨基，腺嘌呤脱氨后生成次黄嘌呤，然后，在黄嘌呤氧化酶作用下，将次黄嘌呤氧化成黄嘌呤。黄嘌呤氧化酶是一种黄素蛋白，含 FAD、铁和钼。鸟嘌呤脱氨后直接生成黄嘌呤。黄嘌呤进一步氧化为尿酸，尿酸在尿酸氧化酶（一种含铜酶）作用下降解为尿囊素和 CO_2，尿囊素在尿囊素酶作用下水解为尿囊酸，尿囊酸进一步在尿囊酸酶的作用下降解为尿素和乙醛酸。嘌呤分解代谢过程见图 9-2。

此外，嘌呤的降解也可在核苷或核苷酸的水平上进行（图 9-3）。

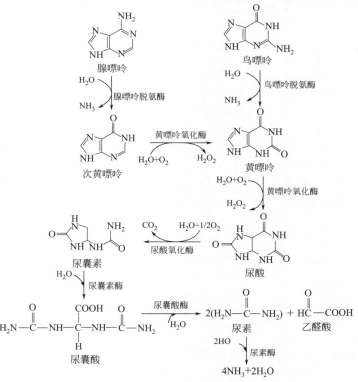

图 9-2 嘌呤分解代谢过程

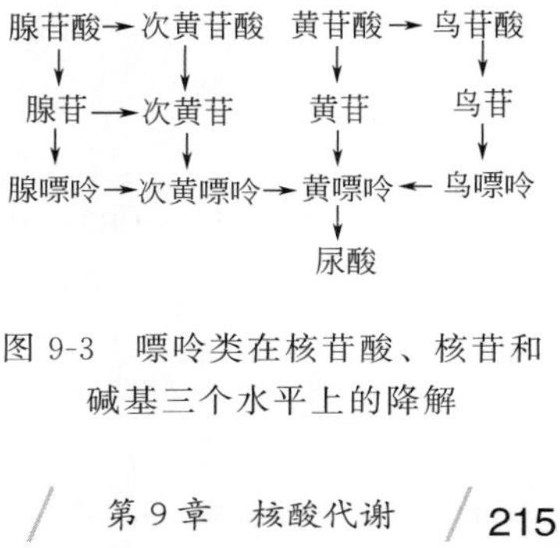

图 9-3 嘌呤类在核苷酸、核苷和
碱基三个水平上的降解

腺苷脱氨酶（ADA）基因缺陷是一种常染色体隐性遗传病，由于基因突变造成酶活性下降或消失，常导致 AMP、dAMP 和 dATP 蓄积。dATP 是核糖核苷酸还原酶的别构抑制剂，能减少 dGDP、dCDP 和 dTTP 合成，从而 DNA 合成受阻。由于正常情况下淋巴细胞中腺苷酸脱氨酶活性较高，当 ADA 基因缺陷时，可造成严重损害，导致细胞免疫和体液免疫反应均下降，甚至死亡，即严重联合免疫缺陷症（SCID）。ADA 基因突变引起的 SCID 是第一个进行基因治疗的病种，即在体外将正常的 ADA 基因转导患者的淋巴细胞，再回输体内。嘌呤核苷酸磷酸化酶（PNP）基因缺陷是一种罕见的常染色体隐性遗传病，纯合子 PNP 基因缺陷的患儿表现为 T 细胞免疫缺陷。原因是 PNP 不能发挥正常作用，所以患儿体内鸟苷、脱氧鸟苷、次黄苷及脱氧次黄苷浓度均增加，脱氧鸟苷转化成 dGTP，造成 dGTP 堆积，dGTP 是核糖核苷酸还原酶的别构抑制剂，导致 dCDP 及 dCTP 下降，最终 DNA 合成不足，影响胸腺细胞增殖，导致 T 细胞免疫缺陷。

正常人血浆中尿酸含量为 $20\sim60mg/L$，痛风症患者由于血中尿酸含量升高（超过 $80mg/L$），尿酸水溶性较差，形成的晶体沉积于关节、软组织、软骨及肾等处，导致关节炎、尿路结石及肾疾病等。痛风症多见于成年男性。原发性痛风症由于次黄嘌呤-鸟嘌呤磷酸核糖转移酶（hypoxanthine-guanine phosphoribosyl transferase, HGPRT）活性降低，嘌呤碱不能通过补救合成途径合成核苷酸再利用，即分解成尿酸。大量 5-磷酸核糖-1-焦磷酸（PRPP）促使嘌呤的从头合成加快。继发性痛风症由于肾功能减退，尿酸排出减少。治疗原则：用促进尿酸排泄的药物，或用抑制尿酸形成的药物。例如别嘌呤醇，在体内氧化成别黄嘌呤，后者能与黄嘌呤氧化酶结合成不可逆的复合物，所以别嘌呤醇是黄嘌呤氧化酶的强烈抑制剂。

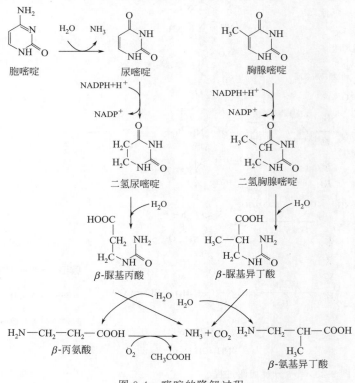

图 9-4　嘧啶的降解过程

二、嘧啶的降解

嘧啶核苷酸的分解可先脱去磷酸及核糖，余下的嘧啶碱进一步开环分解，最终产物为 NH_3、CO_2、β-丙氨酸及 β-氨基异丁酸，这些产物均易溶于水，可随尿排出体外。β-丙氨酸和 β-氨基异丁酸脱去氨基转变为相应的酮酸，进入三羧酸循环进行进一步代谢或排出体外。β-丙氨酸亦可用于泛酸和辅酶 A 的合成。嘧啶碱的分解过程比较复杂，不同种类生物分解嘧啶的过程不同，包括水解脱氨基作用、氨化、还原、水解和脱羧基作用等。在大多数生物体内嘧啶的降解过程如图 9-4 所示。

第 2 节　核酸的合成代谢

一、核苷酸的生物合成

动、植物和微生物体内的核苷酸合成有两条途径（图 9-5）。第一，利用氨基酸和某些小分子物质（CO_2、NH_3）为原料，经一系列酶促反应从头合成核苷酸，称从头合成途径，该途径不经过碱基、核苷的中间阶段。第二，直接利用细胞中自由存在的碱基（嘌呤和嘧啶）和核苷合成核苷酸，称为补救合成途径。补救合成途径所需的碱基和核苷主要来源于细胞内核酸的分解。细菌生长的介质或动物消化食物分解产生的核苷和碱基，进入细胞后也可以用于补救合成途径。不同的组织中，两条途径的重要性不同，肝细胞及多数细胞以从头合成为主，而脑组织和骨髓则以补救合成为主。

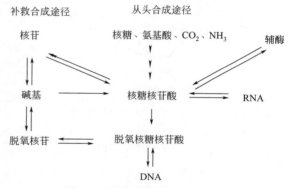

图 9-5　核苷酸合成的两条途径

1. 嘌呤核苷酸的生物合成

嘌呤核苷酸的合成也有两条基本途径，从头合成是主要途径。

(1) "从头合成" 途径

① 嘌呤碱的合成　除某些细菌外，几乎所有的生物体都能合成嘌呤碱。由鸽子的营养试验和同位素示踪实验证明，嘌呤环中的各原子来源于不同的物质，主要是以 CO_2、甲酸、甘氨酸、天冬氨酸和谷氨酰胺为原料合成嘌呤环（图 9-6）。

② 嘌呤核苷酸的合成　嘌呤环中不同来源的原子，是由于不同的化学反应掺入环内，因此，合成过程是比较复杂的，涉及很多形成 C-N 键的反应。嘌呤核苷酸的合成并不是先形成游离的嘌呤，然后生成核苷酸，而是以 5'-磷酸核糖为起始

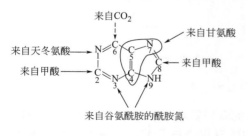

图 9-6　嘌呤碱各原子的来源

物，逐步增加原子形成次黄嘌呤核苷酸（IMP 也叫肌苷酸），再转变为其他嘌呤核苷酸。

a. IMP 合成，由 ATP 和由磷酸戊糖途径提供的 5′-磷酸核糖在 5′-磷酸核糖-1-焦磷酸（PRPP）合成酶催化下合成 PRPP。PRPP 接受谷氨酰胺的酰胺基，生成 5′-磷酸核糖胺（PRA）。催化此反应的酶为磷酸核糖焦磷酸酰胺基转移酶，此酶是一种别构酶，是调节嘌呤核苷酸合成的重要酶。然后 PRA 与甘氨酸结合生成甘氨酰胺核苷酸（GAR）。GAR 中甘氨酸残基的 α-氨基被 N^5,N^{10}-次甲基四氢叶酸甲酰化，产生 α-N-甲酰甘氨酰胺核苷酸，接着又进一步被谷氨酰胺氨基化生成甲酰甘氨咪唑核苷酸（FGAM），后者再脱水环化，产生 5-氨基咪唑核苷酸（AIR）。这个中间产物含有嘌呤骨架的完整的五元环（图 9-7）。

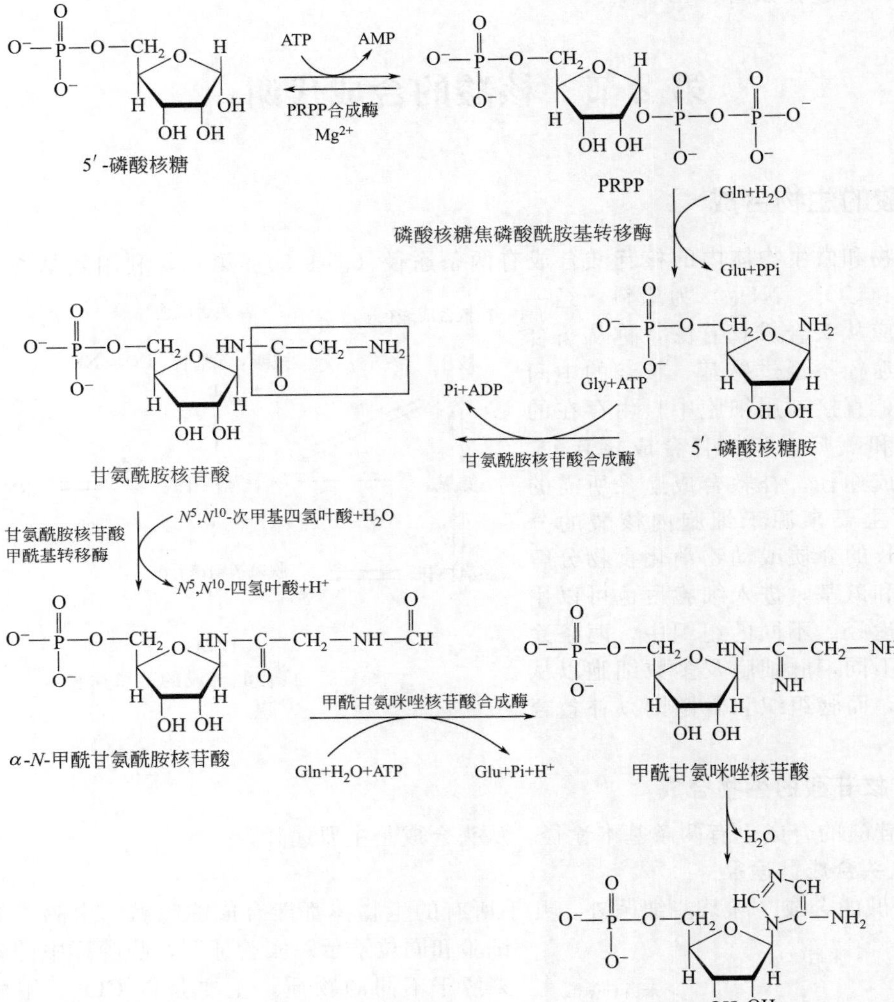

图 9-7 5-氨基咪唑核苷酸的合成

在氨基咪唑核苷酸羧化酶催化下，AIR 经羧化生成 5-氨基咪唑-4-羧酸核苷酸（CAIR），CAIR 与天冬氨酸缩合，形成 5-氨基咪唑-4-N-琥珀酸氨甲酰核苷酸，其脱去延胡索酸生成 5-氨基咪唑-4-氨甲酰核苷酸（AICAR）。AICAR 的 5-氨基又从 N^{10}-甲酰四氢叶酸接受甲酰基并脱水闭环而形成次黄嘌呤核苷酸（图 9-8）。

b. AMP 和 GMP 的合成　腺苷酸可由次黄嘌呤核苷酸经氨基化生成，由天冬氨酸提供

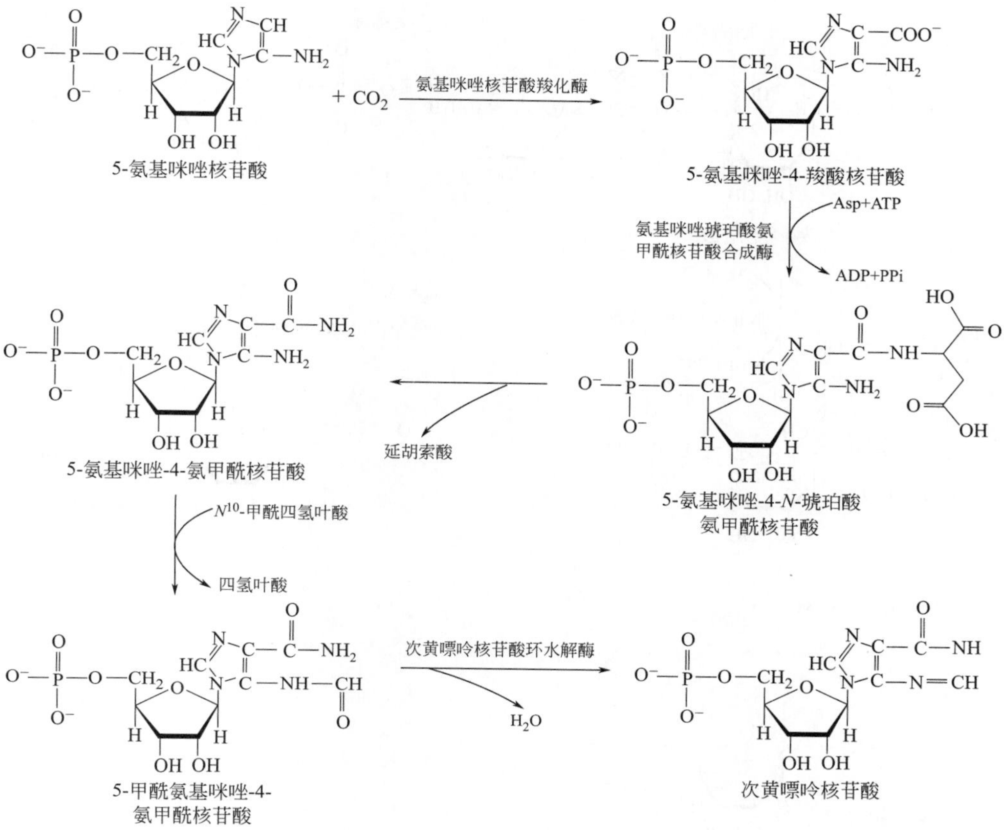

图 9-8　IMP 的合成

氨基，GTP 提供能量。鸟苷酸可由次黄嘌呤核苷酸先氧化成黄嘌呤核苷酸（XMP），再氨基化而生成。谷氨酰胺的酰胺基作为氨基供体，由 ATP 提供反应所需能量（图 9-9）。

（2）补救合成途径　虽然从头合成途径是嘌呤核苷酸的主要合成途径，但嘌呤核苷酸从头合成酶系在哺乳动物的某些组织（脑、骨髓）中不存在，细胞只能直接利用细胞内或饮食中核酸分解代谢产生的嘌呤碱或嘌呤核苷重新合成嘌呤核苷酸，也就是可通过补救途径合成（图 9-10）。

补救合成的过程比从头合成简单得多，消耗 ATP 少，且可节省一些氨基酸的消耗。有两种酶参与补救合成，腺嘌呤磷酸核糖转移酶（APRT）和次黄嘌呤-鸟嘌呤磷酸核糖转移酶（HGPRT），它们的专一性不同，形成的产物也不同。腺嘌呤磷酸核糖转移酶催化腺苷酸的形成，次黄嘌呤-鸟嘌呤磷酸核糖转移酶催化次黄苷酸和鸟苷酸的形成。补救合成同样由 PRPP 提供磷酸核糖。在补救反应里 PRPP 的磷酸核糖部分转移给嘌呤形成相应的核苷酸。腺嘌呤核苷通过腺苷激酶的作用可变成 AMP 而重新利用。类似地，其他核苷也可由相应的激酶磷酸化得到相应的核苷酸。

（3）嘌呤核苷酸合成的调节　嘌呤核苷酸的合成受反馈抑制调节，嘌呤核苷酸合成起始阶段的 PRPP 合成酶和 PRPP 酰胺基转移酶可被合成物 IMP、AMP、GMP 等抑制。

① PRPP 合成酶：PRPP 浓度是从头合成过程的最主要决定因素。PRPP 合成的速度又依赖磷酸戊糖的存在和 PRPP 合成酶的活性。PRPP 合成酶受嘌呤核苷酸的别构调节。

② 磷酸核糖焦磷酸酰胺基转移酶：IMP 对催化嘌呤核苷酸合成的定向步骤的酶即磷酸

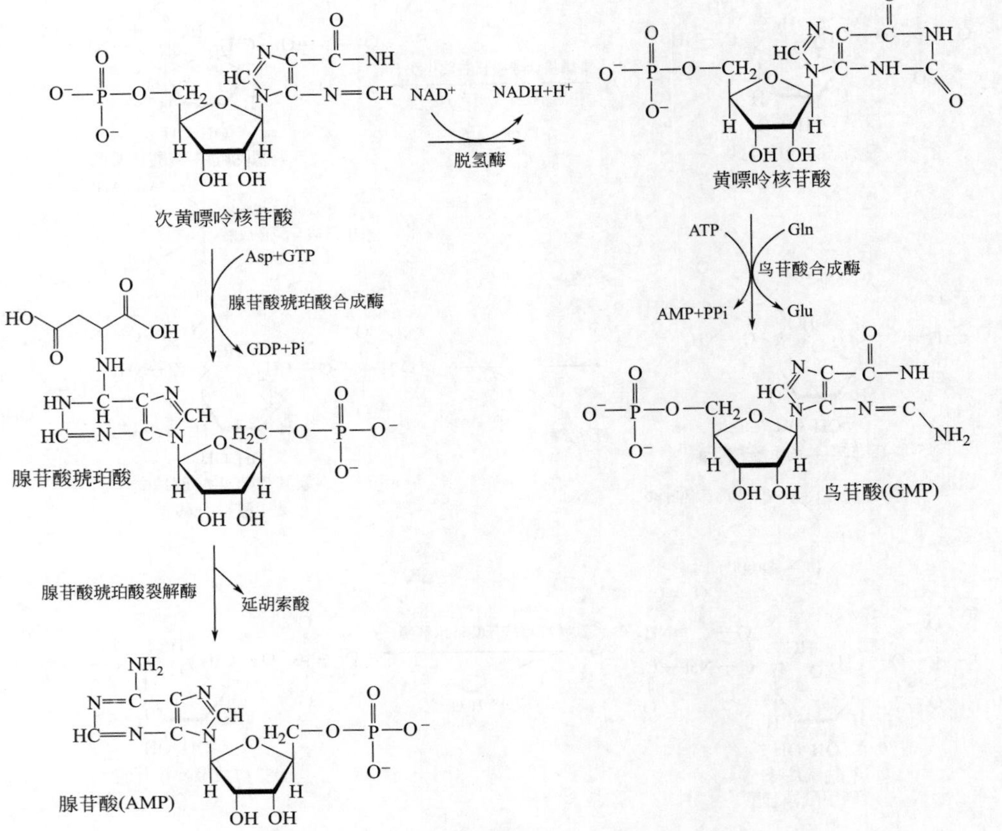

图 9-9　AMP 和 GMP 的合成

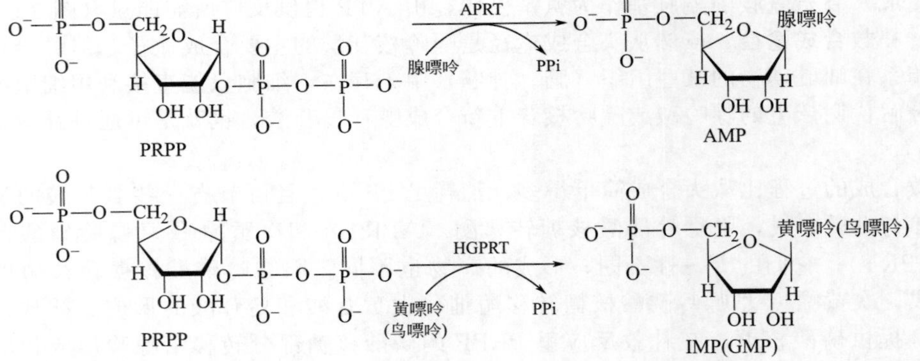

图 9-10　嘌呤核苷酸补救途径

核糖焦磷酸酰胺基转移酶有反馈抑制，而 AMP 和 GMP 对 IMP 的反馈抑制有协同作用；PRPP 增加可促进磷酸核糖焦磷酸酰胺基转移酶活性，加速 PRA 生成。

③ 过量 AMP 会抑制 IMP 转变成 AMP，而过量 GMP 会抑制 IMP 转变成 GMP，从而使这两种核苷酸合成速度保持平衡。GTP 是 AMP 合成时必需的能源，ATP 是 GMP 合成时必需的能源，使腺嘌呤核苷酸和鸟嘌呤核苷酸的合成保持平衡。

（4）嘌呤核苷酸合成的抗代谢物　6-巯基嘌呤，其化学结构与次黄嘌呤相似，只是 C6

的羟基被巯基取代。它在体内可变成 6-巯基嘌呤核苷酸，可以反馈抑制 PRPP 合成酶和磷酸核糖焦磷酸酰胺基转移酶的活性，也能抑制 IMP 转变成 AMP 和 GMP，从而可抑制肿瘤生长。

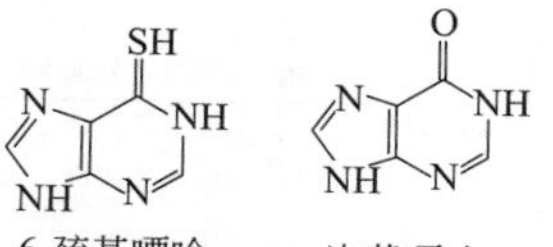

6-巯基嘌呤　　　次黄嘌呤

Lesch-Nyhan 综合征或称自毁容貌征：由于基因缺陷导致 HGPRT 活性严重不足或完全缺乏，是一种 X 染色体连锁的隐性遗传病，患儿在二三岁时即开始出现症状，如尿酸过量生成，智力迟钝，甚至自身毁容，这种患儿很少活到成年。现在科学家正研究借助基因工程的方法将有功能的 HGPRT 基因转移至患者的细胞中，以达到基因治疗的目的。

2. 嘧啶核苷酸的生物合成

（1）"从头合成"途径

① 嘧啶碱的合成　嘧啶环中各原子的来源如图 9-11 所示。

② 嘧啶核苷酸的生物合成　嘧啶核苷酸与嘌呤核苷酸的合成有所不同。生物体先利用小分子化合物形成嘧啶环，然后再与磷酸核糖结合形成嘧啶核苷酸。首先形成尿苷酸，然后再转变为其他嘧啶核苷酸。关键的中间化合物是乳清酸，其他的嘧啶核苷酸由尿苷酸转变而成。此过程主要在肝细胞的胞液中进行，除了二氢乳清酸脱氢酶位于线粒体内膜上外，其余的酶均位于胞液中。

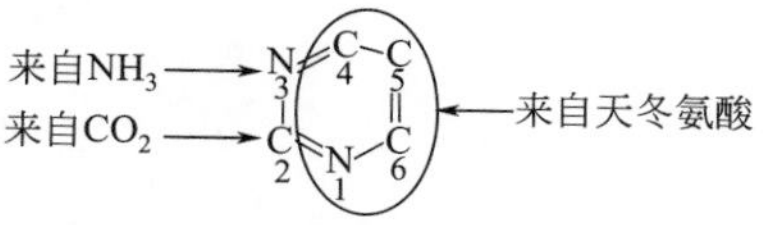

图 9-11　嘧啶中各原子的来源

a. 乳清酸的生物合成　尿苷酸的合成是从氨甲酰磷酸与天冬氨酸合成氨甲酰天冬氨酸开始的，由天冬氨酸转氨甲酰基酶催化；然后经环化，脱水生成二氢乳清酸，并经脱氢作用形成乳清酸，至此已形成嘧啶环，合成过程见图 9-12。

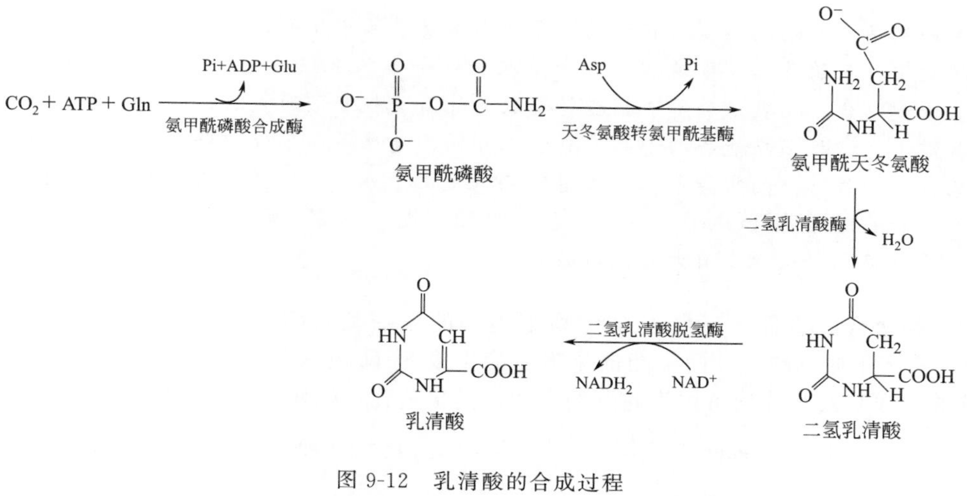

图 9-12　乳清酸的合成过程

b. UTP 与 CTP 生物合成　乳清酸与 PRPP 提供的 5-磷酸核糖结合，形成乳清酸核苷酸，再经脱羧作用就生成了尿苷酸。胞嘧啶核苷酸的合成是在核苷三磷酸水平上进行的，即由 UTP 在 CTP 合成酶的催化下从谷氨酰胺接受氨基而成为 CTP。合成过程见图 9-13。

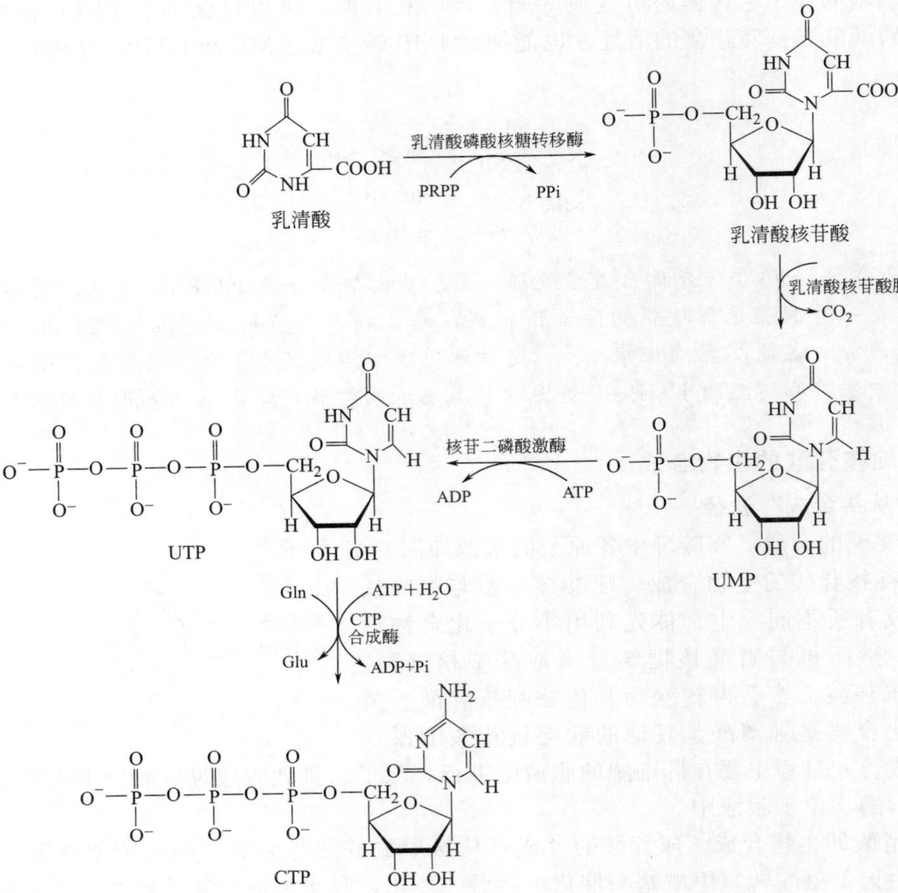

图 9-13 CTP 的合成

有趣的是哺乳动物嘧啶核苷酸的合成是由多功能酶催化的，氨甲酰磷酸合成酶、天冬氨酸转氨甲酰基酶及二氢乳清酸酶三者是在同一条多肽链（分子质量为 240kDa）上，三者由共价键结合。而乳清酸磷酸核糖转移酶和乳清酸核苷酸脱羧酶这两个酶也是位于同一条多肽链上。这种多功能酶的形式有利于以相同的速度参与嘧啶核苷酸的合成。遗传性乳清酸尿，是一种罕见的常染色体隐性遗传病，是由于乳清酸磷酸核糖转移酶（OPRT）和乳清酸核苷酸脱羧酶（OMP 脱羧酶）基因缺陷造成的乳清酸积存过多，临床特征是生长停滞，严重贫血以及尿中有大量乳清酸。

（2）补救合成途径　动物及微生物细胞中的尿嘧啶磷酸核糖转移酶可催化尿嘧啶与 PRPP 反应产生尿苷酸，此酶不能催化胞嘧啶生成 5′-磷酸胞苷。尿苷激酶也可催化尿苷生成尿苷酸，尿苷及胞苷均可作为此酶的底物，但次黄苷不能作为此酶的底物。

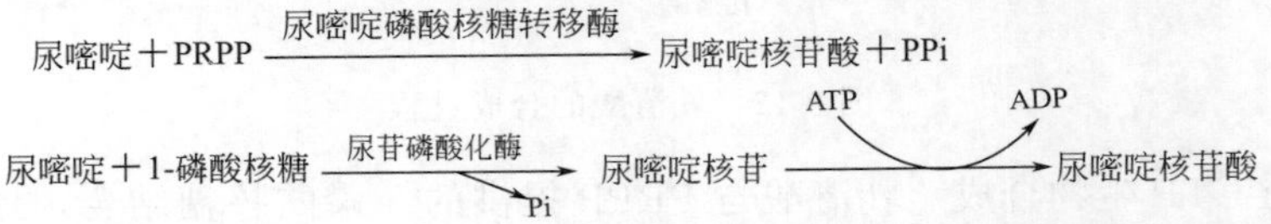

（3）嘧啶核苷酸合成的调节　原核生物和真核生物中，从头合成途径所需的酶不同，因而途径所受的调控也不一样。原核生物中第一个调节部位是天冬氨酸转氨甲酰基酶，CTP

是其别构抑制剂，ATP 是其别构激活剂。真核生物及原核生物中氨甲酰磷酸合成酶都是反馈抑制的调控点，受 UTP 的抑制，但可被 PRPP 激活。第二个调节部位是乳清酸核苷酸脱羧酶处，受 UMP 抑制。由于 PRPP 合成酶是嘧啶与嘌呤两类核苷酸合成过程中共同需要的酶，它可同时接受嘧啶核苷酸及嘌呤核苷酸的反馈抑制。

二、脱氧核糖核苷酸的生物合成

1. 脱氧核糖核苷二磷酸的生成

脱氧核苷酸中的脱氧核糖并非先形成后再合成为脱氧核苷酸，而是在核糖核苷二磷酸（NDP，N 代表 A、G、U、C、T 等碱基）水平上直接还原，即在核糖核苷酸还原酶（RR）作用下，核糖核苷二磷酸（NDP）核糖部分的 $2'$-羟基被氢原子取代，转变成脱氧核糖核苷二磷酸（dNDP）。总反应式为：

$$\text{核糖核苷二磷酸} + \text{NADPH} + \text{H}^+ \xrightarrow{\text{RR}} \text{脱氧核糖核苷二磷酸} + \text{NADP} + \text{H}_2\text{O}$$

RR 是由核苷二磷酸还原酶、硫氧还蛋白和硫氧还蛋白还原酶组成，是一种别构酶。RR 从 NADPH 获得电子时，还需要一种硫氧还蛋白作为电子载体及硫氧还蛋白还原酶及其辅基 FAD 参加。硫氧还蛋白是将电子由 NADPH 转移到核苷二磷酸还原酶催化部位巯基的载体，它具有两个紧密靠近的半胱氨酸残基。氧化型硫氧还蛋白在硫氧还蛋白还原酶的作用下被 NADPH 还原而再生。硫氧还蛋白还原酶是一个黄素蛋白。整个过程如图 9-14 所示。

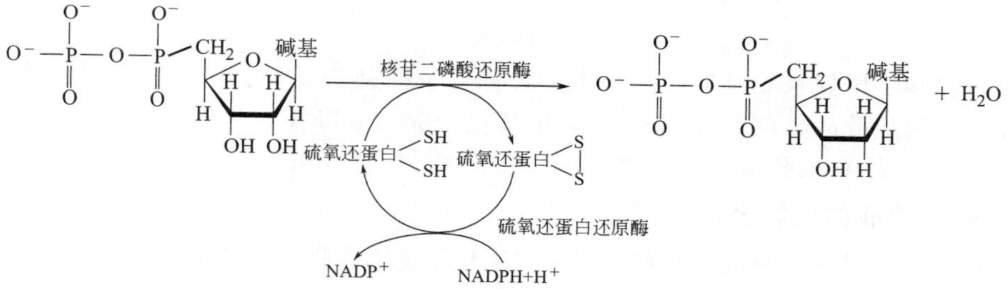

图 9-14　脱氧核苷酸的合成

RR 的活性受一些别构调节剂的调节。dATP 是所有四种底物还原酶的抑制剂，当 dATP 结合至总活性部位时，该酶活性降低，反映脱氧核苷酸过剩，ATP 能消除此反馈抑制。当 dATP 或 ATP 结合至底物特异性部位时，促进嘧啶核苷酸 UDP 及 CDP 的还原。dTTP 则促进 GDP 的还原，以及抑制 UDP 和 CDP 的进一步还原。dGTP 促进 ADP 的还原。

2. 脱氧胸腺嘧啶核苷酸的合成

脱氧胸苷酸是由脱氧尿苷酸经甲基化生成的。dUDP 转换为 dUMP，一条途径是在核苷单磷酸激酶催化下，dUDP 与 ADP 反应生成 dUMP 和 ATP；另一条途径是 dUDP 先形成 dUTP，然后水解生成 dUMP 和 PPi。dCMP 经脱氨也可以形成 dUMP。胸腺嘧啶核苷酸合成酶催化 dUMP 的 C5 甲基化形成 dTMP，甲基的供体是 N^5, N^{10}-亚甲基四氢叶酸。反应中产生的二氢叶酸可在二氢叶酸还原酶的作用下得到再生，还原剂为 NADPH。变成 FH_4，才能重新载带甲基（图 9-15）。

3. 脱氧核苷酸的抗代谢物

（1）5-氟尿嘧啶及阿糖胞苷、环胞苷等，在体内转化为相应的核苷一磷酸及核苷三磷酸，能与胸苷酸合成酶结合成不解离的复合物，从而抑制 dTMP 的合成，或掺入 RNA 分子

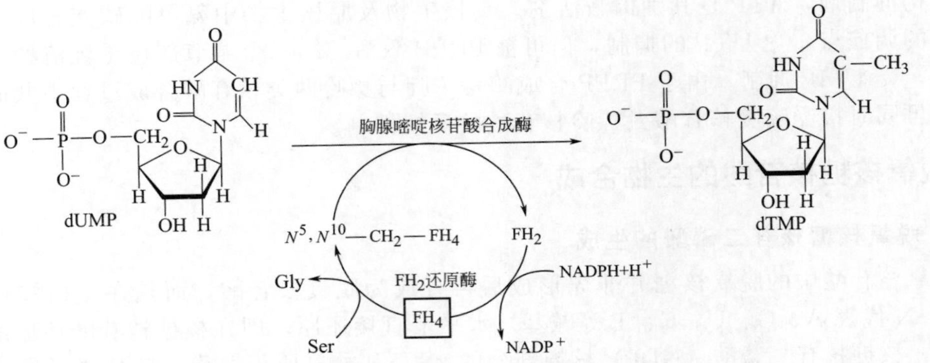

图 9-15　dTMP 的合成

破坏其结构与功能，是临床上使用较多的抗癌药物。

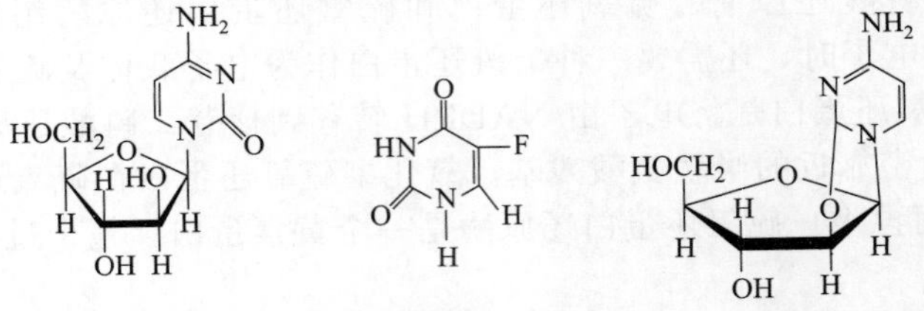

阿糖胞苷　　　　　5-氟尿嘧啶　　　　　环胞苷

（2）氨蝶呤及甲氨蝶呤是叶酸的衍生物，能竞争抑制二氢叶酸还原酶，使叶酸不能还原成二氢叶酸及四氢叶酸，因此 dUMP 不能甲基化而成为 dTMP，另外也使嘌呤分子中 C8 及 C2 得不到供应，故有抗肿瘤生长的效用。

4. 核苷三磷酸的生物合成

核苷酸不能直接参与核酸的生物合成，RNA 合成的底物是 4 种核糖核苷三磷酸，DNA 合成的底物是 4 种脱氧核糖核苷三磷酸。它们都可从核苷一磷酸（NMP）或脱氧核苷一磷酸（dNMP）由相应的核苷磷酸激酶催化，生成核苷二磷酸（NDP）或脱氧核苷二磷酸（dNDP）。这两种酶催化的反应都为可逆反应，需要 ATP 作为磷酸基团的供体。核苷一磷酸激酶对底物专一性较严格，如 AMP 激酶只能催化 AMP 的磷酸化，GMP 激酶只能催化 GMP 和 dGMP 的磷酸化。核苷二磷酸激酶可催化各种核苷二磷酸与核苷三磷酸之间的磷酸基团的转移。

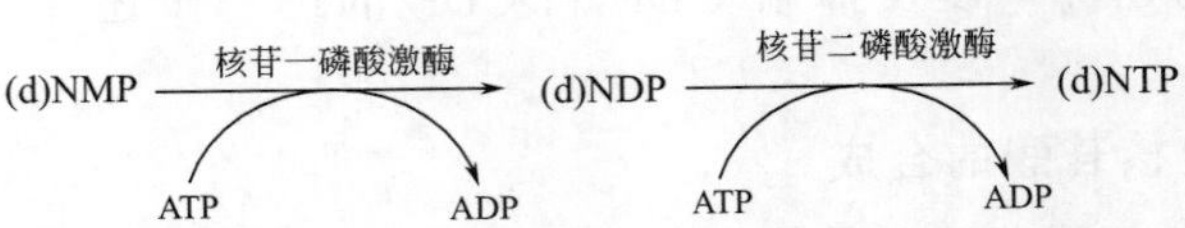

各种核苷酸合成及相互关系总结于图 9-16。

三、DNA 的生物合成

DNA 是储存遗传信息的物质，亲代的遗传信息如何真实地传给子代，这个问题的实质就是 DNA 分子如何复制成完全相同的两个 DNA，即 DNA 的合成。合成作用进行时，需以 DNA 作为模板指导的 DNA 合成作用，复制出新的 DNA，如此将 DNA 携带的信息传递给子代 DNA；也能以 RNA 为模板，反转录合成 DNA，这种反转录合成常见于 RNA 病毒。环境因素可以造成 DNA 结构发生损伤，损伤的 DNA 可进行修复合成，即校正错误的序列，继续进行正确的合成反应，以保持遗传信息的稳定。

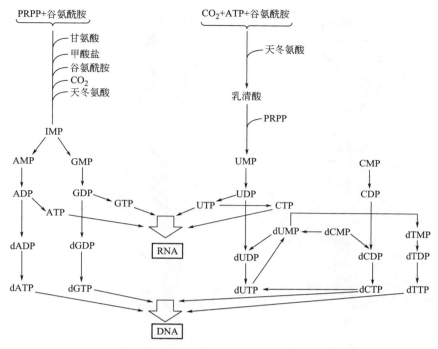

图 9-16　核苷酸生物合成与核酸生物合成的关系

1. DNA 的半保留复制

Watson 和 Crick 于 1953 年提出 DNA 双螺旋模型，碱基互补配对的原则，DNA 的半保留复制假说。即亲代的 DNA 双链作模板，按碱基互补配对原则指导 DNA 新链的合成，这样合成的两个子代 DNA 分子，碱基序列与亲代分子完全一样。但一条链是来自亲代的 DNA 链，另一条链是新合成的链，此即为半保留复制（图 9-17）。

1957 年 Meselson 及 Stahl 通过实验证实了半保留复制的模式。以大肠杆菌作为实验材料，在培养基中生长繁殖。首先在培养基中以 ^{15}N 标记的 NH_4Cl 作为氮的唯一来源（即重培养基）。大肠杆菌在重培养基中繁殖约 15 代（每代 20～30min），DNA 可全部为 ^{15}N 所标记，然后将细菌转移到含有 ^{14}N 标记的 NH_4Cl 的培养基（即轻培养基）中进行培养。在培养不同代数时，收集细菌，裂解细胞，用 CsCl 密度梯度离心法分析。

实验结果表明：在重培养基中培养出的（^{15}N）DNA 显示为一条重密度带。转入轻培养基中繁殖两代，第一代得到了一条中密度带，这是（$^{15}N^{14}N$）DNA 的杂交分子。第二代有中密度带及低密度带两个区带，这表明它们分别为（$^{15}N^{14}N$）DNA 及（$^{14}N^{14}N$）DNA。随着在轻培养基中培养代数的增加，低密度带增强，而中密度带逐渐减弱。此实验结果符合半保留复制方式（图 9-18）。

为了证实第一代杂交分子确实是（$^{15}N^{14}N$）DNA，将杂交分子加热到 100℃ 变性，对于变性前后的 DNA 分别进行 CsCl 密度梯度离心，结果变性前为一条中密度带，变性后则分为两条区带，即重密度带（^{15}N-DNA）及低密度带（^{14}N-DNA）。这说明杂交分子中一条为 ^{15}N 链，另一条为 ^{14}N 链，这进一步证实了 DNA 的半保留复制方式。以后用许多种原核生物和真核生物也证明了 DNA 的半保留复制。DNA 的半保留复制可以使遗传信息的传递保持相对的稳定性，但这种稳定性是相对的，在一定条件下 DNA 会发生损伤，需要修复；在复制和转录中 DNA 会有损耗，必须进行更新；在发育和分化过程中，DNA 特定序列可能被修饰、删除、扩增和重排。DNA 复制的意义为：①半保留复制保证了遗传的稳定性；

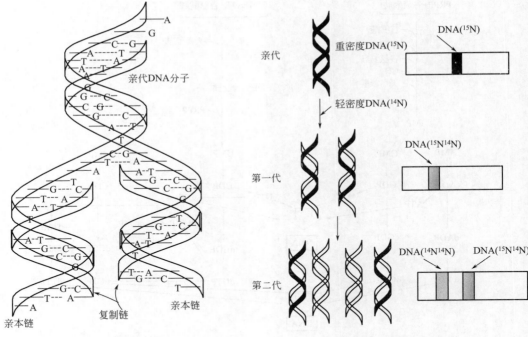

图 9-17　DNA 的半保留复制　　　　　　图 9-18　Meselson-Stahl 实验

②DNA 是处于不断变异和发展之中。

2. DNA 复制酶

(1) 大肠杆菌 DNA 聚合酶　DNA 聚合酶的作用是将脱氧核苷酸连接成 DNA，所用底物必须是四种脱氧核苷三磷酸（dNTP），Mg^{2+} 存在和一个 DNA 模板，按模板的序列将配对的脱氧核苷酸逐个接上去，并且需要一个具有 $3'$-OH 的 RNA 引物或 DNA 的 $3'$-OH 端，使 $3'$-OH 与合成上去的 dNTP 分子 α-磷酸连接成 $3',5'$-磷酸二酯键，合成方向为 $5' \rightarrow 3'$。在大肠杆菌中发现有 DNA 聚合酶 Ⅰ、Ⅱ、Ⅲ（pol Ⅰ、pol Ⅱ、pol Ⅲ）。

① pol Ⅰ　1955 年 Kornberg 在大肠杆菌内发现了 pol Ⅰ，也称为 Kornberg 酶，并因此而获得诺贝尔奖。pol Ⅰ 是纯化的酶，是一条单链多肽，呈球状，直径约为 6.5nm，是 DNA 直径的 3 倍左右，分子质量约为 103×10^3 Da，每个分子含一个锌原子，这个锌原子与酶的催化作用有关。pol Ⅰ 具有多种催化功能，它具有 $5' \rightarrow 3'$ 聚合酶、$5' \rightarrow 3'$ 外切酶及 $3' \rightarrow 5'$ 外切酶的活性。它的主要功能是对 DNA 损伤的修复，以及在 DNA 复制时，RNA 引物切除后，填补其留下的空隙。

当有底物和模板存在时，DNA 聚合酶 Ⅰ 可将脱氧核糖核苷酸逐个地加到具有 $3'$-OH 末端的多核苷酸（RNA 引物或 DNA）链上形成 $3',5'$-磷酸二酯键（图 9-19）。至今已发现的 DNA 聚合酶都不能从无到有开始合成 DNA 链，只能在已有的引物链 $3'$ 端游离—OH 上合成延伸 DNA，合成链的延伸方向为 $5' \rightarrow 3'$。

② pol Ⅱ　pol Ⅱ 与 pol Ⅰ 的特性和功能有相同之处，也有区别，由一条多肽链构成。此酶除具有聚合酶的活性外，还具有 $3' \rightarrow 5'$ 外切酶活性。它在生物体内的确切作用不详，可能也是在 DNA 损伤修复中起作用。

③ pol Ⅲ　此酶是一个由 10 种不同亚基组成的多聚酶，全酶分子质量约 900×10^3 Da，全酶成不对称的二聚体，围绕着 DNA 双螺旋，每个单体都具有催化活性，一个作用于前导链，另一个作用于随从链，使 DNA 两股链在同一位置同一时间进行合成。

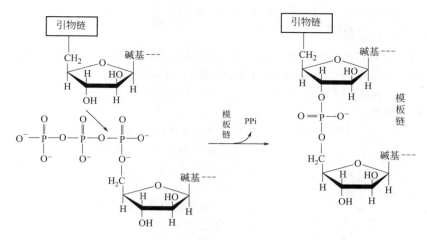

图 9-19　DNA 聚合酶催化的 DNA 链延伸反应

（2）真核细胞的 DNA 聚合酶　真核细胞的 DNA 聚合酶有 5 种，即 DNA 聚合酶 α、β、γ、δ 和 ε。一般认为 DNA 聚合酶 α 和 δ 的作用是复制染色体 DNA。DNA 聚合酶 α 负责随从链的合成，而 DNA 聚合酶 δ 催化前导链的合成，它还具有 $3' \rightarrow 5'$ 外切酶的活力。

（3）DNA 连接酶　DNA 连接酶的作用是催化双链 DNA 中的切口处的相邻 $5'$-磷酸基与 $3'$-羟基之间形成磷酸酯键。但是它不能将两条游离的 DNA 单链连接起来。大肠杆菌的 DNA 连接酶要求 NAD^+ 提供能量，产物是 AMP 和烟酰胺单核苷酸（图 9-20）。

DNA 连接酶在 DNA 复制、修复、重组中均起重要作用。而在高等生物

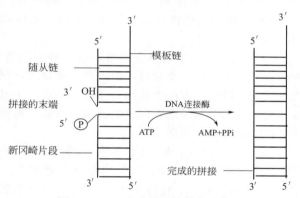

图 9-20　DNA 连接酶的催化反应机理

中，则要求 ATP 提供能量，产物是 AMP 和焦磷酸。大肠杆菌的 DNA 连接酶是分子量为 75000 的多肽链。在哺乳动物细胞中发现至少有两种连接酶，分别称为连接酶Ⅰ和Ⅱ。连接酶Ⅰ的分子量为 200000，连接酶Ⅱ的分子量为 85000。连接酶Ⅰ主要在正在繁殖的细胞中起作用。连接酶Ⅱ则在停止分裂的细胞中起作用。

（4）拓扑异构酶　生物体内 DNA 分子通常处于超螺旋状态，而 DNA 的许多生物功能需要解开双链才能进行。拓扑异构酶就是催化 DNA 的拓扑连环数发生变化的酶，分为拓扑异构酶Ⅰ和拓扑异构酶Ⅱ（也称为旋转酶）。Ⅰ型酶可使双链 DNA 分子中的一条链发生断裂和再连接，反应不需要提供能量，它们主要集中在活性转录区，与转录有关。Ⅱ型酶能使 DNA 两条链同时发生断裂和再连接，当它引入负超螺旋时需要由 ATP 提供能量。一个拓扑异构酶Ⅱ的分子 1min 可引入 100 个负超螺旋。它们主要分布在染色质骨架蛋白和核基质部位，与复制有关。拓扑异构酶Ⅰ可减少负超螺旋，拓扑异构酶Ⅱ可引入负超螺旋，它们协同作用控制着 DNA 的拓扑结构。拓扑异构酶在重组、修复和 DNA 的其他转变方面起着重要的作用。

（5）解螺旋酶　解螺旋酶能通过水解 ATP 将 DNA 的两条链打开。ATP 水解活力要有单链 DNA 存在。大肠杆菌中的 rep 蛋白（*rep* 基因的产物）就是这样一种酶，由分子量为

65000 的一条多肽链组成，每解开一对碱基需要水解 2 个 ATP 分子。

3. DNA 的复制过程

DNA 的合成是以四种脱氧核糖核苷三磷酸为底物的聚合反应。DNA 合成反应很复杂，除 DNA 聚合酶外，还有 RNA 引物合成酶（即引发酶）、DNA 连接酶、拓扑异构酶、解螺旋酶及多种蛋白质因子，还需要适量的 DNA 为模板、RNA（或 DNA）为引物和镁离子的参与。

（1）复制的起始

① 复制的起始点　DNA 复制开始于染色体上的特定部位，称为起始点，用 oriC 表示。

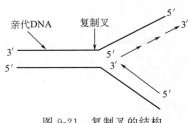

图 9-21　复制叉的结构

在 DNA 的复制原点，双股螺旋解开，成单链状态，分别作为模板，各自合成其互补链。在起点处形成一个"眼"状结构。在"眼"的两端，则出现两个叉子状的生长点，称为复制叉。在复制叉上结合着各种各样与复制有关的酶和辅助因子，如 DNA 解旋酶、引发体和 DNA 聚合酶，它们在 DNA 链上构成与核糖体相似大小的复合体，称为复制体（图 9-21）。

在原核生物只有一个起始点，例如大肠杆菌染色体是一个含有 $4×10^6$ 碱基对的 DNA 分子，其中有一段 250 个核苷酸的片段为复制起始点 oriC。真核生物的染色体有几个复制起始点，酵母基因组与真核生物基因组相同，具有多个复制起始点。

② 复制的方向　复制的方向可以有三种不同的机制：一是从两个起始点开始，各以相反的单一方向生长出一条新链，形成两个复制叉，例如腺病病毒 DNA 的复制；二是从一个起始点开始，以同一方向生长出两条链，形成一个复制叉，例如质粒 ColE1；三是从一个起始点开始，沿两个相反的方向各生长出两条链，形成两个复制叉，这种方式最为常见，也是最重要的双向复制（如图 9-22）。

③ RNA 引物的合成　DNA 聚合酶都需要一个具 3′-OH 的引物，才能将合成原料 dNTP 一个一个接上去，RNA 引物酶具有此能力。引物合成酶亦称引发酶，此酶以 DNA 为模板合成一段 RNA，这段 RNA 作为合成 DNA 的引物。

（2）复制的延长　DNA 双螺旋的两股链是反向平行的，新合成的两股子链，一股的方向为 5′→3′，另一股为 3′→5′，但所有的 DNA 聚合酶都只能催化 5′→3′方向合成。

这个问题直到 1968 年冈崎（Okazaki）发现大肠杆菌 DNA 复制过程中出现一些含 1000～2000 个核苷酸的片段，这种小片段被称为冈崎片段，合成终止时，这些片段由 DNA 连接酶连接成完整的新链。因此，复制时亲代 DNA 中那股 3′→5′方向的母链为模板，指导新链以 5′→3′方向连续合成，此链称为前导链。在前导链延长 1000～2000 个核苷酸后，另一母链也作为模板指导新链也是沿 5′→3′合成 1000～2000 个核苷酸的小片段，这就是冈崎片段。在 DNA 聚合酶Ⅲ的作用下，新合成的 DNA 链不断延长，可以有许多个冈崎片段，这条链称为随从链。随从链为不连续复制，所以 DNA 为半不连续复制。在延长过程中，由于拓扑异构酶的作用，避免了在复制叉前方的 DNA 打结（图 9-23）。

（3）复制的终止　在 DNA 延长阶段结束后，原核生物的 RNA 引物被 DNA 聚合酶Ⅰ切除，留下的空隙，由 DNA 聚合酶Ⅰ进行补满，即从另一冈崎片段的 3′-OH 按 5′→3′根据碱基配对原则，将一个个的 dNTP 补上去。最后的缺口再由 DNA 连接酶将相邻的两个核苷酸借磷酸二酯键连起来，即成完整的一条新链，DNA 的复制即告完成。

4. RNA 指导的 DNA 合成

以 RNA 为模板，按照 RNA 中的核苷酸顺序合成 DNA，这与通常转录过程中遗传信息

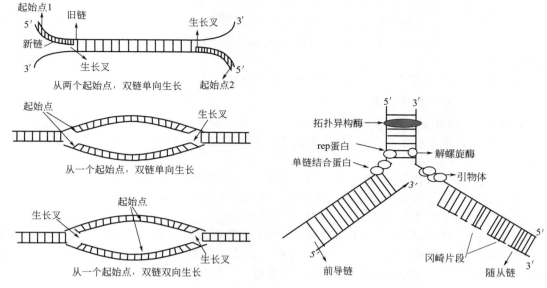

图 9-22　DNA 复制的方向　　　　　　　图 9-23　DNA 的半不连续复制

从 DNA 到 RNA 的方向相反，称为逆转录。在 20 世纪 60 年代 Temin 根据有关的实验结果提出，由 RNA 肿瘤病毒逆向转录为 DNA 前病毒，然后由 DNA 前病毒再转录为 RNA 肿瘤病毒的设想，但当时未得到重视。直至 1970 年，Temin 和 Baltimore 各自在鸟类劳氏肉瘤病毒和小鼠白血病病毒等 RNA 肿瘤病毒中找到了逆转录酶，证明了逆向转录过程。这种酶以 RNA 为模板，在有 4 种 dNTP 存在及合适条件下，按碱基互补配对的原则合成互补 DNA（cDNA）。这种酶也称 RNA 依赖的 DNA 聚合酶。由于 RNA 肿瘤病毒含有这种逆转录酶，所以也称为逆转录病毒。逆转录酶是一种多功能酶，它除了具有以 RNA 为模板的 DNA 聚合酶和以 DNA 为模板的 DNA 聚合酶活性外还兼有 RNaseH、DNA 内切酶、DNA 拓扑异构酶、DNA 解链酶和 tRNA 结合的活性。这一发现丰富了分子遗传中心法则的内容。Temin 和 Baltimore 也因此获得诺贝尔奖。几乎所有真核生物的 mRNA 分子的 3′末端都有一段多聚腺苷酸。当加入寡聚 dT 作引物时，mRNA 就可以成为逆转录酶的模板，在体外合成与其互补 cDNA。这种方法已成为生物技术和分子生物学研究中最常见的方法之一。

四、DNA 的损伤与修复

动物一生中，从受精卵细胞到个体死亡，这些遗传密码要经过千万次的复制。在物种进化的长河中，DNA 复制的次数更是难以计数，而且生物体内外环境都存在着使 DNA 损伤的因素。可见，除 DNA 复制的高度真实性外，还要求某种修复 DNA 损伤的机制。DNA 的核苷酸序列永久改变称为突变。若发生的突变有利于生物的生存则保留下来，这就是进化；若不适应自然选择则被淘汰。生物的变异是绝对的，修复是相对的。

1. DNA 损伤的类型

（1）点突变　点突变是 DNA 分子上一个碱基的变异，最常见的突变形式是碱基对的置换。嘌呤碱之间或嘧啶碱之间的置换称为转换，如发生在启动子或剪接信号部位可以影响整个基因的功能；有的可以改变蛋白质的功能，如引起镰状红细胞贫血；有的则为中性变化，即编码氨基酸虽变化，但功能不受影响；有的甚至是静止突变，碱基虽变但编码氨基酸种类不变。

（2）缺失　缺失是一个碱基或一段核苷酸链乃至整个基因，从 DNA 大分子上丢失。如有些地中海贫血、生长激素基因缺失，再如 Lesch-Nyhan 综合征是 HGPRT 基因缺失。

（3）插入 插入是一个原来没有的碱基或一段原来没有的核苷酸序列插入到 DNA 大分子中去，或有些芳香族分子如吖啶嵌入 DNA 双螺旋碱基对中，可以引起移码突变，影响三联体密码的阅读方式。

（4）倒位 DNA 链内部重组，使其一段方向颠倒。

2. 造成 DNA 损伤的因素

造成 DNA 损伤的因素有生物体内自发的，亦有外界物理和化学等因素诱发突变。

（1）自发的因素 由于 DNA 分子受到周围环境溶剂分子的随机热碰撞，可以发生以下作用：

① 自发脱碱基：由于 N-糖苷键的自发断裂，引起嘌呤或嘧啶碱基的脱落。

② 自发脱氨基：C 自发脱氨基可生成 U，A 自发脱氨基可生成 I。

③ 复制错配：由于复制时碱基配对错误引起的损伤。

人体细胞中 DNA 每天每个细胞要脱落 5000 个嘌呤碱，每天每个细胞也有 100 个胞嘧啶自发脱氨而成尿嘧啶。自发突变的概率很低。据估计在 DNA 的合成中，大约每 10^9 个碱基对发生一次突变。逆转录酶合成的 DNA 保真度差，错配碱基的出现率要比真核生物或大肠杆菌的高 1～3 个数量级，各种 RNA 肿瘤病毒具有很高的自发突变频率。

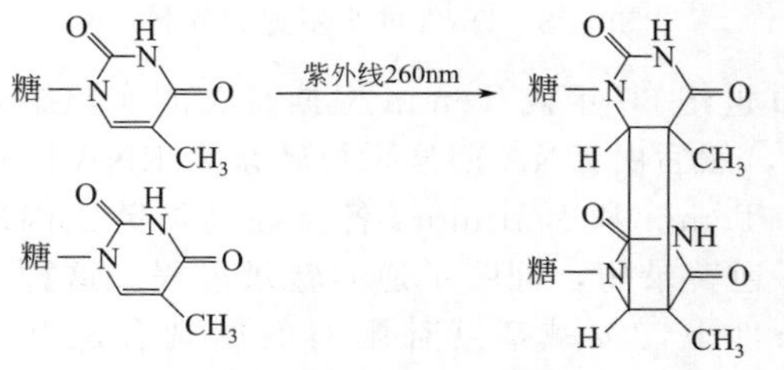

图 9-24 胸腺嘧啶二聚体的形成

（2）物理因素

① 射线：X 射线可以在 DNA 链上形成缺口。由于嘌呤环与嘧啶环都含有共轭双键，能吸收紫外线而引起损伤。紫外线可以使 DNA 分子中同一条链两相邻胸腺嘧啶碱基之间以共价键联结成二聚体（TT）（图 9-24）。其他嘧啶碱基之间也能形成类似的二聚体（CT、CC），但数量较少。嘧啶二聚体的形成，影响了 DNA 的双螺旋结构，使其复制和转录功能均受到阻碍。

② 电离辐射损伤：如 X 射线和 γ 射线可以直接对 DNA 辐射能量，或 DNA 周围的溶剂分子吸收了辐射能，再对 DNA 产生损伤作用。如碱基的破坏、单链的断裂、双链的断裂、分子间的交联、碱基脱落或核糖的破坏等。

（3）化学因素 5-FU、6-MP 等碱基类似物可掺入到 DNA 分子中引起损伤或突变；过氧化物、含巯基化合物等断链剂可引起 DNA 链的断裂；脱氨剂和烷基化试剂等可以诱发突变。如亚硝酸与亚硝酸盐为强脱氨剂，可加速脱氨基使腺嘌呤转变为次黄嘌呤，鸟嘌呤转变为黄嘌呤，胞嘧啶转变为尿嘧啶，而导致碱基错误配对。烷基化试剂可提供甲基或其他烷基，引起碱基或磷酸基的烷基化，甚至可引起邻近碱基的交联，如硫酸二甲酯（DMS）可使鸟嘌呤的 N7 位氮原子甲基化，成为季铵基团，减弱 N9 位上的 N-糖苷键，使脱氧核糖苷键不稳定，丢失嘌呤碱或引起 DNA 的链断裂。还有苯并芘，在体内代谢后生成四羟苯并芘，与嘌呤共价结合引起损伤等。

3. 修复机制

目前已经知道有四种修复系统：光修复，切除修复，重组修复和诱导修复。后三种机制不需要光照，因此又称为暗修复。

（1）光修复机制 早在 1949 年已发现光修复现象。光修复的机制是可见光（最有效波长为 400nm 左右）激活了光复活酶，它能分解由于紫外线照射而形成的嘧啶二聚体（图 9-25）。光修复作用是一种高度专一的修复方式，它只作用于紫外线引起的 DNA 嘧啶二聚体。光复活酶在生物界分布很广，从低等单细胞生物一直到鸟类都有，而高等的哺乳类却没有。这说明在生物进化过程中该作用逐渐被暗修复系统所取代，并丢失了这个酶。

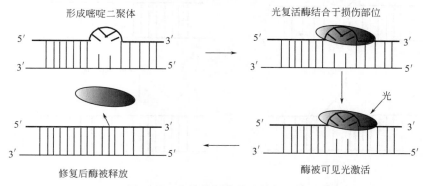

图 9-25　紫外线损伤的光修复过程

（2）切除修复　切除修复是在一系列酶的作用下，将 DNA 分子中受损伤部分切除掉，并以完整的那一条链为模板，合成出切去的部分，然后使 DNA 恢复正常结构的过程。它对多种损伤均起修复作用，包括 UV 引起的嘧啶二聚体、嘧啶/环丁烷二聚体、几个其他类型的碱基加合物、DNA 暴露于香烟的烟尘中形成的苯并芘尿嘧啶。参与切除修复的酶主要有特异的核酸内切酶、外切酶、聚合酶和连接酶。该修复途径对所有生物的生存是关键的。AP 核酸内切酶可识别 DNA 双螺旋中因丢失碱基而产生的无嘌呤和无嘧啶的位点。在大肠杆菌 *E.coli* 中，有一种 UV 特异的切割酶，能识别 UV 照过产生的二聚体部位，并在远离损伤部位 5′ 端 8 个核苷酸处及 3′ 端 4 个核苷酸处各作一切口，像外科手术"扩创"一样，将含损伤的一段 DNA 切掉，DNA 聚合酶Ⅰ进入此缝隙，从 3′-OH 开始，按碱基配对原则以另一条完好链为模板进行修复，最后由 DNA 连接酶将新合成的 DNA 片段与原来 DNA 链连接而封口（图 9-26）。

真核细胞切割核酸酶的作用和机制，是与细菌的酶完全类似的方式对嘧啶二聚体切割。切除修复是人体细胞的重要修复形式，有些遗传性疾病如着色性干皮病，是常染色体隐性遗传性疾病。纯合子患者的皮肤对阳光或紫外线极度敏感，皮肤变干、真皮萎缩、角化、眼睑结疤、角膜溃疡，易患皮肤癌，是由于缺乏 UV 特异内切核酸酶造成的。

（3）重组修复　遗传信息有缺损的子代 DNA 分子可通过遗传重组而加以弥补，即从完整的母链上将相应核苷酸序列片段移至子链缺口处，然后用再合成的序列来补上母链的空缺，此过程称为重组修复，因为发生在复制之后，又称为复制后修复。参与重组修复的酶系统包括与重组有关的主要酶类以及修复合成的酶类。重组基因 *rec A* 编码的蛋白质，具有交换 DNA 链的活力。rec A 蛋白被认为在 DNA 重组和重组修复中均起着关键的作用。*rec B* 和 *rec C* 基因分别编码核酸外切酶Ⅱ的两个亚基，该酶亦为重组和重组修复所必需。修复合成时需要 DNA 聚合酶和连接酶。

（4）诱导修复　许多能造成 DNA 损伤或抑制复制的处理均能引起一系列复杂的诱导效应，称为应急反应（SOS）。SOS 包括诱导出现的 DNA 损伤修复效应、诱变效应、细胞分裂的抑制以及溶源性细菌释放噬菌体等。

五、重组 DNA 技术

DNA 重组是指在两个 DNA 分子之间，或一个 DNA 分子的两个不同部位之间通过链断裂和片段的交换重接，改变了基因的组合序列。这种交换可发生于同一细胞内或细胞间，甚至不同物种的 DNA。DNA 重组现象广泛存在于真核细胞、原核细胞乃至病毒和质粒。

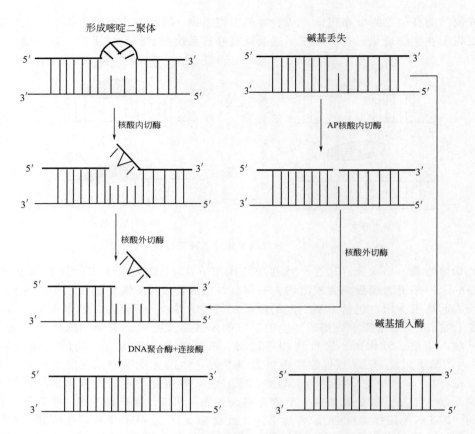

图 9-26　DNA 损伤的切除与修复过程

DNA 重组技术是 20 世纪 70 年代由 Stanford 大学 Boyer、Cohen 和 Berg 等科学家建立的一种革命性的技术方法，它是在实验室内用人工方法将不同来源，包括不同种属生物的 DNA 片段，拼接成一个重组 DNA 分子，将其引入活细胞内，使其大量复制或表达。由于它可以把一个生物体中携带的某一特定的遗传信息（基因），通过一定的方法转移到另一生物体中，使之获得前者的遗传特征，创造新的遗传组合，所以又称为基因工程，若从遗传角度也可称为遗传工程。基因工程可分为三个过程：

1. 重组 DNA 分子的构建

（1）目的基因的获得

① 载体 DNA 和所需要的外源目的基因在体外提取：细胞中 DNA 并非以游离态分子存在，而是和 RNA 及蛋白质结合在一起形成复合体。DNA 纯化的基本步骤是：a. 从破坏的细胞壁和细胞膜里释放出可溶性的 DNA；b. 通过变性或蛋白质分解，使 DNA 和蛋白质的复合体解离；c. 将 DNA 从其他大分子中分离出来；d. DNA 浓度和纯度的光学测定。

② mRNA 在逆转录酶催化下合成单股互补 cDNA：若将某种细胞中所有 mRNA 都抽提出来，并制备成各自相应的 cDNA，包含某特定细胞的全部 cDNA 克隆即为 cDNA 文库。建立的文库包括了这种细胞所有表达的基因的序列，cDNA 文库中所含 cDNA 的情况也因不同组织细胞和不同发育阶段及不同生理状态而不同。

③ 人工合成的 DNA 片段：以已有 DNA 为模板，通过 PCR 扩增出所需片段。可以 mRNA 为模板，采用逆转录酶 PCR 进行扩增，得到所需要的 cDNA。

（2）载体　外源 DNA 片段（目的基因）要进入受体细胞，必须有一个适当的运载工具将其带入细胞内，并载着外源 DNA 一起进行复制与表达，这种运载工具称为载体。质粒可作载体，在真核细胞中生活及表达，是细菌染色体外小的双链闭环的 DNA 分子，能自主复制，并含有耐药性基因。pBR322 是一种最常用、最基础的质粒。λ 噬菌体也可作为载体。

（3）工具酶 限制性内切酶、DNA 连接酶、末端脱氧核苷酸转移酶、逆转录酶、S_1 核酸酶（切单链 DNA 或 RNA）、碱性磷酸酶等均属工具酶。限制性内切酶识别回文或双重对称结构序列并切开。一种切开后成黏性末端，一种切开后成平头末端。

2. 引入宿主细胞

任何外源 DNA 重组到载体上，然后转入受体细胞中复制繁殖，这一过程称为 DNA 的克隆，也称为转化。宿主细胞为原核细胞、动物细胞。最常用的原核细胞是大肠杆菌。要选择合适的菌株，宿主细胞先经氯化钙处理，以改变细胞膜的通透性，使重组 DNA 分子容易进入。另外可用微注射的方法，将外源 DNA 分子直接注射入细胞内或核内。近年发展一种转基因小鼠方法，即将重组 DNA 分子注射于单细胞受精卵的原核内，然后再将其植入一假妊娠母鼠的子宫内，生下的小鼠在全身各组织细胞的基因组 DNA 中都含有这种外源 DNA，可以研究在整体条件下外源 DNA 的功能。

3. 筛选

挑选含有重组 DNA 分子的细胞，使之克隆化并加以鉴定，可大量扩增或表达。由于细胞转化的频率较低，所以从大量宿主细胞中筛选出带有重组体的细胞并不是很容易。染色体 DNA 基因重组过程见图 9-27。

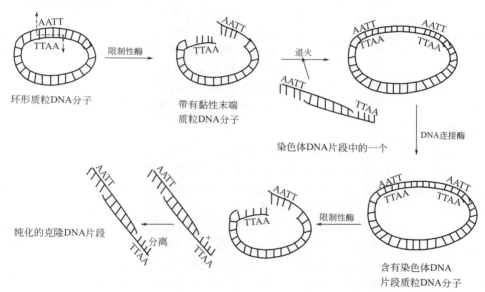

图 9-27 染色体 DNA 基因重组过程

六、聚合酶链反应

聚合酶链反应（PCR）是一种在体外快速扩增特定基因或 DNA 序列的方法，故又称为基因的体外扩增法。由美国 Cetus 公司人类遗传研究室的科学家 K. B. Mullis 于 1983 年发明的一种新的分子生物学技术。它能在实验室的试管内，将极微量的所要研究的一个目的基因或某一 DNA 片段，在数小时内扩增成百万倍乃至千万倍，从而获得足够数量的精确的

15

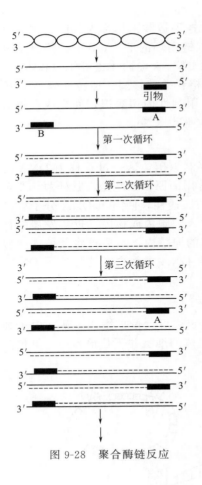

5'⌒⌒⌒⌒⌒⌒⌒3'
3'　　　　　　　5'

↓

5'————————————3'
3'————————————5'

↓

5'————————————3'
3'————————————5' 引物 A

5'————————————3'
B 3'————————————5'

↓ 第一次循环

5'————————————3'
3'‑‑‑‑‑‑‑‑‑‑‑‑‑5'
5'‑‑‑‑‑‑‑‑‑‑‑‑‑3'
3'————————————5'

↓ 第二次循环

↓ 第三次循环

A

图 9-28　聚合酶链反应

DNA 拷贝，肉眼能够直接观察和判断该基因或 DNA 片段的存在。若配合适当的限制性内切酶，可以直接分析该基因的结构。PCR 技术操作简单，容易掌握，结果也较为可靠，为基因的分析与研究提供了一种强有力的手段，对整个生命科学的研究与发展都有着深远的影响。现在，PCR 技术不仅可以用来扩增与分离目的基因，而且在农业上辅助育种、临床上医疗诊断、基因突变与检测以及法医鉴定等诸多领域都有着重要的意义。PCR 技术的原理与细胞内发生的 DNA 复制过程十分类似，是在体外由 3 个基本步骤组成的循环反应（图 9-28）。

1. 变性

将所要扩增的基因片段加热，双链 DNA 分子在高温下加热时分离成两条单链 DNA 分子，然后 DNA 聚合酶以单链 DNA 为模板并利用反应混合物中的 4 种脱氧核苷三磷酸（dNTPs）合成新生的 DNA 互补链。

2. 退火

当 PCR 反应体系中存在分别与两条链互补的对应引物时，两条单链 DNA 都可作为模板合成新生互补链，并且每一条新生链的合成都是从引物的退火结合位点开始，并沿着相反链延伸，这样在每一条新合成的 DNA 链上都具有新的引物结合位点。当温度下降时，引物与所要扩增的基因两侧的 DNA 结合。化学合成一对与两侧 DNA 碱基序列互补的寡核苷酸作为引物，长度一般为 20~30 核苷酸，与所要扩增基因两侧的 DNA 相结合。

3. 延伸

在合适的缓冲液、Mg^{2+} 及 4 种 dNTPs 存在下，72℃时耐热性 *Taq* DNA 聚合酶能忠实地按模板（待扩增基因）碱基序列迅速合成互补链，即从引物 3'-OH 进行延伸，合成的方向为 5'→3'，从而合成 2 分子与原来结构相同的基因片段。然后反应混合物经再次加热使新、旧两条链分开，并加入下轮的反应循环。可见，PCR 反应涉及多次重复进行的温度循环周期，而每一个温度循环周期均是由高温变性、低温退火及适温延伸 3 个步骤组成。3 个基本步骤重复循环，每循环一次约需 2min，DNA 分子数即按 2^n 指数倍增，若循环次数 $n=25$，可倍增百万倍。PCR 技术具有指导特定的微量 DNA 序列得以迅速大量扩增的特点，这就意味着分子生物学分析可应用于只含有痕量 DNA 的样品，只要一根毛发、一个精子、一滴血的 DNA，即使经甲醛固定，石蜡包埋的组织，甚至被冷冻数万年的组织，都可用于基因结构的分析。这对于法医学具有特别的应用价值。PCR 产物进行凝胶电泳，电泳后经溴化乙锭染色，借紫外灯观察结果。并需进一步对 PCR 产物进行特异性的分析。逆转录酶 PCR 是以 mRNA 为模板经逆转录酶催化生成 cDNA 及扩增 cDNA 的方法。逆转录酶 PCR 对于从稀少 mRNA 样品构建大容量的 cDNA 文库是极为灵敏和通用的方法。

　　近年来在 PCR 技术的基础上，人们已经建立了若干种分离与克隆发育基因的新方法。如 P. Liang 和 A. Pardee（1992）首次提出并运用 mRNA 差别显示技术来进行基因的分离。现在又发展出代表性差别分析和抑制性减法杂交等一些更新的方法，推动了现代的核酸研究进入以功能研究为主的后基因组时代。

基因工程是现代生物科学的一个巨大成就，引起人们的极大重视，在工农业生产、医学领域的应用上有着广阔的前景。1977 年美国科学家成功地将合成生长素释放抑制因子的基因移殖到大肠杆菌中，使细菌合成这种激素。1978 年已将人工合成的胰岛素基因转移到大肠杆菌中，从而制造出人的胰岛素，这就可以改变医用胰岛素从家畜胰脏提取的产量少、价格贵的状况。1980 年，美国、比利时、瑞士已成功地用基因工程方法生产出干扰素。干扰素不仅可以治疗一些病毒性疾病，而且还有抑制细胞增殖及调节免疫的作用，因而具有抗癌作用。干扰素对损伤 DNA 的修复也有重要作用。从白细胞中提取干扰素数量极微，成本高，用基因工程可生产廉价的干扰素。目前，利用基因工程方法生产并投放市场的多肽、蛋白质类药物除了胰岛素、干扰素之外，还有生长激素释放抑制因子、人生长激素、猪（牛或鸡）的生长激素、促红细胞生长激素、松弛素等。已成功的或正在研制的基因工程疫苗有乙型肝炎病毒、口蹄疫病毒、疱疹病毒、狂犬病毒和小儿麻痹病毒等疫苗。此外基因工程还可用于制备各种人血浆蛋白，提高酶制剂、氨基酸和抗生素的产量。在农业上科学家们踊跃探索利用基因工程培育新品种。许多国家开展利用基因重组技术，把根瘤菌的固氮基因转移到水稻等植物中，培育不需高氮肥的作物新品种的研究。1981 年，美国威斯康星大学的 Holl 等人把菜豆的基因转移到向日葵细胞中，培育出新的"向日葵豆"。日本农林水产食品综合研究所还从大豆中分离出产生大豆蛋白的基因，并把它转移到大肠杆菌中，该大肠杆菌成功地生产出微量的大豆蛋白。德国的 Schell 把某种蛋白质的基因引入烟草中，得到能制造蛋白质的烟草，而且这种性状能够遗传给后代。这些成果证明用基因工程改良植物品种是可能的。这些事实都展现出基因工程应用于作物育种及解决粮食问题的前景。有人把大鼠的生长素基因转移到小鼠的受精卵细胞内，出生后发育成新型小鼠，其生长速度比原来的小鼠快 50%，体重也比对照的重得多，因此把这种新型小鼠称为超级小鼠。总之，基因工程的研究成果将变成巨大的生产力，解决许多生物学中的重大问题。

七、RNA 的生物合成

1. DNA 指导下 RNA 的合成

　　以 DNA 的一条链为模板，在 RNA 聚合酶催化下，以四种核糖核苷磷酸为底物，按照碱基配对原则，形成 $3',5'$-磷酸二酯键，合成一条与 DNA 链的一定区段互补的 RNA 链的过程称为转录。转录过程以基因组 DNA 中编码 RNA（mRNA、tRNA、rRNA 及小 RNA）的区段为模板。把 DNA 分子中能转录出 RNA 的区段，称为结构基因。结构基因的双链中，仅有一股链作为模板转录成 RNA，称为模板链，也称作 Watson（W）链、负（一）链或反意义链。与模板链相对应的互补链，编码区的碱基序列与 mRNA 的密码序列相同（仅 T、U 互换），称为编码链，也称作 Crick（C）链、正（＋）链或有意义链。不同基因的模板链与编码链，在 DNA 分子上并不是固定在某一股链，这种现象称为不对称转录。模板链在相同双链的不同单股时，由于转录方向都从 $5'\rightarrow3'$，表观上转录方向相反。

　　(1) 参与转录的酶　转录酶是依赖 DNA 的 RNA 聚合酶，亦称为 DNA 指导的 RNA 聚合酶，简称为 RNA 聚合酶（RNApol）。原核生物和真核生物的转录酶，均能在模板链的转录起始部位，催化 2 个游离的 NTP 形成磷酸二酯键而引发转录的起始（图 9-29）。转

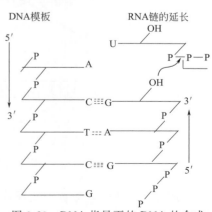

图 9-29　DNA 指导下的 RNA 的合成

录的起始不需引物，需要 Mg^{2+} 参与。

① σ 因子　σ 因子是 RNA 聚合酶识别及结合启动子的亚基，辨认转录起始点，但不能单独与 DNA 模板结合，当它与核心酶结合时，可引起酶构象的改变，从而改变核心酶与 DNA 结合的性质，使全酶对转录起始点的亲和力比其他部位高 4 个数量级。在转录延长阶段，σ 因子与核心酶分离，仅由核心酶参与延长过程。σ 因子实际上被认为是一种转录辅助因子，因而称为 σ 因子。

② 原核生物的 RNA 聚合酶　细菌中只发现一种 RNA 聚合酶，能催化 mRNA、tRNA和 rRNA 等合成。大肠杆菌 RNA 聚合酶的分子质量约 450kDa，这个酶的全酶由 5 种亚基（$\alpha_2\beta\beta'\sigma$）组成，还含有 2 个 Zn^{2+}。σ 亚基与全酶疏松结合，在胞内外均容易从全酶中解离，在 RNA 合成起始之后，σ 亚基便与全酶分离。解离后的部分（$\alpha_2\beta\beta'$）不含 σ 亚基的酶仍有催化活性（图 9-30）。

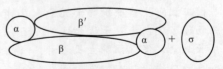

图 9-30　大肠杆菌 RNA 聚合酶

③ 真核生物的 RNA 聚合酶　真核生物的 RNA 聚合酶的性质与大肠杆菌 RNA 聚合酶相似，细胞核内已发现有三种，称为 RNA 聚合酶 Ⅰ、Ⅱ 和 Ⅲ，通常由 4～6 种亚基组成，并含有 Zn^{2+}。RNA 聚合酶 Ⅰ 存在于核仁中，主要催化 rRNA 前体的转录。RNA 聚合酶 Ⅱ 和 Ⅲ 存在于核质中，分别催化 mRNA 前体和小分子量 RNA 的转录。此外线粒体和叶绿体也含有 RNA 聚合酶，其特性类似原核细胞的 RNA 聚合酶。

16

（2）RNA 的转录过程　RNA 转录过程可以分为起始、延伸、终止三个过程（图 9-31）。

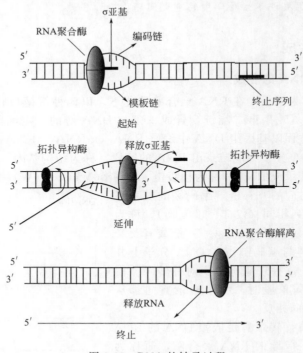

图 9-31　RNA 的转录过程

① 起始　Pribnow 等首先发现转录起始时，在 σ 亚基作用下帮助全酶迅速找到启动子，并与之结合形成较松弛的封闭型启动子复合物。这时酶与 DNA 外部结合，识别部位大约在

启动子的一35位点处。接着是 DNA 构象改变活化，得到开放型的启动子复合物，此时酶与启动子紧密结合，在 10 位点处解开 DNA 双链，识别其中的模板链。由于该部位富含 A-T 碱基对，故有利于 DNA 解链。开放型复合物一旦形成，DNA 就继续解链，酶移动到起始位点。在起始位点的全酶结合第一个核苷三磷酸。第一个核苷三磷酸常是 GTP 或 ATP。形成的启动子、全酶和核苷三磷酸复合物称为三元起始复合物，第一个核苷酸掺入的位置称为转录起始点。这时 σ 亚基被释放脱离核心酶。这一阶段反应所需的辅助因子，在原核生物与真核生物之间有较大的差异。真核生物有三种 RNA 聚合酶，分别催化不同 RNA 的合成，每种酶都需要一些蛋白质辅助因子，称为转录因子（TF）。转录因子的命名冠以聚合酶的名称。如 RNA 聚合酶 Ⅱ 所需的转录因子称为转录因子 Ⅱ（TF Ⅱ）。

② 延伸　从起始到延伸的转变过程，包括 σ 亚基由缔合向解离的转变。DNA 分子和酶分子发生构象的变化，核心酶与 DNA 的结合松弛，沿模板移动，并按模板序列选择下一个核苷酸，将核苷三磷酸加到生长的 RNA 链的 $3'$-OH 端，催化形成磷酸二酯键。转录延伸方向是沿 DNA 模板链的 $3' \rightarrow 5'$ 方向按碱基对原则生成 $5' \rightarrow 3'$ 的 RNA 产物。RNA 链延伸时，RNA 聚合酶继续解开一段 DNA 双链，长度约 17 个碱基对，使模板链暴露出来。新合成的 RNA 链与模板形成 RNA-DNA 的杂交区，当新生的 RNA 链离开模板 DNA 后，两条 DNA 链则重新形成双股螺旋结构。转录延长阶段发生的反应，在原核生物和真核生物比较相近。总的来说，一是聚合酶如何向转录起始点下游移动，继续指导核苷酸之间磷酸二酯键的形成；二是转录区的模板如何形成局部单链区，便于转录。

③ 终止　在 DNA 分子上有终止转录的特殊碱基顺序，称为终止子，它具有使 RNA 聚合酶停止合成 RNA 和释放 RNA 链的作用。原核生物转录的终止有两种主要机制。一种依赖 ρ 因子的转录终止，机制是需要蛋白质 ρ 因子的参与。另一种机制是不依赖 ρ 因子的转录终止，在离体系统中观察到，纯化的 RNA 聚合酶不需要其他蛋白质因子参与，可使转录终止。真核生物转录终止的机制，目前了解尚不多，而且 3 种 RNA 聚合酶的转录终止不完全相同。

ρ 因子是一种分子质量为 46kDa 的蛋白质，以六聚体为活性形式。依赖 ρ 因子的终止位点，未发现有特殊的 DNA 序列，但 ρ 因子能与转录中的 RNA 结合，激活 ρ 因子的 ATP 酶活性，并向 RNA 的 $3'$ 端滑动，滑至 RNA 聚合酶附近时，RNA 聚合酶暂停聚合活性，使 RNA：DNA 杂交链解链，转录的 RNA 释放出来而终止转录。

（3）转录后加工　在转录中新合成的 RNA 往往是较大的前体分子，需要经过进一步的加工修饰，才转变为具有生物学活性的、成熟的 RNA 分子，这一过程称为转录后加工。主要包括剪接、剪切和化学修饰。

① mRNA 的加工　在原核生物中转录、翻译相随进行，多基因的 mRNA 生成后，绝大部分直接作为模板去翻译各个基因所编码的蛋白质，不再需要加工。但真核生物里转录和翻译的时间和空间都不相同，mRNA 的合成是在细胞核内，而蛋白质的翻译是在胞质中进行，而且许多真核生物的基因是不连续的。不连续基因中的插入序列，称为内含子；被内含子隔开的基因序列称为外显子。一个基因的外显子和内含子都转录在一条很大的原初转录本 RNA 分子中，故称为核内不均一 RNA（hnRNA）。它们首先降解为分子较小的 RNA，再经其他修饰转化为 mRNA。真核细胞 mRNA 的加工包括：a. hnRNA 被剪接，除去由内含子转录来的序列，将外显子的转录序列连接起来。b. 在 $3'$ 末端连接上一段有 20～200 个腺苷酸的多聚腺苷酸（polyA）的"尾巴"结构。不同 mRNA 的长度有很大差异。c. 在 $5'$ 末端连接上一个"帽子"结构 $m^7GPPPNMP$（图 9-32）。d. 在内部少数腺苷酸的腺嘌呤 6 位氨基发生甲基化（m^6A）。

② tRNA 的加工　原核生物的 tRNA 基因的转录单元大多数是多基因的。不但相同或

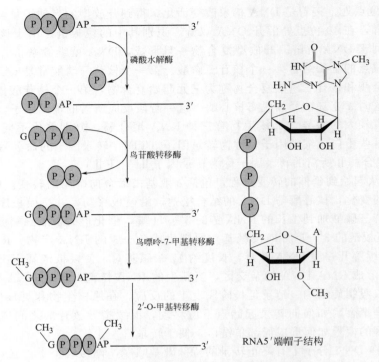

图 9-32　RNA 5′端帽子结构的形成

不同的 tRNA 的几个基因可转录在一条 RNA 中，而且有的 tRNA 还与 rRNA 组成转录单元，因此 tRNA 前体的加工过程包括切除和碱基修饰、剪接，在 3′末端添加 CCA$_{OH}$ 以及核苷酸修饰转化为成熟的 tRNA。tRNA 中含有许多稀有碱基，所有这些碱基均是在转录后由四种常见碱基经修饰酶催化，发生脱氨、甲基化、羟基化等化学修饰而生成的。前 tRNA 的碱基约有 10％需要酶促修饰，修饰有如下类型：a. 前 tRNA3′端的 U 由 CCA 取代；b. 嘌呤碱或核糖 C2′的甲基化；c. 尿苷被还原成双氢尿苷（DH）或核苷内的转位反应，成为假尿嘧啶核苷（Tφ）；d. 某些腺苷酸脱氨成为次黄嘌呤核苷酸（AMP→IMP）（图 9-33）。

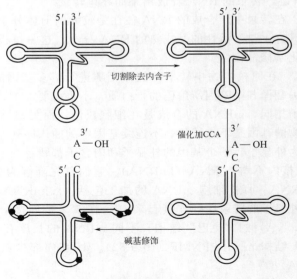

图 9-33　tRNA 的加工过程

③ rRNA 的加工　原核细胞首先生成的是 30S 前体 rRNA，经核糖核酸酶作用，逐步裂解为 16S、23S 和 5S 的 rRNA。真核生物的 rRNA 有 5S、5.8S、18S 和 28S 四种，其中 5.8S、18S 和 28S 是由 RNA 聚合酶 Ⅰ 催化一个转录单位，产生 45S rRNA 前体。rRNA 转录后加工包括前体 rRNA 与蛋白质结合，然后再切割和甲基化。

在研究 rRNA 转录加工的过程中，发现某些真核生物如四膜虫的 26S rRNA 的前体含有 413 核苷酸的内含子，可以在完全没有蛋白质的条件下，自身剪接，能很准确地将 413 核苷酸内含子剪除，而使两个外显子相连接为成熟的 26S RNA。这种具有催化功能的 RNA 称为核酶，意为可切割特异性 RNA 序列的 RNA 分子。

(4) 转录的抑制剂

① 作用于 RNA 聚合酶的转录抑制剂　如利福平或利福霉素能与原核细胞 RNA 聚合酶的 β 亚基非共价结合，阻止 RNA 转录的起始，对真核生物 RNA 聚合酶无作用。该药临床用于治疗结核杆菌引起的疾病。α-鹅膏蕈碱则是真核生物 RNA 聚合酶 Ⅱ 的抑制剂。

② 作用于模板 DNA 的转录抑制剂　如放线菌素 D，能插入至 DNA 双链中两对 dG 与 dC 之间，低浓度时阻止 RNA 链的延长，高浓度时可抑制 RNA 的起始，也抑制 DNA 复制。

2. RNA 指导下 RNA 的合成

对某些大肠杆菌噬菌体是 RNA 病毒，这些 RNA 病毒是以 RNA 作模板复制出病毒 RNA 分子。RNA 复制酶不存在正常大肠杆菌细胞中，感染时由宿主产生。Qβ 噬菌体感染大肠杆菌细胞后，提取 RNA 复制酶可以催化合成 RNA：

$$NTP + \underset{RNA}{(NMP)_n} \xrightarrow{\text{病毒 RNA 模板}} \underset{\text{延长 RNA}}{(NMP)_{n+1}} + PPi$$

Qβ 噬菌体 RNA 的复制可分为两个阶段：

① 当 Qβ 噬菌体侵染大肠杆菌细胞后，其单链 RNA 充当 mRNA，利用宿主细胞中的核糖体合成噬菌体外壳蛋白质和复制酶 β 亚基；

② 当复制酶的 β 亚基和宿主细胞原有的 α、γ、δ 亚基自动装配成 RNA 复制酶以后，就进行 RNA 复制。以侵染的噬菌体 RNA 作模板，通过 RNA 复制酶合成互补的 RNA 链。具有 mRNA 功能的链称为正链，与它互补的链称为负链。在噬菌体特异的复制酶装配好后不久酶就吸附到正链 RNA 的 3′ 末端，以它为模板合成出负链，至合成结束，然后负链从正链模板上释放出来。同一个酶又吸附到负链 RNA 的 3′ 末端，合成出病毒正链 RNA，正链 RNA 与外壳蛋白装配成噬菌体颗粒，所以正链和负链的合成方向都是由 5′→3′。

3. 无模板的 RNA 合成

1955 年发现一种与 RNA 合成有关的酶系，称为多核苷酸磷酸化酶。此酶能使核苷二磷酸的混合物或一种核苷二磷酸聚合成类似 RNA 的聚合物，同时释放磷酸。

$$n NDP \xrightarrow{\text{多核苷酸磷酸化酶}} (NMP)_n + nPi$$

此反应不需要模板，反应产物没有专一的核苷酸序列，只含磷酸二酯键。利用多核苷酸磷酸化酶在实验室可以制备不同的核苷酸序列，利用人工合成的 RNA 可以进一步研究核酸的性质和功能，目前仅在细菌中发现此酶。

（一）核酸分子杂交

指序列互补单链的 RNA 与 DNA、DNA 与 DNA 或 RNA 与 RNA，根据碱基配对原则以氢键相连而形成杂交分子的过程。需要有一合适的探针，一般指一段已知序列的 DNA 或 RNA 或化学合成的寡核苷酸。标记的探针与待测样品的 DNA 或 RNA 杂交，从而判断二者的同源性。若用标记的探针，在组织或细胞水平与细胞内的 RNA 或 DNA 进行杂交，则称为组织或细胞原位杂交。在染色体水平进行原位杂交则可测定某基因在染色体的定位。

1. DNA 印迹

DNA 印迹是由英国科学家 E. Southern 于 1975 年提出的一种检测基因组 DNA 中特异序列的方法，故以作者的姓氏命名，称 Southern 印迹。此方法广泛地应用于分子生物学的研究，可以分析基因的结构、同源性和基因的拷贝数等。本方法基本步骤：将高分子量 DNA 用合适的限制性内切酶酶解成一定的片段，进行琼脂糖凝胶电泳分离；电泳后用碱处理，使凝胶中的 DNA 变性成单股 DNA，转移至硝酸纤维素滤膜或尼龙膜上，并固定之；选择一合适的探针，用放射性核素或非核素标记方法，如生物素、地高辛等标记之，进行分子杂交；滤膜经放射自显影处理后，即可得杂交 DNA 条带的放射自显影图。若用其他非核素标记的探针，可用相关方法使之产生色带或发光带。

2. RNA 印迹

RNA 印迹方法主要是用来检测特异 mRNA 的表达情况及 mRNA 分子的大小，特别是用于研究细胞生长、分化、发育过程中有关基因的表达或组织细胞在病理条件下（如恶性肿瘤）某些基因的表达异常。由于 DNA 印迹方法以作者 Southern（南）命名，故此方法称为 Northern（北）印迹。基本步骤是：先提取完整 RNA；再进行 RNA 变性琼脂糖凝胶电泳，变性条件下可破坏 RNA 的局部双螺旋，使其成线状单链，有利于杂交及分子大小的判断；其他步骤的原理与 Southern 印迹相似。

3. 斑点杂交

（1）DNA 和 RNA 斑点杂交　直接将变性 DNA 或 RNA 点样于硝酸纤维素薄膜上，晾干后与放射性核素标记的探针进行杂交及放射自显影，以观察所要研究的基因或 mRNA 是否存在，并可以比较相对量的高低。

（2）菌落和噬菌斑原位斑点杂交　若要从构建基因组克隆文库和 cDNA 克隆文库中筛选出某特异克隆，常用菌落或噬菌体斑原位斑点杂交将一大小相当的硝酸纤维素滤膜放置于生长众多的细菌集落或噬菌体斑的主平板上，使每一集落的细菌或噬菌体斑转移至滤膜的相应位置，然后使细菌裂解，释放出的 DNA 固定于滤膜，则可与放射性核素标记的探针杂交及放射自显影，根据杂交斑点的出现，可以确定所要筛选的克隆。

（二）蛋白质印迹

与 RNA 印迹称为 Northern 印迹的习惯相似，此法也称为 Western（西）印迹。本方法利用特异抗体来鉴定相应的蛋白质。基本原理如下：将待分析的样本进行 SDS-聚丙烯酰胺凝胶电泳分离，电泳后将凝胶中的蛋白质转移至硝酸纤维素滤膜上，然后与所要研究的蛋白质的抗体（一级）进行特异免疫结合反应；再利用 ^{125}I 标记的抗一级抗体的二级抗体反应，再经放射自显影术，可根据放射性的强弱来估计该蛋白质含量的多少。若与已知分子量的标准蛋白质位置比较，可推知该蛋白质的分子量。也可以利用其他二级抗体，如生物素标记的二级抗体，然后再与结合辣根过氧化酶的抗生物素蛋白质反应，在底物过氧化氢的存在下，该蛋白质部位出现紫色的产物条带。

─────── 小　结 ───────

1. 核酸通过核酸酶降解成核苷酸，核苷酸在核苷酸酶的作用下可进一步降解为碱基、戊糖和磷酸。戊糖参与糖代谢，嘌呤碱经脱氨、氧化生成尿酸，尿酸是人类和灵长类动物嘌呤代谢的终产物。其他哺乳动物可将尿酸进一步氧化生成尿囊酸。植物体内嘌呤代谢途径与动物相似，但产生的尿囊酸不是被排出体外，而是经运输并贮藏起来，被重新利用。嘧啶的降解过程比较复杂。胞嘧啶脱氨后转变成尿嘧啶，尿嘧啶和胸腺嘧啶经还原、水解、脱氨、脱羧分别产生 β-丙氨酸和 β-氨基异丁酸，两者经脱氨后转变成相应的酮酸，进入 TCA 循环进行分解和转化。β-丙氨酸还参与辅酶 A 的合成。

2. 生物能利用一些简单的前体物质从头合成嘌呤核苷酸和嘧啶核苷酸。嘌呤核苷酸的合成起始于 5-磷酸核糖经磷酸化产生的 5-磷酸核糖焦磷酸（PRPP）。合成原料是二氧化碳、甲酸盐、甘氨酸、天冬氨酸和谷氨酰胺。首先合成次黄嘌呤核苷酸，再转变成腺嘌呤核苷酸和鸟嘌呤核苷酸。嘧啶核苷酸的合成原料是二氧化碳、氨、天冬氨酸和 PRPP，首先合成尿苷酸，再转变成 UDP、UTP 和 CTP。在核苷二磷酸水平上，核糖核苷二磷酸（NDP）可转变成相应的脱氧核糖核苷二磷酸。脱氧胸苷酸（dTMP）是由脱氧尿苷酸（dUMP）经甲基化生成的。

3. 在 DNA 复制时，亲代 DNA 的双螺旋解旋和分开，然后以每条链为模板，按照碱基配对原则各形成一条互补链，这样从亲代 DNA 的分子可以精确地复制成 2 个子代 DNA 分子，每个子代 DNA 分子中，有一条链是从亲代 DNA 来的，另一条则是新形成的，这叫做半保留复制。催化这个反应的酶有 DNA 聚合酶、RNA 引物合成酶（即引发酶）、DNA 连接酶、拓扑异构酶、解螺旋酶等及多种蛋白质因子。复制从特定位点开始，可以单向或双向进行，但是以双向复制为主。由于 DNA 双链的合成延伸均为 $5' \rightarrow 3'$ 的方向，因此复制是以半不连续的方式进行，即其中一条链相对地连续合成，称为前导链；另一条链的合成是不连续的，称为随从链。DNA 复制包括双链的解开、RNA 引物的合成、DNA 链的延长、切除RNA 引物、填补缺口、连接相邻的 DNA 片段。

4. DNA 的碱基顺序发生突然而永久性地变化，从而影响 DNA 的复制，并使 DNA 的转录和翻译也跟着改变，表现出异常的遗传特征。DNA 的突变有置换、插入、缺失等形式，置换和插入的变化是可逆的，缺失则是不可逆的。某些物理化学因素，如紫外线、电离辐射和化学诱变剂等能造成 DNA 结构和功能的破坏，引起生物突变和致死。细胞内具有一系列起修复作用的酶系统，可以除去 DNA 上的损伤，恢复 DNA 的正常双螺旋结构，目前已经知道有光修复、切除修复、重组修复和诱导修复系统。

5. 在逆转录酶作用下，以 RNA 为模板，按照 RNA 中的核苷酸顺序合成 DNA，这与通常转录过程中遗传信息流从 DNA 到 RNA 的方向相反，故称为逆向转录。逆转录酶需要以 RNA（或 DNA）为模板，以四种 dNTP 为原料，要求短链 RNA（或 DNA）作为引物，此外还需要适当浓度的二价阳离子 Mg^{2+} 和 Mn^{2+}，沿 $5' \rightarrow 3'$ 方向合成 DNA，形成 RNA-DNA 杂交分子（或 DNA 双链分子）。

6. 以 DNA 的一条链为模板，在 RNA 聚合酶催化下，以四种核糖核苷磷酸为底物，按照碱基配对原则，形成 $3',5'$-磷酸二酯键，合成一条与 DNA 链的一定区段互补的 RNA 链的过程称为转录。RNA 的转录起始于 DNA 模板的一个特定位点，并在另一位点处终止。在生物体内，DNA 的二条链中仅有一条链可作为转录的模板，这称为转录的不对称性。用作模板的链称为反义链，另一条链称为有义链。因为有义链的脱氧核苷酸序列正好与转录出的 RNA 的核苷酸序列相同（只是 T 与 U 的区别），所以也称编码链。但各个基因的有义链不一定位于同一条 DNA 链。RNA 的合成沿 $5' \rightarrow 3'$ 方向进行（DNA 模板链方向为 $3' \rightarrow 5'$）。在真核生物细胞里，转录是在细胞核内进行的。合成的 RNA 包括 mRNA、rRNA 和 tRNA 的前体。rRNA 的合成发生在核仁内，而合成 mRNA 和 tRNA 的酶则定位在核质中。另外叶绿体和线粒体也进行转录。原核细胞中转录酶类存在于细胞液中。经转录生成的 RNA 有多种，主要的是 rRNA、tRNA、mRNA、snRNA 和 hnRNA。

7. 在转录中新合成的 RNA 往往是较大的前体分子，需要经过进一步的加工修饰，才转变为具有生物学活性的、成熟的 RNA 分子，这一过程称为转录后加工。主要包括剪接、剪切和化学修饰。

习　题

1. 比较不同生物体分解嘌呤的最终代谢产物。

2. 嘌呤核苷酸分子中各原子的来源及合成特点怎样？嘧啶核苷酸分子中各原子的来源及合成特点怎样？

3. 用两组人做一试验，一组人主要以肉食为饮食，另一组人主要以米饭为饮食。哪一组人易得痛风症？为什么？

4. 简述 DNA 复制的过程。

5. 紫外线照射后暴露于可见光中的细胞，其复活率为什么比紫外线照射后置于黑暗中高？

6. 在组织培养一种哺乳动物细胞中，每个细胞含有 1.2m 长的复制型 DNA。这个细胞每 5h 分裂一次。如果每个复制叉中复制型 DNA 的生长速度 $16\mu m/min$，问染色体的复制过程中，必须有多少个复制叉同时进行？

7. 简述 RNA 转录的过程。

8. 简述聚合酶链反应（PCR）原理。

第10章 物质代谢的联系与调节

本章提示：

　　本章主要将有关代谢和调节的内容作总结性的叙述。可以认识到各章的内容相互有机地联系，以阐明生命现象。学习时，复习有关代谢内容以便理解。重点了解代谢调节机制。

　　生命现象是生物体内发生的极其复杂的生物化学过程的综合结果。生命存在的三大要素是物质代谢、能量代谢与代谢调节。机体代谢之所以能够顺利进行，生命之所以能够延续，并能适应千变万化的体内、外环境，除了具备完整的糖、脂类、蛋白质与氨基酸以及核苷酸与核酸代谢和能量代谢以外，机体还存在着复杂完整的代谢调节网络。

第1节　物质代谢的联系

　　生物体内各类物质（糖、脂类和蛋白质等）之间可以相互转化、相互影响形成一个完整的过程，如果脱离开任何一种物质代谢来谈代谢是不能成立的。当糖代谢失调时会立即影响到蛋白质代谢和脂类代谢。当食物中的脂肪不足时，则蛋白质与糖的分解加强。

一、糖代谢与脂类代谢的相互联系

　　糖类和脂类都是以碳氢元素为主的化合物，它们在代谢关系上十分密切。它们之间可以转化。实验证明，在糖供给充足时，糖可大量转变为脂肪储存起来，导致发胖，如果用含糖类很多的饲料喂养家畜，就可以获得肥畜的效果；北京填鸭是用含糖较多的谷类食物饲喂，使鸭变肥；另外许多微生物可在含糖的培养基中生长，在细胞内合成各种脂类物质，如某些酵母合成的脂肪可达干重的40％。油料作物种子萌发时可以利用储存的大量脂肪并转化为糖类。

　　糖经酵解产生的磷酸二羟丙酮可以还原为甘油；磷酸二羟丙酮也能通过糖酵解途径形成丙酮酸，丙酮酸氧化脱羧后转变成乙酰辅酶 A，乙酰辅酶 A 可用来合成脂肪酸，最后由甘油和脂肪酸合成脂肪。

　　脂肪分解成甘油和脂肪酸，然后两者分别按不同途径向糖转化。甘油经磷酸化生成 α-磷酸甘油，再转变为磷酸二羟丙酮，后者经糖异生作用转化成糖。脂肪酸经 β-氧化作用，生成乙酰辅酶 A。在植物或微生物体内形成的乙酰辅酶 A 经乙醛酸循环生成琥珀酸，琥珀酸再经三羧酸循环形成草酰乙酸，草酰乙酸可脱羧形成丙酮酸，然后通过糖异生作用即可形成糖。但在人和动物体内不存在乙醛酸循环，通常情况下，乙酰辅酶 A 都是经三羧酸循环

而氧化成 CO_2 和 H_2O，而不能转化成糖。因此对动物而言，只是脂肪中的甘油部分可转化为糖，而甘油占脂肪的量相对很少，所以生成的糖量相对也很少。但脂肪酸的氧化利用可以减少对糖的需求，这样，在糖供应不足时，脂肪可以代替糖提供能量，使血糖浓度不至于下降过多。可见，糖和脂肪不仅可以相互转化，在相互提供能量上可替代（图 10-1）。

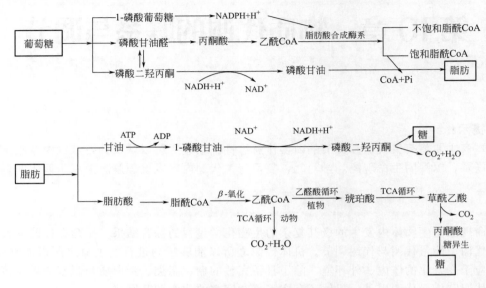

图 10-1　糖代谢与脂肪代谢相互联系

二、脂类代谢与蛋白质代谢的相互联系

生物体中的脂类除构成生物膜外，大多以脂肪的形式储存起来。脂肪分解产生甘油可转变为丙酮酸，再转变为草酰乙酸及 α-酮戊二酸，然后接受氨基而转变为丙氨酸、天冬氨酸及谷氨酸。脂肪酸可以通过 β-氧化生成乙酰辅酶 A，乙酰辅酶 A 与草酰乙酸缩合进入三羧酸循环，可产生 α-酮戊二酸和草酰乙酸，进而通过转氨作用生成相应的谷氨酸和天冬氨酸，从而与氨基酸代谢相联系。在植物和微生物中存在乙醛酸循环，可以由两分子乙酰辅酶 A 合成一分子琥珀酸，用于补充三羧酸循环中的有机酸，从而促进脂肪酸合成氨基酸。例如，含有大量油脂的植物种子，在萌发时，由脂肪酸和铵盐形成氨基酸的过程进行得极为强烈。微生物利用醋酸或石油烃类物质发酵生产氨基酸，可能也是通过这条途径。但在动物体内不存在乙醛酸循环。

在动物体内蛋白质可转变为脂肪。生糖氨基酸，通过丙酮酸，可以转变为甘油，也可以在氧化脱羧后转变为乙酰辅酶 A，再由丙二酰合成脂肪酸。生酮氨基酸如亮氨酸、异亮氨酸、苯丙氨酸、酪氨酸等，在代谢过程中能生成乙酰乙酸，由乙酰乙酸再缩合成脂肪酸，最后合成脂肪。另外，丝氨酸在脱去羧基后形成胆胺，胆胺在接受甲硫氨酸给出的甲基后形成胆碱，胆碱是合成磷脂的成分（图 10-2）。

三、糖代谢与蛋白质代谢的相互联系

蛋白质可以降解成氨基酸，氨基酸在体内可以转变为糖。例如，用氨基酸饲养饥饿的动物，动物的肝中糖原储存量明显增加。许多氨基酸经脱氨后形成丙酮酸、草酰乙酸、α-酮戊二酸等，这些酮酸可通过三羧酸循环经由草酰乙酸转化为磷酸烯醇式丙酮酸，然后再经糖的异生作用生成糖。

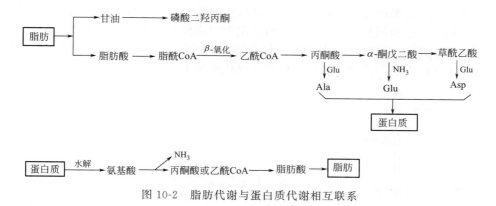

图 10-2　脂肪代谢与蛋白质代谢相互联系

　　糖经酵解途径产生的丙酮酸脱羧后经三羧酸循环形成的 α-酮戊二酸、草酰乙酸，它们都可以作为氨基酸的碳架。丙酮酸、α-酮戊二酸、草酰乙酸通过氨基化或转氨基作用形成相应的氨基酸，进而合成蛋白质。此外，由糖分解产生的能量，也可供氨基酸和蛋白质合成之用（图 10-3）。

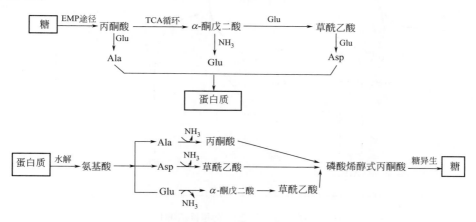

图 10-3　糖代谢与蛋白质代谢相互联系

四、核酸代谢与其他物质代谢的相互联系

　　核酸及其衍生物和多种物质代谢有关。游离核苷酸在代谢中起着重要的作用，如 ATP 是能量的载体和提供磷酸基团的重要物质，UTP 参与多糖的合成，CTP 参与卵磷脂的合成，GTP 供给蛋白质肽链合成时所需要部分能量。腺嘌呤核苷酸的衍生物是许多重要的辅酶，如辅酶 A、烟酰胺核苷酸和异咯嗪核苷酸等，腺嘌呤核苷酸还可以作为合成组氨酸的原料。核酸的合成又受到其他物质特别是蛋白质的影响，如甘氨酸、天冬氨酸、谷氨酰胺等参与嘌呤和嘧啶环的合成，是核苷酸合成的原料；核苷酸合成需要酶和多种蛋白质因子的参与，酶和蛋白质因子的合成本身又是由基因所控制的。糖类是戊糖的来源。

　　总之，糖、脂肪、蛋白质和核酸等物质在代谢过程中都是彼此影响、相互转化和密切相关的。糖代谢是各类物质代谢网络的"总枢纽"，通过它将各类物质代谢相互沟通，紧密联系在一起，而磷酸己糖、丙酮酸、乙酰辅酶 A 在代谢网络中是各类物质转化的重要中间产物。糖代谢中产生的 ATP、GTP 和 NADPH 等可直接用于其他代谢途径。脂类是生物能量的主要储存形式，脂类的氧化分解产物最终进入三羧酸循环，并为机体提供更多的能量。磷脂和鞘脂是构成生物膜的成分，而且它们的某些中间代谢物具有信息传递的作用。蛋白质是机体中所有原生质结构的基础，而且作为酶的主要组成成分，决定着各种物质代谢反应的速率、方向及相互关系。如糖代谢中的磷酸果糖激酶、柠檬酸合成酶，脂代谢中的乙酰CoA羧化酶等都是代谢中的限速酶。各类物质的主要代谢关系如图10-4。

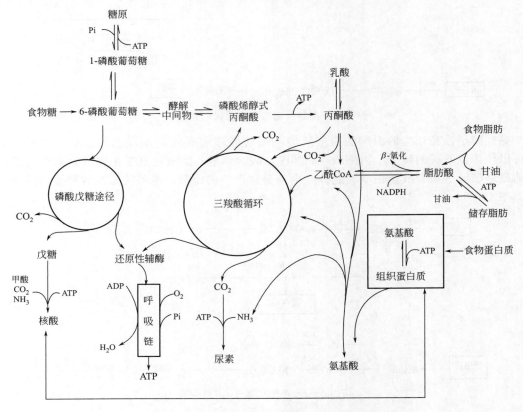

图 10-4　糖、脂肪、蛋白质和核酸的代谢关系

五、自然界碳和氮循环

自然界的糖类是由大气中的 CO_2 通过光和叶绿素的作用还原而成的。糖和脂及氨基酸脱氨后产生的有机酸在机体内分解后，变成 CO_2 和水（图10-5）。

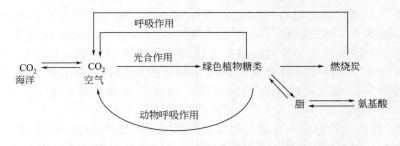

图 10-5　自然界的碳循环

植物利用大气氮合成 NH_3，再由氨合成蛋白质。蛋白质经生物水解成氨基酸，氨基酸脱氨将 NH_3 放出。NH_3 经微生物的作用放出 N_2 回到大气（图10-6）。

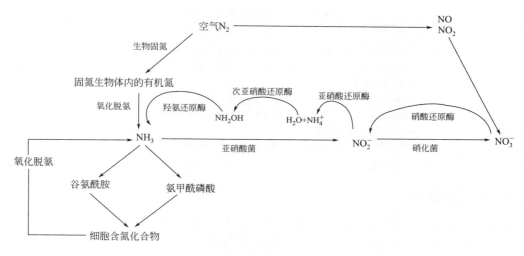

图 10-6 自然界氮循环

第 2 节 物质代谢的调节

为了保证生命活动（如生长、发育、分化、繁殖、代谢和运动等）能够有条不紊地进行，所有生物体内发生的生物化学过程都必须受到有效的调控。错综复杂的代谢过程均能按其生长发育及适应外界环境的需要有条不紊、相互协调地进行。生物在其进化过程中逐渐形成了一整套高效、灵敏、经济、合理的调控系统。代谢的调节是在细胞、酶、激素和神经这四个不同水平上进行的。细胞内的调节是最基本的调节方式，是高级水平的神经和激素调节方式的基础。

一、细胞水平的调节

细胞水平的调节就是细胞内酶的调节，包括酶的含量、分布、活性等调节。细胞内存在由膜系统分开的区域，使各类反应在细胞中有各自的空间分布，也称区域化，保证不同代谢过程在同一细胞内的不同部位进行而不互相干扰。例如在细菌的质膜与细胞壁之间有一个薄的周质空间，由质膜将之与细胞质分开。细胞的区域化使得在同一代谢途径中的酶互相联系、密切配合，同时将酶、辅酶和底物高度浓缩，在局部范围内，代谢速度加快。有一些酶分布在周质空间，在质膜上也分布有多种酶，它们与细胞内的酶是不混合在一起的。原核细胞无明显的细胞器，细胞质膜上含有各种代谢的酶，在细菌细胞中，能量代谢和多种合成代谢是在膜上进行的。真核细胞的结构比原核细胞复杂，细胞呈高度的区域化，细胞内的多种酶不是均匀分布，而是分隔分布在不同的亚细胞结构中。由膜包围的多种细胞器分布在细胞质内，如细胞核、叶绿体、线粒体、溶酶体、高尔基体等，各细胞器均包含有一整套酶系统，执行着特定的代谢功能。例如糖酵解、磷酸戊糖途径和脂肪酸合成的酶系存在于细胞质中；三羧酸循环、脂肪酸 β-氧化和氧化磷酸化的酶系存在于线粒体中；核酸合成的酶系大部分在细胞核中；蛋白质合成酶系在微粒体中，水解酶系在溶酶体中。某些催化一种物质逐级代谢的酶又往往组成多酶体系在细胞内集中分布，这不仅可以避免各种酶催化的代谢过程互相干扰，并且有利于代谢进行调节，如表 10-1 所示。但分隔不是绝对的，一些代谢中间物在亚细胞结构之间还存在着穿梭。

表 10-1　酶在真核细胞内的分布

细胞器	酶系
细胞核	DNA、RNA、NAD$^+$ 的合成;酵解;三羧酸循环;磷酸戊糖途径等
线粒体	三羧酸循环;电子传递;氧化磷酸化;尿素循环;脂肪酸氧化;脂肪酸合成;转氨作用;蛋白质合成;DNA,RNA 聚合
溶酶体	水解酶类
核糖体、内质网	蛋白质合成、脂肪酸合成;胆固醇合成、磷脂合成、药物降解
高尔基体	多糖;核蛋白;黏液生成
细胞浆	酵解、磷酸戊糖途径、糖原分解;糖原合成;糖异生;脂肪合成;嘌呤、嘧啶分解;氨基酸合成
质膜	ATP 酶,腺苷酸环化酶

二、酶水平的调节

体内的物质代谢、能量代谢都是由酶催化的,因此代谢调节首先是通过酶活性的升高、降低或酶含量的增加、减少来调节代谢进行的速度与方向。因为代谢途径经常有交叉联系与分支,因此每条酶促代谢反应途径都有相应的限速酶,所以整个代谢途径中就会有多个限速酶,有时几条代谢途径又常会有代谢途径的交叉点或共同的代谢中间物,如糖酵解与有氧氧化共同的代谢中间物为丙酮酸,糖有氧氧化与糖磷酸戊糖途径共同的代谢中间物为 6-磷酸葡萄糖,糖与脂肪酸分解代谢共同的代谢中间物为乙酰辅酶 A,糖与氨基酸分解代谢共同的代谢中间物为丙酮酸、乙酰辅酶 A 与 α-酮戊二酸等。代谢中间物究竟朝哪个方向进行代谢,或某一代谢中间物分配各条途径相对量如何,决定于机体当时的需要与条件。而调节靠每条代谢途径的定向步骤,往往是催化各代谢途径反应的第一个酶活力,决定着多酶体系催化代谢反应的方向,故又称为"关键酶"。

酶水平的调节主要从酶活性和酶数量两个方面调节细胞代谢。

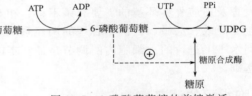

图 10-7　6-磷酸葡萄糖的前馈激活

1. 酶活性的调节

酶活性的调节是以酶分子的结构为基础的,可以由一些因素直接调节,或某些其他因素间接调节。

(1) 前馈激活作用　在一反应序列中,前面的物质可对后面的酶起激活作用,促使反应向前进行,这叫做前馈激活。如在糖原合成中,6-磷酸葡萄糖是糖原合成酶的变构激活剂,因此可促进糖原的合成(图 10-7)。

前馈激活作用能使代谢速度加快,所以是一种正前馈。在某些特殊情况下,为避免代谢途径过分拥挤,当代谢底物过量时,对代谢过程亦可呈负前馈作用。此时,过量的代谢底物可以转向其他代谢途径。例如,高浓度的乙酰辅酶 A 是乙酰辅酶 A 羧化酶的变构抑制剂,从而避免丙二酰辅酶 A 过多合成。反应式如下:

(2) 酶的共价修饰　在酶的化学修饰中共价修饰占有重要地位。共价修饰是指在专一酶的催化下,某种小分子基团可以共价结合到被修饰酶的特定氨基酸残基上,而改变酶的活性。共价修饰是可逆的,小分子基团可在酶的催化下水解去除,发生逆转。糖原磷酸化酶是酶促化学修饰的典型例子。糖原作为贮藏性碳水化合物,广泛存在于人和动物体内。糖原在糖原磷酸化酶作用下生成 1-磷酸葡萄糖。此酶有两种形式,即有活性的磷酸化酶 a 和无活性的磷酸化酶 b,二者可以互相转变。磷酸化酶 b 在磷酸化酶 b 激酶催化下,接受 ATP 上的

磷酸基团转变为磷酸化酶 a 而活化；磷酸化酶 a 也可在磷酸化酶 a 磷酸酯酶催化下转变为磷酸化酶 b 而失活。酶被修饰的基团是丝氨酸的羟基。

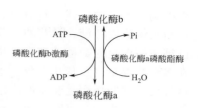

酶促化学修饰反应往往是多个反应配合进行的。在生物体内，有些反应是连锁进行的。在这些连锁反应中，一个酶被修饰后，连续地发生其他酶被激活，导致原始调节因素的效率逐级放大，这样的连锁代谢反应系统叫级联放大反应或级联系统。如肾上腺素或胰高血糖素对磷酸化酶 b 激酶的激活就属这种类型。激素把改变细胞生理活动的信息传递给细胞膜上的受体，激素与受体结合后使腺苷酸环化酶活化，由腺苷酸环化酶催化 ATP 生成 cAMP；再把这一信息传递给细胞内的某些蛋白质或酶系统，在这里是依赖于 cAMP 的蛋白激酶 A。因此将激素称为第一信使，而将 cAMP 称为第二信使。活化的蛋白激酶 A 使磷酸化酶 b 激酶激活，磷酸化酶 b 激酶又使磷酸化酶 b 转变为激活态磷酸化酶 a，磷酸化酶 a 使糖原分解为 1-磷酸葡萄糖。这样，由激素的作用开始，最后导致糖原的分解。上述一系列变化便构成一个"级联系统"，可用图 10-8 表示。

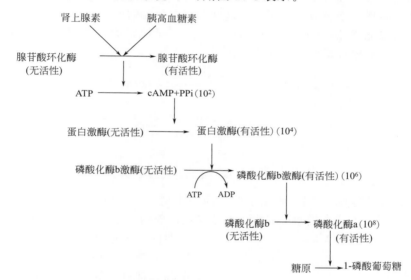

图 10-8　磷酸化酶激活的级联反应

在这些连锁的酶促反应过程中，前一反应的产物是后一反应的催化剂，每进行一次共价修饰反应，就产生一次放大，如果假设每一级反应放大 100 倍，即 1 个酶分子引起 100 个分子发生反应（实际上，酶的转换数比这大得多），那么从激素促进 cAMP 生成的反应开始，到磷酸化酶 a 生成为止，经过四次放大后，调节效应就放大了 10^8 倍。由此可见，极微量的激素对酶活性控制是十分灵敏的。一些可被化学修饰调节的酶见表 10-2。

表 10-2　一些可被化学修饰调节的酶

酶	来源	修饰机理	对酶的活力影响
糖原磷酸化酶	真核细胞	磷酸化/脱磷酸化	增加/降低
磷酸化酶 b 激酶	哺乳类	磷酸化/脱磷酸化	增加/降低
糖原合成酶	真核细胞	磷酸化/脱磷酸化	降低/增加
丙酮酸脱氢酶	真核细胞	磷酸化/脱磷酸化	增加/降低
谷氨酰胺合成酶	原核细胞	腺苷酰化/脱腺苷酰化	降低/增加

（3）反馈抑制作用　在细胞内当一个酶促反应产物积累过多时，由于质量作用定律的关

系，能抑制其本身的合成，这种抑制属简单的抑制，它不牵涉酶结构的改变。如 α-淀粉酶催化淀粉水解成麦芽糖，过多的麦芽糖能够抑制 α-淀粉酶的活性，使淀粉水解的速度下降。又如己糖激酶催化葡萄糖转变为 6-磷酸葡萄糖的反应中，当后者积累过多时，反应便减慢。但是在多个酶促系列反应中，终产物可对反应序列前头的酶发生抑制作用，这称为反馈抑制。这种反馈抑制作用是改变酶蛋白构象的结果。通常受控制的酶是反应系列开头的酶，是一种调节酶或变构酶，有时也叫"标兵酶"，因为整个反应序列是受这个酶调节的。如糖酵解中的磷酸果糖激酶是控制糖酵解的标兵酶。又如，在大肠杆菌中，天冬氨酸和氨甲酰磷酸合成胞苷三磷酸（CTP）的反应，受 CTP 反馈调节（图 10-9）。当 CTP 的代谢利用较低时，CTP 便在细胞内积累，这时 CTP 便对这个反应序列开头的酶即天冬氨酸转氨甲酰基酶起反馈抑制作用，结果抑制 CTP 本身的生成；反之，如果 CTP 被高度利用，这时 CTP 在细胞内不积累，也就不起反馈抑制调节，反应继续进行以生成所需要的 CTP。又如在葡萄糖的磷酸化反应中，当 6-磷酸葡萄糖累积过多时，己糖激酶就会受到 6-磷酸葡萄糖的反馈抑制作用，使反应慢下来。这里除质量作用效应外，还存在酶的变构调节作用。在产物少时，关键酶的活性增高，整个途径的运行速度加快，产物增多；而当产物过多时，则产生反馈抑制，使合成速度减慢，产物减少。而且在这种调节中受控的酶是初始酶，而不是其他催化后续反应的酶，所以能避免反应的中间产物积累，有利于原料的合理利用和节约机体的能量。反馈抑制在系列的合成代谢调节中起重要作用。

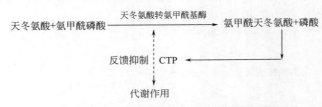

图 10-9　胞苷三磷酸生物合成的反馈调节

① 同工酶的反馈抑制　同工酶是指催化同一生化反应，但酶蛋白结构及组成有所不同的一组酶。如果在一个分支代谢过程中，在分支点之前的一个反应由一组同工酶所催化，分支代谢的几个最终产物往往分别对这几个同工酶发生抑制作用，并且最终产物对各自分支单独有抑制，这种调节方式称为同工酶的反馈抑制。催化开头反应的酶有两个同工酶：E_1 和 E_2，其中 E_1 只受 X 反馈抑制，E_2 只受到 Y 反馈抑制，同时由 X 抑制 E_3，由 Y 抑制 E_4。这样当 Y 过量抑制了 E_2 时，由于

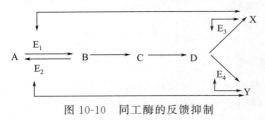

图 10-10　同工酶的反馈抑制

E_1 仍可催化发生由 A → B → C → D 的反应，然后再由 E_3 催化由 D → X 的反应，即分支终产物 Y 的过量，不影响另外分支终产物 X 的生成，从而保证 X 和 Y 分别引起反馈抑制而不会互相干扰（图 10-10）。

同工酶的存在，事实上对机体代谢的分工起着调节作用。例如 Ⅰ～Ⅲ 型己糖激酶和葡萄糖激酶（即 Ⅳ 型己糖激酶），均可催化葡萄糖的磷酸化而活化，但己糖激酶的 K_m 为 0.01～0.1mmol/L，且受反应产物 6-磷酸葡萄糖的反馈抑制，而葡萄糖激酶的 K_m 为 10～20mmol/L，且不受反应产物 6-磷酸葡萄糖的反馈抑制。肝中存在的是以葡萄糖激酶为主，因此只有在饱食后血糖浓度升高时，肝脏才能加强对葡萄糖的代谢活化作用，促使其转变成糖原储存；而大脑等大多组织则以己糖激酶为主，因此即使在饥饿和血糖浓度下降的情况下，仍能对葡萄糖亲和力大，催化葡萄糖活化利用分解代谢供应能源。

② 协同反馈抑制　在分支代谢中，只有当几个最终产物同时过多才能对共同途径的第一个酶发生抑制作用，称为协同反馈抑制。而当终产物单独过量时，只能抑制相应支路的酶，不影响其他产物合成。X 和 Y 除分别对 E_2 和 E_3 起反馈抑制外，二者还协同抑制 E_1，但单独 X 或 Y 对 E_1 不抑制（图 10-11）。

③ 顺序反馈抑制　在一个分支代谢途径中，终产物积累引起反馈抑制使分支处的中间产物积累，再反馈抑制反应途径中第一个酶活性，从而达到调节的目的。因为这种调节是按照顺序进行的，所以称顺序反馈抑制，又称逐步反馈抑制。这个调节机理如图 10-12 所示：X 和 Y 分别对 E_2 和 E_3 起反馈抑制，而 D 又对 E_1 起反馈抑制。当 X 或 Y 积累过多时，只分别抑制催化合成其本身的前身物的酶 E_2 或 E_3，而互不干扰。当 E_2 和 E_3 同时受到抑制时，D 便积累，D 又可以对 E_1 起反馈抑制，这便可使整个过程停止进行。

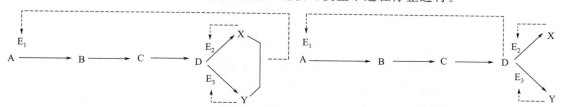

图 10-11　协同反馈抑制　　　　　　图 10-12　顺序反馈抑制

④ 累积反馈抑制　在一个分支代谢中，几个最终产物中的任何一个产物过多时都能对某一酶发生部分起抑制作用，但要达到最大效果，则必须几个最终产物同时过多，这样的反馈抑制称为累积反馈抑制。如饱和浓度的 X 对 E_1 抑制 30%，余下 70% 的活性；饱和浓度的 Y 则对 E_1 抑制 40%，余下 60% 的活性；如果 X 和 Y 均以饱和浓度存在时，则余下 $70\% \times 60\% = 42\%$ 的活性，或总抑制为 58%。一个典型的例子是谷氨酰胺合成酶的反馈抑制，谷氨酰胺是由谷氨酸和 NH_4^+ 在 ATP 参与下合成的，谷氨酰胺代谢的终产物有甘氨酸、丙氨酸、色氨酸、组氨酸、氨甲酰磷酸、6-磷酸氨基葡萄糖、CTP 及 AMP 等化合物。这些终产物对谷氨酰胺合成酶起累积反馈抑制作用。在谷氨酰胺合成酶分子中有分别对上述各种终产物专一的结合部位，当所有这些产物均与酶分子结合时，其活性便几乎完全丧失。

2. 酶数量的调节

酶是生物反应的催化剂，酶的相对数量决定代谢反应的进程和方向。酶本身也受代谢调节的控制。通过酶的合成和降解，细胞内的酶含量和组分发生变化，对代谢过程起调节作用。生物细胞的这种通过改变酶的合成和降解而调节酶的数量，被称为"粗调"，通过粗调细胞可以开动或完全关闭某种酶的合成，或适当调整某种酶的合成和降解速度，以适应对这种酶的需要。

（1）酶合成的调节　生物体每个细胞都含有该生物整个生长发育过程所必需的遗传信息，但这些遗传信息不是一下子全部表达出来，而是按其生长发育的需要或受外界条件的影响只表达出一部分遗传信息，合成相应的蛋白质。而蛋白质合成是由 mRNA 编码的，DNA 经转录产生 mRNA，再翻译成蛋白质。可见酶合成首先在转录水平上进行调节。

1961 年，F. Jacob 和 J. Monod 根据酶合成的诱导和阻遏现象，提出了操纵子学说，用来说明酶合成的调节。所谓操纵子是指染色体上控制蛋白质（酶）合成的功能单位，它是由一个或多个功能相关的结构基因和控制基因组成的。这些基因串联排列在染色体上参与转录过程（图 10-13）。结构基因（z、y、a）是作为转录成 mRNA 的模板，以后由 mRNA 翻译成相应的酶蛋白。控制基因是由操纵基因（o）和启动基因（p）组成的，操纵基因在结构基因旁边，是被激活阻遏物的结合位点，由它来开动和关闭合成相应酶的结构基因；启动基

因在操纵基因旁边，是 RNA 聚合酶结合的位点。在操纵子的前边是产生阻遏蛋白的调节基因（i）。当操纵基因"开动"时，它管辖的结构基因能通过转录和翻译合成某种酶蛋白；当操纵基因"关闭"时，结构基因不能合成这种酶蛋白。操纵基因的"开"与"关"受调节基因产生的阻遏蛋白的控制，阻遏蛋白可以感受来自外界环境的变化，即受一些小分子诱导物或辅阻遏物的控制。通常酶合成的诱导物就是酶作用的底物，而辅阻遏物是酶作用的最终产物。这些小分子能以某种方式与阻遏蛋白分子结合，使阻遏蛋白产生构象变化，从而决定它是否处于活性状态。

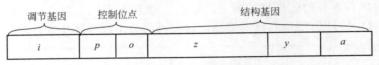

图 10-13　乳糖操纵子

① 酶合成的诱导　使酶蛋白合成增加的作用称为诱导，引起诱导作用的物质称为诱导剂。例如，大肠杆菌培养基中加入乳糖作为唯一的碳源时，大肠杆菌细胞生成利用乳糖的酶类。但当培养基中加葡萄糖作为唯一碳源时，它只含有很少的半乳糖苷酶（一种大肠杆菌利用乳糖的关键性酶）。乳糖操纵子：大肠杆菌能够利用乳糖作为它的唯一碳源，这就要求乳糖进入大肠杆菌细胞内，并将乳糖水解为半乳糖和葡萄糖。大肠杆菌 DNA 上乳糖操纵子有三个结构基因，分别决定一种与乳糖降解相关的酶：z 决定 β-半乳糖苷酶，水解乳糖为半乳糖和葡萄糖；y 决定 β-半乳糖苷透性酶，使培养基中的 β-半乳糖苷（乳糖）能透过 $E.coli$ 细胞壁和原生质膜而进入细胞内；a 决定 β-半乳糖苷转乙酰基酶，把乙酰 CoA 上的乙酰基转到 β-半乳糖苷上，形成乙酰半乳糖。在没有乳糖时，调节基因通过转录、翻译而形成阻遏蛋白，这种有活性的阻遏蛋白与操纵基因结合，操纵基因便"关闭"，三个分解乳糖的结构基因就不能进行转录，更谈不上翻译合成相应的酶 ［图 10-14(a)］。但是，当大肠杆菌培养基中有乳糖时，乳糖就成为诱导物与阻遏蛋白结合，使其空间结构改变，阻遏蛋白处于失活的构象，不能与操纵基因结合，于是操纵基因便"开放"了，这样结合在启动基因上的 RNA 聚合酶就可以向前滑动，对三个乳糖结构基因进行转录，并翻译出三种相应的酶蛋白分子 ［图 10-14(b)］。

② 酶合成的阻遏　使酶蛋白合成减少的作用称为阻遏，引起阻遏作用的物质称为阻遏剂。即由于某些代谢产物的存在而阻止细胞内某种酶的合成。如将大肠杆菌培养在只含有无机铵盐（NH_4^+）及单一碳源（如葡萄糖）中时，大肠杆菌能合成所有的含氮物质，包括合成蛋白质所需要的 20 种氨基酸。但如果在培养基中加入某种氨基酸（如色氨酸），则利用 NH_4^+ 和碳源合成色氨酸的酶系便迅速消失，这种现象就是酶合成的阻遏作用，阻遏酶生成的物质（色氨酸）称为辅阻遏物。诱导剂与阻遏剂发挥作用的环节是通过 DNA 的转录与翻译过程，尤其是通过基因表达的调控来发挥作用。蛋白质生物合成的过程需时较长，诱导与阻遏的调节效应出现得较迟，为迟缓调节，且酶蛋白生物合成后，即使去除了诱导剂，酶的活性仍保持。

色氨酸操纵子：是调节色氨酸合成的一个操纵子。大肠杆菌色氨酸操纵子模型说明了某些代谢产物阻止细胞内酶生成的机制。

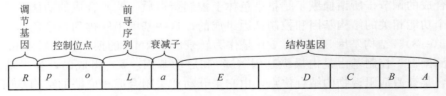

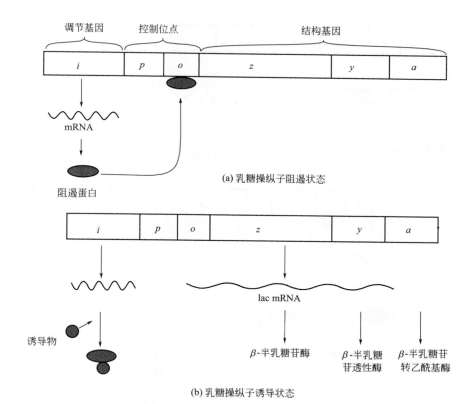

調節基因　　控制位点　　　　　　結構基因

| i | p | o | z | y | a |

mRNA

阻遏蛋白

(a) 乳糖操纵子阻遏状态

| i | p | o | z | y | a |

lac mRNA

诱导物

β-半乳糖苷酶　　β-半乳糖苷透性酶　　β-半乳糖苷转乙酰基酶

(b) 乳糖操纵子诱导状态

图 10-14　乳糖操纵子阻遏状态与诱导状态示意图

　　色氨酸合成分五步完成，每一步需要一种酶，这五种酶分别是由五个结构基因 E、D、C、B、A 编码的，这五个基因彼此相邻，可被转录在一条多顺反子 mRNA 上，当此多顺反子 mRNA 被翻译时，这五种酶依次协调地以等物质的量进行合成。翻译在转录完成前即开始。当大肠杆菌培养基中不含有色氨酸时，色氨酸操纵子前面的调节基因经过转录、翻译而形成没有活性的阻遏蛋白，不能与操纵基因结合，因而操纵基因便"开放"，这样就可以转录，并翻译色氨酸操纵子上的五个结构基因，生成色氨酸合成所需的五种酶。但是，当大肠杆菌培养基中有色氨酸时，色氨酸作为辅阻遏物与阻遏蛋白结合，使阻遏蛋白由没有活性的构象变成有活性的构象，能与操纵基因结合，操纵基因便"关闭"，这样就阻碍了 RNA 聚合酶与启动基因结合（这里的启动基因与操纵基因有部分重叠），结果不能转录出 mRNA，酶的生成也就停止了（图 10-15）。

　　③ 分解代谢阻遏作用　　当用含有葡萄糖和乳糖的培养基作为碳源培养大肠杆菌时，在葡萄糖没有被利用完之前，菌体内 β-半乳糖苷酶的合成便受阻遏，这是因为葡萄糖的降解物通过降低胞内环腺苷酸（cAMP）的含量，阻遏了这三种酶的诱导合成，这种阻遏称为分解代谢阻遏作用。现已知道，环腺苷酸在酶合成调节中起重要作用。在这里调节基因的产物为 cAMP 受体蛋白（CRP），也称降解物基因活化蛋白（CAP）。与前述负调节方式不同，CAP 起的是正调节作用。当它与 cAMP 结合并被激活，CAP-cAMP 复合物结合到启动子上，并帮助 RNA 聚合酶有效地与启动子结合，促进转录进行（图 10-16）。

　　(2) 酶降解的调节　　酶合成的诱导和阻遏作用可以调节酶的数量，相反酶的降解速度也能调节细胞内酶的含量。酶的降解是由特异的蛋白水解酶催化的。在细胞内常含有各种水解酶，其水解蛋白质的种类和速度随细胞的生长状态和环境条件而不断变化。如大肠杆菌在指

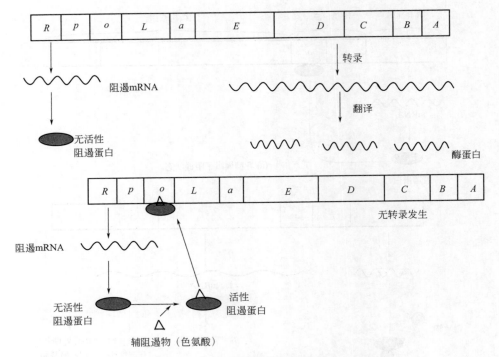

图 10-15　色氨酸操纵子阻遏机制

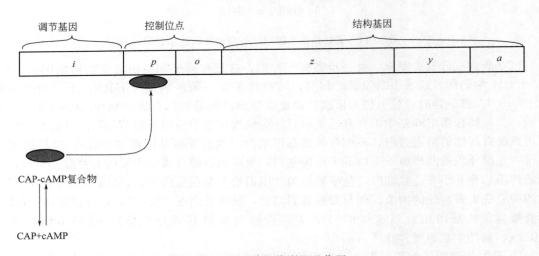

图 10-16　分解代谢阻遏作用

数生长期，蛋白水解酶的总活性较低，但当大肠杆菌由于营养缺乏而处于静止期时，便诱导合成蛋白水解酶，分解细胞内不需要的蛋白质。植物种子在萌发时蛋白酶的合成速度也明显增加，用于分解种子中的贮藏蛋白质供幼苗生长之用。

同工酶可以进行遗传分析的研究。同工酶是生物体中的天然标记，从同工酶的表现型变异可以直接推测其基因型的变异，是研究基因表达的良好指标。同工酶和个体发育及组织分化密切相关，在生物的生长发育过程中，从胚胎到胎儿，从新生儿到成年，随组织的分化和发育，各种同工酶有一个分化和转变的过程。同工酶还是有机体对环境变化或代谢变化的又一种调节方式，即当一种同工酶受到抑制或破坏时，其他的同工酶仍然起作用，从而保证代谢的正常进行。关于同工酶对代谢调节的作用，研究得较为清楚的是微生物中的某些同工酶在分支代谢调节中所起的重要作用。例如，在大肠杆菌中，天冬氨酸是合成赖氨酸、苏氨酸和甲硫氨酸的共同前体，整个合成途径的第一个酶是天冬氨酸激酶（AK）。如果此酶受到任何一个最终产物（赖氨酸、苏氨酸和甲硫氨酸中的任意一个）的反馈抑制，那么另外两种氨基酸的合成便会受到影响。但是该酶共有 3 种同工酶，分别为 AK-Ⅰ、AK-Ⅱ、AK-Ⅲ，其中 AK-Ⅰ 可受苏氨酸的反馈抑制，AK-Ⅱ 受甲硫氨酸的反馈抑制，AK-Ⅲ 则受赖氨酸的抑制，三者协同作用便不会因一种产物过剩而影响其他两种氨基酸的合成，保证了 3 种氨基酸合成的平衡。

同工酶分析法在农业上已开始用于优势杂交组合的预测，例如番茄优势杂交组合种子与弱优势杂交组合的种子中的脂酶同工酶是有差异的，从这种差异中可以看出杂种优势。此外，在临床上也已应用同工酶作诊断依据，如冠心病及冠状动脉血栓引起的心肌受损患者血清中的 LDH_1（H_4）及 LDH_2（MH_3）含量增高，而急性肝炎患者血清中 LDH_5（M_4）明显增高。当某种组织发生病变时，就有某些特殊的同工酶释放出来，对病人及正常人同工酶电泳图谱进行比较，有助于上述疾病的诊断。植物感染病害、受到损伤或在不良条件下也会发生同工酶的变化。

三、激素水平的调节

激素是生物细胞分泌的一类特殊化学物质，它对各种生命活动和代谢过程具有调控功能。激素调控往往是局部性的，并且直接或间接受到神经系统的控制。通常一种激素只作用于一定的细胞组织，不同的激素调节不同的物质代谢或生理过程。激素作用的特点是微量、高效、有放大效应，且有较高的组织特异性与作用效应特异性，这都是由于各靶细胞上有各种激素特异受体分布。因为激素发挥调节作用首先必须与相应受体非共价可逆识别结合，且其结合具有高度亲和力、可饱和性以及激素产生的生物效应只决定激素与受体结合的量，而不单纯决定激素的量或血中的浓度。一般情况下，激素能与靶细胞的受体特异结合而发挥生物效应，但病理情况下也有受体含量的减少和受体结构异常的调节失活。

1. 激素的分类

在生物激素中，动物激素最为重要，植物激素主要为植物生长调节剂。根据激素的化学结构和调控功能分为三类：①含氮激素，包括蛋白质激素、多肽激素、氨基酸衍生物激素等；②类固醇激素，性腺和肾上腺皮质分泌的激素大多数是类固醇激素；③脂肪酸衍生物激素，主要由生殖系统及其他组织分泌产生。

2. 激素的作用机理

根据激素受体在细胞中的定位，可将激素的作用机理分成两大类：一类是通过与细胞膜上受体结合发挥作用的激素，例如蛋白质激素、肽类激素、儿茶酚胺类激素等，此类激素多为水溶性，不能通过细胞膜的磷脂双分子层结构而进入靶细胞内；另一类是通过与靶细胞内的受体结合而发挥作用的，例如类固醇激素、甲状腺激素等，此类激素多是脂溶性，容易直接通过细胞膜甚至核膜进入细胞内直接发挥作用。

18

水溶性激素调节代谢的作用机理：除与膜上受体结合可以改变靶细胞膜的通透性外，主要通过 G 蛋白及第二信使如 cAMP、cGMP、IP_3、Ca^{2+} 再经蛋白激酶引起一些靶酶的磷酸化与去磷酸化共价修饰调节代谢产生生物效应。G 蛋白是细胞内信号传导途径中起着重要作用的 GTP 结合蛋白，由 α、β、γ 三个不同亚基组成。激素与激素受体结合诱导 GTP 跟 G 蛋白结合的 GDP 进行交换，结果激活位于信号传导途径中下游的腺苷酸环化酶。G 蛋白将细胞外的第一信使肾上腺素等激素和细胞内的腺苷酸环化酶催化的腺苷酸环化生成的第二信使 cAMP 联系起来。G 蛋白具有内源 GTP 酶活性。

另一些靶蛋白的磷酸化，如抗利尿激素（ADH）与肾脏肾小体收集管上靶细胞膜受体蛋白结合后，可增加细胞膜的通透性，加速水顺渗透压梯度从低渗的原尿向肾小管中重吸

收，从而发挥抗利尿作用，如图 10-17 所示。cAMP 蛋白激酶系统对代谢的调节作用十分复杂。肾上腺素通过第二信使 cAMP 磷酸化激活磷酸化酶 b 激酶，再通过磷酸化激活磷酸化酶 b 转变为激活态磷酸化酶 a 而促进糖原分解，也同时通过磷酸化抑制糖原合成酶活性从而抑制糖原合成，糖原分解增加而糖原合成减少两者配合的结果，最终使血糖浓度升高的生化机制，为激素调节典型实例，如图 10-18 所示。

脂溶性激素调节代谢的作用机理，是激素直接进入细胞内，与胞质（或核内）受体特异结合形成活性复合物，由于受体构象改变可从胞质移入细胞核中作用于染色体 DNA 上激素反应元件，促进或抑制相邻结构基因转录的开放或关闭从而发挥代谢的调节作用。肾上腺糖皮质激素诱导糖异生关键酶合成的增加即通过此机制，其中间步骤也包括激素受体活性复合物进入靶细胞核内后，与某些非组蛋白结合调节结构基因的开放，影响 DNA、组蛋白、非组蛋白三者的结合，诱导某些蛋白质合成而产生生物效应。

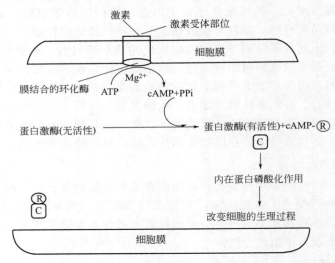

图 10-17　抗利尿激素作用机理

四、神经系统对代谢的调节

人及高等动物具有高度发达的神经系统，这类生物的各种活动和代谢的调节机制都处于中枢神经系统的控制之下。神经系统既直接影响各种酶的合成，又影响内分泌腺分泌激素的种类和水平，所以神经系统的调节具有整体性特点。神经系统对生命活动的调控在很大程度上是通过调节激素的分泌来实现的。

整体调节就是神经-体液调节。在整体调节中，神经系统可协调调节几种激素的分泌。就激素而言，也不是单一激素，而是多种激素共同协调，综合对机体代谢进行调节。如调节机体血糖浓度的恒定就是由降血糖激素与一组升血糖激素共同作用的结果，使机体血糖浓度即使在餐后与饥饿时都不会有太大的波动。人肝糖原的总量大约 100g，饥饿半天理论上肝

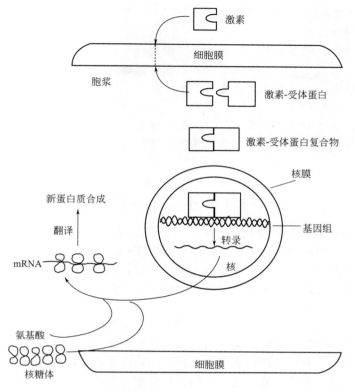

图 10-18　肾上腺素作用机理

糖原已完全耗尽，但事实上人几天不进食，血糖浓度仅趋向降低，但人尚清醒并维持生命，这是胰岛素、胰高血糖素以及肾上腺素、肾上腺皮质激素等分泌综合调节作用的结果，其中包括脂肪动员、酮体生成增加以补充葡萄糖供能的不足，骨骼肌等组织中蛋白质分解的加强，以氨基酸作为原料加强肝中的糖异生作用，同时外周组织中葡萄糖利用减少、酮体利用的增加以确保大脑与红细胞中葡萄糖的持续供应，甚至大脑也可增加酮体的利用以节约利用葡萄糖等。因此临床上及时抢救给饥饿病人输入葡萄糖可减少脂肪的过多动员分解造成的酮症酸中毒，也可减少病人体内蛋白质的大量消耗，每输入 100g 葡萄糖可减少体内 50g 蛋白质的分解，有利于机体病后的迅速康复。应激是机体受到创伤、手术、缺氧、寒冷、休克、感染、剧烈疼痛、中毒、强烈情绪激动等情况下的一种整体神经综合应答反应调节过程，它使机体全身紧急动员渡过"难关"。其中包括交感神经兴奋，下丘脑促肾上腺皮质激素释放激素，脑垂体促肾上腺皮质激素释放激素，最后肾上腺糖皮质激素和肾上腺髓质激素分泌增加，同时胰岛素等分泌相应减少，使肝糖原分解及血糖浓度升高，糖异生加速，脂肪动员和蛋白质分解加强，机体呈负氮平衡，同时相应的合成代谢抑制，最终使血中葡萄糖、脂肪酸、酮体、氨基酸等浓度相应升高，使机体各组织能及时得到充足能源和营养物质的供应，有效地应付紧急状态，安然渡过险情，但机体呈消瘦、乏力并消耗氮，当然机体应付应急的能力是有一定限度的，若长期应急的消耗也会导致机体衰竭而危及生命。

　　研究生物代谢调控就是为了根据生物自身对代谢调节的规律进行控制来改造生物，设计产品，防治疾病，也为现代工业程序化、自动化生产提供借鉴。尤其是在发酵工业中，为人工诱变筛选高产优质菌株提供理论依据，也为人工控制代谢途径创造条件。从而提高了一些发酵产品的产量，主要体现在：

1. 酶活性调节在工业上的应用
1) 降低终产物浓度；
2) 利用抗代谢产物类似物——关键酶的脱敏作用
3) 增大细胞膜通透性，使代谢产物易于转运到胞外；
4) 控制发酵条件，使产品定向生成。
2. 酶合成在工业上的应用
1) 筛选调控基因突变的突变株，解除阻遏作用；
2) 增加遗传学的数量和种类，提高基因表达能力。

小 结

1. 代谢调节是生物在长期进化过程中，为适应外界条件而形成的一种复杂的生理机能。通过调节作用细胞内的各种物质及能量代谢得到协调和统一，使生物体能更好地利用环境条件来完成复杂的生命活动。根据生物的进化程度不同，代谢调节作用可在不同水平上进行：低等的单细胞生物是通过细胞内酶的调节而起作用的；多细胞生物则有更复杂的激素调节和神经调节。

2. 细胞是一个高效而复杂的代谢机器，每时每刻都在进行着物质代谢和能量的转化。细胞内的四大类物质糖类、脂类、蛋白质和核酸，在功能上虽各不相同，但在代谢途径上却有明显的交叉和联系，它们共同构成了生命存在的物质基础。代谢的复杂性要求细胞有数量庞大、功能各异和分工明确的酶系统，它们往往分布在细胞的不同区域。例如参与糖酵解、磷酸戊糖途径和脂肪酸合成的酶主要存在胞浆中；参与三羧酸循环、脂肪酸 β-氧化和氧化磷酸化的酶主要存在于线粒体中；与核酸生物合成有关的酶大多在细胞核中；与蛋白质生物合成有关的酶主要在颗粒型内质网膜上。细胞内酶的区域化为酶水平的调节创造了有利条件。

3. 生物体内酶数量的变化可以通过酶合成速度和酶降解速度进行调节。酶合成主要来自转录和翻译过程，因此，可以分别在转录水平、转录后加工与运输和翻译水平上进行调节。在转录水平上，调节基因感受外界刺激所产生的诱导物和辅阻遏物可以调节基因的开闭，这是一种负调控作用。而分解代谢阻遏作用通过调节基因产生的降解物基因活化蛋白（CAP）促进转录进行，是一种正调控作用，它们都可以用操纵子模型进行解释。操纵子是在转录水平上控制基因表达的协调单位，由启动子（p）、操纵基因（o）和在功能上相关的几个结构基因组成。转录后的调节包括：真核生物 mRNA 转录后的加工，转录产物的运输和在细胞中的定位等，翻译水平上的调节包括：mRNA 本身核苷酸组成和排列（如 SD 序列），反义 RNA 的调节，mRNA 的稳定性等方面。酶活性的调节是直接针对酶分子本身的催化活性所进行的调节，在代谢调节中是最灵敏、最迅速的调节方式，主要包括酶原激活、酶的共价修饰、反馈调节、能荷调节及辅因子调节等。

习 题

1. 解释下列名词
(1) 诱导酶、标兵酶；(2) 操纵子、衰减子；(3) 阻遏物、辅阻遏物；
(4) 腺苷酸环化酶；(5) 共价修饰；(6) 级联系统；(7) 反馈抑制；(8) 交叉调节
2. 判断下列错误，并改正

（1）启动子和操纵基因是没有基因产物的基因。

（2）酶合成的诱导和阻遏作用都是负调控。

（3）与酶数量调节相比，对酶活性的调节是更灵敏的调节方式。

（4）1，6-二磷酸果糖对丙酮酸激酶具有反馈抑制作用。

（5）连锁反应中，每次共价修饰都是对原始信号的放大。

3．糖、脂类、蛋白质代谢的相互关系？

4．简述酶合成调节的主要内容。

5．以乳糖操纵子为例说明酶诱导合成的调控过程。

6．以糖原磷酸化酶激活为例，说明级联系统是怎样实现反应信号放大的？

7．代谢的区域化有何意义？

参 考 文 献

[1]　王镜岩，朱圣庚，许长法. 生物化学. 第三版. 北京：高等教育出版社，2002.

[2]　唐咏主编. 基础生物化学. 吉林：吉林科学技术出版社，1995.

[3]　吴显荣主编. 基础生物化学. 北京：中国农业出版社，1999.

[4]　吴赛玉主编. 简明生物化学. 合肥：中国科学技术大学出版社，1999.

[5]　于自然主编. 现代生物化学. 北京：化学工业出版社，2001.

[6]　Trudy Mckee. 生物化学导论. 北京：科学出版社，2001.

[7]　聂剑初等编. 生物化学简明教程. 第三版. 北京：高等教育出版社，1999.

[8]　郑集主编. 基础生物化学. 第三版. 北京：高等教育出版社，1998.

[9]　王希成编著. 生物化学. 北京：清华大学出版社，2001.

[10]　郭蔼光. 基础生物化学. 北京：高等教育出版社，2001.

[11]　唐有祺. 生物化学. 北京：北京大学出版社，1990.

[12]　王金胜. 植物基础生物化学（农学类）. 北京：中国林业出版社，1999.

[13]　Hames B D，Hooper N M，Houghton J D. 生物化学：影印版. 北京：高等教育出版社，2001.

[14]　Stryer L. Biochemistry. 3rd edition. NewYork：W H Freeman and Company，1988.

[15]　张洪渊，万海清主编. 生物化学. 第三版. 北京：化学工业出版社，2006.

[16]　王希成编著. 生物化学学习指导. 北京：清华大学出版社，2005.